同济大学本科教材出版基金资助

操作系统原理

主编 方 钰 邓 蓉 陈闳中

同濟大學出版社
TONGJI UNIVERSITY PRESS
·上海·

内 容 提 要

本书共八章。第1章介绍设置操作系统的目的，操作系统的分类、形成与发展的过程、功能、特性，以及UNIX操作系统概况；第2章阐述进程的基本概念、调度状态、进程通讯、死锁，以及UNIX V6++中进程的基本控制结构；第3—7章，结合UNIX V6++操作系统，介绍各主要模块的工作原理、设计思路和实现机制，包括中断和系统调用、存储管理、进程管理、字符块设备管理、文件系统管理等；第8章简要介绍UNIX可执行文件的结构，旨在帮助读者顺利阅读其他章节的相关内容。

本书与其他教材的最大区别在于，通过深入剖析源代码，辅以fork、read、write等核心系统调用执行过程，帮助读者加深对操作系统软件架构的认识，并建立操作系统与计算机硬件作为整体为并发用户提供服务的宏观概念。

本书适合计算机科学和工程类专业作为教材使用，也可供有关工程技术人员作为参考书使用。

图书在版编目(CIP)数据

操作系统原理 / 方钰，邓蓉，陈闳中主编. --上海：同济大学出版社，2022.10

ISBN 978-7-5765-0419-4

Ⅰ. ①操… Ⅱ. ①方…②邓…③陈… Ⅲ. ①操作系统—高等学校—教材 Ⅳ. ①TP316

中国版本图书馆CIP数据核字(2022)第194414号

同济大学本科教材出版基金资助

操作系统原理

主编 方 钰 邓 蓉 陈闳中

责任编辑 陈佳蔚 **责任校对** 徐逢乔 **封面设计** 陈益平

出版发行 同济大学出版社 www.tongjipress.com.cn

(地址：上海市四平路1239号 邮编：200092 电话：021-65985622)

经 销 全国各地新华书店、建筑书店、网络书店

排 版 南京月叶图文制作有限公司

印 刷 启东市人民印刷有限公司

开 本 787mm×1092mm 1/16

印 张 22.25

字 数 555 000

版 次 2022年10月第1版

印 次 2022年10月第1次印刷

书 号 ISBN 978-7-5765-0419-4

定 价 79.00元

前　言

操作系统内核本质上是一个程序，是一个可以让其他程序运行在其上的程序，而内核代码的并发性与不可再现性，牵一发而动全身的特点，成为阻挡每一个攀登者前行的层层障碍。本书的编者有着多年操作系统的教学经验，深切体会到如果能够把这些枯燥的原理和一个真实系统结合起来，将有助于读者更深刻地理解其本质所在。

UNIX V6 的优雅在于用极为精简的代码展现了一个现代操作系统内核完整的运行机理。UNIX V6 精妙的设计被当今主流商业操作系统广泛借鉴，奠定了现代操作系统内核的基础。

然而，由于缺少有效的运行、编译和调试环境，内核的复杂性使得想要将 UNIX V6 层层剥开，然后再重新拼合出完整的运行逻辑，这一过程显得障碍重重，但是这却是融会贯通内核的必经之路。于是，编者萌生了将 UNIX V6 移植到 PC 机上的想法。编者基于面向对象的思想，使用C++语言重写了 UNIX V6，并将新系统命名为 UNIX V6++。除了必须适应 X86 体系结构之外，UNIX V6++遵循了 V6 内核的全部设计思想和算法。而由于采用 C++实现，不仅便于理解，代码的耦合度也不像 V6 那样过于紧密。此外，编者还提供了图形化的集成开发与调试环境，移植工作完成后，开始着手本书的编写工作。本书在内容的组织上，在介绍操作系统的基本概念、工作原理和实施技术的基础上，尽可能通过 UNIX V6++的实现方法加以展开，使得各个部分有机地联系起来。

UNIX V6++的设计与实现由同济大学陈闳中教授带领硕士研究生完成，在本书的编写过程中，给予了大力的支持和帮助，提出过很多建设性的意见，在此表示诚挚的感谢。

先后有 5 名优秀硕士研究生参与了 UNIX V6 的移植工作。王元信设计了内核面向对象化的框架；徐天斌和王元信编写并调试成功全部内核；王小明设计开发了一个用于针对该内核的调试器；周金杰实现了调试器的图形界面；孙立斌进一步纠正了发现的 BUG。在为这些优秀学生自豪的同时，也向他们表示由衷的感谢，感谢他们以聪明才智和付出的努力为操作系统教学作出了出色的贡献。

本书是作为计算机科学和工程类的教材编写的，也可供有关工程技术人员参考。希望本书和集成环境在内核学习探索之路上助读者一臂之力，让更多人感受到理解内核的乐趣和成就感！

由于编者水平与学识有限，书中如有错漏与不尽人意之处，敬请专家和读者批评指正，我们将万分感激。

编　者

2022 年 6 月

目　录

第1章

绪　论

操作系统在计算机系统中占据了特别重要的地位。它是配置在计算机硬件上的第一层软件。而其他软件,如汇编程序、编译程序、数据库管理系统等系统软件,以及大量的应用软件,都依赖于操作系统的支持。操作系统已经成为现代计算机系统(大、中、小及微型机)、多处理机系统、计算机网络、多媒体系统,以及嵌入式系统中必须配置的、最重要的系统软件。

1.1 设置操作系统的目的

具有一定规模的现代计算机系统都配备有一个或几个操作系统(Operating System, OS),操作系统的性能在很大程度上决定了系统工作的优劣。那么在计算机系统中,设置操作系统的目的是什么呢?

1.1.1 计算机系统的组成

计算机系统包括硬件和软件两个部分。其中,硬件部分也称为裸机,主要包括:中央处理器(CPU)、存储系统和各种输入输出设备等构成计算机系统所必需的部分硬件,或配置在计算机外围的各种特定用途的部件与设备。

但是,仅仅具备了硬件部分而没有软件系统的计算机只是一堆废铁,没有任何应用价值。只有配备软件之后,计算机才能够帮助用户存储和处理信息。例如,显示多媒体文件,浏览互联网上的资源,或者从事许多其他有益的工作。

计算机软件大体可以分成两类:管理计算机自身的系统软件和为用户执行具体任务的应用软件。系统软件是指计算机系统必须配备的那部分软件。它一般用于管理计算机本身的操作,是对各种领域都通用的软件。例如,各种操作系统、标准程序库、系统维护软件、各种程序设计语言的处理程序等。应用软件则是针对某些特定应用领域配置的软件。例如,科学计算软件、文字处理软件、计算机辅助设计(CAD)软件、计算机辅助教学(CAI)软件、企业管理软件等。图 1.1 是计算机系统的基本组成结构。

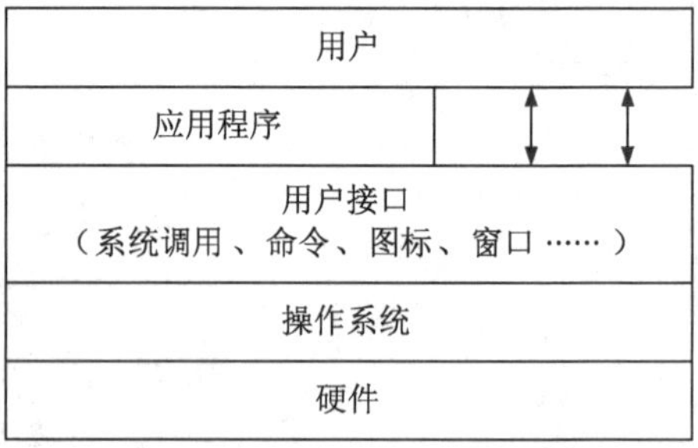

图 1.1 计算机系统的基本组成结构

在所有计算机系统软件中,操作系统是最基本的系统软件。不论是其他系统软件,还是所有的应用软件,都必须在操作系统的管理和支持下运行。操作系统的根本任务就是把系统内包含的所有软、硬件资源有机地组织和管理起来,尽可能充分地发挥它们各自的作用,使整个系统向用户提供所需要的各种高质量的服务。同时,它提供一个基础的编程环境,程序员可以在此之上编写应用程序。

1.1.2 操作系统的定义

现代计算机系统是一个非常复杂的系统。即使不考虑效率,只是写一个程序协调所有元件,使它们能够正常工作也是非常困难的。例如,如果程序员在编程时都需要考虑磁盘驱动器的工作原理，不得不处理在读取磁盘扇区时可能会发生的几十种错误情况，那么可以肯定，现在的许多程序是编不出来的。

许多年前，人们就清楚地认识到必须寻找一种方法为程序员隐藏硬件细节。这种逐渐演化而成的方法就是：在裸机上覆盖一层软件，以管理系统中的所有元件，为用户（程序员）提供一个易于理解和编程的接口。这层软件就是本书的研究对象——操作系统。由此，给出如下操作系统的定义：

操作系统是计算机系统中的一个系统软件，是一些程序模块的集合——它们能以尽量有效、合理的方式组织和管理计算机的软、硬件资源，合理地组织计算机的工作流程，并向用户提供各种服务功能，使用户能够灵活、方便、有效地使用计算机，使整个计算机系统能高效地运行，从而在计算机与用户之间起到接口的作用。

下面将通过对操作系统的作用和设计目标这两个方面的分析，进一步理解什么是操作系统。

1.1.3 操作系统的作用

可以从不同的角度观察操作系统的作用。从一般用户的角度，可以把操作系统看作用户与计算机硬件之间的接口；从资源管理的角度，则可把操作系统视为计算机系统资源的管理者，它隐藏了对硬件操作的细节，使用户能更方便地使用机器。

1. 对计算机裸机的扩充

前面提到过，大多数计算机在机器语言层面是难以编程的（特别是编写输入输出程序）。一般的程序员没有必要知道计算机系统的全部细节，他们对如何针对软盘、硬盘或其他外设编写驱动程序并不感兴趣，只需要一个简单的高层次抽象。比如，程序员只需要知道，磁盘中存放着许多文件，每个文件有一个供引用的唯一的文件名，在程序中只需要给出文件名就可以打开文件，之后对其中的信息进行读写，完毕后关闭文件。而在磁盘操作过程中涉及的所有细节，在提供给用户的高层次抽象中并没有出现，程序员甚至感觉不到信息在磁盘中是分块存放的。

那个隐藏了硬盘操作细节，为用户提供面向文件接口的程序就是操作系统。除磁盘外，操作系统还隐藏了系统中许多具体的细节，涉及中断、计时器、内存管理及其他底层特性。操作系统提供的所有抽象概念都比底层硬件好用得多。也就是说，裸机仅构成计算机系统的物质基础，而实际呈现在用户面前的计算机系统是经过若干层的软件改造过的。裸机在最里层，它的外面是操作系统，操作系统提供的资源管理功能和方便用户的各种服务功能，将裸机改造成功能更强、使用更方便的机器。

通常把覆盖了软件的机器称为扩充机器，又称为虚拟机。它向用户提供了一个对硬件资源的抽象模型，用户可利用抽象模型提供的接口使用计算机，而无须了解物理接口实现的细节，从而使用户更容易地使用计算机硬件资源。

2. 作为计算机资源的管理者

上述观点可以认为是自上而下的。另一种观点是自下而上的，认为操作系统管理着计算机中的所有软、硬件资源。现代计算机的硬件由处理器、主存、定时器、磁盘、网络接口、激光打印机和众多其他的设备组成。此外还有磁盘中存储着的无数的文件。操作系统的功能是管理它们，在许多程序竞争使用这些资源时，对资源进行有序分配。

例如，如果在一台机器中有三个程序同时要打印运算结果，那么三个程序的输出将混在一起，最终使打印结果无法使用。而操作系统可以通过在磁盘中缓冲所有程序的输出来避免混乱。打印机在一个任务打印完毕后，才会接受第二个任务。在打印过程中，如果出现了新的任务，操作系统就会在磁盘的固定区域进行缓冲，直至打印机空闲(从磁盘中取出新任务发送打印机打印)。如此一来，程序可以在任何时刻提交打印任务而绝不会受到丝毫耽搁。虽然打印结果可能不会立即送到打印机，但一切均在操作系统的掌握之中，不会出任何意外。操作系统资源管理的功能如此可见一斑。

由于多个用户之间可能会相互干扰，在多用户的计算机系统中，保护内存、I/O 设备和其他资源的任务就更加艰巨了。这些将在后续章节中逐渐展开。

简言之，这种观点认为操作系统的主要工作包括：跟踪和记录谁在使用何种资源，满足合法的资源请求，对不同用户和程序提出的彼此冲突的资源请求进行协调。

1.1.4 操作系统的目标

目前存在着多种不同类型的操作系统，其目标各有所侧重。但总体来说，在计算机硬件上配置的操作系统，其目标主要有以下四点。

1. 有效性

通常以提高系统资源利用率和提高系统吞吐量两个方面来衡量操作系统的有效性。在未配置操作系统的计算机系统中，经常会发生以下情况。

(1) CPU 和 I/O 设备等各种资源经常处于空闲状态，得不到充分利用。

(2) 内存及外存的空间没有得到合理使用，存放的数据太少或者无序，浪费了大量的存储空间。

而在配置了操作系统之后，可使 CPU 和 I/O 设备由于都保持忙碌状态而得到有效的利用，而且可使得内存和外存中存放的数据因有序而节省了大量的存储空间。此外，操作系统还可以通过合理地组织计算机的工作流程，进一步改善资源的利用率，加速程序的运行，缩短程序的运行周期，从而提高系统的吞吐量。

2. 方便性

一个未配置操作系统的计算机系统是极难使用的。用户要直接在计算机硬件上运行自己的程序，就必须用 0 和 1 这样的机器代码编写程序。如果在计算机硬件上配置了操作系统，用户便可以通过其提供的各种命令来使用计算机系统，极大地方便了用户。

3. 开放性

随着计算机网络的迅速发展,计算机操作系统的应用环境已由单机封闭环境转向开放的网络环境。为使来自不同厂家的计算机和设备能通过网络加以集成,并能正确、有效地协同工作,实现应用的可移植性和互操作性,要求操作系统必须提供统一的开放环境。

4. 可扩充性

随着计算机硬件和体系结构的迅速发展,相应地,对操作系统提出了更高的功能和性能方面的要求。操作系统必须具有良好的可扩充性,方能适应计算机硬件、体系结构以及应用快速发展的要求。这就是说,现代操作系统应采用新的结构,以便能够方便地增加新的功能和模块,并能修改老的功能和模块。

1.2 操作系统的形成与发展

操作系统的形成迄今已有半个多世纪。20 世纪 50 年代中期出现了单道批处理操作系统;60 年代中期产生了多道程序批处理系统;不久又出现了基于多道程序的分时系统,与此同时也诞生了用于工业控制和武器控制的实时操作系统。20 世纪 80 年代开始至 21 世纪初,是微型机、多处理机和计算机网络高速发展的年代,同时也是微机操作系统、多处理机操作系统和网络操作系统及分布式操作系统的形成和大发展的时代。

1.2.1 无操作系统的计算机系统

1. 人工操作方式

从第一台计算机诞生(1945 年)到 20 世纪 50 年代中期的计算机,属于第一代计算机。此时的计算机由成千上万的真空管做成,其运行速率仅为每秒数千次,体积却非常庞大,功耗也非常高。这时还未出现操作系统,计算机系统是由人工方式操纵的。由程序员先将程序写在纸上,然后穿孔制成带有程序信息的卡片。上机时将卡片交给机房的操作员。程序执行结束后打印输出结果,操作员将结果送到输出室,由用户将结果取走。

人工操作方式有以下两方面的缺点。

(1) 用户独占全机。在上机过程中,计算机及其全部资源只能由上机用户独占,即由操作员将穿孔纸带(对应程序和数据)装入纸带输入机,再启动它们将程序和数据读入计算机,然后启动计算机运行。当程序运行完毕并取走结果之后,下一个用户才能上机。

(2) CPU 等待人工操作。当用户进行装带、卸带等人工操作时,CPU 及内存等资源是空闲的。

人工操作方式严重降低了计算机资源的利用率,导致所谓的人机矛盾。而且,随着 CPU 速度的日益提高和系统规模的扩大,这种矛盾变得越发严重。

2. 脱机输入/输出技术

脱机输入/输出技术，是指将事先装有用户程序和数据的纸带装入纸带输入机，在一台外围机的控制下，把纸带上的数据输入到磁带上。当 CPU 需要这些程序和数据时，再从磁带上将其高速地调入内存。类似地，当 CPU 需要输出时，可由 CPU 直接高速地把数据从内存送到磁带上，然后在另一台外围机的控制下，将磁带上的结果通过相应的输出设备输出。

由于程序和数据的输入和输出都是在外围机的控制下完成的，或者说，它们是在脱离主机的情况下进行的，故称之为脱机输入/输出方式。脱机输入/输出方式有以下两方面的优点。

(1) 减少了 CPU 的空闲时间，缓和了人机矛盾。

(2) 提高了 I/O 速度。当 CPU 在运行中需要数据时，是直接从高速的磁带或磁盘上将数据调入内存的，不再是从低速的 I/O 设备上输入，极大地提高了 I/O 速度，缓和了 CPU 和 I/O 设备速度不匹配的矛盾，进一步减少了 CPU 的空闲时间。

1.2.2 单道批处理系统

20 世纪 50 年代中期发明了晶体管，人们开始使用晶体管替代真空管来制造计算机，从而出现了第二代计算机，彻底改变了计算机的面貌。在硬件上，可靠的晶体管代替真空管组成处理机，磁芯存储器代替继电器存储器。这些新元件的采用大大增强了计算机的可靠性，使计算机从实验室走了出来，人们可以购买一台计算机让它工作，而不用担心它时常出现故障。在软件上为了避免程序开发时直接面对机器语言，开发出汇编语言和高级语言 FORTRAN 以及相关的汇编程序和 FORTRAN 编译器，系统程序出现了。

1. 引入作业

为了运行以穿孔卡片形式出现的高级语言(汇编语言)源程序，操作员首先取来存有 FORTRAN 编译器的卡片以加载编译器，之后装载待运行程序卡片。然后对程序进行编译和链接，得到可运行程序。最后运行程序得到结果并打印输出。这一组与运行一个程序有关的所有过程称为一个作业。

很显然，如果采用人工操作方式，在作业的执行过程中，绝大多数时间浪费在操作员在机房中来回走动安装卸载卡片，此时 CPU 空闲。当时的计算机是极昂贵的，人们自然就想到了改进机器的体系结构，将这一部分时间节省下来。

2. 批处理技术

为此，机房需要为中央计算机配备面向字符输入输出的低档计算机(简称输入/输出机)。系统工作方式：操作员收集一批待运行作业的卡片输入至输入机，该机器按顺序将全部卡片拷贝至输入磁带；中央计算机空闲时，操作员将输入磁带装入中央处理机，启动中央计算机运行输入磁带中的第一个作业。每当一个作业运行完毕，系统将其运行结果输出磁带，之后，从输入磁带中读取下一个作业。周而复始，直至输入磁带中的全部作业运行完毕。这样在一批作业全部执行完毕后，输出磁带上将携带着所有作业的运行结果。操作员将其卸下，启动另一台输出机进行打印。

在中央计算机运行程序时，输入机可以输入下一组待执行作业，而输出机则可以输出上一组程序的运行结果。对中央计算机而言，以前浪费于操作员在机房中来回走动安装卸载卡片的时间节省下来了，运行效率有了很大的提高。这就是批处理技术。

批处理方式的体系结构需要软件的支持。第一，需要作业控制语言用于描述用户程序的特征。代码 1.1 为 FMS(FORTRAN Monitor System)作业格式的一个实例。

```
 $ JOB 最长运行时间，计费账号，程序员姓名
 $ FORTRAN(或 ASSEMBLER)                ；告诉系统下面的程序使用什么语言
……                                      ；程序源代码
 $ LOAD                                  ；将编译后的程序放入内存
 $ RUN                                   ；用后面的数据运行程序
……
                                         ；程序运行时需要使用的数据
……
 $ END                                   ；作业到此结束
```

代码 1.1 作业控制语言实例

第二，系统需要一个常驻内存的监控程序，用于自动装载、运行存储在输入输出磁带中的每个作业。它的功能包括：

(1) 设备驱动。中央处理器执行完一个作业后，磁带驱动程序读入下一个作业，同时，输出磁带作业的执行结果。

(2) 命令解释器。用于解释作业控制语言指令，并能够根据作业控制语言指令正确地对用户的作业进行处理。如读到 FORTRAN 指令，能够在系统程序磁带中找到 FORTRAN 程序的编译程序并装载，以对 FORTRAN 源程序进行编译。

(3) 对用户程序运行中的行为进行监控。在冯·诺伊曼结构的机器中，只有存储在内存中的程序才是可执行的。因此，用户程序在运行时将和监控程序共享主存。为了安全，监控程序将被放在内存中不允许用户程序访问的固定位置，时时监视用户程序有意无意访问监控程序的企图，阻止其对系统进行破坏。这是内存管理程序的雏形。

(4) 中断。计时器的工作需要中断机制的配合(计时结束后，计时器发出中断，以此激活监控程序)，其他外设的工作情况也是如此。另外，为了使外部设备始终处于正常的运行状态，用户程序是不允许直接使用外设的(系统不能指望用户程序不出错，一旦出错外设将不再工作，系统只有重新启动才能恢复它的工作)。当用户程序需要使用外设时，可以通过中断机制请求监控程序的服务。

(5) 时钟管理。为了防止一个作业无限制地使用计算机，系统在每个作业开始处理时

启动计时器，如果作业在它申明的最大运行时间到来之前还没有运行完毕，将被系统强行终止。控制返回监控程序，执行下一个作业。

（6）机器的工作状态和特权指令。系统充分相信监控程序的代码，认为它不会破坏系统；用户代码则不可信，需要系统对其进行监视。于是，CPU 的寄存器中引入了区分 CPU 正在执行指令可信程度的机器运行状态位。当 CPU 运行监控程序代码时，运行状态位标记机器为核心态（管态）运行。此种状态下，特权指令有效，机器可以访问内存中的所有单元；否则，称机器运行在用户态下。在用户态下特权指令的执行将引起异常（一种特殊的中断）；正在运行指令访问的地址如果不属于存放该用户程序的那一部分内存也将成为一个异常事件。监控程序负责处理异常事件。

3. 单道批处理系统及其特征

早期的批处理系统中，在内存中始终只保持一道作业，故称其为单道批处理系统。图 1.2 是单道批处理系统的处理流程。上面介绍的监控程序可以算作是单道批处理操作系统。其实严格地说，这里的监控程序只能算是操作系统的前身，而非现在人们所理解的操作系统。

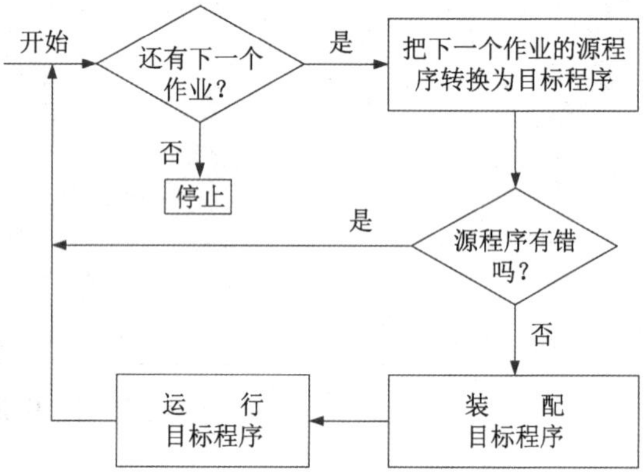

图 1.2　单道批处理系统的处理流程

尽管如此，单道批处理系统比起人工操作方式的系统已有很大进步。主要特征如下：

（1）自动性。在顺利情况下，在磁带上的一批作业能自动地、逐个地依次运行，而无需人工干预。

（2）顺序性。磁带上的各道作业是按顺序进入内存的，各道作业的完成顺序与它们进入内存的顺序，在正常情况下应完全相同，亦即先调入内存的作业先完成。

（3）单道性。内存中仅有一道程序运行，即监控程序每次从磁带上只调入一道程序进入内存运行，当该程序完成或发生异常时，才换入其后续程序进入内存运行。

1.2.3　多道批处理系统

20 世纪 60 年代中期，人们开始利用小规模集成电路来制造计算机，生产出第三代计算机，相较于晶体管计算机，无论在体积、功耗、速率和可靠性上，都有了显著的改善。高性能的计算机显然不能再采取单道批处理的方式了。因为如果内存中只有一道程序，无论它是科学运算程序还是商务数据处理程序，在运行中都会造成计算机资源的极大浪费。我们知道，科学计算涉及很少的 I/O 操作。当这类程序运行时，CPU 非常忙碌，I/O 设备几乎无事可做；而当进行商务数据处理时，I/O 操作较频繁，在有的商务数据处理程序中，CPU 用于等待 I/O 设备读写文件的时间竟然高达 95%以上。怎样才能充分利用昂贵的计算机资源，使 CPU 和外设同时工作起来？这个强烈的需求直接导致了计算机多道程序概念的诞生。

操作系统的理论和实践由此进入了一个飞速发展的时期。

1. 多道程序设计的基本思想

简单地说，多道程序设计技术的基本思想是：用户所提交的作业都先存放在外存上并排成一个队列，称为后备队列；然后，由作业调度程序按一定的算法从后备队列中选择若干个作业调入内存，使它们共享 CPU 和系统中的各种资源。当一个程序启动外设等待 I/O 操作时，处理机可以运行另一个需要使用 CPU 的程序。这样就能使 CPU 和 I/O 操作并行执行，最大限度地提高计算机各种资源（不止是 CPU）的利用率。

多道程序的运行具备如下特点：

（1）多道：计算机内存中同时存放多道相互独立的程序。

（2）宏观上并发执行：同时进入系统的几道程序都处于运行状态，但都未运行结束。

（3）微观上串行运行：各作业交替使用 CPU。

在操作系统中引入多道程序设计技术可以带来以下好处：

（1）提高了 CPU 的利用率。当内存中仅有一道程序时，每逢该程序在运行中发出 I/O 请求后，CPU 即空闲，必须在其 I/O 完成后 CPU 才能继续运行。由于 I/O 设备的低速性，使得 CPU 的利用率大大降低。图 1.3(a)是单道程序的运行情况。从图中可以看出，在 t_2～t_3，t_6～t_7 时间间隔内 CPU 空闲。在引入多道程序设计技术后，由于同时在内存中装有若干道程序，并使得它们交替地运行，这样，当正在运行的程序因 I/O 而暂停执行时，系统可调度另一道程序运行，从而保持了 CPU 处于忙碌状态。图 1.3(b)是四道程序运行情况。

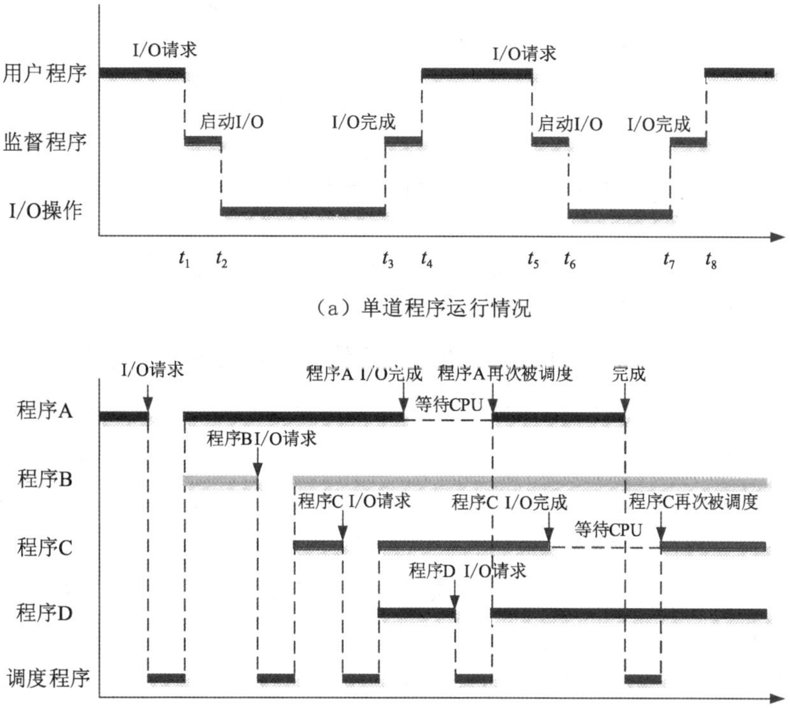

（a）单道程序运行情况

（b）四道程序运行情况

图 1.3 单道和多道程序运行情况

(2) 提高了内存和I/O设备利用率。为了能运行较大的作业,通常内存都具有较大容量,但由于80%以上的作业都属于中小型,因此在单道程序环境下,必定造成内存的浪费。类似地,对于系统中所配置的多种类型的I/O设备,在单道程序环境下也不能充分利用。如果允许在内存中装入多道程序,并允许它们并发执行,则无疑会大大提高内存和I/O设备的利用率。

(3) 增加了系统吞吐量。在保持CPU、I/O设备处于忙碌状态的同时,也必然会大幅度地提高系统的吞吐量,从而降低作业运行所需的费用。

多道程序设计技术具有上述优势,但是也带来了新的技术问题,包括:多道程序的并发运行需要共享软硬件资源,需要同步和互斥机制;多道程序需要提高内存的使用效率,需要覆盖技术、交互技术、虚拟存储等技术;多道程序在内存中要保证系统存储区和用户存储区安全可靠,需要可靠的内存保护机制。这些相关技术都将在后续章节中陆续介绍。

2. 多道批处理系统

在批处理中采用多道程序设计技术,就形成了多道批处理系统。虽然早在20世纪60年代就已经出现了多道批处理系统,但至今它仍是三大基本操作系统类型之一,说明它具备了其他类型操作系统所不具有的优点,如资源利用率高、系统吞吐量大等。

在多道批处理系统中,作业从进入到退出系统大致分为四个阶段(图1.4)。

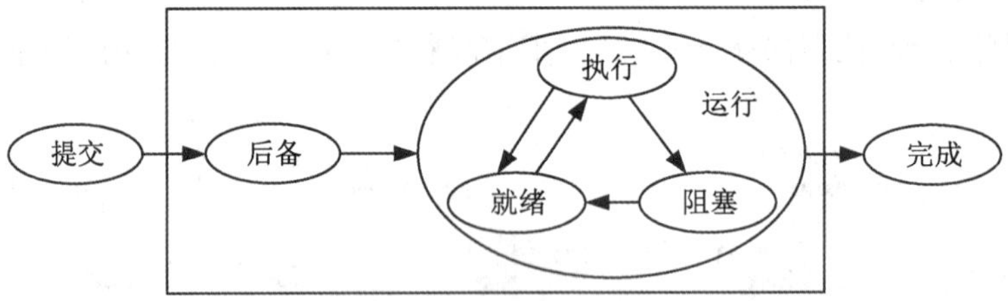

图1.4 多道批处理系统中作业的状态转换

(1) 用户准备好作业程序、数据以及运行该作业的操作说明书,然后将它们提交给系统。在早期系统中,作业的准备和提交的方式主要是将它们穿成卡片或纸带,并送交机房,由操作员使用纸带或卡片输入机将作业提交给系统。现代的多道批处理系统中,主要是由用户使用文本编辑器将作业构成文件存放在文件系统中,使用终端直接向系统提交作业。此时的作业处于提交状态。

(2) 作业提交后,系统将它存放在磁盘的某些盘区中等待运行。这些盘区称为输入井,可以同时存放许多等待运行的作业。这些作业称为后备作业,处于后备状态。

(3) 系统从等待运行的后备作业中,挑选出若干作业,将它们送入内存,并按一定方式使它们在处理机上运行。

挑选后备作业时,一般要考虑尽可能多地使用系统内包含的各种资源。在内存中的几道作业程序,任一时刻只能有一道(在单处理机环境下)或几道(在多处理环境下)在处理机上执行。当一个作业因某种原因(如等待输入或输出操作结束)不能继续执行时,就放弃使用处理机，暂时被阻塞以等待该原因消失。此时，系统安排处理机执行另一道准备就绪的作业程序。如此反复，使得各作业程序交替地在处理机上运行。需要强调的是，此时在内存中的各道作业程序都已经开始运行，但都尚未结束，因此可以从宏观上认为它们都处于运行状态。

(4) 作业运行结束后，系统收回该作业占用的资源，并使其退出系统。此时作业处于完成状态。一个作业运行结束后，系统根据当时资源的使用情况以及各后备作业的特点，重新选择一个或几个作业送入内存，并开始它们的运行过程。

多道程序批处理系统必须依赖于某些计算机硬件功能，它们是：

(1) 外设中断：CPU 和 I/O 操作在中断控制器的作用下可以并行执行。在 CPU 发出 I/O 命令后，正在运行的程序 A 一般需要等待外设 I/O 操作结束后才能够继续运行下去。为了不浪费 CPU 的运算能力，程序 A 将主动放弃 CPU 的使用权。系统选择内存中的另一个程序运行。当 I/O 操作结束后，由外设控制器向 CPU 发中断请求信号，CPU 响应中断，暂停当前程序 B 的运行，执行中断处理程序，在执行中断处理程序的过程中以某种方式通知程序 A，I/O 操作已结束可以继续运行下去了。服务结束后，立即恢复程序 B 的运行(或执行其他程序)。

(2) DMA 技术：中断技术不适合操纵硬盘等块设备。因为这些设备传送一个字节所需的时间极短来不及运行中断处理程序，而硬盘永不停息的匀速圆周运动的工作方式使其不可能在一个字节传送完毕后停下来等待中断处理程序运行完毕。为了操纵硬盘，系统需要一个支持直接存储器访问方式的硬件——DMA 控制器。在它的控制下，来自硬盘的数据能够不通过 CPU 中的寄存器直接写入内存(或相反)，只在整块数据传送的开始和结束时才需要 CPU 的干预(鉴于此，该方式又称为成组数据传输方式)。DMA 的出现对计算机的体系结构产生了重要的影响，它使 CPU 和 I/O 设备能够共享主存，并最终使主存取代了处理机在系统中的中心地位。

同时，多道程序批处理系统的实现需要操作系统代码进行大规模的改进，以管理共享内存的多道程序。它们是：

(1) 存储管理子系统。内存中的用户区为多道程序共享，系统必须引进大量的数据结构和代码用于登记和管理每个程序在内存中存放的位置，以确保用户程序不会相互干扰(需要硬件的配合)。此外，还需要对尚未分配出去的内存空间进行登记和管理。

(2) 处理机管理子系统。内存中驻留多个应用程序，经常会发生不止一个程序具备运行条件(该程序没有启动 I/O 操作)的情况。此时 CPU 应该分配给哪个程序？对这个问题的思考促进了处理机调度算法的产生和发展。

多道批处理系统也有一定的缺陷，主要表现在以下两个方面。

(1) 平均周转时间长。作业的周转时间是指从作业进入系统开始，直至其完成并退出系统为止所经历的时间。在批处理系统中，由于作业要排队，依次进行处理，因而作业的周转时间较长，通常需要几个小时，甚至几天。

(2) 无交互能力。用户一旦把作业提交给系统后，直至作业完成，用户都不能与自己的作业进行交互，这对修改和调试程序是极不方便的。

1.2.4 分时系统

1. 分时系统的产生

上面所描述的多道批处理系统，完全从系统的角度出发，极大地提高了系统中各种资源的利用率。但用户提交作业后，仍然要等待几个小时后才能得到运行的结果。程序员尤其不喜欢这种工作方式。他们喜欢一个人独占机器一段时间以便快速查出程序中的错误，而不是在编译后两个小时才被告知源程序某处少了一个逗号。更重要的是，商务数据处理需要用户直接与计算机交互，批处理的工作方式根本不适合这类应用。这种需求最终导致分时多道操作系统的出现。

或者说，分时系统是为了满足用户需求所形成的一种新型操作系统。它与多道批处理系统之间有着截然不同的性能。用户的需求具体表现在以下三个方面。

(1) 人机交互。每当程序员写好一个新的程序时，都需要上机进行调试。由于新编程序难免有错误之处需要修改，因而希望能够像早期使用计算机时一样对它进行直接控制，并能以一边运行一边修改的方式，对程序中的错误进行修改。

(2) 共享主机。20 世纪 60 年代，计算机的价格非常昂贵，不可能像现在这样每人独占一台微机，只能是多个用户共享一台计算机，但用户在使用计算机时应能够像自己独占计算机一样，不仅可以随时和计算机交流，而且应感觉不到其他用户也在使用该计算机。

(3) 便于用户上机。在多道批处理系统中，用户上机前必须把自己的作业送到机房，这对于用户，尤其是远地用户来说十分不便。用户希望能够通过自己的终端直接将作业传送到机器上进行处理，并能对自己的作业进行控制。

所谓分时系统，是指在一台主机上连接了多个带有显示器和键盘的在线终端，每个上机用户拥有一个终端，同时允许多个用户，以交互方式使用计算机，共享主机中的资源。用户在键盘上输入的命令行通过通信线路送达主机，程序的运行结果同样通过通信线路送回终端的显示屏。在一个有 20 个用户同时上机的分时系统中，如果 17 个用户正在思考问题，CPU 将轮流分配给需要服务的另外 3 个用户。很明显，如果有 N 个用户同时请求服务，在不计操作系统开销的情况下，每个用户将得到计算机有效速率的 $1/N$。但相对计算机而言，人的反应速率是很慢的，所以设计良好的系统，其响应速率是能够令用户满意的。多用户分时操作系统是当今计算机操作系统中使用最普遍的一类操作系统。本书介绍的 UNIX 系统就是多道分时操作系统的典范。

2. 分时系统的工作方式

一个分时计算机系统往往带有几十台甚至上百台终端设备，每个用户在他所占用的终端上控制他的作业运行，所以分时系统也称为多路存取系统。分时系统的基本工作过程如下：

(1) 每个用户使用终端向系统发出命令,要求系统完成某项工作。

(2) 系统对从终端设备上发来的命令进行分析,然后执行该命令,最后将执行结果通过相应终端的显示部分回送给用户。

(3) 用户根据上一条命令的执行结果,向系统发出下一条命令。

(4) 不断重复上述会话过程,直到完成用户预定的工作为止。

在分时系统中,用户可以与运行中的作业交互,在线输入数据,及时获得输出,甚至还能对它实施控制,暂停或终止其执行过程。

3. 分时系统的基本特征

需要强调的是,这里分时的意思,是指把处理机的运行时间分成很短的时间段,每个时间段称为一个时间片,系统按时间片轮流把处理机分配给各个作业使用。如果某个作业在分配给它的时间片结束时还未完成,则强迫该作业放弃使用处理机,等待下一轮循环再继续运行。此时,系统将处理机分配给另一作业使用。当然,作业在运行中一旦要求进行输入、输出操作,也自动放弃处理机,待相应操作结束后,再等待分配处理机。由于终端上用户的工作速率相对于机器而言都是很慢的,所以系统一般都能在一个时间片内轮转响应所有用户的请求。由于各个用户的请求都能得到较快的响应,因此就给每个用户留下好像他独占该计算机的印象。

4. 分时系统实现中的关键问题

分时系统中最关键的问题是,如何让用户与自己的作业进行交互,即当用户在自己的终端上键入命令时,系统应能及时接收并处理该命令,再将结果返回给用户,此即人机交互。应强调指出,即使有多个用户同时通过自己的键盘键入命令,系统也应能全部及时地接收并处理这些命令。

(1) 及时接收。要及时接收用户键入的命令或数据并不困难,为此,只需在系统中配置一个多路卡。例如,当要在主机上连接 8 个终端时,需配置一个 8 用户的多路卡。多路卡的作用是使得主机能同时接收各用户从终端上输入的数据。此外,还须为每个终端配置一个缓冲区,用来暂存用户键入的命令(或数据)。

(2) 及时处理。人机交互的关键,是让用户键入命令后能及时地控制自己作业的运行,或修改自己的作业。为此,各个用户的作业都必须在内存中,且应能频繁地获得处理机进行运行;否则,用户键入的命令将无法作用在自己的作业上。前面介绍的批处理系统是无法实现人机交互的,因为通常大多数作业都还驻留在外存上,即使是已调入内存的作业也经常要经过较长时间的等待后方能运行,因而使得用户键入的命令很难及时作用到自己的作业上。

由此可见,为实现人机交互,必须彻底改变原来批处理系统的运行方式。首先,用户作业不能先进入磁盘,然后再调入内存。因为作业在磁盘上不能运行,当然用户也无法与机器交互。因此,作业应能直接进入内存。其次,不允许一个作业长时间占用处理机,直至它运行结束或出现 I/O 请求后,方才调度其他作业运行。为此,应该规定每个作业只能运行一个很短的时间片，然后便停止该作业的运行，并立即调度下一个程序运行。如果在不长的时间内，能让所有的用户作业都执行一次，便可实现用户与自己作业的交互，从而可使用户的请求得到及时响应。

1.2.5 实时系统

所谓实时，是指系统能及时响应外部事件的请求，在规定的时间内完成对该事件的处理，并控制所有任务协调一致地运行。

1. 实时系统的产生

虽然多道批处理系统和分时系统已能获得较为令人满意的资源利用率和响应时间，从而使计算机的应用范围日益扩大，但它们仍然不能满足以下某些应用领域的需要。

(1) 实时控制。当把计算机用于生产过程的控制，以形成以计算机为中心的控制系统时，要求系统能够实时采集现场数据，并对数据进行及时处理，进而自动地控制相应的执行机构。通常把这些用于实时控制的系统称为实时系统。

(2) 实时信息处理。通常，人们把用于对信息进行实时处理的系统称为实时信息处理系统。该系统由一台或多台主机通过通信线路连接到成百上千个远程终端，计算机接收从远程终端上发来的服务请求，根据用户提出的请求对信息进行检索和处理，并在很短的时间内为用户作出正确的响应。典型的实时信息处理系统有早期的飞机或火车的订票系统、情报检索系统等。

2. 实时系统的特征

在实时系统中必然存在着若干个实时任务，这些任务通常与某些外部设备相关，能反应或控制相应的外部设备，因而带有某种程度的紧迫性。其表现出的基本特征是及时性要求高，系统可靠性高，需要实时的时钟管理及过载保护。

3. 实时系统与分时系统的比较

实时系统有着与分时系统相似但并不完全相同的特点。表 1.1 从五个方面对实时系统和分时系统进行了比较。

表 1.1 实时系统和分时系统的比较

特点	实时系统	分时系统
多路性	实时控制系统周期性地对多路现场信息进行采集，对多个对象或多个执行机构进行控制。实时信息处理系统也按分时原则为多个终端用户服务	按分时原则为多个终端用户服务。多路性与用户情况有关，时多时少
独立性	每个终端用户向系统提出服务请求时，彼此独立操作，互不干扰；对信息的采集和对象的控制也彼此互不干扰	每个用户各占一个终端，彼此互不干扰，独立操作
及时性	以控制对象所要求的开始截止时间或完成截止时间来确定，一般为秒级或毫秒级	用户的请求能在短时间(用户能接受的)内获得响应

（续表）

特点	实时系统	分时系统
交互性	人与系统的交互，仅限于访问系统中某些特定的专用服务程序	用户与系统进行广泛的人机对话，系统能向终端用户提供数据处理，资源共享等服务
可靠性	高度可靠	可靠程度较低

1.2.6 操作系统的发展

操作系统经过20世纪60年代、70年代的发展，到20世纪80年代已趋于成熟。随着大规模集成电路和计算机体系结构的发展，逐渐形成了微机操作系统、多处理机操作系统、网络操作系统、分布式操作系统和嵌入式操作系统等。下面将扼要介绍微机操作系统的发展。

配置在微机上的操作系统称为微机操作系统。微机操作系统可按微机字长分成8位、16位、32位和64位。也可把微机操作系统按其运行方式的不同，分为单用户单任务操作系统、单用户多任务操作系统和多用户多任务操作系统。

1. 单用户单任务操作系统

单用户单任务操作系统的含义是：只允许一个用户上机，且只允许用户程序作为一个任务运行。这是最简单的操作系统，主要配置在8位和16位微机上。最具代表性的有CP/M和MS-DOS。CP/M是1975年由Digital Research公司率先推出的8位微机操作系统，具有较好的层次结构、可适应性、可移植性及易学易用性，在8位微机操作系统中占据了统治地位。MS-DOS在CP/M的基础上进行了较大的扩充，增加了许多内、外部命令，使该操作系统具有较强的功能及性能优良的文件系统。随着IBM-PC机及其兼容机的畅销，MS-DOS成为16位单用户单任务操作系统的标准。

2. 单用户多任务操作系统

单用户多任务操作系统的含义是：只允许一个用户上机，但允许将一个用户程序分为若干个任务并发执行，从而有效地改善了系统的性能。在32位微机上配置的操作系统基本上都是单用户多任务操作系统。最具代表性的是Windows，它是微软公司提供的一种支持图形用户界面（GUI）方式的操作系统，包括：1990年5月推出的Windows 3.0，1993年推出的Windows NT，以及之后又陆续推出的Windows 95/98/2000/XP。

3. 多用户多任务操作系统

多用户多任务操作系统的含义是：允许多个用户通过各自的终端使用同一台机器，共享主机系统中的各种资源，而每个用户程序又可进一步分为几个任务，使它们能够并发执行。在大、中、小型机中所配置的大多数是多用户多任务操作系统。最有代表性的是UNIX。UNIX是美国电报电话公司的贝尔实验室在1969—1970年开发的，1979年推出的

UNIX V7 已广泛应用于多种中、小型机器上。随着微机性能的提高，人们又将 UNIX 移植到微机上。现在最有影响力的两个能在微机上运行的 UNIX 的变型是 Linux 和 Solaris。

1.3 操作系统的基本特征

前述的三种基本操作系统都有自己的特征，如批处理系统具有能对多个作业进行成批处理，以获得高的系统吞吐量的特征，分时系统具有允许用户和计算机进行人机交互的特征，而实时系统具有实时特征，但它们也都具有并发、共享、虚拟和异步这四个现代操作系统的基本特征。其中，并发特征是操作系统最重要的特征，其他三个特征都是以并发特征为基础的。

1.3.1 并发性

1. 并行与并发

并行性和并发性是既相似又有区别的两个概念。并行性是指两个或多个事件在同一时刻发生；而并发性是指两个或多个事件在同一时间间隔内发生。在多道程序环境下，并发性是指在一段时间内宏观上有多个程序在同时运行，但在单处理机系统中，每一个时刻仅能有一道程序执行，故微观上这些程序只能是分时地交替执行。倘若在计算机系统中有多个处理器，则这些可以并发执行的程序便可被分配到多个处理机上，实现并行执行，即利用每个处理器来执行一个可并发执行的程序，这样，多个程序便可以同时执行。

程序的并发执行，有效地改善了系统资源的利用率，提高了系统的吞吐量，但它使系统复杂化，操作系统必须具有控制和管理各种并发活动的能力。

2. 进程概念的引入

在多道程序的环境中，一个程序在运行过程中会随时受到内存中其他程序的干扰，不再可能一步运行到底。因此系统需要在程序暂停时保留其全部运行状态，以便恢复运行时能够完全继承以前的运行结果。程序将不再是静态的代码和数据，与之相联系的还应该有运行状态。于是，进程的概念出现了，它用于刻画运行中的程序。

实际上，引入进程的好处还远不止于此。内存中可以存在多个用户程序，分别为它们建立进程后，这些进程便可以并发执行，亦即实现前面所说的多道程序运行。

程序的并发执行将使系统复杂化，以至于在系统中必须增加新的功能模块，分别对于处理机、内存、I/O 设备和文件系统等资源进行管理，并控制系统中作业的运行。事实上，进程和并发是现代操作系统中最重要的基本概念，也是操作系统运行的基础。这部分内容将在第 2 章做详细介绍。

1.3.2 共享性

在操作系统环境下，所谓共享，是指系统中的资源可供内存中多个并发执行的进程同时使用。由于各种资源的属性不同，进程对资源共享的方式也不同，目前实现资源共享的方式主要有以下两种。

1. 互斥访问方式

系统中的某些资源，如打印机、磁带机，虽然它们可以提供给多个进程使用，但为使所打印或记录的结果不致造成混淆，应规定在一段时间内只允许一个进程访问该资源。为此，系统中应建立一定的机制，以确保对这类资源的互斥访问。例如，当某一进程需要使用某个资源时，必须先提出请求，如果此时该资源空闲，系统便可将其分配给请求进程；反之，若该资源正被占用，则请求进程必须等待。

这种资源共享方式称为互斥式共享，而把在一段时间内只允许一个进程访问的资源称为临界资源或独占资源。计算机系统中的大多数物理设备，以及某些软件中所用的栈、变量和表格，都属于临界资源，它们要求被互斥地共享。

2. 同时访问方式

系统中还有另一类资源，允许在一段时间内由多个进程"同时"对它们进行访问。这里所谓的"同时"往往是宏观上的，而在微观上，这些进程可能是交替地对该资源进行访问。典型的可供多个进程"同时"访问的资源是磁盘设备，一些用重入码编写的文件，也可以被"同时"共享，即若干个用户同时访问该文件。

并发和共享是操作系统两个最基本的特征，二者之间又是互为存在条件的。一方面，资源共享是以进程的并发为条件的，若系统不允许程序并发执行，自然不存在资源共享问题。另一方面，若系统不能对资源共享实施有效的管理，也必将影响程序的并发执行，甚至根本无法并发执行。

1.3.3 虚拟技术

在操作系统中，所谓虚拟，是指把一个物理上的实体，变为若干个逻辑上的对应物。物理实体(前者)是实的，即实际存在的；而后者是虚的，是用户感觉上的东西。相应地，用于实现虚拟的技术，称为虚拟技术。在操作系统中利用了多种虚拟技术，分别用来实现虚拟处理机、虚拟内存、虚拟外部设备等。

1. 虚拟处理机技术

在虚拟处理机技术中，是通过多道程序设计技术，为每道程序建立一个进程，用多道程序并发执行的方法，来分时使用一台处理机。此时，虽然只有一台处理机，但它却能同时为多个用户服务，使每个终端用户都认为是有一个 CPU 在专门为他服务。亦即，利用多道程序设计技术，把一台物理上的 CPU 虚拟为多台逻辑上的 CPU，在每台逻辑 CPU 上运行一道程序。这样的逻辑 CPU 称为虚拟处理机。

2. 虚拟存储器技术

类似地，可以通过虚拟存储器技术，将一台机器的物理存储器变为虚拟存储器，以便从逻辑上扩充存储器的容量。此时，虽然物理内存的容量可能不大（如 32 MB），但它可以运行比它大得多的用户程序（如 128 MB）。这使用户感觉到内存容量比实际内存容量大得多，认为该机器的内存至少也有 128 MB。当然这时用户感觉到的内存容量是虚的。我们把用户所感觉到的存储器称为虚拟存储器。

3. 虚拟设备技术

我们还可以通过虚拟设备技术，将一台物理上的 I/O 设备虚拟为多台逻辑上的 I/O 设备，并允许每个用户占用一台逻辑上的 I/O 设备，这样便可使原来仅允许在一段时间内由一个用户访问的独占设备，变为在一段时间内允许多个用户同时访问的共享设备。例如，原来的打印机属于独占设备，只能为一个用户程序服务，而通过虚拟设备技术，可以把它变为多台逻辑上的打印机，供多个用户“同时”打印。

1.3.4 异步性

在多道程序环境下，允许多个进程并发执行，但只有进程在获得所需的资源后方能执行。在单处理机环境下，由于系统中只有一个处理机，因而每次只允许一个进程执行，其余进程只能等待。当正在执行的进程提出某种资源要求时，如打印请求，如果此时打印机正在为其他进程打印，由于打印机属于临界资源，因此正在执行的进程必须等待，且放弃处理机，直到打印机空闲，并再次把处理机分配给该进程时，该进程方能继续执行。可见，由于资源等因素的限制，使进程的执行通常都不是“一气呵成”，而是以“停停走走”的方式运行。

内存中的每个进程在何时能获得处理机运行，何时又因提出某种资源请求而暂停，以及进程以怎样的速率向前推进，每道程序总共需多少时间才能完成，等等，都是不可预知的。由于各用户程序功能的不同，比如，有的侧重于计算而较少需要 I/O，有的程序其计算少而 I/O 多，这样，很可能是先进入内存的作业后完成，而后进入内存的作业先完成。或者说，进程是以人们不可预知的速率向前推进，此即进程的异步性。

尽管如此，但只要运行环境相同，作业经多次运行，都会获得完全相同的结果。因此，异步运行方式是允许的，是操作系统的一个重要特征。

1.4 操作系统的基本功能

操作系统的主要任务，是为多道程序的运行提供良好的运行环境，以保证多道程序能有条不紊地、高效地运行，并能最大程度地提高系统中各种资源的利用率和方便用户的使用。为实现上述任务，操作系统应具有进程管理、存储管理、设备管理和文件管理方面的功能。此外，为了方便用户使用操作系统，还须提供方便的用户接口。

1.4.1 进程管理功能

进程管理的主要功能是创建和撤销进程，对诸进程的运行进行协调，实现进程之间的信息交换，以及按照一定的算法把处理机及系统内的其他资源分配给进程。

1. 进程控制

在多道程序环境下，要使作业运行，必须先为它创建一个或几个进程，并为之分配必要的资源。当进程运行结束时，立即撤销该进程，以便能及时回收该进程占用的各类资源。进程控制的主要功能是为作业创建进程、撤销已结束的进程，以及控制进程在运行过程中的状态转换。

2. 进程同步

前已述及，进程是以异步方式运行的，并以人们不可预知的速率向前推进。为使多个进程能有条不紊地运行，系统中必须设置进程同步机制。进程同步的主要任务是协调多个进程的运行。协调方式有两种，包括：①进程互斥方式，指诸进程在对临界资源进行访问时，应采用互斥方式；②进程同步方式，指在相互合作去完成共同任务的诸进程间，由同步机构对它们的执行次序加以协调。

3. 进程通信

在多道程序环境下，由于多个进程共享系统资源，且可能存在多个进程相互合作去完成一个共同的任务。而在这些进程之间，又往往需要交换信息。进程通信的任务就是用来保证如何有效地在进程之间进行信息交换。

4. 调度

在后备队列上等待的每个作业，通常都要经过调度才能执行。在传统的操作系统中，包括作业调度和进程调度两步。作业调度的基本任务，是按照一定的算法，从后备队列中选择若干个作业，为它们分配必需的资源(首先是分配内存)。在它们调入内存后，分别为它们建立进程，使它们都成为可能获得处理机的就绪进程，并按照一定的算法将它们插入就绪队列。而进程调度的任务，则是从进程的就绪队列中选出一个新进程，把处理机分配给它，并为它设置运行现场，使进程投入执行。

1.4.2 存储管理功能

存储管理的主要任务是为多道程序的运行提供良好的环境，方便用户使用存储器，提高存取器的利用率以及能从逻辑上扩充内存。为此，存储管理应具有内存分配、内存保护、地址映射和内存扩充等功能。

1. 内存分配

内存分配的主要任务是为每道程序分配内存空间，使它们“各得其所”；提高存储器利用率，以减少空间浪费；允许正在运行的程序申请附加的内存空间，以适应程序和数据动态增长的需要。

为了实现内存分配，内存分配机制首先应具有一套内存分配数据结构，该结构用于记录内存空间的占用情况，作为内存分配的依据；其次，能够按照一定的内存分配算法，为用户程序分配内存空间；系统对于用户不再需要的内存，通过用户的释放请求，完成系统的回收功能。

2. 内存保护

内存保护的主要任务，是确保每道用户程序都只在自己的内存空间内运行，彼此互不干扰。决不允许用户程序访问操作系统的程序和数据；也不允许用户程序转移到非共享的其他用户程序中去执行。

为了确保每道程序都只在自己的内存区中运行，必须设置内存保护机制。一种比较简单的内存保护机制，是设置两个界限寄存器，分别用于存放正在执行程序的上界和下界。系统须对每条指令所要访问的地址进行检查，如果发生越界，便发出越界中断请求，以停止该程序的执行。如果这种检查完全用软件实现，则每执行一条指令，都须增加若干条指令进行越界检查，这将显著降低程序的运行速率。因此，越界检查都由硬件实现。当然，对发生越界后的处理，还须与软件配合来完成。

3. 地址映射

一个应用程序（源程序）经编译后，通常会形成若干个目标程序；这些目标程序再经过链接便形成了可执行程序。这些可执行程序的起始地址都是从“0”开始的，程序中的其他地址都是相对于起始地址计算的。由这些地址所形成的地址范围称为“地址空间”，其中的地址称为“逻辑地址”或“相对地址”。与此相应的是，由计算机系统的物理内存中的一系列单元所限定的地址范围称为“内存空间”，其中的地址称为“物理地址”。

可执行程序在执行前需被装入内存。在多道程序环境下，每道程序不可能都从“0”地址开始装入，这就致使地址空间内的逻辑地址和内存空间中的物理地址不一致。为使程序能正确运行，存储管理必须提供地址映射功能，以将地址空间中的逻辑地址转换为内存空间中与之对应的物理地址。为保证程序执行的效率，该功能应在硬件的支持下完成。

4. 内存扩充

存储器管理中的内存扩充任务，并非是去扩大物理内存的容量，而是借助虚拟存储技术，从逻辑上扩充内存容量，使用户所感觉到的内存容量比实际内存容量大得多，或者是让更多的用户程序能并发运行。这样，既满足了用户的需要，改善了系统的性能，又基本上不增加硬件投资。

1.4.3 设备管理功能

设备管理用于管理计算机系统中所有的外围设备，而设备管理的主要任务是：完成用户进程提出的I/O请求；为用户进程分配其所需的I/O设备；提高CPU和I/O设备的利用率；提高I/O速率；方便用户使用I/O设备。为完成上述任务，设备管理应具有缓冲管理、设备分配和设备处理等功能。

1. 缓冲管理

CPU运行的高速性和I/O设备低速性间的矛盾自计算机诞生时起便已存在。随着CPU速率的迅速提高，此矛盾日益突出，严重降低了CPU的利用率。而如果在I/O设备和CPU之间引入缓冲，则可有效地缓和这一矛盾，进而提高系统吞吐量。因此，在现代计算机系统中，都毫无例外地在内存中设置了缓冲区，而且还可通过增加缓冲区容量的方法改善系统的性能。

2. 设备分配

设备分配的基本任务是根据用户进程的I/O请求、系统的现有资源使用情况以及按照某种设备分配策略，为之分配其所需的设备。如果在I/O设备和CPU之间，还存在着设备控制器和I/O通道时，还须为分配出去的设备分配相应的控制器和通道。

为了实现设备分配，系统中应设置设备控制表、控制器控制表等数据结构，用于记录设备及控制器的标识符和状态。根据这些表格可以了解指定设备当前是否可用，是否忙碌，以供设备分配时参考。在进行设备分配时，应针对不同的设备类型采用不同的设备分配策略。对于独占设备(临界资源)的分配，还应考虑到该设备被分配出去后，系统是否安全。设备使用完后，应立即由系统回收。

3. 设备处理

设备处理程序又称为设备驱动程序。其基本任务是实现CPU和设备控制器之间的通信，一方面，由CPU向设备控制器发出I/O命令，要求它完成指定的I/O操作；另一方面，由CPU接收从控制器发来的中断请求，并给予迅速的响应和相应的处理。

1.4.4 文件管理功能

在现代计算机管理中，总是把程序和数据以文件的形式存储在磁盘或磁带上，供所有的或指定的用户使用。为此，在操作系统中必须配置文件管理机构。文件管理的主要任务是对用户文件和系统文件进行管理，以方便用户使用，并保证文件的安全。为此，文件管理应具有对文件存储空间的管理、目录管理、文件的读/写管理，以及文件的共享和保护等功能。

1. 文件存储空间的管理

由文件系统对诸多文件及文件的存储空间实施统一的管理。其主要任务是为每个文件分配必要的外存空间，提高外存的利用率，并能有助于提高文件系统的运行速度。为此，系统应设置相应的数据结构，记录文件存储空间的使用情况，供分配存储空间时参考；还应具有对存储空间进行分配和回收的功能。

2. 目录管理

为了使用户能方便地在外存上找到自己所需的文件，通常首先由系统为每个文件建立一个目录项。目录项包括文件名、文件属性、文件在磁盘上的物理位置等。目录管理的主要任务是为每个文件建立有效的目录项，并对众多的目录项加以有效的组织，以实现方便的按名存取，即用户只需提供文件名，即可对该文件进行存取。其次，应能提供快速的目录查询手段，提高文件检索速率。最后，目录管理还应能方便地实现文件共享，这样，只需在外存上保留一份该共享文件。

3. 文件的读写控制

在进行文件读/写时，系统先根据用户给出的文件名，检索文件目录，从中获得文件在外存中的位置。然后，利用文件读/写指针，对文件进行读/写。一旦读/写完成，便修改读/写指针，为下一次读/写做好准备。由于读和写操作不会同时进行，故可合用一个读/写指针。

4. 文件保护

为了防止系统中的文件被非法窃取和破坏，在文件系统中必须提供有效的存取控制手段，以实现下述目标：

（1）防止未经核准的用户存取文件；

（2）防止冒名顶替存取文件；

（3）防止以不正确的方式使用文件。

1.4.5 操作系统与用户之间的接口

为了方便用户使用，操作系统必须向用户提供“用户与操作系统的接口”。该接口通常可分为两大类：

（1）命令接口。提供给用户使用的接口，用户可通过该接口取得操作系统的服务。

（2）程序接口。提供给程序员在编写程序时使用的接口，是用户程序取得操作系统服务的唯一途径。

1. 命令接口

为了便于用户直接或间接地控制自己的作业，操作系统向用户提供了命令接口。用户可通过该接口向作业发出命令以控制作业的运行。该接口又可进一步分为联机用户接口和脱机用户接口。

（1）联机用户接口。这是为联机用户提供的，它由一组键盘操作命令及命令解释程序组成。当用户在终端或控制台上每键入一条命令后，系统便立即转入命令解释程序，对该命令加以解释并执行该命令。在完成指定功能后，系统又返回到终端或控制台上，等待用户键入下一条命令。这样，用户可通过先后键入不同命令的方式，实现对作业的控制，直至作业完成。

用户虽然可以通过联机用户接口来取得操作系统的服务，但这时要求用户能熟记各种命令的名字和格式，并严格按照规定的格式输入命令。这种方式既不方便又浪费时间，于是图形用户接口便应运而生。用户可以通过鼠标、菜单或对话框完成对应用程序和文件的操作。

(2) 脱机用户接口。该接口是为批处理作业用户提供的，故也称为批处理用户接口。该接口由一组作业控制语言组成。批处理作业的用户不能直接与自己的作业交互作用，只能委托系统代替用户对作业进行控制和干预。这里的作业控制语言便是提供给批处理作业用户的、为实现所需功能而委托系统代为控制的一种语言。用户用该语言把需要对作业进行的控制和干预，事先写在作业说明书上，然后将作业连同作业说明书一起提供给系统。当系统调度到该作业运行时，同时调用命令解释程序，对作业说明书上的命令，逐条地解释执行。如果作业在执行过程中出现异常，系统也将根据作业说明书上的指示进行干预。这样，作业一直在作业说明书的控制下运行，直至遇到作业结束语句时，系统才停止该作业的运行。

2. 程序接口

程序接口是为用户程序在执行中访问系统资源而设置的，是用户程序取得操作系统服务的唯一途径。它由一组系统调用组成，每一个系统调用都是一个能完成特定功能的子程序，每当应用程序要求操作系统提供某种服务(功能)时，便调用具有相应功能的系统调用。早期的系统调用都是用汇编语言编写的，只有在用汇编语言编写的程序中，才能直接使用系统调用；但在高级语言以及 C 语言中，往往提供了与各系统调用一一对应的库函数，这样，应用程序便可通过调用对应的库函数来使用系统调用。但在近些年所推出的操作系统中，其系统调用本身已经采用 C 语言编写，并以函数形式提供，故在用 C 语言编制的程序中，可直接使用系统调用。

1.5 UNIX 操作系统

由于本书主要以 UNIX 操作系统为例，说明操作系统的工作原理，为此，本节先对 UNIX 系统进行简要介绍。

1.5.1 UNIX 系统的产生与发展

UNIX 是一个强大的多用户、多任务操作系统，支持多种处理器架构，最早由肯·汤普森(Ken Thompson)，丹尼斯·里奇(Dennis Ritchie)和道格拉斯·麦克罗伊(Douglas McIlroy)于 1969 年在 AT&T 的贝尔实验室开发。从总体来看，UNIX 的发展可以分为三个阶段。

(1) 第一阶段为 UNIX 的初始发展阶段。1969 年，汤普森在贝尔实验室创造了 UNIX

操作系统，刚开始运行在一台 PDP-7 计算机上，只在实验室内部使用并完善它，这个阶段 UNIX 从版本 1 发展到了版本 6。

值得注意的是，早期的 UNIX 是用汇编语言写成的，以至于在 1970 年将 UNIX 移植到 PDP-11/20 上的时候做了大量工作。在这个阶段里最重要的事件可以算 UNIX 的作者使用 C 语言对 UNIX 的源代码重新改写，使 UNIX 具有了可移植性。

由于 UNIX 是被作为研究项目，其他科研机构和大学的计算机研究人员也希望能得到这个系统，以便进行自己的研究。AT&T 以分发许可证的方法，对 UNIX 仅仅收取很少的费用，大学和研究机构就能获得 UNIX 的源代码以进行研究。UNIX 的源代码被散发到各个大学，一方面使得科研人员能够根据需要改进系统，或者将其移植到其他硬件环境中，另一方面培养了大量懂得 UNIX 使用和编程的学生，这使得 UNIX 更为普及。

(2) 第二阶段为 20 世纪 80 年代，这是 UNIX 的丰富发展阶段。在 UNIX 发展到了版本 6 之后，一方面 AT&T 继续发展内部使用的 UNIX 版本 7，同时也发展了一个对外发行的版本，但改用 System 加罗马字母作为版本号来命名它。System III 和 System V 都是相当重要的 UNIX 版本。此外，其他厂商以及科研机构都纷纷改进 UNIX，其中以加州大学伯克利分校的 BSD 版本最为著名，从 4.2BSD 中派生出了多种商业 UNIX 版本，如 Solaris，HP-UX，IRIX，AIX，SCO 等。

(3) 第三阶段是 UNIX 的完善阶段，从 20 世纪 90 年代开始到现在。当 AT&T 推出 System V Release 4(第 5 版本的第四次正式发布产品)之后，它和伯克利的 4.3BSD 已经形成了当前 UNIX 的两大流派。此时，AT&T 认识到了 UNIX 的价值，因此它起诉包括伯克利在内的很多厂商，伯克利不得不推出不包含任何 AT&T 源代码的 4.4BSD Lite，这次司法起诉也使很多 UNIX 厂商从 BSD 转向了 System V 流派。

虽然 UNIX 已经非常开放，但在 20 世纪 80 年代其内核代码也不是随意就可以得到的。最容易得到的代码是 Minix，是用于教学目的而编写的一个系统，但这远不是一个成熟的系统。于是芬兰的 Linus 决定自己编写一个独立的操作系统，在 Internet 上发布了一个通告。这个称为 Linux 的操作系统在 Internet 上众多爱好者的帮助下迅速开发出来，并取得了巨大的成功。Linux 和其他 UNIX 的源码完全无关，严格来讲只能算仿制品。但 Linux 的开发者来自整个 Internet，具有各种 UNIX 系统的背景，因此 Linux 也集中了各种 UNIX 的优点，在性能上与商业产品毫不逊色。

经过长期的发展和完善，UNIX 目前已成长为一种主流的操作系统技术和基于这种技术的产品大家族。由于 UNIX 具有技术成熟、可靠性高、网络和数据库功能强、伸缩性突出和开放性好等特点，可满足各行各业的实际需要，特别能满足企业重要业务的需要，已经成为主要的工作站平台和重要的企业操作平台。UNIX 曾经是服务器操作系统的首选，占据最大市场份额，但近年来在跟 Windows 以及 Linux 的竞争中有所失利。

1.5.2 UNIX 系统的特点

UNIX 系统在相当短的时间内取得这样大的成功，有其内部和外部原因。从外部观察，UNIX问世之日，正是人们开始普遍使用分时操作系统，并正在寻求一个功能齐备、使用方便、大小适中的系统之时，所以UNIX生逢其时。另外，这一系统是在PDP-11系列机上开发出来的，而这种机型在当时已经得到广泛应用，并曾占据小型机的主要市场，这就为UNIX的广泛配置创造了物质条件。这些外部原因都非常重要，但是决定性的因素还是内部原因，即UNIX本身的性能和特点决定了它的成败。

下面简要分析UNIX系统的某些特点，供读者在学习UNIX系统和本书时进一步思考。

1. 精巧的核心与丰富的实用层

UNIX系统在结构上分成两大层：内核层和核外程序。内核层小巧，而核外程序丰富。内核层包括进程管理、存储管理、设备管理、文件系统管理四个部分。UNIX的设计者对内核功能作了仔细考虑，内核层设计得非常精干简洁，其主要算法经过反复推敲，对其中包含的数据结构和程序进行了精心设计。因此，内核层只需占用很小的存储空间，并能常驻内存，保证系统以较高的效率工作。

核外程序是那些能从内核层分离出来的部分，它们以核外程序的形式出现并在用户环境下运行。这些核外程序包含有丰富的语言处理程序。UNIX支持十几种常用程序设计语言的编译和解释程序，如C，APL，FORTRAN77，PASCAL，SNOBOL，COBOL，BASIC，ALGOL68等，还包括其他操作系统常见的实用程序，如编辑程序、调试程序、有关系统状态监控和文件管理的实用程序等。UNIX还有一组强有力的软件工具，用户能比较容易地使用它们来开发新的软件。另外，UNIX的命令解释程序Shell也属于核外程序。正是这些核外程序给用户提供了相当完备的使用环境。

UNIX系统的设计特别注意了内核和核外程序的有机结合。内核层向核外程序提供充分而强有力的支持。核外程序则以内核为基础，最终都使用由内核层提供的底层服务，灵活而恰到好处地运用了内核的支持。内核层和核外程序二者结合起来作为一个整体，向用户提供各种良好的服务。

2. 使用灵活的用户界面

UNIX向用户提供了命令接口和程序接口两种用户界面。界面的使用非常方便、功能齐备、清晰而灵活，易于按用户需要进行扩充和修改。

UNIX命令接口是一种命令程序设计语言Shell。Shell首先是一种命令语言。UNIX的200多条命令对应着200个实用程序。Shell也是一种程序设计语言。它具有许多高级语言所拥有的控制流能力，如if，for，while，until，case语句，以及对字符串变量的赋值、替换、传递参数、命令替换等能力。对初学者而言，这种语言不难学习，使用比较方便。对熟练用户而言，则有较多高级手段可以利用，使他们能够高效率地在系统上进行工作。

UNIX程序接口称为系统调用，它是用户在编写程序时可以使用的界面。UNIX不但在汇编语言，而且在C语言中向用户提供这种界面。用户可以把它们看成是C语言的一部分加以利用。在后续相关章节中将介绍若干主要系统调用的功能及其内部实现方法。

3. 树形结构的文件系统

UNIX 系统采用树形目录结构来组织各种文件及文件目录。这样的组织方式有利于存储空间的分配及快速查找文件，也可以为不同用户的文件提供文件共享和存取控制的能力，且保证用户之间安全有效的合作。

4. 文件和设备统一看待

UNIX 系统中的文件是无结构的字节序列。在缺省情况下，文件都是顺序存取的，但用户如果需要的话，也可为文件建立自己需要的结构，用户也可以通过改变读/写指针对文件进行随机存取。

此外，UNIX 将普通数据文件、目录文件和外围设备都统一作为文件处理，外围设备如同磁盘上的普通文件一样被访问、共享和保护。用户不必区分文件和设备，也不需要知道设备的物理特性就能访问它。例如，系统中行式打印机对应的文件名是/dev/lp。用户只要用文件的写操作(write)就能把它的数据从打印机上输出。这样在用户面前，文件的概念简单了，使用也方便了。

5. 良好的移植性

UNIX 的所有核外程序和内核的 90%代码是用 C 语言写成的，这使得 UNIX 系统易于理解、修改和扩充，成为一个可移植的操作系统。

操作系统的可移植性带来了应用程序的可移植性，因而用户的应用程序既可用于小型机，又可用于其他微型机或大型机，从而大大提高了用户的工作效率。

虽然 UNIX 系统取得了巨大的成功，但它也不是没有缺点的。比如，UNIX 系统的版本太多，造成应用程序的可移植性不能完全实现；UNIX 系统的核心结构不是层次的，故显得十分复杂，不易修改和扩充。但是，UNIX 系统的这些缺点比起它的成就而言是十分次要的，它的成功是令人瞩目的。

UNIX 操作系统的另外一些特点涉及比较具体的实现技术，这将在有关章节中进一步介绍。

1.5.3 关于UNIX V6++

1. UNIX V6

UNIX V6 由肯·汤普森和丹尼斯·里奇开发，由贝尔实验室于 1975 年发布。因为大部分代码都是用 C 语言完成的，并且公开了源代码，UNIX V6 因此得到广泛使用，并广泛配置在各大学的 PDP-11 机器上。它是现代各类 UNIX 操作系统的源头，具备了现代操作系统的绝大部分特征，即进程管理和调度、内存管理、文件系统和 I/O 设备管理等。它是非常优秀的系统程序，结构清晰，短小精悍，在商用系统程序领域，它的性能是空前绝后的。在此之后，UNIX 分为众多不同流派，但它们基本上都秉承了 UNIX V6 的设计思想。

在 UNIX 初期，其代码免费向大学开放，这引起了学术界对 UNIX 的极大关注。澳大利亚新南威尔士大学的约翰·莱昂氏(John Lions)甚至逐行给出了 V6 源代码的注释，这就是著名的《(莱昂氏)Unix 操作系统源代码分析》。这本非正式出版的小册子一度成为许多大学操作系统课程的教材。

2. UNIX V6++

在多年的操作系统教学实践中，笔者深感通过深入阅读分析 UNIX V6 这一经典系统的源代码实现来学习操作系统是非常有价值的途径。通过一个可以运行的精简内核，指导学生随着课程的展开修改相关模块，让学生亲身感受系统在自己手中逐步完善的快感，这是笔者多年的梦想。

UNIX V6++是这个梦想的成果。由于 UNIX V6 只能在早已消失的古老机器 PDP-11 上运行。学生无法在该机器上做 UNIX V6 内核的实验，更无法通过修改 UNIX V6 内核来加深理解。于是，笔者萌生了将 UNIX V6 移植到 PC 机上的想法。为了能让学生更容易理解代码，又用面向对象的思想重新进行了设计，并用 C++ 加以实现。因为尽可能地遵循了 UNIX V6 的思想和算法，因此，我们将新系统命名为UNIX V6++。同时，为方便学生自行修改UNIX V6++，又专门为它开发了一个集成环境，学生可以用它来修改、编译、调试UNIX V6++内核。

与目前所有的实验性操作系统相比，UNIX V6++将 UNIX V6 源代码移植至 i386 体系结构上，最忠实地继承了 UNIX V6 的卓越设计思想；代码尺寸与 UNIX V6 相当，采用面向对象的程序设计风格，是一个便于学生理解、教师教学的操作系统。

由于采用面向对象的设计思想及 C++ 语言的实现，UNIX V6++的内核由两个重要的单体(Singleton)类：Machine 和 Kernel 组成，分别抽象了机器实例与操作系统内核实例，其中封装了进程管理、内存管理、设备管理、文件系统、中断处理、系统调用以及硬件管理等几个模块。图 1.5 表示了该系统的整体架构及各个模块在内核中的地位以及相互关系。

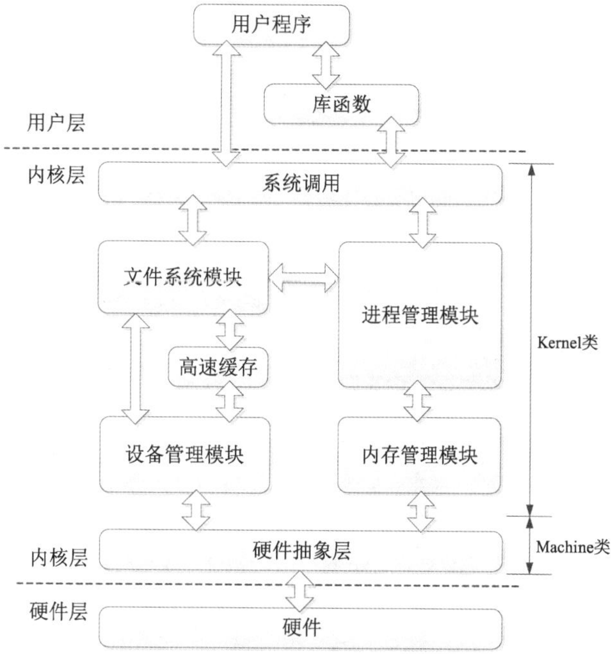

图 1.5 UNIX V6++系统内核框架

设计这两个类是出于这样的考虑：操作系统中对底层硬件的操作与内核各个模块本身的数据结构、处理逻辑这二者应当加以区分。图 1.5 可以直观地看出 Machine 类和

Kernel 类的界定范围：Machine 类负责系统中硬件抽象层部分，系统中硬件控制芯片，汇编语言抽象类，i386 体系结构的抽象属于硬件抽象层，它们与 Machine 类相关；Kernel 类负责进程管理、内存管理、设备管理、文件系统等内核模块，是对内核各个模块的数据和操作进行封装，处于系统的核心位置。

本书以UNIX V6++为教学案例。为了便于读者学习，在安排后续各章节内容时，既考虑了操作系统一般工作原理和概念叙述的完整性，也注意到了 UNIX 操作系统各部分的相互依赖和调用关系。后续的每个章节都将以先介绍内核设计原理，后详述实现方案的方式推出该章节介绍的所有概念。

第2章

并发进程

在现代操作系统中，进程是一个极其关键的概念。程序并不能独立运行，而作为资源分配和独立运行的基本单位都是进程。内核将执行中的程序作为进程加以管理，操作系统所具备的四大特征也都是基于进程而形成的。从进程的视角来研究操作系统是非常重要的观点。

本章将重点介绍关于进程及其并发执行的基本概念，而UNIX V6++中进程并发控制的具体实现方法，将在读者掌握了中断机制和内存分配机制后，在第5章详细阐述。

2.1 进程的基本概念

在单道程序环境中，程序的执行方式是顺序执行的，即必须在一个程序执行完成后，才允许另一个程序执行；而多道程序环境下，则允许多个程序并发执行。程序的这两种执行方式有着显著的不同。也正是程序并发执行的这一特征，导致在操作系统中引入进程的概念。因此，这里有必要先对程序的顺序执行方式和并发执行方式作简单的描述。

2.1.1 程序的顺序执行及其特征

1. 程序的顺序执行

在程序设计过程中，程序员习惯于用顺序方式编写一段程序。例如，一个典型的顺序执行的程序是：一段输入程序先从某个外部设备读入数据，随之一段计算程序一步一步完成特定的数值计算，最后一段输出程序将计算结果打印输出。

在单道程序工作环境中，机器执行程序的过程是严格按照顺序方式进行的，即任一时刻，机器只执行一个操作，只有前一操作执行完毕之后，才进行后续操作。这里，如果用节点代表一个程序中的各个程序段（图 2.1 中用圆圈表示），其中，I 代表输入程序，C 代表计算程序，P 代表打印程序，箭头指示操作的先后次序，那么，如果有三个上述程序需要执行，则三个程序的执行顺序如图 2.1 所示。

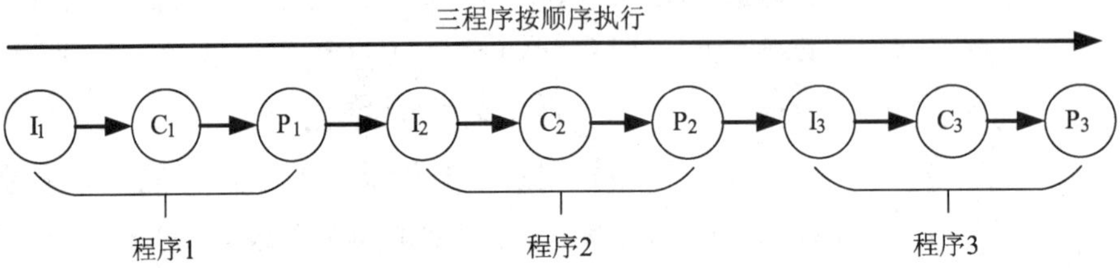

图 2.1　程序的顺序执行

2. 程序顺序执行时的特征

（1）顺序性。处理机的操作严格按照程序所规定的顺序执行，程序的先后顺序与机器执行程序的活动严格一一对应。

（2）封闭性。每个程序运行时独占全机资源，相当于在一个封闭环境下执行。资源的状态（除初始状态外）只有本程序才能改变它。程序一旦开始执行，其执行结果不受外界因素影响。

（3）可再现性。只要程序执行时的环境和初始条件相同，当程序重复执行时，都将获得相同的结果。

2.1.2　程序的并发执行及其特征

1. 程序的并发执行

与单道程序相比，多道程序的工作环境发生了很大变化，主要表现在以下两个方面。

(1) 资源共享

系统中的软硬件资源不再为单个用户程序独占，而由几道用户程序共同使用。于是，这些资源的状态就不再取决于一道程序，而是由多道程序的活动共同决定的。这就从根本上打破了一道程序封闭于一个系统中运行的局面。

(2) 程序并发

以图 2.1 中所示的程序为例，来说明并发执行的过程。一个程序内部的输入、计算和打印三个操作之间，必须顺序执行，但是不同程序之间，并不存在这样的先后次序关系。因而在对这一批程序进行处理时，可使它们并发执行。

图 2.2 是输入、计算和打印这三个操作在对一批程序进行处理时的情况。从图中可以看出，在 I_1 执行结束后，I_2 和 C_1 可以并发执行。而在 I_2 和 C_1 全部执行结束后，C_2 开始执行，同时 I_3 和 P_1 也可以开始执行，三者实现并发。

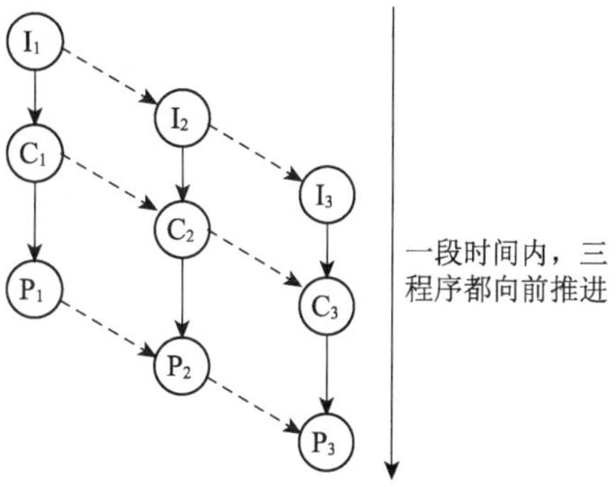

图 2.2　程序的并发执行

在多道程序并发的工作环境中，系统中的各个部分不再以单纯的串行方式工作。从硬件角度看，处理机、各种外设、存储部件常常同时在工作。从程序活动角度看，则可能有若干个作业程序或者同时，或者相互穿插在系统中并发运行。这时，一道程序的前一个动作结束后，系统不一定立即执行其后续操作，而是有可能转而执行其他程序的某一操作；对于程序中可以并行执行的操作，也可能不需要等待另一操作结束，系统就开始执行它们。这样也就打破了程序执行的顺序性。同时，多个程序活动可能是在不同的数据集上执行同一个程序，所以程序以及机器执行程序的活动不再有严格的一一对应关系。

2. 程序并发执行时的特征

程序的并发执行，提高了系统的吞吐量，但也产生了一些与程序顺序执行时不同的特征。

(1) 间断性

程序在并发执行时，由于它们共享系统资源，以及为完成同一项任务而相互合作，致使这些并发执行的程序之间，形成了相互制约的关系。例如，图 2.2 中的 I，C 和 P 是三段相互合作的程序，当计算程序完成 C_{i-1} 的计算后，如果输入程序 I 尚未完成 I_i 的处理，则计算程序就无法进行 C_i 的处理，致使计算程序必须暂停运行。又如，当打印程序完成 P_i 的打印后，若计算程序尚未完成 C_{i+1} 的计算，则打印程序就无法对 C_{i+1} 的计算结果进行打印。一旦使程序暂停的因素消失后(如 I_i 已处理完成),计算程序便可恢复执行对 C_i 的处理。由此可见,相互制约将导致并发程序具有“执行—暂停—执行”这种间断性的活动规律。

(2) 失去封闭性

多个程序并发执行时,共享系统中的各种软硬件资源,因而这些资源的状态将由多个程序来改变,致使程序的运行失去了封闭性。这样,某程序在执行时,必然会受到其他程序的影响。例如,当处理机这一资源已被其他程序占有时,另一程序只能等待。而对于系统中的其他资源,也有类似情况。一般而言,这种制约关系,可以在任何两个甚至多个程序之间发生,与它们之间有无逻辑联系无关。

(3) 不可再现性

程序在并发执行时,由于失去了封闭性,也将导致其失去可再现性。例如,有两个循环程序 A 和程序 B,它们共享一个变量 N。程序 A 每执行一次时,都要做 N:=N+1 的操作;程序 B 每执行一次时,都要执行 Print(N)操作,然后再将 N 置为“0”。程序 A 和程序 B 以不同的速度运行。这样,可能出现下述三种情况(假定某时刻变量 N 的值为 n)。

- N:=N+1 在 Print(N)和 N:=0 之前,此时得到的 N 值分别为 n+1,n+1,0。
- N:=N+1 在 Print(N)和 N:=0 之后,此时得到的 N 值分别为 n,0,1。
- N:=N+1 在 Print(N)和 N:=0 之间,此时得到的 N 值分别为 n,n+1,0。

上述情况说明,并发执行时,程序失去了封闭性,其计算结果与并发程序的执行速度有关,亦即程序多次执行后,虽然它们执行时的环境和初始条件相同,但得到的结果却各不相同。

2.1.3 进程概念的引入和描述

由上述分析可知,在多道程序工作环境下,一个程序活动不再独占系统资源,因此也就不再能单独决定这些资源的状态;程序和机器执行程序的活动之间也不再有严格的一一对应关系。总之,程序活动不再处于一个封闭系统中,而是和其他程序活动之间存在着相互依赖和制约的关系,因而呈现出并发、动态以及不可再现这些新的特征。

在这种情况下,程序这个静态的概念已经不能如实地反映程序活动的这些特征。为此,20 世纪 60 年代中期,MULTICS 操作系统的设计者和以 E. W. Dijkstra 为首的 T.H.E 操作系统的设计者开始广泛应用进程(process)这一新的概念来描述系统和用户的程序活动。而 IBM/370 的设计者则使用了另一个术语:任务(task),二者的实际含义是一致的。

“进程”是操作系统最基本的,也是最重要的概念之一。这个概念对于操作系统的理解、描述和设计都具有极其重要的意义。但是迄今为止,对这一概念还没有一个非常确切的统一描述。有人称进程是可以并行运行的计算部分(S. E. Madnick,J. I. Donovan);有人称进程是一个程序与其数据一道在计算机上顺序执行时所发生的活动(Ellis Cohen,David Joffersom);有人则从资源共享和竞争方面考虑,认为进程是一个抽象的实体,当它执行一个任务时,将要求分配和释放各种资源(Peter Denning)。这些描述都注意到了进程的动态性质，但侧重面有所不同。

1. 进程和程序的区别与联系

为了突出进程和程序这两个概念的区别和联系，首先对进程给出如下描述：进程是一种活动，它是由一个动作系列组成，每个动作是在某个数据集上执行一段程序，整个活动的结果是提供一种系统或用户功能。根据以上描述，再对进程和程序之间的区别和联系作以下两点说明。

(1) 进程是程序的一次运行活动，属于一个动态的概念。程序是一组有序的静态指令，是一个静态的概念。但是，进程离开了程序也就没有了存在的意义。因此，可以这样说，进程是执行程序的动态过程，而程序是进程运行的静态文本。程序可以作为一种软件资源长期保存着。而进程则是程序的一次执行过程，它是暂时的，是动态产生和终止的。

(2) 一个进程可以执行一个或几个程序。例如，一个进程进行 C 语言源程序编译时，它要执行前处理、词法语法分析、代码生成和优化等多个程序。反之，同一程序也可能由多个进程同时执行。例如，上述 C 语言编译程序可能同时被几个进程执行，它们对相同或不同的源程序分别进行编译，各自产生目标程序。

2. 进程的特征

为了能更为深刻地了解什么是进程，下面进一步对进程的特征加以描述。

(1) 动态性

如前所述，进程实际上是程序的一次执行过程，动态性是进程的最基本的特征，表现在："它由创建而产生，由调度而执行，由撤销而消亡"。可见，进程实体有一定的生命周期，而程序则只是一组有序指令的集合，并存放于某种介质上，其本身并不具有运动的含义，因而是静止的。

(2) 并发性

并发性是进程的重要特征，同时也是操作系统的重要特征。如果进程数和处理机数相同，则每个进程都占用一个处理机。但更一般的情况是处理机数少于进程数，于是处理机被共享，在进程间切换使用。如果相邻两次切换的时间间隔非常短，而观察时间又相当长，那么各个进程都在前进，造成一种宏观上并发运行的效果。所以并发处理的真实含义是：如果将系统作为一个整体来观察，则在任一时刻有若干进程存在于系统中，这些进程都处于其起点和终点之间。把所有这些进程都看成正在系统中运行着，活跃着。而程序是不能并发执行的。

(3) 不确定性

各个进程按不可预知的速度向前推进，或者说进程按异步方式运行。处理机执行进程是以指令为单位进行的。执行完每条指令后，处理机可能会由于多种原因被操作系统调度执行另一个进程的程序。这些原因与系统中许多经常变化着的不确定因素有关，所以它们都是不可预测的。因此，各个进程也就在不可预测的次序中前进。

2.1.4 进程控制块

为使程序(含数据)能独立运行,应为之配置一进程控制块,即 PCB(Process Control Block);而由程序段、相关的数据段和 PCB 三部分共同构成了进程实体。在早期的 UNIX 版本中,把这三部分总称为"进程图象"。需要指出的是,在许多情况下所说的进程,实际上是指进程实体。例如,所谓创建进程,实质上是创建进程实体中的 PCB;而撤销进程,实质上是撤销进程的 PCB。本书中也是如此。

进程控制块 PCB 作为进程实体的一部分,是操作系统中最重要的记录型数据结构。例如,在 Linux 系统中用 task_struck 数据结构来描述每个进程的进程控制块,在 Windows 操作系统中则使用一个执行体进程块(EPROCESS)来表示进程对象的基本属性。

PCB 中记录了操作系统所需的、用于描述进程当前情况以及控制进程运行的全部信息。进程控制块的作用是使一个程序(含数据),成为一个能独立运行的基本单位,一个能与其他进程并发执行的进程。或者说,操作系统是根据 PCB 来对并发执行的进程进行控制和管理的。在后面的章节中陆续会看到,在进程的整个生命周期中,操作系统总是通过 PCB 对进程进行控制,亦即系统是根据进程的 PCB 而不是任何别的什么感知到该进程的存在的。所以说,PCB 是进程存在的唯一标志。

在引入了进程实体的概念后,操作系统中的进程可定义为:进程是进程实体的运行过程,是系统进行资源分配和调度的一个独立单位。

1. 进程控制块中的信息

操作系统会为运行中的每一个进程分配一个 PCB。在每个进程的 PCB 中,主要包括下述四个方面的信息。

(1) 进程标识符

进程标识符用于唯一地标识一个进程。一个进程通常有两种标识符。一种是内部标识符,在所有操作系统中,都为每一个进程赋予了一个唯一的数字标识符,它通常是一个序号。设置内部标识符主要是为了方便系统使用。另一种是外部标识符,它由创建者提供,通常由字母、数字组成,往往是由用户(进程)在访问该进程时使用。为了描述进程的家族关系,还应设置父进程标识及子进程标识。此外,还可设置用户标识,以指明拥有该进程的用户。

(2) 处理机状态

处理机状态信息主要由处理机内部各种寄存器的内容组成。处理机在运行时,许多信息都放在寄存器中。当某个进程在处理机上被中断执行时,所有这些信息都必须保存在 PCB 中,以便该进程重新执行时,能从断点继续。这些寄存器包括:①通用寄存器;②指令计数器,其中存放了要访问的下一条指令的地址;③程序状态字 PSW(Program State Word),其中含有状态信息,如条件码、执行方式、中断屏蔽标志等;④栈指针,栈用于存放过程和系统调用参数及调用地址,栈指针指向该栈的栈顶。

(3) 进程控制信息

进程控制信息包括:①进程的程序和数据所在的内存或外存(首)地址,以便再调度到该进程执行时,能从PCB中找到其程序和数据;②进程同步和通信机制,如消息队列指针、信号量等,它们可能全部或部分地放在PCB中;③资源清单,即除CPU以外的、进程所需的全部资源及已经分配给该进程的资源清单;④链接指针。操作系统会将系统中所有进程的PCB组织成一个或多个队列,而链接指针给出了本进程(PCB)所在PCB队列中,下一个进程的PCB的首地址。

(4) 进程调度信息

与进程调度有关的信息包括:①进程当前的调度状态(详见2.2节);②进程使用处理机的优先级别;③与所采用的进程调度算法相关的信息,比如,进程已等待CPU的时间总和,进程已执行的时间总和等;④事件,指进程由执行状态转变为阻塞状态所等待发生的事件。

2. 进程控制块的组织方式

在一个系统中,通常可拥有数十个、数百个乃至数千个PCB。而PCB在一个进程生命周期中可以被操作系统中的多个模块读或修改,如被调度程序,资源分配程序,中断处理程序以及监督和分析程序等,尤其是被运行频率很高的进程及分派程序访问,故PCB应常驻内存。为了能对它们进行有效的管理,应该用适当的方式将这些PCB组织起来。目前常用的组织方式有以下两种。

(1) 链接方式

把具有同一调度状态的PCB,用其中的链接字链接成一个队列。这样,可以形成就绪队列、若干个阻塞队列和空白队列等(关于进程就绪、阻塞等调度状态的细节详见2.2节)。对其中的就绪队列,通常按进程优先级高低排序,把优先级高的进程PCB排在队列前面。此外,也可根据阻塞原因不同而把处于阻塞状态的进程的PCB排成等待I/O操作完成的队列和等待分配内存的队列等。图2.3是按链接方式组织PCB。

(2) 索引方式

系统根据所有进程的状态建立几张索引表。例如,就绪索引表、阻塞索引表等,并把各索引表在内存的首地址记录在内存的一些专用单元中。在每个索引表的表目中,记录具有相应状态的某个PCB在PCB表中的地址。图2.4是按索引方式组织PCB。

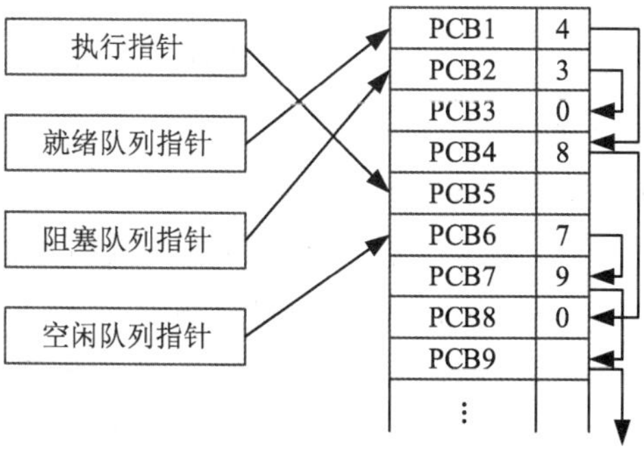

图2.3　按链接方式组织PCB

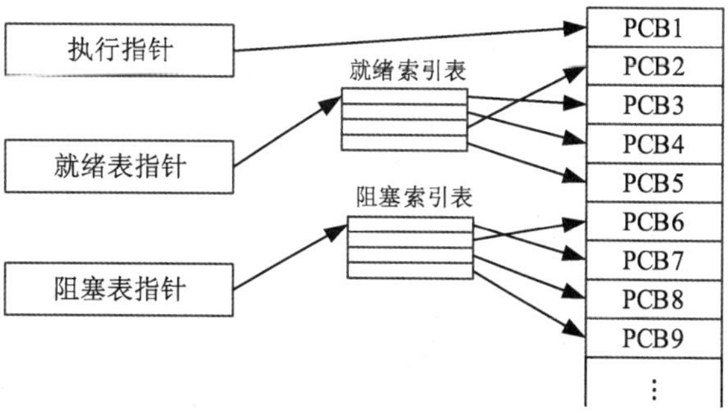

图2.4　按索引方式组织PCB

2.2 进程控制

进程控制是操作系统进程管理中最基本的功能。它的目标在于创建一个新进程，终止一个已经完成的进程，或终止一个因出现某事件而无法继续执行下去的进程。此外，它还负责在进程从创建到终止的生命周期中，运行状态的转换。

进程控制一般是由操作系统内核中的“原语”来实现的。所谓“原语”(Primitive)，是由若干条指令组成的，用于完成一定功能的一个过程。它与一般过程的区别在于：它们是原子操作，即该操作中的所有动作要么全做，要么全不做。换言之，它是一个不可分割的基本单位，因此，在执行过程中不允许被中断。系统对进程的控制如不使用原语，就会造成其状态的不确定性，从而达不到进程控制的目的。

2.2.1 进程的基本调度状态

进程执行的间断性决定了进程可能具有多种状态。进程在其从创建到消亡的整个生命周期里，会不断在这些状态间转换。事实上，运行中的进程可能具有三种基本状态：就绪状态、执行状态和阻塞状态。由于这些状态与系统能否调度进程占用处理机密切相关，因此在操作系统中称它们为进程的调度状态。下面将详细阐述上述三种基本调度状态。

1. 就绪状态

当进程已经分配到除 CPU 以外的所有资源后，只要再获得 CPU，便可以立即执行，进程这时的状态称为就绪状态。在一个系统中处于就绪状态的进程可能有多个，通常将它们的 PCB 排成一个队列，称为就绪队列。

2. 执行状态

进程已经获得 CPU，其程序正在执行。这时，该进程又称为现运行进程，或称为当前进程。在任何时候，一个系统中现运行进程的个数一定少于或等于处理机的个数。

3. 阻塞状态

正在执行的进程由于某些原因而暂时无法继续执行时，便放弃处理机，即进程的执行受到阻塞，这种暂停状态称为阻塞状态，有时也称为等待状态或封锁状态。

导致进程阻塞的原因通常是进程无法获得继续执行所需的软硬件资源。例如，一进程请求使用打印机，而系统已将打印机分配给其他进程，这时请求进程只能被阻塞；进程启动了 I/O 操作从磁盘读入数据，只有在获得数据之后才能继续执行。又如，进程 A 用于输入数据，而进程 B 对输入数据进行加工。假如进程 A 尚未将数据输入完毕，则进程 B 将因没有所需的处理数据而阻塞。此外，系统往往会设置一些具有某种特定功能的系统进程，每当这种进程完成当前任务后，便把自己阻塞起来以等待新任务到来。

通常将上述处于阻塞状态的进程的 PCB 排成一个队列，并称其为阻塞队列。有的系统则进一步根据不同的阻塞原因而把处于阻塞状态的进程排成多个队列。

2.2.2　进程的切换调度

所谓进程的切换调度，是指系统中的调度程序要在恰当的时刻，按照一定的方式和策略，从所有的就绪状态进程中，选择一个最适合获得 CPU 的进程，并将 CPU 分配给它。进程切换调度的结果是：一个处于就绪状态的进程，在调度程序为之分配了处理机之后，该进程便可执行，相应地，它就由就绪状态转变为执行状态。

虽然不同的系统中，由于采用了不同的进程调度方式和调度算法（将在 2.3 节中详细介绍），造成引起进程切换调度的原因会有所不同，但通常情况下，下列事件的发生会导致一次进程的切换调度：

（1）现运行进程无法继续执行，则系统将其调度状态由“执行”改为“阻塞”。

（2）出现优先级更高的进程，则系统收回现运行进程对 CPU 的使用权，使其状态由“执行”转入“就绪”。

（3）如果分配给现运行进程的时间片已用完，则系统收回现运行进程对 CPU 的使用权，使其状态由“执行”转入“就绪”。

上述事件发生后，将由调度程序完成一次进程的切换调度。调度程序用于决定进程就绪队列中，哪个进程应获得处理机执行，然后再把处理机分配给该进程，这个过程也称为进程的上下文切换。过程如下：

（1）保存处理机的现场信息。在进行进程切换调度时，首先需要保存当前进程所使用的处理机的现场信息，如程序计数器的值、多个通用寄存器中的内容、进程调度与控制信息等，将它们送入该进程的进程控制块（PCB）中的相应单元。

（2）按某种算法选取进程。调度程序按照某种算法，如优先数算法、轮转算法等，从就绪队列中选取一个进程，把它的状态改为运行状态，并准备把处理机分配给它。

（3）把处理器分配给进程。需为选中的进程恢复处理机现场，即把选中进程的进程控制块内有关处理机现场的信息装入处理机内部的各个寄存器中，把处理机的控制权交给进程，让它从断点处继续往下执行。

应当指出的是，上下文切换的过程将花费一定的处理机时间，该时间大约可以执行上千条指令。为此，现在已有采用硬件的方式来尽量减少上下文切换的时间。

2.2.3　进程的阻塞与唤醒

正在执行的进程，当发现前述某事件时，无法继续执行，于是通过调用阻塞原语 block 将自己阻塞。可见，进程的阻塞是进程自身的一种主动行为。block 原语完成的主要操作如下：

（1）立即停止现运行进程的执行。

（2）把现运行进程 PCB 中的状态由“执行”改为“阻塞”，并将 PCB 插入阻塞队列。

(3) 调用调度程序进行进程的切换调度，从而将处理机分配给另一个进程。

当被阻塞进程所期待的事件出现时，如 I/O 完成或其所期待的数据已经到达，则由有关进程调用唤醒原语 wakeup，将等待该事件的进程唤醒。wakeup 原语的执行过程如下：

(1) 首先将被阻塞的进程从等待该事件的阻塞队列中移出。

(2) 将其 PCB 中的调度状态由“阻塞”改为“就绪”，然后将该 PCB 插入到就绪队列中，

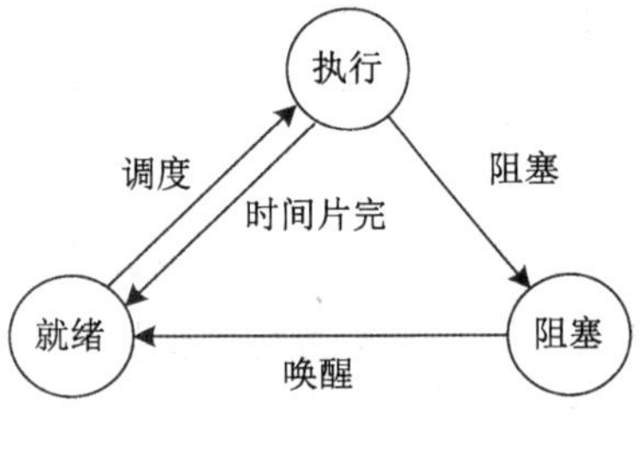

图 2.5 进程的三种基本状态及其转换关系

(3) 由调度算法决定是否需要由调度程序进行一次进程的切换调度。

应当指出，block 原语和 wakeup 原语是一对作用刚好相反的原语。因此，如果在某进程中调用了阻塞原语，则必须在另一个进程中安排唤醒原语，以能唤醒该阻塞进程；否则，被阻塞进程将会因不能被唤醒而长久地处于阻塞状态，从而再无机会继续运行。

图 2.5 是进程的三种基本状态及其转换关系。

2.2.4 进程的挂起与激活

在不少系统中，进程只有上述三种状态，但在另一些系统中，又增加了一些新状态，其中最重要的是静止状态，与静止状态对应的是活动状态。引入静止状态的原因有：①终端用户有可能希望暂时使自己的程序停止执行，以便研究其当前执行情况；②父进程可能希望自己的某个子进程停止执行；③操作系统由于负荷调节或资源管理的需要，可能会把一些不重要的进程停止。

当出现了上述引起进程静止的事件时，系统将利用挂起原语 suspend 将指定进程挂起。suspend 原语的执行过程如下：

(1) 首先检查被挂起进程的状态，若为执行状态（现运行进程），则立即停止其执行，将其 PCB 中的进程状态“执行”改为“静止就绪”，并由调度程序进行一次进程的切换调度。

(2) 若为活动就绪状态，则将其 PCB 中的进程状态改为静止就绪（处于静止就绪状态的进程不再被调度执行）；若为活动阻塞状态，则将其 PCB 中的进程状态改为静止阻塞。

当发生激活进程的事件时，例如，父进程或用户进程请求激活某个指定进程，这时，系统将利用激活原语 active 将指定进程激活。激活原语的执行过程如下：

(1) 检查该进程的当前状态，若是静止就绪，便将其改为活动就绪；若是静止阻塞，便将其改为活动阻塞。

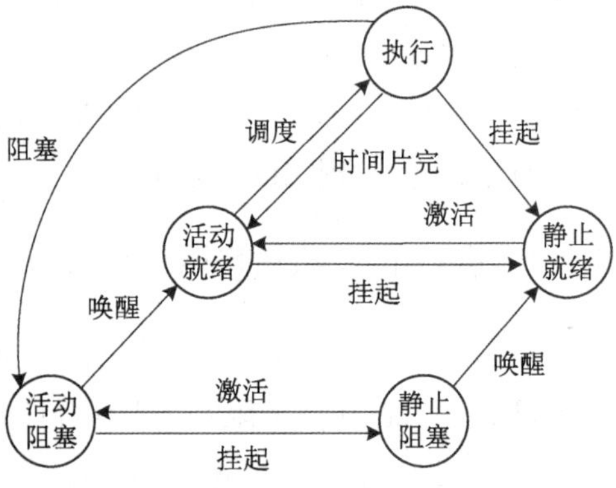

图 2.6 具有静止状态的进程状态

(2) 若该进程状态改为活动就绪状态，则将

其 PCB 插入到就绪队列中。

(3) 由调度算法决定是否需要由调度程序进行一次进程的切换调度。

图 2.6 是具有静止状态的进程状态图。

2.2.5 进程的创建与终止

除了某些比较特殊的进程以外，系统中的大多数进程都有发生、发展和消亡的过程，不会无休止地在上述几个状态中循环。对这些进程而言，还有两个比较短暂的状态——创建状态和终止状态。

1. 进程图

进程之间的创建关系可以用进程图来表示。进程图是一棵有向树，如图 2.7 所示。图中的节点代表进程。在进程 D 创建了进程 I 之后，称 D 是 I 的父进程（Parent Process），I 是 D 的子进程（Child Process）。这里可以用一条由父进程指向子进程的有向边来描述它们之间的父子关系。创建父进程的进程称为祖先进程，这样便形成了一棵进程树，把树的根节点作为进程家族的祖先。

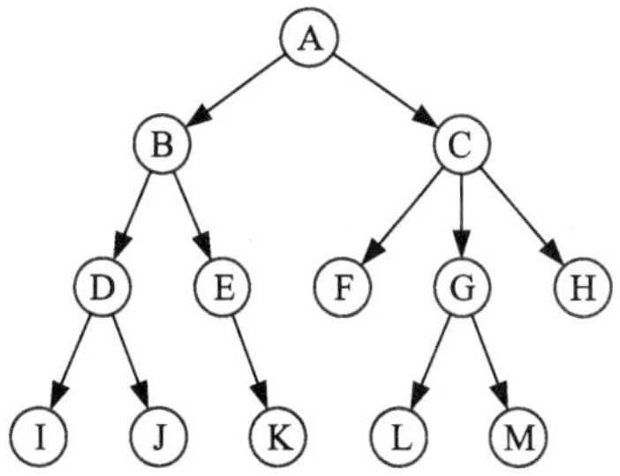

图 2.7 进程树

了解进程间的关系是十分重要的。因为子进程可以继承父进程所拥有的资源，例如，继承父进程打开的文件，继承父进程所分配到的缓冲区等。当子进程被撤销时，应将其从父进程那里获得的资源归还给给父进程。此外，在撤销父进程时，也必须同时撤销其所有子进程。为了标识进程之间的这种家族关系，在 PCB 中都设置了家族关系表项，以表明自己的父进程及所有的子进程。

2. 进程的创建

如前所述，在多道程序环境中，只有进程才能在系统中运行。因此，每一个需要运行的程序都必须为它创建进程。导致一个进程去创建另一个进程的典型事件，可以有以下四类。

(1) 用户登录。在分时系统中，用户在终端键入登陆命令后，如果是合法用户，系统将为该终端建立一个进程，并把它插入就绪队列中。

(2) 作业调度。在批处理系统中，当作业调度程序按一定的算法调度到某作业时，便将该作业装入内存，为它分配必要的资源，并立即为它创建进程，再插入就绪队列中。

(3) 提供服务。当运行中的用户程序提出某种请求后，系统将专门创建一个进程来提供用户所需的服务。例如，用户要求进行文件打印，操作系统将为它创建一个打印进程，这样，不仅可以使打印进程与该用户进程并发执行，而且还便于计算出为打印任务所花费的时间。

(4) 应用请求。用户程序可以根据自己的需要创建一个新进程，使新进程以并发运行的方式完成特定的任务。

一旦操作系统发现了需要创建新进程的事件后，便调用进程创建原语 creat，按下述步骤创建一个新进程：

（1）申请空白 PCB。为新进程申请获得唯一的数据标识符，并从 PCB 集合中取一个空白 PCB。

（2）初始化进程控制块。PCB 的初始化包括：①初始化标识信息，将系统分配的标识符和父进程标识符填入新 PCB 中；②初始化处理机状态信息，使程序计数器指向程序的入口地址，使栈指针指向栈顶；③初始化处理机控制信息，将进程的状态设置为活动就绪状态或静止就绪状态，并根据一定的策略设置进程的优先级。

（3）为新进程分配资源。为新进程的程序和数据以及栈分配必要的内存空间。如果新进程要共享某个已进入内存的地址空间（即已装入内存的共享段），则必须建立相应的链接。

（4）将新进程 PCB 插入就绪队列中。如果进程就绪队列能够接纳新进程，便将新进程插入就绪队列。

3. 创建状态

进程的创建过程大体上可以分为两步：第一步，为一个新进程分配 PCB，并填写必要的管理控制信息；第二步，为该进程分配内存资源，并将其 PCB 转入就绪队列。当一个新进程被创建时，如果系统已经完成了第一步工作，即进程已经拥有了自己的 PCB，但是由于内存资源不足等问题，进程自身还未进入内存，则创建工作尚未完成，进程还不能被调度执行。此时，进程所处的状态就是创建状态。

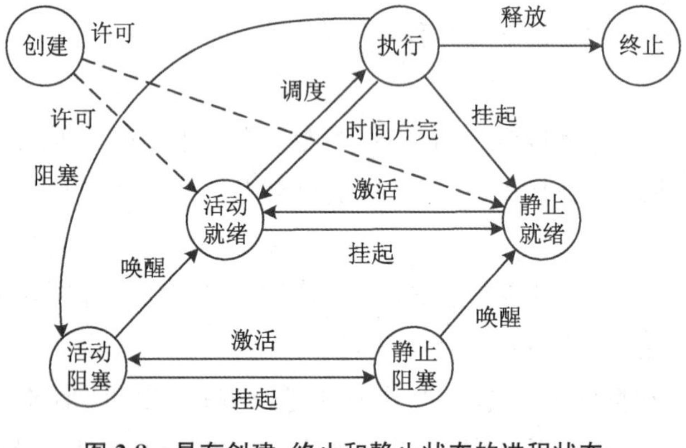

图 2.8　具有创建、终止和静止状态的进程状态

如图 2.8 所示，引入创建状态后，在进程状态转换时，需要增加考虑下面三种情况。

（1）NULL→创建：一个新进程产生时，该进程处于创建状态。

（2）创建→活动就绪：在当前的系统性能和内存容量均允许的情况下，完成对进程创建的必要操作后，相应的系统进程将进程的状态转换为活动就绪状态。

（3）创建→静止就绪：在上述新进程创建过程中，如果系统成功地为其分配了 PCB（系统中存在空闲的 PCB 可供分配)，填写了进程标识等信息，但由于该进程所必需的资源或其他信息，如主存资源尚未分配等，此时的进程已拥有了自己的 PCB，但进程自身还未进入主存，即创建工作尚未完成，进程还不能被调度运行。

由此可知，引入创建状态，是为了保证进程的调度必须在创建工作完成后进行，以确保对进程控制块操作的完整性。同时，创建状态的引入，也增加了管理的灵活性，操作系统可以根据系统性能或主存容量的限制，推迟资源的分配和创建进程状态的提交。

4. 进程的终止

引起进程终止的事件包括：

(1) 进程正常结束。在任何计算机系统中，都应有一个用于表示进程已经运行完成的指令。当程序执行到该指令时，一般会产生一个中断，以便通知操作系统进程已经执行完毕。在分时系统中，用户可利用 Logs off 去表示进程运行完毕，此时同样可产生一个中断，去通知操作系统进程已运行完毕。

(2) 进程异常结束。在进程运行期间，由于出现某些错误和故障而迫使进程终止。这类异常事件有很多，常见的可能有：地址空间越界错误或越权错误；进程执行了非法指令或越权执行特权指令；进程运行超时或等待事件超时；进程出现算数运算错误或 I/O 故障。

(3) 外界干预。外界干预并非指在本进程运行中出现了异常事件，而是指进程应外界的请求而终止运行。这些干预可能包括：操作员或操作系统需要终止进程；父进程终止子进程；父进程终止时，操作系统也将它的所有子进程终止。

上述事件发生后，进程将进入终止状态。进入终止状态的进程以后不能再执行，但在操作系统中依然保留一个记录，记录进程终止执行的一些重要信息。例如，用于描述进程终止原因的状态码，一些计时统计数据等，以供相关进程(一般为父进程)收集。一旦完成了对终止状态进程的信息提取，操作系统将彻底删除与该进程有关的全部信息。

进程终止原语 terminate 按下述过程终止指定的进程。具体的执行过程如下：

(1) 检查被终止进程的状态，若被终止进程正处于执行状态，应立即终止该进程的执行。

(2) 若该进程还有子孙进程，还应将其所有子孙进程予以终止。

(3) 被终止进程所拥有的全部资源，或者归还父进程，或者归还给系统。

(4) 将被终止进程 PCB 从所在队列中移除，等待相关程序来收集信息。

图 2.8 是增加了创建状态和终止状态的进程状态图。

2.3 进程调度

如前所述，在多道程序环境下，系统中存在着多个就绪状态的进程，其数目往往多于处理机数目，这就要求系统能按照某种算法，动态地把处理机分配给就绪队列中的一个进程，使之执行。分配处理机的任务是由操作系统中的进程调度程序完成的。由于处理机是最重要的计算资源,提高处理机的利用率及改善系统性能(吞吐量、响应时间),在很大程度上取决于进程调度性能的优劣,因而进程调度成为操作系统设计的核心问题之一。为此,本节将对进程调度问题作较详细的阐述。

2.3.1 进程调度方式

进程调度可采用非抢占调度和抢占式调度两种方式。

1. 非抢占调度(Non-preemptive Mode)

在采用非抢占调度方式时,一旦把处理机分配给了某进程,不管它需要运行多长时间,都将一直运行下去,系统不会因为时钟中断等原因抢占正在运行进程的处理机,也不会允许其他进程抢占已经分配给它的处理机。直至该进程完成,或发生某事件而被阻塞无法继续执行时,才由其自愿释放处理机,系统再把处理机分配给其他进程。

非抢占调度方式的优点在于实现简单,系统开销小,适用于大多数的批处理环境。但是它难以满足紧急任务的要求——立即执行,因而可能造成难以预料的后果。显然,在要求比较严格的实时系统中,不宜采用这种调度方式。

2. 抢占式调度(Preemptive Mode)

抢占式调度方式允许调度程序根据某种原则去暂停某个正在执行的进程,将已经分配给该进程的处理机重新分配给另一进程。抢占式调度方式的优点是,可以防止一个进程长时间占用处理机,能为大多数进程提供更公平的服务,特别是能满足对响应时间有较严格要求的实时任务的需要。但抢占方式比非抢占方式调度所需的系统开销要大。

2.3.2 选择调度方式和调度算法的若干准则

在一个操作系统的设计中,应如何选择调度方式和调度算法,在很大程度上取决于操作系统的类型及其目标。例如,在批处理系统中、分时系统和实时系统中,通常都采用不同的调度方式和算法。选择调度方式和算法的准则,有的是面向用户的,有的是面向系统的。

1. 面向用户的准则

(1) 周转时间短

所谓周转时间,是指从进程创建成功开始,到进程完成为止的这段时间间隔,包括:进程在就绪队列上等待调度的时间,进程在 CPU 上执行的时间,以及进程等待 I/O 完成的时间。这三个时间在一个进程的整个处理过程中可能发生多次。

对每个用户而言,都希望自己的进程周转时间最短。但作为计算机系统的管理者,则总是希望所有进程的平均周转时间最短,这不仅会有效地提高系统资源的利用率,而且还可以使大多数用户都感到满意。假设系统中现有 n 个进程,则平均周转时间 T 可描述为

$$T = \frac{1}{n}\sum_{i=1}^{n} T_i$$

其中，T_i 为进程 i 的周转时间。

进程的周转时间 T 与系统为它提供服务的时间 T_S 之比，即 $W = T/T_S$，称为进程的带权周转时间，而平均带权周转时间 W 可表示为

$$W = \frac{1}{n}\sum_{i=1}^{n}\frac{T_i}{T_{S_i}}$$

（2）响应时间短

所谓响应时间，是指从用户通过键盘提交一个请求开始，直至系统首次产生响应为止的时间，或者说，直到屏幕上显示出结果为止的一段时间间隔。它包括三部分时间：①从键盘输入的请求信息传送到处理机的时间；②处理机对请求信息处理的时间；③将所形成的响应信息回送到终端显示的时间。

（3）截止时间保证

这是评价实时系统性能的一个重要指标。所谓截止时间，是指进程必须完成的最迟时间。对于严格的实时系统，其调度方式和调度算法必须能保证这一点。

（4）优先权准则

在批处理、分时和实时系统中选择调度算法时，都可遵循优先权准则，以便让某些紧急任务能得到及时处理。

2. 面向系统的准则

（1）系统吞吐量高

这是评价批处理系统性能的一个重要指标，由于吞吐量是指在单位时间内系统所完成的任务数，因此它与批处理任务的平均长度有密切关系。

（2）处理机利用率好

对于大、中型多用户系统，由于 CPU 价格十分昂贵，致使处理机的利用率成为衡量系统性能的一个十分重要的指标，而调度方式和算法对处理机的利用率具有重要影响。

（3）各类资源的平衡利用

在大、中型系统中，还应能有效地利用其他各类资源，如内存、外存和 I/O 设备等。选择适当的调度方式和算法可以保持系统中各类资源都处于忙碌状态。

2.3.3 调度算法

对于不同的系统和系统目标，通常采用不同的调度算法。例如，在批处理系统中，为了照顾为数众多的短作业，应采用短作业优先的调度算法；又如，在分时系统中，为了保证系统具有合理的响应时间，应采用轮转法进行调度。进程的调度算法有多种，下面介绍四种基本的进程调度算法。

1. 先来先服务(FCFS)调度算法

先来先服务调度算法是一种最简单的调度算法，即每次调度是从就绪队列中选择最先进入就绪队列的那个进程，为之分配处理机，使之投入运行。该进程一直运行到完成或发

生某事件而阻塞后才放弃处理机,即这是一种非抢占调度方式。

FCFS 算法比较有利于长进程,而不利于短进程。在此,通过一个例子来更加清晰地阐明采用 FCFS 算法的调度性能。表 2.1 中有 5 个进程 A,B,C,D,E,并列出了它们的到达时间与要求服务时间。从每个进程的完成时间中减去其到达时间,即得到其周转时间,进而可以算出每个进程的带权周转时间。

表 2.1　FCFS 和 SJF 调度算法的性能

作业情况 调度算法	进程名	A	B	C	D	E	平均
	到达时间	0	1	2	3	4	
	服务时间	4	3	5	2	4	
FCFS	完成时间	4	7	12	14	18	
	周转时间	4	6	10	11	14	9
	带权周转时间	1	2	2	5.5	3.5	2.8
SPF	完成时间	4	9	18	6	13	
	周转时间	4	8	16	3	9	8
	带权周转时间	1	2.67	3.1	1.5	2.25	2.1

2. 短进程优先(SPF)调度算法

短进程优先调度算法是从就绪队列中选出一个要求服务时间最短的进程,将处理机分配给它,并采用非抢占的方式调度。

为了和 FCFS 调度算法比较,仍利用表 2.1 中的实例,改用 SPF 算法重新调度。从表中的数据可以看出,采用 SPF 算法后,不论平均周转时间还是平均带权周转时间,都有明显的改善,尤其是对短进程 D,其周转时间由采用 FCFS 算法的 11 降为 3,而平均带权周转时间从 5.5 降为 1.5。这说明 SPF 算法能有效地降低作业的平均等待时间,提高系统吞吐量。

但是,SPF 算法也存在着以下不容忽视的缺点:

(1) 对长进程不利,如进程 C 的周转时间由 10 增至 16,其带权周转时间由 2 增至 3.1。更严重的是,如果有一长进程进入系统的就绪队列,由于调度程序总是优先调度那些(即使是后来的)短进程,将导致长进程长期不被调度。

(2) 由于进程的长短只是根据用户提供的估计执行时间而定的,致使该算法不一定能真正做到短作业优先调度。

(3) 未考虑进程的紧迫程度。

3. 高优先权优先调度算法

为了照顾紧迫型作业,使之在进入系统后便获得优先处理,引入了最高优先权优先调度算法。此算法作为多种操作系统中的进程调度算法,还可用于实时系统中。该算法是把处理机分配给就绪队列中优先权最高的进程,这时又可进一步把该算法分成如下两种。

（1）非抢占式优先权调度算法

在这种方式下，系统一旦把处理机分配给就绪队列中优先权最高的进程后，该进程便一直执行下去，直至完成；因发生某事件使该进程放弃处理机时，系统方可再将处理机重新分配给另一个优先级最高的进程。这种调度方式主要用于批处理系统中，也可用于某些对实时性要求不高的实时系统中。

（2）抢占式优先权调度算法

在这种方式下，系统同样是把处理机分配给优先权最高的进程，使之执行。但在其执行期间，只要又出现了另一个优先权更高的进程，进程调度程序就立即停止当前进程的执行，重新将处理机分配给新到的优先权最高的进程。显然，这种抢占式的优先权调度算法能更好地满足紧迫型作业的要求，故而常用于要求比较严格的实时系统中，以及对性能要求较高的批处理和分时系统中。

对于最高优先权优先调度算法，其关键在于：它是使用静态优先权，还是用动态优先权，以及如何确定进程的优先权。

（1）静态优先权

静态优先权是在创建进程时，由操作系统根据一定的依据来确定的，且在进程的整个运行期间保持不变。确定进程优先权的依据主要有两个方面：①进程类型，通常系统进程的优先权高于一般用户进程的优先权；②进程对资源的需求，例如，可以赋予要求使用 CPU 时间短或内存容量小的进程以较高的优先权。这种处理方法形成了短作业优先算法，有利于提高作业吞吐量。

静态优先权法简单易行，系统开销小，但是不能反映系统以及进程在运行过程中发生的各种变化，不够精确，很可能出现创建时优先权低的进程长期没有被调度的情况。

（2）动态优先权

动态优先权是指在创建进程时赋予的优先权，是可以随进程的推进而改变的，以便获得更好的调度性能。例如，我们可以规定，在就绪队列中的进程，随其等待时间的增长，其优先权以一定的速率提高。若所有的进程都具有相同的优先权初值，则显然是最先进入就绪队列的进程将因其动态优先权变得最高而优先获得处理机，此即 FCFS 算法。若所有的就绪进程具有各不相同的优先权初值，那么，对于优先权初值低的进程，在等待了足够长的时间后，其优先权便可能升为最高，从而可以获得处理机。当采用抢占式优先权调度算法时，如果再规定当前进程的优先权以一定的速率下降，则可防止一个长进程长期地垄断处理机。

4. 基于时间片的轮转调度算法

在分时系统中，为保证能及时响应用户的请求，采用基于时间片的轮转式进程调度算法。在早期，分时系统中采用的是简单的时间片轮转法；进入 20 世纪 90 年代后，广泛采用多级反馈队列调度算法。

（1）时间片轮转算法

在早期的时间片轮转法中，系统将所有的就绪进程按先来先服务的原则排成一个队列，每次调度时，把 CPU 分配给队首进程，并令其执行一个时间片。时间片的大小从几毫秒到几百毫秒不等。一个时间片用完，由一个计时器发出时钟中断请求，调度程序便据此信号来停止该进程的执行，并将它送往就绪队列的末尾；然后，再把处理机分配给就绪队列中新的队首进程，同时也让它执行一个时间片。这样就可以保证就绪队列中的所有进程在一给定的时间内均能获得一个时间片的处理机执行时间。换言之，系统能在给定的时间内响应所有用户的请求。

（2）时间片大小的确定

在时间片轮转算法中，时间片的大小对系统性能有很大影响，如选择很小的时间片将有利于短作业，因为它能较快地完成，但会频繁地发生中断及进程上下文的切换，从而增加系统的开销；反之，如选择太长的时间片，使得每个进程都能在一个时间片内完成，时间片轮转算法便退化为 FCFS 算法，无法满足交互式用户的需求。一个较为可取的大小是，时间片略大于一次典型的交互所需要的时间。这样可使大多数进程在一个时间片内完成。

图 2.9 显示了表 2.1 中的 5 个进程，在时间片分别为 $q=1$ 和 $q=5$ 时，各自的运行情况，而表 2.2 给出了 $q=1$ 和 $q=5$ 时各进程的平均周转时间和带权平均周转时间。

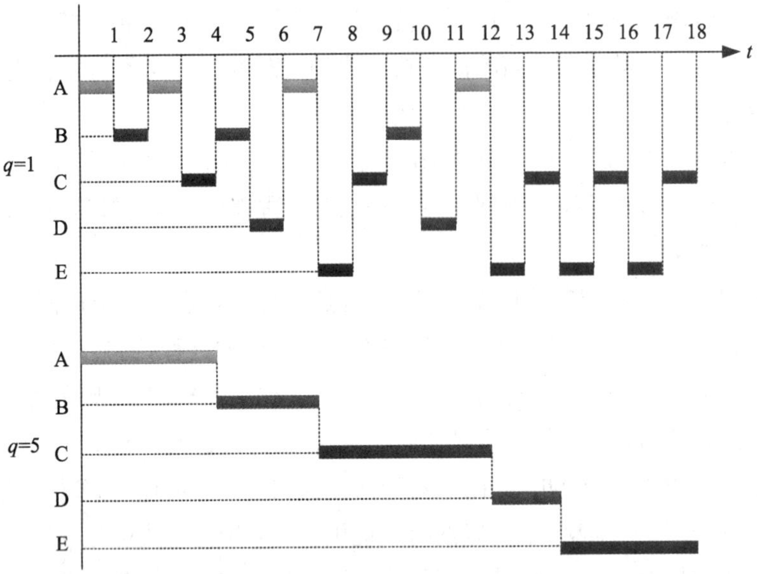

图 2.9　时间片轮转算法中 $q=1$ 和 $q=5$ 时的进程运行情况

（3）多级反馈队列调度算法

前面介绍的各种用作进程调度的算法都有一定的局限性。例如，短进程优先的进程调度算法，仅照顾了短进程而忽略了长进程，而且如果并未指明进程的长度，则短进程优先和基于进程长度的抢占式调度都将无法使用。而多级反馈队列调度算法则不必事先知道各进程所需的执行时间，而且还可以满足各种类型进程的需要，因而它是目前为止公认的一种较好的进程调度算法。在采用多级反馈队列调度的系统中，调度算法的实施过程如下所述。

表 2.2 时间片轮转算法中 $q=1$ 和 $q=5$ 时各进程的周转时间

进程情况时间片	进程名	A	B	C	D	E	平均
	到达时间	0	1	2	3	4	
	服务时间	4	3	5	2	4	
$q=1$	完成时间	12	10	18	11	17	
	周转时间	12	9	16	8	13	11.6
	带权周转时间	3	3	3.2	4	3.25	3.29
$q=5$	完成时间	4	7	12	14	18	
	周转时间	4	6	10	11	14	9
	带权周转时间	1	2	2	5.5	3.5	2.8

（1）设置多个就绪队列，并为各个队列赋予不同的优先级。第一个队列的优先级最高，第二个队列次之，其余各个队列的优先级依次降低。各个队列中进程的执行时间片的大小也各不相同，在优先级越高的队列中，为每个进程所规定的执行时间片就越小。

（2）当一个新进程就绪后，首先将它放入第一队列的末尾，按 FCFS 原则排队等待调度。当轮到该进程执行时，如它能在一个时间片内完成，便可撤离系统；如果它在一个时间片结束时尚未完成，调度程序便将该进程转入第二队列的末尾，再同样按 FCFS 原则等待调度执行；如果它在第二队列中运行一个时间片后仍未完成，再一次将它放入第三队列，……，如此类推。

（3）仅当第 1～$(i-1)$队列均空闲时，才会调度第 i 队列中的进程运行。如果处理机正在第 i 队列中为某进程服务时，又有新进程进入优先权较高的队列[第 1～$(i-1)$中的任何一个队列]，则此时新进程将抢占正在运行进程的处理机，即由调度程序把正在运行的进程放回到第 i 队列的末尾，把处理机分配给新到的高优先权进程。

多级反馈队列调度算法具有较好的性能，能很好的满足各种类型进程的需要。短进程能够较快地用到处理机，并能够快速执行结束。长进程总有机会获得处理机，而且一旦占用处理机后就可以使用较长时间，以免频繁调度。

2.4 进程通信

系统内的各个进程之间，存在着相互依赖、相互制约的关系。这样的关系意味着进程之间需要某种形式的通信，主要表现在同步和互斥两个方面。对系统中任何一个进程而言，其工作正确与否不仅取决于它自身的正确性，而且与它在执行过程中能否与其他进程实施正确的同步或互斥有关。所以解决进程间的同步和互斥问题是非常重要的。

2.4.1 同步

一般而言，一个进程相对于另一个进程的推进度是不确定的。它与每一个进程被中断的频率、占用处理机的频繁程度以及每次占用的时间长度有关。所以进程相互之间是异步运行的。但是协同工作的几个进程往往需要在某些确定的点上协调它们的工作。一个进程达到了这些点后，除非另一进程已经完成了某些操作，否则就不得不停下来等待这些操作执行结束。这就是进程间的同步。

现实生活中，同步的例子俯拾皆是。例如，在一辆公共汽车上，司机的职责是驾驶车辆，售票员的工作是售票、开关车门，各有各的职责范围。但二者的工作又需要相互配合、协调。当汽车到站，驾驶员将车辆停稳后，售票员才能将车门打开让乘客上、下车，然后关车门；只有在得到车门已经关好的信号后，驾驶员才能开动汽车继续前进。所以，在驾驶员停止、启动汽车和售票员开、关门之间有两个同步过程(图 2.10)。又如，有一道函数式，其形式是 x = func1(y) × func2(z)。其中，func1 和 func2 都是比较复杂的函数。为了加快处理速率，可以用两个进程 p1 和 p2 各计算一个函数，它们的工作情况大致如图 2.11 所示。进程 p1 计算完 func1(y)后，检测进程 p2 是否已经算好 func2(z)。如未算完，则反复检测；如已算完，则取其计算结果，然后进行乘法运算。

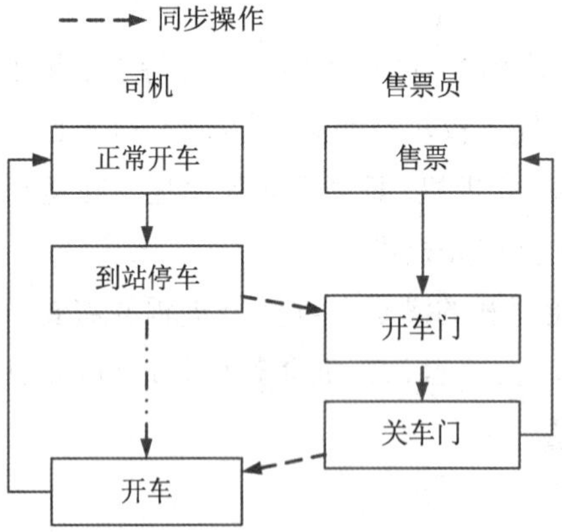

图 2.10　司机和售票员的同步操作

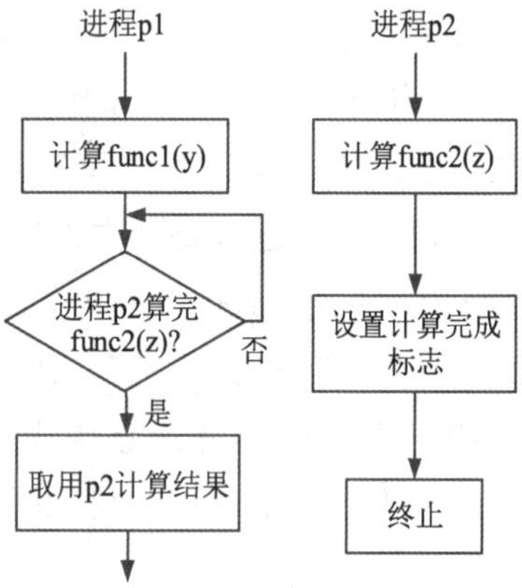

图 2.11　两个协同工作进程的同步

在操作系统的各个活动之间也有大量同步操作。例如，调度程序需要等待至少一个进程进入就绪队列后才能开始工作。又如，输出打印进程只有在计算进程已向其提供一批打印输出数据时才能进行工作。

2.4.2 互斥

1. 临界资源

协同工作的进程之间存在着同步关系，但是进程之间的更一般关系却是互斥。这是由进程竞争使用某些资源引起的。例如，进程 p1 和 p2 都需要使用打印机，如果同时使用，则两个进程的输出将交织在一起，打印结果根本无法使用。为了解决这一问题，进程使用打印机前，先要提出申请，一旦系统将打印机分配给它，就一直由它独占使用，其他申请使用打印机的进程则必须等待。这种一次只能允许一个进程使用的资源称为临界资源(critical resource)。很多物理设备都属于临界资源。例如，纸带或卡片输入机、磁带机等。除了物理设备外，许多变量、数据、表格、文件等软件资源也是临界资源。

下面是一个关于临界资源的实例。

假设某游乐场有一个入口和一个出口，管理人员需要随时了解当前游乐场中有多少游客，进程 IN 和进程 OUT 分别承担在入口处和出口处统计游客数的任务。当前游客数存放在两个进程都能存取的共享变量 count 中(count 可能位于共享内存段或共享文件中)。进程 IN 和进程 OUT 的关键部分代码如下：

```
/* 进程 IN */
…;
count++;
…;
```

```
/* 进程 OUT */
…;
count--;
…;
```

编译形成对应的汇编代码如下：

```
/* 进程 IN */
…;
mov ax, count;
inc ax;
mov count ax;
…;
```

```
/* 进程 OUT */
…;
mov ax, count;
dec ax;
mov count ax;
…;
```

分别用 IN1，IN2，IN3 和 OUT1，OUT2，OUT3 表示 IN 和 OUT 进程汇编代码中的三条语句。假设在有一名游客进入游乐场的同时，一名游客离开，令 count 的当前值为 1 000，针对汇编代码部分，考虑以下三种不同的推进顺序。

(1) IN1，IN2，IN3，OUT1，OUT2，OUT3，即 IN 进程完全执行完后 OUT 进程才执行，count 的值加 1 之后再减 1，结果仍为 1 000，正确。

(2) IN1，IN2，OUT1，OUT2，IN3，OUT3，即 IN2 执行结束后，count 的值为 1 000，

ax 中的值为 1 001，接着 OUT1 和 OUT2 的执行，ax 重新被装入 1 000，并执行减 1 操作为 999，之后 IN3 的执行将 1 001 的值写回 count，OUT3 的执行将 999 写回 count，结果错误。

（3）OUT1，OUT2，IN1，IN2，OUT3，IN3 即 OUT2 执行结束后，count 的值为 1 000，而 ax 中的值为 999，接着 IN1 和 IN2 的执行，ax 被重新装入1 000，然后加 1 变为 1 001，之后 OUT3 的执行将 999 的值写回 count，2N3 的执行将 1 001 的值写回 count，结果错误。

从上面的分析可以看出，三种不同的推进顺序下，最终获得的 count 值是不同的。这里问题的关键是：在一个进程修改共享变量 count 的整个时间段，系统应该禁止其他进程对 count 的任何访问请求。否则，count 的值和系统工作将不正常。这里，共享变量 count 是临界资源。同样，为几个进程所共享的数据结构、变量等软件资源也应作为临界资源处理。

2. 临界区

从上面的例子可以看出，任一进程一旦对临界资源开始操作，则在该操作结束之前，其他进程就不能对临界资源进行处理。也就是说，执行操作临界资源的程序段应该是互斥执行的。我们把这种程序段称为临界区（critical section）或互斥段。针对同一临界资源进行操作的若干个程序段称为相关临界区。

从逻辑上看，系统中各个进程都有一定的独立性，它们可以按各自独立的速率前进。但是，如果它们共享某些临界资源，那么就产生了临界区问题。由于不能有一个以上进程同时进入相关临界区，这就导致了进程间的互斥。显然，若能保证诸进程互斥地进入自己的临界区，便可实现诸进程对临界资源的互斥访问。

为此，每个进程在进入临界区之前，应先对欲访问的临界资源进行检查，看它是否正在被访问。如果此刻该临界资源未被访问，进程便可进入临界区对该资源进行访问，并设置它“正被访问”的标志；如果此刻该临界资源正被其他进程访问，则本进程不能进入临界区。因此，必须在临界区前面增加一段用于进行上述检查的代码，这段代码称为进入区（entry section）。相应地，在临界区后面也要加上一段称为退出区（exit section）的代码，用于将临界区正被访问的标志恢复为未被访问的标志。上述过程及对应的代码描述如图2.12所示。

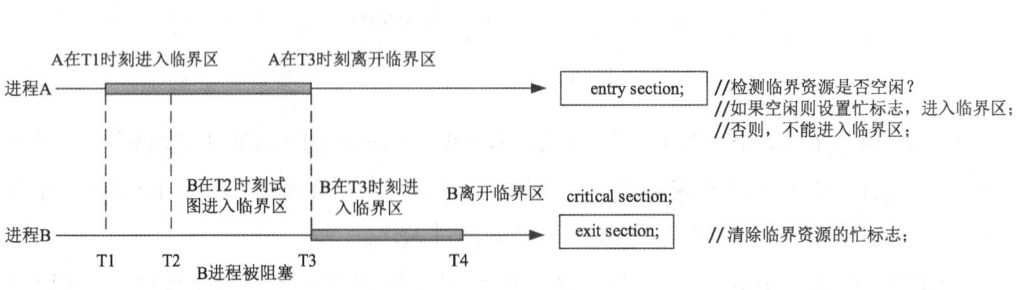

图 2.12　进程互斥进入临界区

3. 互斥机制应遵循的规则

为实现进程互斥地进入资源的临界区，可用软件方法，更多的是在系统中设置专门的互斥机构来协调各进程间的运行。所有互斥机制都应遵循下述四条准则。

(1) 空闲让进。当无进程处于临界区时，表明临界区处于空闲状态，应允许一个请求进入临界区的进程立即进入自己的临界区，以有效地利用临界资源。

(2) 忙则等待。当已有进程进入临界区时，表明临界资源正被访问，因而其他试图进入临界区的进程必须等待，以保证对临界资源的互斥访问。

(3) 有限等待。对要求访问临界资源的进程，应保证在有限的时间内能进入自己的临界区，以免陷入“死等”状态。

(4) 让权等待。当进程不能进入自己的临界区时，应立即释放处理机，以免进程陷入“忙等”状态。

2.4.3 实施临界区互斥的锁操作法

锁操作法的基本思想是为每类临界区设置一把锁。锁有两种状态：打开和关闭。图2.12中的进程执行临界区程序操作的三步可实现如下：

(1) 关锁操作。先检查锁的状态，若为关闭状态，则等待其打开；若为打开状态，则将其关闭，并继续第(2)步操作。

(2) 执行临界区程序。

(3) 开锁操作。本操作将锁打开，退出临界区。

锁以及开、关锁操作的具体实施方法多种多样，下面介绍两种常用方法。

1. 用开、关中断实施锁操作

在单处理机系统中，可以借用CPU中的硬件中断开关位作为临界区的锁。关锁操作就是执行关中断指令；开锁操作则对应于开中断指令。关中断之后，任何外部事件都不能打扰处理机连续执行临界区程序。这种方法能保证临界区作为一个整体执行，其优点是简单、可靠，但是它也有一定的局限性和若干不足之处，主要表现在以下四个方面。

(1) 它不能用于多处理机系统。原因在于多个处理机都有其各自的中断开关，一个处理机关中断并不能阻止在其他处理机上运行的进程进入相关临界区。

(2) 如果临界区中包含有使执行它的进程可能进入阻塞状态的因素，则不能使用这种方法。因为在该进程进入阻塞状态后，系统将调度另一进程使用处理机，如果需要，该进程也可以执行临界区程序，不会受到任何阻挡。

(3) 如果临界区比较长，则本方法会降低中断响应速度。

(4) 这里是用一把锁处理各类临界区，不必要地扩大了互斥范围。

2. 利用软件锁实施锁操作

一般情况下，锁用布尔变量表示。若锁变量的值为0，表示锁处于打开状态；若其值为1，则表示锁处于关闭状态。开、关锁操作的具体流程可描述为代码2.1。

```
bool lock_name;                /* 声明一个全局锁变量 */
/* 关锁操作 */
while(lock_name == 1);        /* 循环检查锁状态 */
    lock_name = 1;            /* 进入临界区前关锁 */
/* 开锁操作 */
lock_name = 0;                /* 开锁 */
```

代码 2.1　开、关锁操作

可见，开锁操作非常简单，任何计算机都可以用一条指令实施。关锁操作则比较麻烦，它包含了锁状态检查和关闭两个部分，而且这两个部分应作为一个整体实施。否则可能会出现一把锁被数次关闭，几个进程同时进入临界区的情况。

在单处理机环境下，可以使用关中断和开中断来保证关锁操作的完整性，其工作过程如图 2.13 所示。先关中断以保证关锁操作不被中断。然后用一般指令测试 lock_name 的值是否为 0。若非 0，则表示其原先状态为关闭，立即开中断，以便插入其他处理，然后返回循环检测过程；若为 0，则将其置 1(将锁关闭)，然后开中断并立即执行临界区程序。需要注意的是，开、关中断在这里只是用来保证关锁操作的完整性，并不是实施开、关锁操作本身。

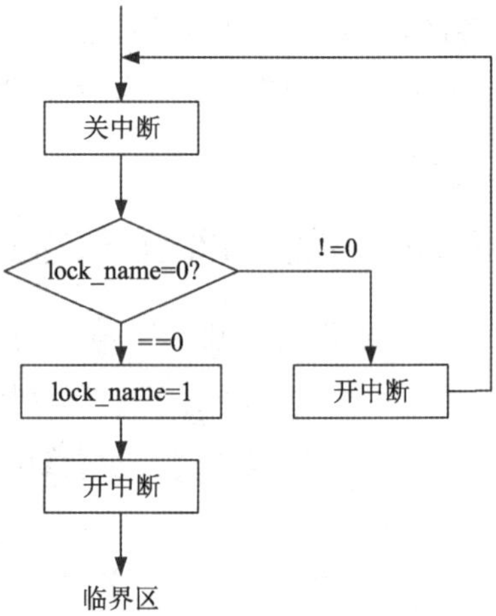

图 2.13　用开关中断保证关锁操作的完整性

在上述方法中，如果发现锁原先已处于关闭状态则进入检测循环，而究竟要循环多少次是不可预测的，这就浪费了宝贵的处理机时间。为了避免这种弊病，可对关锁操作略作改进。其主要思想是：如果某一进程进行锁测试操作时，发现它已经关闭，则进入封锁状态并记录封锁原因；将锁关闭的进程在执行完临界区程序后，除了将锁打开，还要检查有无进程等待进入同类临界区，若有这样的进程，则将它们转为就绪状态。

2.4.4　信号量

迪科斯彻(E. W. Dijkstra)在 1965 年提出了一种解决同步、互斥问题的更一般的方法，这就是信号量(semaphore)以及相关的 p,v 操作。

1. 信号量和 p,v 操作

信号量是一种数据结构，其形式如代码 2.2 所示。在使用信号量之前需对其进行初始化处理，包括为其 value 项设置初始值，将其队列指针设置为空。信号量的初值也是信号量的一个有机组成部分。除初始化处理外，对信号量只能进行 p,v 两种操作[p,v 是荷兰语等待(wait)和发信号(signal)的第一个字母]。它们的含义如代码 2.3 所示。

p,v 操作都必须作为一个整体实施,不允许分割、相互穿插执行,否则可能造成混乱。因此,在实施 p,v 操作的程序段首尾,都必须有某种关、开锁操作,使它们成为互斥临界区。因为实施 p,v 操作的程序都相当短,所以当一个进程正在对某个信号量执行 p,v 操作时,其他进程插入并企图对同一信号量实施 p,v 操作的可能性非常小,在关锁操作上循环等待的机会也就极小。

```
struct semaphore
{
    int value;                  /* 信号量的值,它是整型变量 */
    int * ptr_of_semque;        /* 等待使用该信号量的进程队列队首指针 */
} sem;
```

代码 2.2　信号量数据结构

```
void p(sem)                              /* 对信号量 sem 执行 p 操作 */
{
    sem.value = sem.value - 1;           /* 用先减去一个的方式来申请资源 */
    if (sem.value< 0)                    /* 如果资源已分配完毕则申请失败 */
      sleep();                           /* 进程进入该信号量的等待队列 */
                                         /* 此时信号量绝对值表示阻塞进程数目 */
}
void v(sem)                              /* 对信号量 sem 执行 v 操作 */
{
    sem.value = sem.value + 1;           /* 执行进程释放一个资源 */
    if (sem.value< = 0)                  /* 如果仍有进程在等待使用本信号量 */
        wakeup();                        /* 从信号量的等待队列中唤醒一个进程 */
}
```

代码 2.3　p,v 操作

2. 互斥信号量

用信号量及其 p,v 操作可以实施进程之间的互斥。需为每一组相关临界区分配一个互斥信号量,其一般模型如代码 2.4 所示。其中,信号量 mutex 用于互斥,其初值设置为 1。

假设进程 pa 先执行 p(mutex)操作,它将 mutex.value 的值减为 0。然后 pa 执行临界区程序。若此时进程 pb 开始执行 p(mutex)操作,则将 mutex.value 的值减为 -1。于是,进程 pb 转变为封锁状态,并进入信号量 mutex 的等待队列。当进程 pa 退出临界区,执行 v(mutex)时,mutex.value 的值增为 0。于是从信号量 mutex 队列中释放进程 pb,将其恢复为就绪状态,当进程 pb 再次被调度占用处理机时,就立即执行临界区。当它退出临界区时，执行 v(mutex)，使 mutex.value 恢复为初始值 1。本模型也同样适合于多个进程的相关临界区互斥。

```
/＊进程 pa＊/
…
p(mutex)；             /＊对 mutex 执行 p 操作＊/
  临界区；
v(mutex)；             /＊对 mutex 执行 v 操作＊/
…
/＊进程 pb＊/
…
p(mutex)；             /＊对 mutex 执行 p 操作＊/
  临界区；
v(mutex)；             /＊对 mutex 执行 v 操作＊/
…
```

代码 2.4　互斥信号量

3. 同步信号量

将信号量 proceed 的初值设置为 0，则用该信号量及其 p，v 操作可以实施最简单的进程同步。其模型如代码 2.5 所示。

```
/＊进程 pa＊/
…
L1：p(proceed)；           /＊对 proceed 执行 p 操作＊/
…
/＊进程 pb＊/
…
L2：v(proceed)；           /＊对 proceed 执行 v 操作＊/
```

代码 2.5　同步信号量

假设进程 pa 先到达 L1 点，当它执行 p(proceed)时，将 proceed.value 的值减为 −1。于是 pa 进入封锁状态并进入信号量 proceed 队列。然后进程 pb 到达 L2 点。当它执行 v(proceed)时，将 proceed.value 的值增为 0。于是释放 pa 并将其转为就绪状态，pa 就可在下次被调度到时，在 L1 点后继续执行下去。由此可见，当进程 pa 到达 L1 点时，除非进程 pb 已经过了 L2 点，否则进程 pa 就要暂停等待。也就是说，进程 pa 在 L1 点必须与进程 pb 同步。在这种同步操作中，进程 pa 受到进程 pb 的制约，而进程 pb 却不受进程 pa 的制约，所以是非对称的。

4. 资源信号量

信号量的更一般形式是资源信号量。此时信号量的值表明了可供多个进程共享的资源数量。

2.4.5　进程高级通信机构

上面讨论的信号量使得一个进程通过对某一信号量的操作，令另外一些进程获得了一些信息，这些信息决定了它们能否进入相邻临界区或者继续执行下去。进程之间的同步与互斥，由于交换的信息量少而被归结为进程的低级通信。

进程之间的信息交换，有可能多至成千上万个字节，这时称为进程的高级通信。应当指出，信号量机制作为低级通信工具是卓有成效的。但作为高级通信工具，会增加程序的复杂性，使用起来很不方便，主要原因在于对共享数据结构的设置、数据的传送、进程的互斥和同步等，都必须由程序员去实现，而且使用不当会带来死锁。为此，人们研究和设计了比较高级的通信机构，使进程之间能够方便、有效而且安全地进行信息传送。下面介绍由美国的 P. B. Hansen 首先提出的消息缓冲通信机构。

消息缓冲通信的基本思想是：由系统管理一组缓冲存储区，其中每个缓冲区可存放一个消息。当一个进程要发送消息时，先要向系统申请一缓冲区，然后把消息写进去，接着再把该缓冲区送到接收进程的一个消息队列中。接收进程则在适当时机从消息队列中取用消息，并释放有关缓冲区。

消息缓冲区一般包含下列几种信息：

name：发送消息的进程名或标识数；

size：消息长度；

text：消息正文；

next_ptr：下一个消息缓冲区指针。

在采用消息缓冲通信机构的系统中，进程 PCB 中一般设置如下信息项：

hd_ptr：是一个指针，指向进程接收到的消息队列的队首；

mutex：消息队列操作互斥信号量，消息队列属于临界资源，不允许两个进程同时对它进行操作；

ssm：同步信号量，用于接收消息进程与发送消息进程实施同步，其值表示接收进程消息队列中的消息数。

两个进程进行消息传递的过程如图 2.14 所示。发送进程 pa 在发送消息之前，先在本进程占用的内存空间中开辟一个发送区，把欲发送的消息正文以及接收消息的进程名（或标识数）和消息长度填入其中。完成了这些工作后，调用发送原语 send(sm_ptr)。其中，参数 sm_ptr 指向消息发送区首址。send(sm_ptr)流程如图 2.15 所示。图中 mutex 为接收进程 PCB 中互斥信号量；ssm 为接收进程 PCB 中同步信号量。

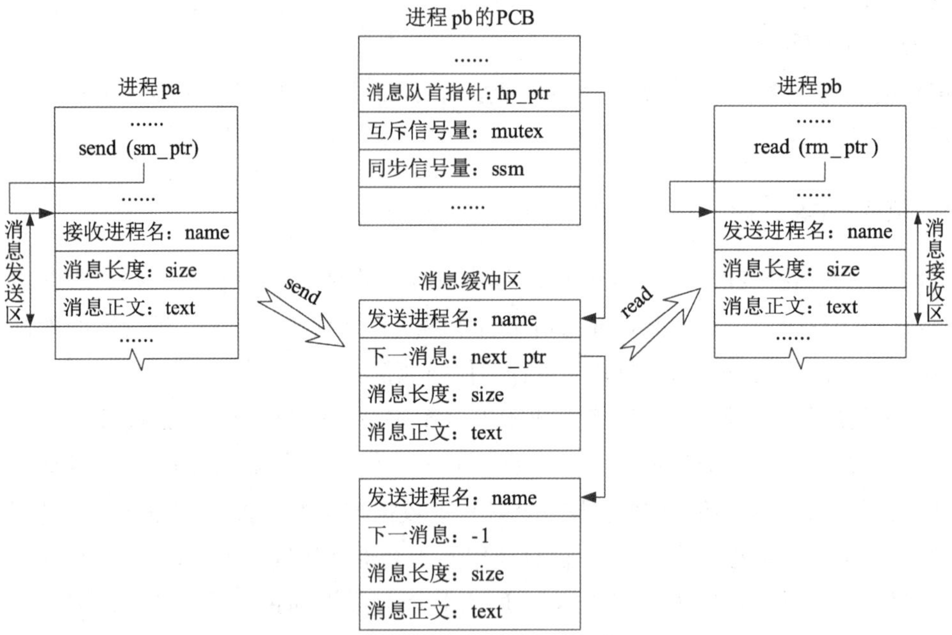

图 2.14　消息发送和读取

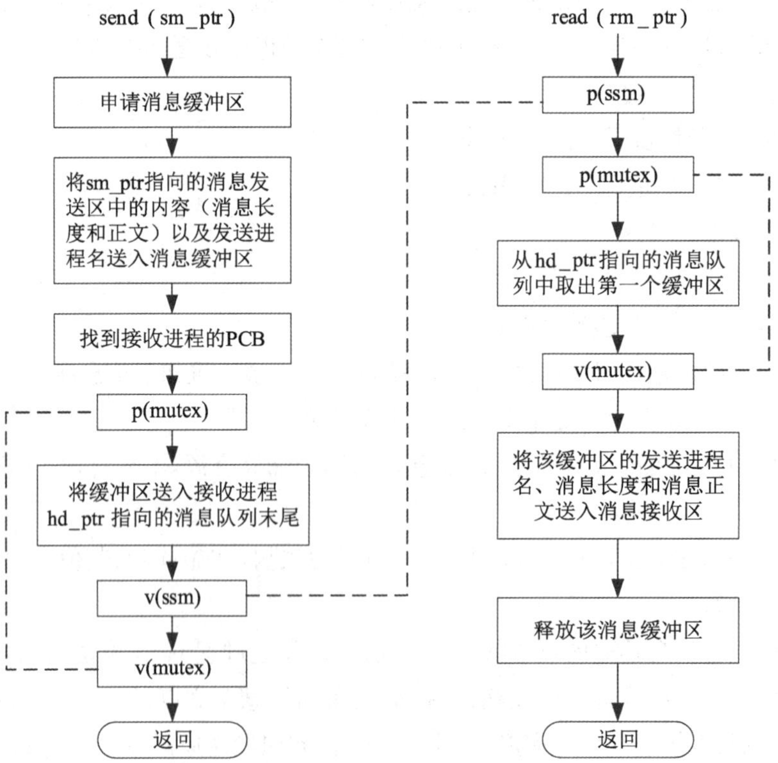

图 2.15　send 与 read 原语流程

接收消息进程 pb 在取用信息之前，先在它自己占用的内存空间中指定一个接收区，然后调用读消息原语 read(rm_ptr)。其中，参数 rm_ptr 指向消息接收区首址。read(rm_ptr) 流程如图 2.15 所示。

这种通信方式的好处是扩大了信息传递能力，但是同时系统也花费了一定代价。

UNIX 操作系统为进程通信设计了一种特殊的管道(pipe)机构，进程之间一次通信能够传送的信息量几乎是不受限制的，而实施机构主要借助于文件系统，开销比较小。

2.5 经典的进程通信问题

进程间通信问题十分重要，也是相当有趣的问题，因而吸引了不少学者对它进行研究，由此产生了一系列经典的进程通信问题。通过对这些问题的研究和学习，可以帮助我们更好地理解进程通信的概念及实现方法。

2.5.1 生产者-消费者问题

生产者-消费者问题(Producer-Consumer Problem)是一个著名的进程通信问题。它描述的是：有一群生产者进程在生产产品，并将这些产品提供给消费者进程去消费。为使生产者进程与消费者进程能并发执行，在二者之间设置了一个具有 n 个缓冲区的缓冲池，生产者进程将它生产的产品放入一个缓冲区中；消费者进程可以从一个缓冲区中取走产品去消费。

代码 2.6 是生产者-消费者问题的伪码。我们用一个指针 in 来指示下一个可投放产品的缓冲区，用一个指针 out 来表示下一个可以从中获取产品的缓冲区。为了提高缓冲区利用率，将其组织成循环队列。虽然生产者程序和消费者程序在分别看时都是正确的，而且二者在顺序执行时其结果也是正确的，但若干个生产者和消费者并发执行时，会出现以下两个方面的问题。

(1) 同步问题。即不允许消费者进程到一个空缓冲区去取产品，也不允许生产者进程向一个已装满产品的缓冲区中投放产品。在上述示例程序中对此未加控制。为此，可利用信号量 empty 和 full 分别表示缓冲池中空缓冲区和满缓冲区的资源数量。又假定只要缓冲池未满，生产者便可将产品送入缓冲池；只要缓冲池未空，消费者便可从缓冲池中取走一个产品。

(2) 互斥问题。缓冲区是由生产者和消费者共同使用的存储空间，应当互斥访问，即生产者修改缓冲区时，禁止消费者从缓冲区中取走数据；反之亦然。此外，多个生产者之间、多个消费者之间也要互斥。为此，可以利用互斥信号量 mutex 来实现诸进程对缓冲区的互斥使用。

```
int in=0, out=0;
void producer()                                  /*生产者程序*/
{
while(true) {
          item = producerItem();                 /*产生一个产品*/
          putItemIntoBuffer(item);               /*将产品放入缓冲区*/
          in: =(in+1) mod n;                     /*修改指针位置*/
     }
}
void consumer()                                  /*消费者程序*/
{
while(true) {
          item=removeItemFromBuffer();           /*从缓冲区取一个产品*/
          out: =(out+1) mod n;                   /*修改指针位置*/
          consumeItem(item);                     /*消费该产品*/
     }
}
```

代码 2.6　未设置信号量的生产者-消费者伪码

由此,生产者-消费者问题的伪码可修改为代码 2.7。

```
int in=0, out=0;
semaphore empty, full, mutex;
empty.value = n;                         /* 空缓冲区资源信号量,初始状态有 n 个空缓冲区*/
full.value = 0;                          /* 满缓冲区资源信号量,初始状态有 0 个满缓冲区*/
mutex.value = 0;                         /* 缓冲区访问互斥信号量*/
void producer()                          /* 生产者程序*/
{
    while(true)    {
        item = producerItem();           /* 产生一个产品*/
        p(empty);                        /* 申请空缓冲区。如有,继续执行;否则,进程挂起*/
        p(mutex);                        /* 如没有其他进程访问缓冲区可继续执行;否则,挂起*/
        putItemIntoBuffer(item);         /* 将产品放入缓冲区*/
        in: =(in+1) mod n;               /* 修改指针位置*/
        v(mutex);                        /* 离开缓冲区,如果有其他进程等待进入,则唤醒*/
        v(full);                         /* 多一个满缓冲区,如果有消费者等待,则唤醒*/
    }
}
void consumer()                          /* 消费者程序*/
{
    while(true)      {
        p(full);                         /* 如有满缓冲区,则继续执行;否则,挂起*/
        p(mutex);                        /* 如没有其他进程访问缓冲区,可继续执行;否则,挂起*/
        item=removeItemFromBuffer();     /* 从缓冲区取走一个产品*/
        out: =(out+1) mod n;             /* 修改指针位置*/
        consumeItem(item);               /* 消费产品*/
        v(mutex);                        /* 离开缓冲区,如果有其他进程等待进入,则唤醒*/
        v(empty);                        /* 多一个空缓冲区,如果有消费者等待,则唤醒*/
    }
}
```

代码 2.7　设置信号量的生产者-消费者伪码

在生产者-消费者问题中应该注意：首先，在每个进程中用于实现互斥的 p(mutex)和 v(mutex) 必须成对出现。其次，对资源信号量 empty 和 full 的 p,v 操作，同样需要成对出现，但它们分别处于不同的进程中。最后，在每个程序中的多个 p 操作不能颠倒，应先执行对资源信号量的 p 操作，然后再执行对互斥信号量的 v 操作，否则可能引起进程死锁。请读者自行考虑。

2.5.2　读者-写者问题

一个数据文件或记录，可能被多个进程共享，把只要求读该文件的进程称为"读进程"，只需要写该文件的进程称为"写进程"。所谓"读者-写者问题"(Reader-Writer Problem)，是指允许多个进程同时读一个共享对象，但是不允许一个"写进程"和其他的"读进程"或"写进程"同时访问共享对象。

1. 方案一：读者优先

代码 2.8 中的伪码给出了一个读者优先的解决方案。为实现读进程与写进程间的互斥，设置了一个信号量 wmutex。另外，再设置一个整型变量 readcount 表示正在读的进程数目。由于 readcount 是一个可被多个读进程访问的临界资源，因此，也为它设置了一个互斥信号量 r。

```
int readcount = 0;                  /* 记录正在读的进程数目 */
semaphore wmutex, r;
wmutex.value = 1;                   /* 对共享对象访问的互斥信号量 */
r.value = 1;                        /* 读进程对 readcount 访问的互斥信号量 */
void writer()
{
    while(true)  {
        p(wmutex);                  /* 如果有其他写进程在临界区,则挂起 */
        WRITEUNIT();                /* 写操作 */
        v(wmutex);                  /* 离开临界区,唤醒其他等待的写进程 */
    }
}
void reader()
{
    while(true) {
        p(r);                       /* p(r)和 v(r)实现进程对 readcount 的互斥访问 */
        readcount++;                /* 执行 readcount 加 1 操作 */
        if (readcount == 1)         /* 如果是第一个到达的读进程 */
          p(wmutex);                /* 对 wmutex 的 p 操作挂起其后到达的写进程 */
        v(r);
        READUNIT();                 /* 读操作 */
        p(r);
        readcount--;                /* readcount 减 1,一个读进程离开共享对象 */
        if (readcount == 0)         /* 如果是最后一个离开的读进程 */
            v(wmutex);              /* 对 wmutex 的 v 操作唤醒等待的写进程 */
        v(r);
    }
}
```

代码 2.8　读者优先的读者-写者伪码

这个方案之所以说是读者优先的方案，是因为只要有一个读进程在读，便不允许任何写进程去写。实现的方法是：第一个访问共享对象的读进程（readcount = = 1 时）通过 p(mutex) 操作封锁其后到达的所有写进程，但其后到达的读进程依然可以访问共享对象。如此，只要有读请求，写操作将延迟到系统中所有读请求（其中包括写操作请求提出之后出现的新的读操作请求）全部得到满足之后。即最后一个离开共享对象的读进程（readcount = = 0 时）通过 v(mutex) 操作释放所有被封锁的写进程。

2. 方案二：写者优先

方案一的主要问题在于写操作可能会无限地推后。为了解决上述问题，代码 2.9 给出了另一个写者优先的解决方案。关于如何实现写者优先的细节，请读者思考。

```
int readcount = 0;
int writecount = 0;
semaphore wmutex, r, rmutex, w;
wmutex.value = 1;
r.value = 1;
rmutex.value = 1;
w.value = 1;
void writer()
{
    while(true){
      p(w);
      writecount++;
      if(writecount == 1)
        p(rmutex);
      v(w);
      p(wmutex);
      WRITEUNIT();
      v(wmutex);
      p(w);
      writecount--;
      if(writecount == 0)
            v(rmutex);
      v(w);
    }
}
void reader()
{
    while(true) {
      p(rmutex);
      p(r);
      readcount++;
      if (readcount == 1)
        p(wmutex);
      v(r);
      v(rmutex);
      READUNIT();
      p(r);
      readcount--;
      if (readcount == 0)
          v(wmutex);
      v(r);
    }
}
```

代码 2.9　写者优先的读者-写者伪码

2.5.3 哲学家进餐问题

由 Dijkstra 提出并解决的哲学家进餐问题(The Dinning Philosophers Problem)是最典型的进程同步问题。该问题描述为：有 5 个哲学家共用一张圆桌并分别坐在圆桌周围的 5 张椅子上，在圆桌上共有 5 只碗和 5 根筷子。平时，一个哲学家进行思考，饥饿时便试图取用其左右最靠近他的筷子，只有在他拿到两根筷子时才能进餐。进餐完毕，放下筷子继续思考。

这个问题中，放在桌子上的筷子是临界资源，在一段时间内只允许一个哲学家使用。为了实现对筷子的互斥使用，可以用一个信号量表示一根筷子，由这 5 个信号量构成信号量数组。具体的实现过程见代码 2.10。

在代码 2.10 的描述中，当哲学家饥饿时，总是先去拿他右边的筷子，成功后，再去拿他左边的筷子，又成功后便可进餐。进餐完毕，先放下他右边的筷子，然后再放左边的筷子。虽然，上述解法可保证不会有两个相邻的哲学家同时进餐，但有可能引起死锁。假如 5 个哲学家同时饥饿而各自拿起右边的筷子时，就会使 5 个信号量均为 0；当他们再试图去拿左边的筷子时，都将因无筷子可拿而无限期地等待。

```
semaphore chopstick[5];
chopstick[0-4].value = 1;                      /* 互斥信号量 */
void philosopher (int i)                       /* i 为执行此过程的哲学家号 */
{
        while (TRUE){
            think();                           /* 思考问题,直至有饥饿感 */
            p(chopstick[i]);                   /* 试图拿右侧筷子 */
            p(chopstick[(i+1)%N]);             /* 试图拿左侧筷子 */
            eat();                             /* 两把叉子都得到就开始进餐 */
            v(chopstick[i]);                   /* 放下右侧筷子 */
            v(chopstick[(i+1)%N]);             /* 放下左侧筷子 */
        }
}
```

代码 2.10 哲学家进餐问题伪码

对于这样的死锁问题，可采取以下三种解决方法。

(1) 至多只允许有 4 个哲学家同时去拿左边的筷子，这样就能保证至少有一个哲学家能够进餐，并在用毕时能释放出他用过的两根筷子，从而使更多的哲学家能够用餐。

(2) 仅当哲学家的左、右两根筷子均可用时，才允许他拿起筷子用餐。

(3) 规定奇数号哲学家先拿他左边的筷子，然后再去拿右边的筷子，而偶数号哲学家则相反。按此规定，将是 1,2 号哲学家竞争 1 号筷子；3,4 号哲学家竞争 3 号筷子。即 5 个哲学家都先竞争奇数号筷子，获得后，再去竞争偶数号筷子，最后总会有一个哲学家能够获得两根筷子而进餐。

2.6 死锁

在多道程序系统中，虽然可以借助多个进程的并发执行来改善系统的资源利用率，提高系统的吞吐量，但如果管理使用不当，在一定条件下会使每个进程都占用着一些资源，同时又企图占用已被其他进程占用但不能被强迫释放再分配的资源。于是，造成所有这些进程都处于封锁等待状态，这就是死锁。当系统处于死锁状态时，若无外力作用，将无法向前推进。在前一节介绍把信号量作为同步工具时已提及到，若多个 p，v 操作顺序不当，会产生进程死锁。

2.6.1 产生死锁的必要条件

假设系统中有一台打印机 R1 和一台磁带机 R2，供进程 P1 和 P2 共享。P1 的资源使用顺序是先 R1，然后在占用 R1 的情况下，再申请使用 R2，P2 的资源使用顺序正好相反。两个进程在系统内的进展情况如图 2.16 所示。图中横轴和纵轴分别表示 P1 和 P2 的进展情况（可用完成指令的条数来衡量）。在进程 P1 和 P2 并发执行时，按照图 2.16 中的曲线①②

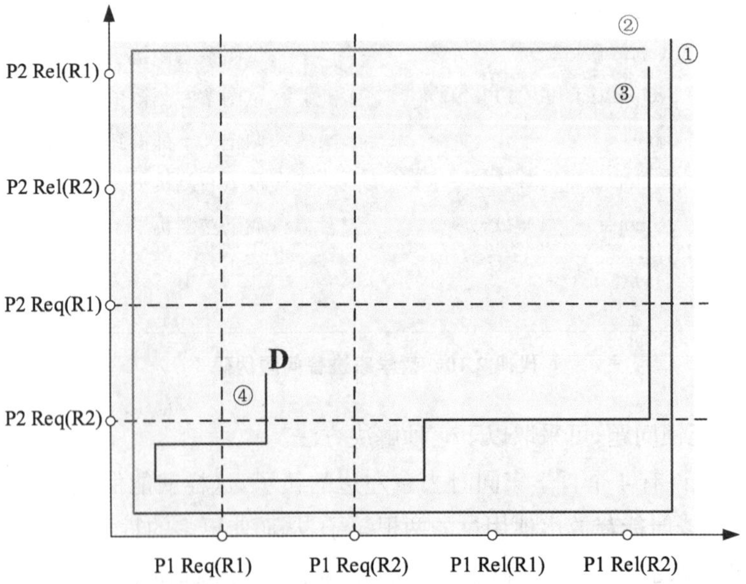

图 2.16 进程推进顺序对死锁的影响

③所示顺序推进时，两进程会顺利完成，称这种推进顺序是合法的。若按曲线④的顺序推进时，它们将进入不安全区 D 内。此时，P1 保持了资源 R1，P2 保持了资源 R2，系统处于不安全状态。因为这时两进程再推进会产生死锁。例如，当 P1 运行到 P1：Request(R2)时，将因 R2 已被 P2 占用而阻塞；当 P2：Request(R1)时，也将因 R1 已被 P1 占用而阻塞，于是发生了进程死锁。称这种推进顺序是非法的。

上例中，死锁发生时，两个进程都在等待对方释放出自己所需的资源。但它们又都因为不能继续获得自己所需的资源而不能继续推进，从而也不能释放出自己已占有的资源，以致进入死锁状态。

可以用资源分配图来更加形象地描述死锁状态。资源分配图中，用方块代表资源，用圆圈代表进程，如图 2.17 所示。当箭头从进程指向资源时，表示进程请求资源；当箭头从资源指向进程时，表示该资源已被分配给该进程。从图中可以看出，这时在 P1，P2 以及 R1 和 R2 之间已经形成了一个环路，说明已进入死锁状态。

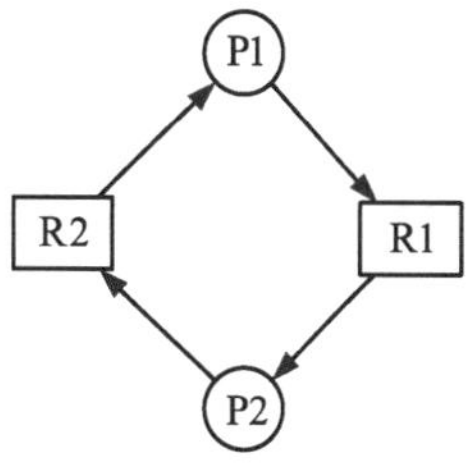

图 2.17　资源分配

从上面所举的例子和说明可以看出，死锁的发生必须具备下列四个必要条件。

(1) 互斥条件。是指在一段时间内某资源只能有一个进程占用。如果此时还有其他进程请求该资源，则请求者只能等待，直至占有该资源的进程用完释放。

(2) 请求和保持条件。是指进程已经保持了至少一个资源，在又提出了新的资源请求时因为得不到而阻塞，但又对自己已经获得的其他资源保持不放。

(3) 不剥夺条件。是指进程已获得的资源，在未使用完之前，不能被剥夺，只能在使用完时由自己释放。

(4) 环路等待条件。是指在发生死锁时，必然存在一个进程-资源的环形链，即进程集合{P0，P1，P2，…，Pn}中的 P0 正在等待一个 P1 占用的资源；P1 正在等待 P2 占用的资源，……，Pn 正在等待 P0 占用的资源。

2.6.2　处理死锁的基本方法

为保证系统中诸进程的正常运行，应事先采取必要的措施，来预防发生死锁。在系统中已经出现死锁后，则应及时检测到死锁的发生，并采取适当措施来解除死锁。目前，处理死锁的方法可归结为以下四种。

(1) 预防死锁。这是一种较简单和直观的事先预防的方法。该方法是通过设置某些限制条件，去破坏产生死锁的四个必要条件中的一个或几个条件来预防死锁。

(2) 避免死锁。该方法同样属于事先预防的策略，但它并不须事先采取各种限制措施去破坏产生死锁的四个必要条件，而是在资源的动态分配过程中，用某种方法防止系统进入不安全状态，从而避免死锁的发生。

预防死锁和避免死锁这两种方法实质上都是通过施加某些限制条件来预防死锁发生。

二者的主要差别在于：为预防死锁所施加的限制条件比较严格，这往往会影响进程的并发执行；而为避免死锁所施加的限制条件则较宽松，这给进程的运行提供了较为宽松的环境，有利于进程的并发执行。

（3）检测死锁。这种方法并不需事先采取任何限制性措施，也不必检查系统是否已经进入不安全区，而是允许系统在运行过程中发生死锁。但可通过系统设置的检测机构，及时检测出死锁的发生，并精确地确定与死锁有关的进程和资源。

（4）解除死锁。这是与检测死锁相配套的一种措施。当检测到系统中已发生死锁时，须将进程从死锁状态中解脱出来。

需要指出的是，死锁的检测和解除措施有可能使系统获得较好的资源利用率和吞吐量，但在实现上难度也最大。

2.6.3 预防死锁的方法

预防死锁是一种较易实现的方法，已被广泛使用。但由于所施加的限制条件往往太严格，因而可能会导致系统资源利用率和系统吞吐量降低。

1. 互斥条件

互斥条件是由资源的固有属性决定的，因此难以破坏，不过如果使用 SPOOLing 技术，那么就可以将一台设备虚拟化成多台设备，以便同时满足多个进程的要求，这样就防止了死锁。关于 SPOOLing 技术的细节，将在“第 6 章　设备管理”作详细介绍。

2. 摒弃“请求和保持”条件

该条件可采用静态资源分配法（或称为一次性资源分配法）来破坏。其基本思想是：所有进程在开始运行之前，都必须一次性地申请其在整个运行过程中所需的全部资源。系统只有在满足该进程所需全部资源的前提下，才把资源分配给该进程。这样，该进程在整个运行期间便不会再提出资源要求，从而摒弃了请求条件。但在分配资源时，只要有一种资源不能满足某进程的要求，即使其他所需的各资源都空闲，也不分配给该进程，而让该进程等待。由于在该进程的等待期间，它并不占有任何资源，因而也摒弃了保持条件，从而可以避免发生死锁。

这种预防死锁的方法其优点是简单、易于实现且很安全。但其缺点也很明显：首先表现为资源被严重浪费，因为一个进程是一次性地获得其整个运行过程中所需的全部资源，且独占资源，其中可能有些资源很少使用，甚至在整个运行期间都未使用，这就严重地恶化了系统资源的利用率；其次是使进程延迟执行，仅当进程在获得了其所需的全部资源后，才能开始运行，但可能因有些资源已长期被其他进程占用而致使等待该资源的进程迟迟不能运行。

3. 摒弃“不剥夺”条件

在采用这种方式时系统规定，进程是逐个地对资源提出需求的。当一个已经保持了某些资源的进程，再提出新的资源请求而不能立即得到满足时，必须释放它已经保持了的所有资源,待以后需要时再重新申请。这意味着某一进程已经占用的资源,在运行过程中会被暂时地释放掉,也可认为是被剥夺了,从而摒弃了"不剥夺"条件。

这种预防死锁的方式实现起来比较复杂且要付出很大的代价。为了保存在自动放弃资源时的现场,以及以后再恢复这种现场,需要付出很高的代价。此外,这种策略还可能因为反复地申请资源和释放资源,致使进程的执行被无限地推迟,这不仅延长了进程的周转时间,而且也增加了系统开销,降低了系统吞吐量。

4. 摒弃"环路等待"条件

为了破坏第四个条件,常常采用资源顺序使用法。其基本思想是:系统将所有资源按类型进行线性排队,并赋予不同的序号。例如,令输入机的序号为 1,打印机的序号为 2,磁带机为 3,磁盘为 4。所有进程对资源的请求必须严格按照资源序号递增的次序提出,这样,在所形成的资源分配图中,不可能再出现环路,因而摒弃了"环路等待"条件。事实上,在采用这种策略时,总有一个进程占据了较高序号的资源,此后它继续申请的资源必定是空闲的,因而进程可以一直向前推进。

例如,在一个系统中,有 3 台卡片输入机、2 台行式打印机、1 台卡片输出机和 1 台磁带机;进程 pa、pb 和 pc 都按编号递增顺序申请使用这些资源。某一时刻,资源的使用和申请情况见表 2.3("√"表示正在使用这种资源,"×"表示申请使用但未获得分配)。此时,进程 pc 正等待使用由进程 pb,pa 占用的资源;进程 pb 正等待由进程 pa 占用的资源。进程 pa 下一次申请的资源编号一定高于进程 pb,pc 以及它自身目前所占用资源的最高编号,所以它不会等待使用进程 pb,pc 占用的资源,因此也就不可能形成进程循环链。

表 2.3　资源顺序使用法示例

资源编号	资源名称	进程 pa	进程 pb	进程 pc
1	卡片输入机(3 台)	√	√	√
2	行式打印机(2 台)	√	√	×
3	卡片输出机(1 台)	√	×	
4	磁带机(1 台)			

这种方法的优点是:资源分配是逐步进行的,与静态分配法比较,提高了资源利用率。其缺点是实际使用资源的顺序可能与标准规定的不同,于是某些暂时不用的资源要先申请,先占住但不使用。不过,通常进程使用资源的顺序是有一定规律的,如果对资源进行合理排序,那么这种方法还是有一定实用效果的。

2.6.4　避免死锁的方法

在预防死锁的几种方法中,都施加了较强的限制条件;在避免死锁的方法中,所施加的限制条件较弱,允许进程动态地申请资源。该方法把系统的状态分为安全状态和不安全状态,但系统在进行资源分配之前,应先计算此次资源分配的安全性。若此次分配不会导致系统进入不安全状态，则将资源分配给进程；否则，令进程等待。只要能使系统始终都处于安全状态，便可避免发生死锁。

1. 安全状态

所谓安全状态，是指系统能按某种顺序，如(P1, P2, …, Pn)(称〈P1, P2, …, Pn〉为安全序列)，来为每个进程 Pi 分配资源，直至满足每个进程对资源的最大需求，使每个进程都可顺利地完成。如果系统无法找到这样一个安全序列，则称系统处于不安全状态。

虽然并非所有的不安全状态都必然会转入死锁状态，但当系统进入不安全状态后，便有可能进入死锁状态；反之，只要系统处于安全状态，系统便可避免进入死锁状态。因此，避免死锁的实质在于：系统在进行资源分配时，如何使系统不进入不安全状态。

下面通过一个例子来说明安全性。假定系统中有三个进程 P1，P2 和 P3，共有 12 台磁带机。进程 P1 总共要求 10 台磁带机，P2 和 P3 分别要求 4 台和 9 台。假设在 T0 时刻，进程 P1，P2 和 P3 已分别获得 5 台、2 台和 2 台磁带机，尚有 3 台空闲未分配，见表 2.4。

表 2.4　安全状态示例

进程	最大需求	已分配	可用
P1	10	5	3
P2	4	2	
P3	9	2	

经分析发现，在 T0 时刻系统是安全的，因为这时存在一个安全序列〈P2，P1，P3〉，即只要系统按照此进程序列分配资源，就能使每个进程都顺利完成。具体表现为，将剩余的磁带机取 2 台分配给 P2，使之继续运行，待 P2 完成，便可释放出 4 台磁带机，于是可用资源增至 5 台；以后再将这些全部分配给进程 P1，使之运行，待 P1 完成后，将释放出 10 台磁带机，P3 便能获得足够的资源，从而使 P1，P2，P3 每个进程都能顺利完成。

如果不按照安全序列分配资源，则系统可能会由安全状态进入不安全状态。例如，在 T0 时刻以后，P3 又请求 1 台磁带机，若此时系统把剩余 3 台中的 1 台分配给 P3，则系统便进入不安全状态。因为此时无法再找到一个安全序列。由此可见，在 P3 申请资源时，尽管系统中尚有可用的磁盘机，但却不能分配给它，必须让 P3 一直等到 P1 和 P2 完成，释放出资源后再将足够的资源分配给 P3，它才能顺利完成。

2. 利用银行家算法避免死锁

具有代表性的避免死锁的算法是 Dijkstra 提出的银行家算法。该算法由于能用于银行系统现金贷款的发放而得名。为实现银行家算法，系统中必须设置若干数据结构。

(1) 银行家算法中的数据结构

假设系统中有 n 个进程，m 个资源，银行家算法中所需数据结构见表 2.5。

表 2.5　银行家算法中的数据结构

名称	含义
Available	含有 m 个元素的数组，Available[j] = K，表示第 j 类可用的资源数目为 K 个，其初始值是系统中所配置的各类全部可用资源的数目
Max	$n \times m$ 的矩阵，Max[i, j] = K，表示进程 i 对第 j 类资源的最大需求数目为 K
Allocation	$n \times m$ 的矩阵，Allocation[i, j] = K，表示进程 i 当前已获得第 j 类资源的数目为 K
Need	$n \times m$ 的矩阵，Need[i, j] = K，表示进程 i 还需要 j 类资源 K 个，显然，Need[i, j] = Max[i, j] − Allocation[i, j]
$Request_i$	含有 m 个元素的数组，$Request_i$[j] = K，表示进程 Pi 请求分配 K 个 j 类型的资源
Work	含有 m 个元素的数组，Work[j] = K，表示当前系统可提供给进程继续运行的各类资源数目，在执行安全算法开始时，Work：= Available
Finish	含有 n 个元素的数组，表示系统是否有足够的资源分配给进程，使之运行完成。在执行安全算法开始时，Finish[i]：= false

（2）银行家算法

该算法的基本思想是：在事先知道每个进程对资源的最大需求量条件下，在每次为进程分配资源前，先进行一个序列检查，以判断这次分配是否能导致系统进入不安全状态；如果不可能，则分配资源；否则，不分配资源，进程进入阻塞状态等待。

当进程 P_i 发出资源请求 $Request_i$后，系统按下述步骤进行检查。

```
Step1：如果 Requesti[j]≤Need[i,j]，转向 Step2；否则认为出错，因为它所需要的资源数已经超出了它所
      宣布的最大值；
Step2：如果 Requesti [j]≤Available[j]，转向 Step3；否则，表示尚无足够资源，Pi 须等待；
Step3：系统尝试着把资源分配给进程 Pi，并修改下面数据结构中的值：
              Available[j]：= Available[j] − Requesti[j]；
              Allocation[i,j]：= Allocation[i,j] + Requesti[j]；
              Need[i,j]：= Need[i,j] − Requesti[j]；
Step4：系统执行安全性算法，检查此次分配后系统是否会处于安全状态。若安全，才正式将资源分配给
      进程 Pi；否侧，将本次的尝试分配作废，恢复原来的资源分配状态，让进程 Pi 等待。
```

（3）安全性算法

系统所执行的安全性算法可描述如下：

```
Step1：初始化 Work 和 Finish 数组；
Step2：从进程集合中找到一个能满足下述两个条件的进程：
              Finish[i] = false；
              Need[i,j] ≤Work[j]；
      若找到，执行 Step3；否则，执行 Step4；
Step3：当进程 Pi 获得资源后，可顺利执行，直至完成，并释放出分配给它的资源，故应执行：
              Work[j]：= Work[j] + Allocation[i, j]；
              Finish[i]：= true；
              Go to step2；
Step4：如果所有进程的 Finish[i] = true 都满足，则表示系统处于安全状态；否则，系统处于不安全状态。
```

(4) 银行家算法示例

假定系统中有五个进程{P0, P1, P2, P3, P4}和三类资源{A, B, C},各种资源的数量分别为10,5,7,在T0时刻的资源分配情况见表2.6。

利用安全性算法对T0时刻的资源分配情况进行分析(表2.7)可知,在T0时刻存在着一个安全序列〈P1, P3, P4, P2, P0〉,故此时系统是安全的。

表2.6　T0时刻的资源分配表

进程	Max A B C	Allocation A B C	Need A B C	Available A B C
P0	7 5 3	0 1 0	7 4 3	3 3 2 (2 3 0)
P1	3 2 2	2 0 0 (3 0 2)	1 2 2 (0 2 0)	
P2	9 0 2	3 0 2	6 0 0	
P3	2 2 2	2 1 1	0 1 1	
P4	4 3 3	0 0 2	4 3 1	

表2.7　T0时刻的安全序列

进程	Work A B C	Need A B C	Allocation A B C	Work + Allocation A B C	Finish
P1	3 3 2	1 2 2	2 0 0	5 3 2	True
P3	5 3 2	0 1 1	2 1 1	7 4 3	True
P4	7 4 3	4 3 1	0 0 2	7 4 5	True
P2	7 4 5	6 0 0	3 0 2	10 4 7	Ture
P0	10 4 7	7 4 3	0 1 0	10 5 7	Ture

若P1发出请求向量Request1 = (1, 0, 2),系统将按银行家算法进行检查:

Step1:由于Need[1, j] = (1, 2, 2),Request1≤ Need[1, j];

Step2:由于Available = (3, 3, 2),Request1≤ Available;

Step3:系统先假定可为P1分配资源,并修改Available,Allocation[1, j]和Need[1, j]向量,由此形成的资源变化情况见表2.6中的圆括号;

Step4:再利用安全性算法检查此时系统是否安全,见表2.8。

由所进行的安全性检查得知,可以找到一个安全序列〈P1,P3,P4,P0,P2〉。因此,系统是安全的,可以立即将P1申请的资源分配给它。

若P4发出请求向量$Request_4$ = (3, 3, 0),系统按银行家算法进行检查:

Step1:由于Need[4, j] = (4, 3, 1),$Request_4$≤ Need[4, j];

Step2：由于 Available =（2，3，0），$Request_4 \geqslant Available$，让 P4 进程等待。

表 2.8　P1 申请资源时的安全性检查

进程	Work A　B　C	Need A　B　C	Allocation A　B　C	Work + Allocation A　B　C	Finish
P1	2　3　0	0　2　0	3　0　2	5　3　2	True
P3	5　3　2	0　1　1	2　1　1	7　4　3	True
P4	7　4　3	4　3　1	0　0　2	7　4　5	True
P0	7　4　5	7　4　3	0　1　0	7　5　5	Ture
P2	7　5　5	6　0　0	3　0　2	10　5　7	Ture

若 P0 发出请求向量 $Request_0$ = （0，2，0），系统按银行家算法进行检查：

Step1：由于 Need[0，j] =（7，4，3），$Request_0 \leqslant Need[0, j]$；

Step2：由于 Available =（2，3，0），$Request_0 \leqslant Available$；

Step3：系统暂时先假定可分为 P0 分配资源，并修改有关数据，见表 2.9；

表 2.9　为 P0 分配资源后的有关数据项

进程	Allocation A　B　C	Need A　B　C	Available A　B　C
P0	0　3　0	7　3　2	2　1　0
P1	3　0　2	0　2　0	
P2	3　0　2	6　0　0	
P3	2　1　1	0　1　1	
P4	0　0　2	4　3　1	

Step4：进行安全检查：可用资源 Available =（2，1，0）已不能满足任何进程的需要，故系统进入不安全状态，此时系统不分配资源。

如果 P0 发出的请求向量改为 $Request_0$ = （2，1，0），系统能否将资源分配给它，请读者考虑。

银行家算法是在系统运行期间实施的，要花费相当多的时间，而且它必须事先知道资源的最大需求量，算法本身也比较保守，因为它假定每个进程都可能要求全部资源，并在执行期间随时提出要求。

2.6.5　死锁的检测与解除

当系统为进程分配资源时，若未采取任何限制性措施，则系统必须提供检测和解除死锁的手段，为此，系统必须做到：

（1）保存有关资源的请求和分配信息；

(2) 提供一种算法，以利用这些信息来检测系统是否已经进入死锁状态。

1. 资源分配表与进程等待表

死锁检测首先需要用合适的方法表示资源分配图。可以用两张表来表示，一张表是资源分配表，另一张表是进程等待表。资源分配表记录了各个系统资源正被哪一个进程占用。进程等待表记录了进程提出资源请求但未得到满足的情况。假定系统中有 5 个资源，分别用编号 1—5 表示；系统中有 3 个进程，分别用编号 1—3 表示。在某时刻，资源分配表如图 2.18(a)所示，进程等待表则为空。

2. 死锁检测法

死锁检测就是要检测系统中是否存在发生死锁的必要条件 4 中所描述的进程循环链。如图 2.18 所示，如果各进程按下列步骤申请使用资源：

(1) 进程 P1 申请使用资源 3。系统先查资源分配表，发现资源 3 已被进程 P2 占用；接着查进程等待表，查明 P2 并不等待任何资源，也就是说不会形成进程循环等待链。于是，将 P1 及它所等待的资源 3 填入进程等待表，如图 2.18(b)所示。

资源分配表

资源号	进程号
1	1
2	3
3	2
4	2
5	1

进程等待表

进程号	资源号
……	……

(a) 初始状态的资源分配表和进程等待表

进程等待表

进程号	资源号
1	3
……	……

(b) 进程P1申请资源3

进程等待表

进程号	资源号
1	3
2	2
……	……

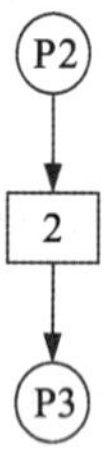

(c) 进程P2申请资源2

进程等待表

进程号	资源号
1	3
2	2
3	5
……	……

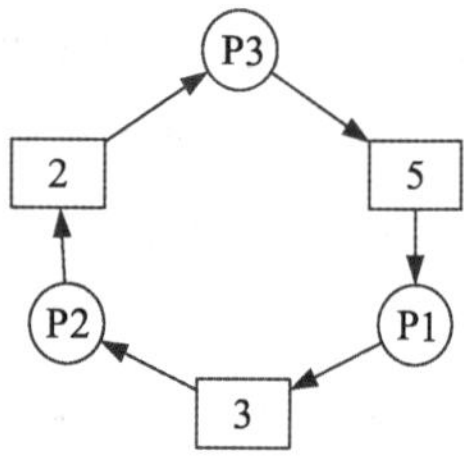

(d) 进程P3申请资源5

图 2.18　死锁检测过程

(2) 进程 P2 申请使用资源 2。经上述同样检查发现仍不会形成进程循环链。于是将 P2 及资源 2 也填入进程等待表，如图 2.18(c)所示。

(3) 进程 P3 申请资源 5。经反复检查资源分配表和进程等待表，得到资源分配图如图

2.18(d)所示。从中可见进程 P1,P2,P3 形成了循环等待链,也就是出现了死锁。

由此可见,死锁检测虽然比较麻烦,但还是可以实现的。问题的关键是检测到死锁后,如何解除死锁。下面从简到繁列出三种解除死锁的方法。

(1) 终止所有死锁进程。

(2) 逐个终止死锁进程,直至死锁不再存在。在选择要终止的死锁进程时,要考虑它们以前使用资源的情况,应当先终止那些资源使用量(包括资源的品种、数量、时间)最小的进程。每终止一个进程就要重新检测一下死锁是否存在。

(3) 强迫死锁进程逐个释放占用的资源,直至死锁不再存在。选择强迫释放资源时应以它所造成的损失最小作为依据。每释放一个资源后,就要重新检测死锁是否存在。被强迫释放资源的进程,以后重新申请分配资源。由于系统工作的不确定性,这种要求一般不会再导致死锁。

最后应该指出,在死锁方面虽然已经进行了大量的研究工作,但是还缺少令人满意的完善的解决办法。很多系统采取的措施只是为了减少其发生的可能性。例如,在 UNIX 中,对系统中比较紧张的资源,如缓存,采取限额措施,避免过多地使用它;有些资源不能满足要求时,就简单地使要求使用该资源的进程终止。有时还要依靠管理人员的观察、检查和经验以及和用户的配合,以便及早发现死锁并终止有关进程以解除死锁。这些措施虽然比较简单,且不完善,但也能起到相当作用。

2.7 UNIX V6++中的进程

前面几节从一般角度介绍了与进程有关的基本概念,本节将具体说明在UNIX V6++操作系统中进程的构成,以加深对基本概念的理解。

2.7.1 UNIX 中进程的两种运行状态

在某些操作系统中,进程分为系统进程和用户进程。系统进程执行操作系统程序,提供系统功能,例如,进程调度、各种资源的管理和控制等。用户进程执行用户程序,提供用户功能。UNIX 对进程的处理方式与此不同。一般而言,UNIX 进程既可执行操作系统程序,也可以执行用户程序,并且按照需要在一定时机进行转换。由于操作系统要管理系统中包含的各种资源和进程的各种活动,而用户程序却只应在操作系统的管理和控制下,在一定范围内活动,所以进程在执行操作系统程序和用户程序时所处的环境和权利应该有所区别。

1. 两种不同的活动范围

操作系统程序和用户程序所用的地址各构成一个逻辑地址空间。操作系统程序和用户程序在内存中也占用不同的存储区域。所以它们构成的逻辑地址空间不同，占用的物理存储空间也不同。为了建立两种不同的逻辑地址空间和物理存储空间之间的对应关系，进程在执行操作系统程序和用户程序时使用的地址映射关系不同，使用的某些寄存器（如栈指针）也不同。

2. 操作系统的几种特权

与一般用户程序相比，进程在执行操作系统程序时应具有如下所列的四种特权。

(1) 执行 I/O 操作。为了避免用户程序由于竞争使用 I/O 设备而导致的混乱，各种 I/O操作都在操作系统的管理和控制下进行，用户程序则通过系统调用向操作系统提出各种 I/O 请求。

(2) 存取内存管理机构。系统中可能同时存在多个进程，为了防止相互干扰，操作系统为它们分配存储空间，并用内存管理机构限制现运行进程在内存中的活动范围，将它们相互隔离起来。因此，操作系统应能存取内存管理机构，而用户程序却无权擅自改变自己在内存的活动范围。

(3) 开、关中断。处理机在开中断时对输入/输出设备的中断请求予以响应，关中断时则不响应。开、关中断是操作系统为了调整中央处理机和外部设备的工作关系应具有的特权。

(4) 停机。

为了区别一个进程在两种不同环境下的运行情况，UNIX 为进程设置了两种不同的运行状态。一种是核心态（kernel mode），当进程运行操作系统内核代码时，处于核心态；另一种是用户态（user mode），当进程运行用户程序代码时，处于用户态。核心态有时也被称为系统态。进程在核心态下和在用户态下活动时的地址空间则分别称为核心态地址空间和用户态地址空间。

在 UNIX 中有一个进程比较特殊，这就是系统调度进程，因为其进程编号（标识数）为 0，所以也称为 0＃进程。该进程只在核心态下运行，也就是说，它是唯一的一个只运行操作系统程序的进程。

3. UNIX 进程与图象

在 UNIX 中，进程被描述为图象的执行（execution of image）。而图象或映象（image）则是计算机的执行环境。它包括存储器图象、通用寄存器值以及打开文件的状态等，所以图象就是一个计算机的现行状态。图象也可以理解为程序以及与动态地执行程序有关的各种信息的集合。于是图象的执行也就是程序在计算机上的动态执行过程。

2.7.2 UNIX 进程的存储器图象

1. 组成

进程图象虽然包括了很多方面，但其中最关键的部分是存储器图象。当一个进程暂时退出处理机时，它的处理机图象（也就是处理机的现场）就成为存储器图象的一部分。当该进程再次被调度使用处理机时，又从存储器图象中恢复处理机图象。为了叙述简单起见，以后提及进程图象时，一般都指其存储器图象。

UNIX V6++进程存储器图象由进程控制块、进程执行的程序、程序执行时需要使用的数据、进程运行时使用的工作区组成。

(1) 进程控制块。包括两部分信息。一部分是不管进程是否正在处理机上运行，系统都需要查询和修改的一些控制信息。这部分信息构成了进程基本控制块。另一部分是当进程不在处理机上运行时，系统不会进行查询和处理的一部分信息。这部分信息构成了进程扩充控制块。

(2) 代码段。包括可供多个进程共享的指令代码和常数，也称为共享正文段。

(3) 数据段。进程执行程序时用到的数据（如C程序中的外部变量，静态局部变量）构成数据段。如果进程执行的程序为非共享程序，则它也构成数据段的一部分。

(4) 工作区。进程在核心态下的工作区为核心栈，在用户态下运行的工作区为用户栈。在进行函数调用时，栈用于传递参数、保护现场、存放返回地址以及为局部动态变量提供存储区。另外，核心栈还用于保护中断现场（见第3章），用户栈用于向主程序（main函数）传递参数。

2. 进程图象在存储区中的分布

存放进程图象的存储区包括两部分：一部分是内存，另一部分是作为内存扩充部分的外存。计算机配置的内存容量是有限的，因此往往只能容纳一部分的进程图象，另外一部分就只能存放在外存上。

一个进程，若正在处理机上运行，那么为了能够更方便地运行该进程的代码，能够更快速地存取与它有关的数据，系统安排其图象全部存放在内存中。当处理机转而执行其他进程时，如必要，该进程的图象中的绝大部分可被送到外存上去，而内存只保留一小部分系统仍要查询和修改的信息，于是该进程原先占用内存区的大部分空间就可分配它用。如果内存中有足够的空闲区，那么可以将外存上的某些进程图象传送到内存中，以便在适当时间占用处理机运行。由此可见，进程图象中有一部分是必须常驻内存的，而另外一部分则可以不必常驻内存。

进程图象在内、外存之间的传送或交换操作是经常进行的，为了加快这种操作执行的速度，存放进程图象的外存储器的存取速率应该比较高，所以一般都选用磁盘或磁盘上某一指定的区域。这部分盘区称为盘交换区（swap area）。

为了简化进程图象在内、外存之间进行传送的过程，除代码段以外，UNIX V6++将一个进程图象中的非常驻内存部分作为一个整体处理。也就是说：

(1) 不管在内存还是在磁盘交换区上，这一部分进程图象始终占用连续存储区。其顺序规定为：进程扩充控制块、核心栈，然后数据段、用户栈。进程扩充控制块与核心栈合并起来称为进程的ppda区（per process data area）。由于代码段可能由几个进程同时使用，所以在存储器中，它和进程图象的其他部分可能分开。

（2）当进程图象在内、外存之间传送时，将这部分作为一个整体处理。也就是说，如果要将它们调出内存，则一起调出；要调入，则同时调入。而对共享正文段的处理则要考虑所有共享进程的情况。只要有一个共享进程图象全部在内存中，那么该共享正文段就应驻留在内存。当将某一进程图象调入内存时，如发现其共享正文段不在内存，则也将它调入。

2.7.3 UNIX V6++中进程管理模块的类结构

本节将对进程图象的各个组成部分作进一步说明，重点是进程基本控制块和进程扩充控制块。因为这两部分涉及UNIX V6++进程在系统中几乎所有的活动，所以除非读者已经比较透彻地了解了UNIX V6++的全部工作过程，否则就不可能对它们有完整而清晰的认识。这里的介绍只给出了一个轮廓，供读者在学习后面一些章节时进行联系和思考。学完全书之后，再次阅读本节是会有好处的。

图 2.19 是UNIX V6++进程管理模块中几个重要类之间及与其他类之间的关系。下面将分别介绍其中几个核心类的组成和功能。

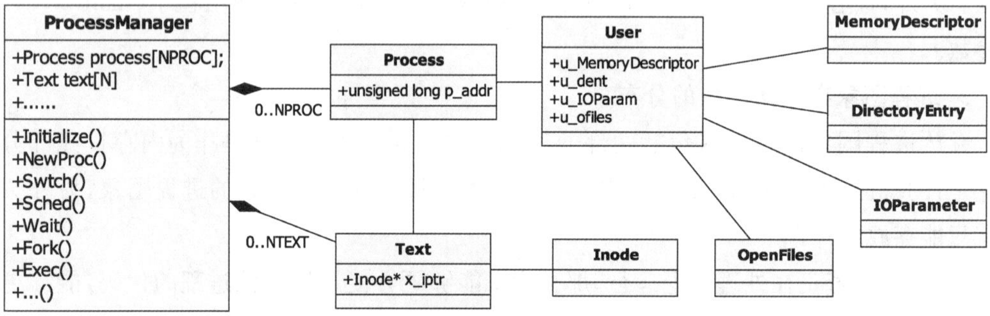

图 2.19 UNIX V6++中进程管理模块的类结构

1. 进程基本控制块：Process 类

Process 类包含了针对每一个进程的基本控制信息和控制方法，每一个系统中的进程都有一个 Process 对象，它是进程的常驻内存部分。表 2.10 列出了其中封装的所有进程相关的方法，其具体的实现细节将在第 5 章中详细介绍。其中包含的所有数据成员的名称、类型及含义说明列于表 2.11 中（其中带下划线的为自定义数据类型）。

Process 类中各个成员变量的命名方式以 p_作为前缀，成员大致可分为以下四类。

（1）进程标识

表 2.10 rocess 类的成员函数构成

类别	函数体	完成的操作
进程优先级计算相关	void Nice()	用户设置计算进程优先数的偏置值
	void SetPri()	根据占用 CPU 时间计算进程优先数

（续表）

类别	函数体	完成的操作
进程控制相关	void SetRun()	进程被唤醒，转入就绪状态
	bool IsSleepOn (unsigned long chan)	检查当前进程睡眠原因是否为 chan
	void Sleep(unsigned long chan, int pri)	使当前进程转入睡眠状态
	void Expand (unsigned int newSize)	改变进程占用的内存大小
	void Exit()	Exit()系统调用处理过程
	void Clone(Process & proc)	除 p_pid 外，子进程拷贝父进程 Process 结构
	void SBreak()	brk()系统调用处理过程
信号相关	void PSig (struct pt _ context * pContext)	对当前进程接收到的信号进行处理
	void PSignal(int signal)	向当前进程发送信号。signal 是要发送的信号数
	void Ssig()	设置用户自定义的信号处理方式的系统调用处理函数
	int IsSig()	判断当前进程是否接收到信号

用户标识数 p_uid：用户标识数是用户在登录以后内核区别不同用户所使用的用户编号，系统将用户外部使用的用户名字符串转换为系统内部使用的用户编号。

进程标识数 p_pid：进程标识数是进程创建时由系统赋予的进程编号，各个进程使用标识数不同。由于 p_pid 使用 int 类型，因此即使采用最简单的进程号分配方式，即每次分配的进程标识 + 1，也可以保证在相当长的时间内各活动进程标识数不重复。

父进程标识数 p_ppid：UNIX V6 + + 中，除 0 # 进程以外，其他进程都是应其父进程要求而生成的。p_ppid 记录了父、子进程之间的关系。

(2) 进程图象在内存中的位置信息

进程图象地址 p_addr：进程 ppda 区的内存首地址，以字节为单位。

进程图象长度 p_size：进程图象（除共享正文段以外部分）的长度，单位是字节。

共享正文段 Text 指针 p_ textp：这个字段包含指向该进程共享正文段控制块 Text 对象的指针，Text 对象记录着该进程图象的代码段在内存中的位置和长度信息。

(3) 进程调度相关信息

当前进程调度状态 p_stat：进程调度状态，表示一个进程是否正在使用或能否占用处理器。p_stat 是 ProcessState 类型的变量，它的 7 个不同的值分别表示了UNIX V6 + + 中进程的调度状态。具体声明见代码 2.11。关于进程调度状态的细节将在第 5 章中给出详细的说明。

表 2.11 Process 类的数据成员构成

类别	名称	类型	含义
进程标识	p_uid	short	用户 ID
	p_pid	int	进程标识数，进程编号
	p_ppid	int	父进程标识数
进程图象在内存中的位置信息	p_addr	unsigned long	ppda 区在物理内存中的起始地址
	p_size	unsigned int	进程图象(除共享正文段以外部分)的长度，以字节为单位
	p_textp	Text *	指向该进程代码段的描述符
进程调度相关信息	p_stat	ProcessState	进程当前的调度状态
	p_flag	int	进程标志位，可以多状态组合
	p_pri	int	进程优先数
	p_cpu	int	cpu 值，用于计算 p_pri
	p_nice	int	进程优先数微调参数
	p_time	int	进程在磁盘交换区上(或内存)的驻留时间
	p_wchan	unsigned long	进程睡眠原因
信号与控制台终端	p_sig	int	进程信号
	p_ttyp	TTy *	进程 tty 结构地址

进程图象状态标志 p_flag：表示进程图象是在内存中还是在磁盘交换区上，以及是否可以被换出至交换区等信息。其定义参见代码 2.12 中关于 ProcessFlag 枚举类型的说明，其中，一个进程图象的状态可以是一个或者多个标志位的组合。

```
enum ProcessState            /* 进程状态(用于进程调度) */
{
    SNULL = 0,               /* 未初始化空状态 */
    SSLEEP = 1,              /* 高优先权睡眠状态 */
    SWAIT = 2,               /* 低优先权睡眠状态 */
    SRUN = 3,                /* 运行、就绪状态 */
    SIDL = 4,                /* 进程创建时的中间状态 */
    SZOMB = 5,               /* 进程终止时的中间状态 */
    SSTOP = 6                /* 进程正被跟踪 */
};
```

代码 2.11 UNIX V6++中进程调度状态的定义

```
enum ProcessFlag              /* 进程标志位(用于进程图象换进换出) */
{
    SLOAD= 0x1,               /* 进程图象在内存中 */
    SSYS= 0x2,                /* 系统进程图象,不允许被换出 */
    SLOCK= 0x4,               /* 含有该标志的进程图象暂不允许换出 */
    SSWAP= 0x8,               /* 该进程被创建时图象就在交换区上 */
    STRC= 0x10,               /* 父子进程跟踪标志,UNIX V6++未使用到 */
    STWED= 0x20               /* 父子进程跟踪标志,UNIX V6++未使用到 */
};
```

代码 2.12　UNIX V6++中进程图象状态标志的定义

进程优先数 p_pri:其值越小,表示进程的优先权越高。它是进程调度的主要依据。数值变化范围为 -100～+127。

进程占用 cpu 时间 p_cpu:p_cpu 反映了进程使用处理机的程度。p_cpu 值越大,表示进程使用处理机的程度越高。它是计算 p_pri 的一个主要参数。

优先数微调参数 p_nice:计算进程优先数时所用的偏置值,可以由用户设置。

进程驻留时间 p_time:进程图象自最近一次调入(或调出后),在内存(或在磁盘交换区上)驻留的时间。这是进行进程图象在内、外存之间传送的一个重要依据。

进程睡眠原因 p_wchan:记录进程因等待获取哪个资源而进入睡眠,一般为与该资源相关的数据结构的内存地址。当该原因消失时,唤醒所有等待该资源的睡眠进程。

(4) 其他

p_sig:UNIX V6++中有信号机构,其主要作用与出错处理有关。p_sig 表示进程接获的信号类型数。

p_ttyp:系统为每一个终端机设置了一个控制数据结构 tty。p_ttyp 指向与本进程有关的终端机的 tty 数据结构。

2. 进程扩充控制块:User 类

每个进程都有自己的 User 对象,它与该进程的 Process 对象一一对应。User 类包含了进程的扩充控制信息和相关的控制方法。表 2.12 列出了 User 类中封装的所有方法,包括对进程 ID 的有关操作和获取当前用户工作目录等。表 2.13 列出了 User 类中所有数据成员的名称、类型与含义,其中涵盖了用户标识、进程运行的时间统计项、现场保护、内存管理、系统调用、信号处理和文件操作等进程运行过程中可能涉及的所有环节。例如,通过 User 类,可以找到进程的打开文件信息(被封装在 OpenFiles 类中),内存图象占据内存的信息(被封装在 MemoryDescriptor 类中)等资源使用信息。绝大多数的数据成员的具体含义将在后续章节中详细介绍,这里不再对 User 类中的所有成员变量逐个展开。

表 2.12 User 类的成员函数构成

函数体	完成的操作
void Setuid()	根据系统调用参数 uid 设置有效用户 ID,真实用户 ID,进程用户 ID(p_uid)
void Getuid()	获取用户 ID,低 16 bit 为真实用户 ID(u_ruid),高 16 bit 为有效用户 ID(u_uid)
void Setgid()	根据系统调用参数 gid 设置有效组 ID,真实组 ID
void Getgid()	获取组 ID, 低 16 bit 为真实组 ID(u_rgid),高 16 bit 为有效组 ID(u_gid)
void Pwd()	获取当前用户工作目录
bool SUser()	检查当前用户是否是超级用户

UNIX V6++中每个进程的 User 对象与其核心栈共同构成该进程的 ppda 区,共占据 4kB 大小的存储空间。其中,User 对象的数据从低地址向高地址排布,而核心栈的数据从高地址往内存低地址方向增长。

如前所述,ppda 区的首地址记录在每个进程的 Process 对象的 p_addr 数据成员中,而 User 结构中的 u_procp 指向同一进程的 Process 对象,从而在每个进程的 Process 与 User 两者之间建立了勾连关系。关于 ppda 区的内存分布情况将在第 4 章内存管理部分作详细的阐述。

表 2.13 User 类的数据成员构成

	名称	类型	含义
进程的用户标识	u_uid	short	有效用户 ID
	u_gid	short	有效组 ID
	u_ruid	short	真实用户 ID
	u_rgid	short	真实组 ID
时间相关	u_utime	int	进程用户态时间
	u_stime	int	进程核心态时间
	u_cutime	int	子进程用户态时间总和
	u_cstime	int	子进程核心态时间总和
现场保护相关	u_rsav[2]	unsigned long	用于保存 esp 与 ebp 指针
	u_ssav[2]	unsigned long	用于对 esp 和 ebp 二次保护
内存管理相关	u_procp	Process *	指向对应的 Process 结构
	u_MemoryDescriptor	MemoryDescriptor	进程图象的内存信息

（续表）

	名称	类型	含义
系统调用相关	EAX = 0	static const int	u.u_ar0[EAX]：访问现场保护区中 EAX 寄存器的偏移量
	u_ar0	unsigned int *	指向核心栈现场保护区中 EAX 寄存器存放的栈单元
	u_arg[5];	int	存放当前系统调用参数
	u_dirp	char *	系统调用参数（一般用于 Pathname）的指针
信号处理相关	u_signal[NSIG]	unsigned long	信号处理表
	u_qsav[2]	unsigned long	用于接收到信号时直接从 Sleep()函数跳回至 Trap()
	u_intflg	bool	系统调用期间是否接到信号
与文件操作相关	u_cdir	Inode *	指向当前目录 Inode 指针
	u_pdir	Inode *	指向父目录的 Inode 指针
	u_dent	DirectoryEntry	当前目录的目录项
	u_dbuf[28]	char	当前路径分量
	u_curdir[128]	char	当前工作目录完整路径
	u_segflg	int	表明 I/O 针对用户或系统空间
	u_ofiles	OpenFiles	进程打开文件描述符表对象
	u_IOParam	IOParameter	当前读写文件控制信息
出错	u_error	ErrorCode	错误码

User 对象属于进程图象的可交换部分。内存不足时，系统会将可交换部分换出内存。从这一点可以看出，Process 类和 User 类都存储进程控制信息，其区别在于 Process 类中的进程控制信息在进程没有占用 CPU 时仍需要被内核查询和修改，所以必须驻留在内存中；而那些进程下台时不需要用到的进程控制信息则放入 User 类中。

3. 代码段控制块：Text 类

由于内核允许在多个进程之间共享代码段，所以关于进程代码段的控制信息不能包含在某个特定进程的进程控制块中，因此，为了便于代码段的共享，UNIX V6++ 独立出了 Text 类，其中保存了与代码段相关的所有控制信息。Text 类中封装的所有数据成员见表 2.14。

表 2.14 Text 类的数据成员构成

类别	名称	类型	含义
位置相关	x_daddr	int	代码段在磁盘交换区上的地址
	x_caddr	unsigned long	代码段在物理内存中的起始地址
	x_size	unsigned int	代码段长度,以字节为单位
	x_iptr	Inode *	内存 inode 地址
共享情况	x_count	unsigned int	共享该代码段的进程数
	x_ccount	unsigned short	共享该代码段且图象在内存的进程数

当共享该代码段的多个进程之一,其图象在内存中时,该共享代码段必定也在内存中;如果共享该代码段,且图象在内存的进程数为 0,则该代码段可以被换出至交换区,释放占据的内存资源。

4. 进程管理者:ProcessManager 类

ProcessManager 类中封装了系统用于进程管理的全部方法,包括:进程的创建,进程的切换调度,进程的终止,进程图象的改换,等等。具体的方法名称及含义见表 2.15。所有方法实现的细节将在后续章节中详细介绍。

ProcessManager 类中封装的所有数据成员的名称、类型与含义示于表 2.16 中。其中,有以下两个重要的数组:

(1) 进程基本控制块数组 Process process[NPROC],后文中称之为进程控制块表,或简称为 Proc 表。常量 NPROC 表示系统能容纳的最大进程数量,一般设置为 100。每创建一个新的进程,系统会在 Proc 表中为其分配一个 Process 对象,通过该对象在进程的整个生命周期内对进程实施管理和控制。每当一个进程终止时,系统会删除其对应的 Proc 表中的 Process 对象。

表 2.15 ProcessManager 类的成员函数构成

类别	函数体	完成的操作
初始化相关	void Initialize()	初始化
	Void SetupProcessZero()	手工创建系统 0# 进程
进程控制相关	Process * Select()	选出最适合上台运行的进程
	int Swtch()	进程切换调度
	void WakeUpAll(unsigned long chan)	唤醒系统中所有因 chan 而睡眠的进程
	void Wait()	父进程等待子进程结束
	int NewProc()	创建子进程
	void Fork()	创建进程的系统调用
	void Exec()	改换进程图象的系统调用
	void Kill()	终止进程的系统调用

（续表）

类别	函数体	完成的操作
进程图像相关	void Sched( )	进程图象内存和交换区之间的传送
	void XSwap(Process * pProcess, bool bFreeMemory, int size)	将进程图象从内存换出至磁盘交换区上
信号相关	void Signal (TTy * pTTy, int signal)	将信号 signal 发送至与发送进程所在同一终端的所有进程

表 2.16 ProcessManager 类的数据成员构成

名称	类型	含义
process[NPROC]	Process	进程基本控制块数组
text[NTEXT]	Text	代码段控制块数组
CurPri	int	现运行占用 CPU 时优先数
RunRun	int	强迫调度标志
RunIn	int	内存中无合适进程可以调出至磁盘交换区
RunOut	int	磁盘交换区中无进程可以调入内存
ExeCnt	int	同时进行图象改换的进程数
SwtchNum	int	系统中进程切换次数

(2) 代码段控制块数组 Text text[NTEXT]，后文中将之称为代码段控制块表，或简称为 Text 表。NTEXT 为系统最多允许代码段的数量，其设置为 50。每当内存中创建一个新的代码段空间，系统会在 Text 表中为其分配一个 Text 对象，通过该对象对代码段实施管理和控制。

5. 进程控制块的勾连关系

一般而言，每个进程的进程控制块 Process 对象、进程扩充控制块 User 对象以及代码段控制块 Text 对象三者之间存在相互勾连关系，从而可以依据三者之一找到该进程对应的另外两项控制信息，通常是从进程的 User 对象，沿着 u_procp 指针找到对应的 Process 对象，继而根据 Process 对象的 p_textp 指针得到 Text 对象。

综上所述，可以得到UNIX V6++中进程图象的基本结构如图2.20所示。其中代码段、数据段和用户栈位于用户态地址空间，其他位于核心态地址空间。

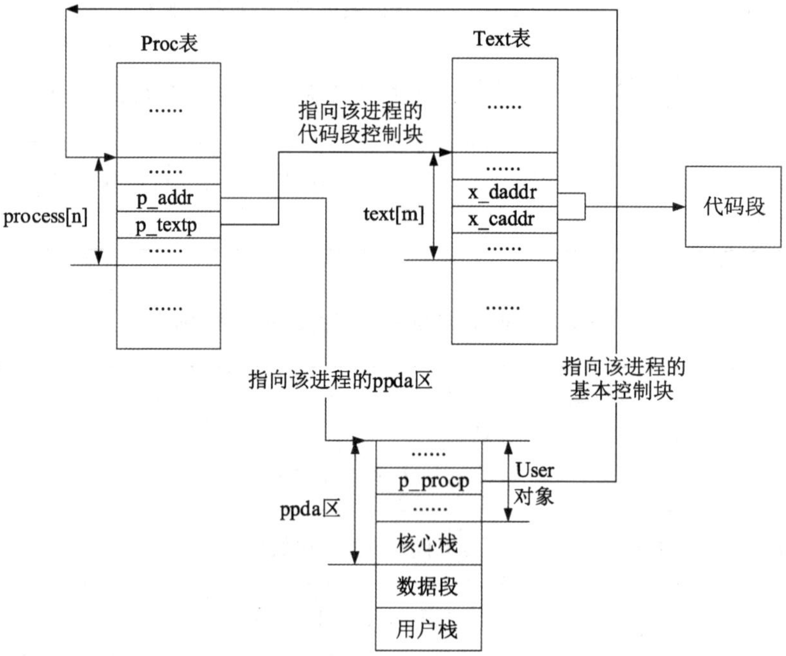

图 2.20　进程控制块的勾连关系

第3章

中　断

中断，为操作系统中很多概念的具体实现提供了一个基本的保证。比如，多进程的并发，设备的访问，用户态和内核态的切换，各种异常的处理等，都需要中断的参与，甚至连对临界资源的安全访问也需要中断的支持。这足以说明中断是可以作为一个了解操作系统工作原理和具体机制的入口点的，而不仅仅是作为相关书籍里独立的一个章节来理解。只有理解了中断的机制，才有可能真正理解进程、文件系统、设备等其他的概念。

3.1 概述

3.1.1 中断的基本概念

现代计算机系统中,外设均通过外设控制器与计算机系统相连。外设控制器是一个带有处理功能的微处理芯片,在接受处理器发出的命令之后可自动(指无需处理器帮助)完成输入/输出操作。外设控制器的存在使处理器和外设能够并行(同时)工作。I/O 结束后,外设控制器向 CPU 发出中断请求信号。发出中断请求信号的外设控制器(也可以认为是引起中断发生的事件)是中断源。系统为每一个可以发出中断请求的外设分配一个唯一的标识符,称此标识符为中断号。

接收到中断请求信号的处理机将暂停正在执行的程序,转去处理 I/O 完成事件的过程称为中断或中断响应。程序的暂停点为断点。中断响应后,具体处理 I/O 完成事件的子程序是中断处理程序,它们是操作系统内核的重要组成部分,是内核与硬件最接近的一部分。

当 CPU 对某个设备的中断请求作出响应后,首先应该获得下列两种信息:①相应的中断处理程序的入口地址;②中断处理时处理机的状态字。现代计算机系统将这两种信息结合起来,称为中断向量(或中断矢量)。所有设备的中断向量都以中断向量号为序存放在一块特定的内存区域中,称为中断向量表。后者是操作系统内核中的一个非常重要的全局数组,数组中的每个分量对应于一个中断源,中断号是用来查询该数组的下标。

如图 3.1 所示时序图中,T1 时刻 PA 进程发出 I/O 请求后放弃 CPU,处理器执行其他进程。之后的时间段内处理器和外设并行操作,保持全忙状态。T2 时刻,当 I/O 完成后,外设向 CPU 发送中断信号,CPU 停下正在执行的操作,响应中断请求,并完成中断处理过程。中断处理结束后,PA 进程可以有机会重新获得 CPU 执行(图中时刻 T3)。由此可见,外设控制器和中断机制可使处理器和外设并行,提高元件的利用率。

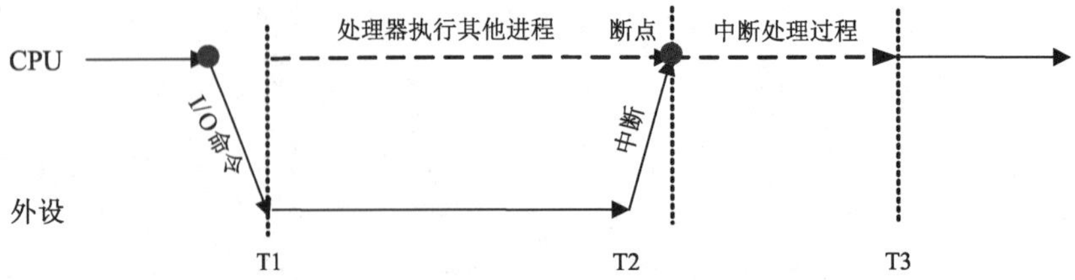

图 3.1 中断可使处理器和外设并行工作

现代操作系统经常在中断处理结束时进行进程的切换调度(也称为例行调度),根据一定的调度算法,重新评估系统中正在运行的进程与所有的就绪进程。如果正在运行的进程已经不再适合继续在 CPU 上运行,则中断返回时,操作系统将把 CPU 收回,并分配给其他进程。可见,没有中断机制,就绪进程就没有上台运行的机会。由此,可以认为中断机制是多道程序并发的硬件基础。

3.1.2 中断的硬件机构

现代计算机系统中,所有外设的中断请求线连至中断控制器,后者位于外设与处理器之间,负责转接外设中断请求及所有与中断仲裁相关的操作。例如,32 位 Intel 体系架构中的中断控制器为 2 块级联的 8259A 芯片。

3.1.3 中断的一般处理过程

中断处理过程大致可分成以下 5 个步骤。

(1) 硬件中断响应;

(2) 保存现运行进程的现场,可细分为硬件现场保护和软件现场保护两个部分;

(3) 跳转执行中断处理函数;

(4) 恢复现场,可细分为软件现场恢复和硬件现场恢复两个部分;

(5) 中断返回。

1. 硬件中断响应

I/O 结束后,中断控制器将收到外设发来的中断信号。此时中断控制器置 INTR 连线为高电平以通知 CPU 系统发生了中断。图 3.2 中的硬件时序 1 和 2 显示了这一过程。

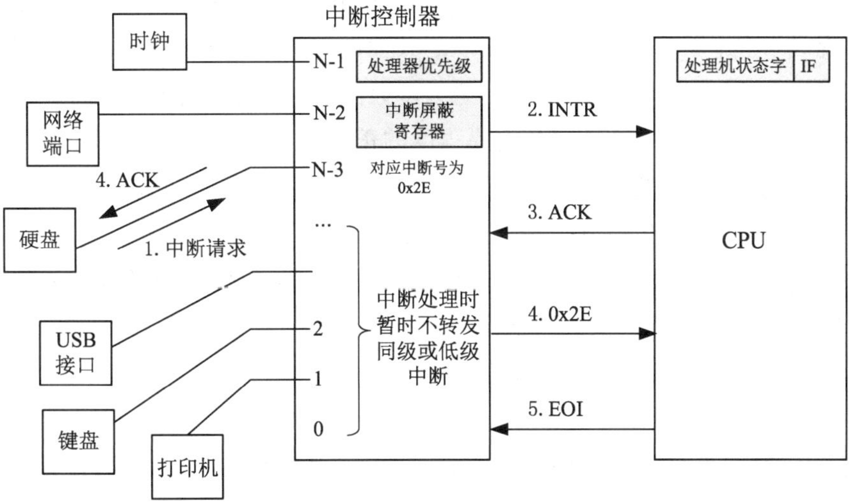

图 3.2 中断机构的硬件结构和中断响应时序

通常(指 CPU 开中断)情况下,CPU 在每条指令执行完毕后,立即检查 INTR 管脚,判断有否中断发生。如果有这样的请求,则立即回送 ACK 信号,对中断作出响应。图 3.2 中的硬件时序 3 显示了这一过程。

得到ACK信号的中断控制器发送相应中断源的中断号给CPU,告诉后者是哪个外设完成了I/O操作。同时,清除INTR请求信号,向外设发送ACK信号表示中断请求已被处理。图3.2中的硬件时序4显示了这一过程。

2. 现场保护

执行中断处理程序之前必须保护断点现场,也就是保护中断发生时,处理器内部所有寄存器的当前值。这是因为,中断处理程序的运行也需要使用寄存器,为了使保存在寄存器中的程序工作状态不被破坏,必须保护断点现场,使被中断的程序未来能够从断点开始继续正确运行。现场保护操作的具体细节将在后续章节中详细介绍。

3. 调用执行中断处理程序

响应中断后,处理器硬件用中断号查中断向量表,将所得中断处理程序入口地址装入程序计数器,将中断处理时处理机的状态字装入处理机状态字寄存器。由此,处理器跳转至中断处理程序的入口,用针对不同外设的中断处理程序对I/O完成事件进行个性化的处理。通常,中断处理程序结束之前需要唤醒等待此次I/O操作结束的进程,令其结束阻塞状态,进入就绪状态,等待处理器调度。

4. 恢复现场和中断返回

中断处理程序结束后,需要恢复被中断程序的断点现场,使其能够像从未被中断似地继续自己的执行轨迹。

3.1.4 中断优先级与中断嵌套

在一个计算机系统中,通常会有许多外部设备同时工作。因此常常会出现多个中断请求同时出现或一个中断未处理完毕,又出现了其他设备的中断请求的情况。为了及时响应外设的中断请求,不丢失输入/输出数据,绝大多数计算机系统中给出如下的规定:

(1) 每一个中断源有一个衡量其重要程度的正整数,称为中断优先级,一般情况下,快速设备的中断优先级高于慢速设备。

(2) 多个中断同时发生时,优先响应高优先级中断。

(3) CPU在开中断情况下,低优先级中断处理程序运行时可以被高优先级的中断打断,这种情况称为中断嵌套。反之则不行。

(4) CPU在关中断状态下将不响应任何中断。

1. 中断仲裁

依照上述规则,当系统收到中断号为n的外设中断请求时,将由中断仲裁机构来决定是否对该中断请求立即响应。

通常,中断控制器中会有2个与中断仲裁相关的寄存器:处理器优先级寄存器和中断屏蔽寄存器。

(1) 处理器优先级寄存器。存放的整数等于CPU中正在执行的中断处理程序的中断优先级。若CPU正在执行的不是中断处理程序,则该寄存器的值为0。

(2) 中断屏蔽寄存器。在中断屏蔽寄存器中,每一个二进制位与一个外设相对应。若该位为 1 时,对应的外设中断被屏蔽,中断控制器将不会把该设备的中断请求信号报告给 CPU。

此外,CPU 内部的寄存器中通常有一个中断标志位(Interrupt Flag,IF 位),只有 IF 位为 1 时,处理器才响应外设中断。称 IF 为 0 的状态为关中断状态,反之为开中断状态。例如,在 Intel 体系结构中,IF 是 EFLAGS 寄存器中的一位。

一般而言,由硬件实现的这部分中断仲裁逻辑可表示为

```
boolean accept(interrupt n)
{
if IF = = 1 AND mask[n] = = 0 AND priority[n]>currentPriority
return(true);
else
return(false);
}
```

其中,mask[n]是中断屏蔽寄存器中对应于中断源 n 的二进制位。priority[n]是 n 号中断的优先级,currentPriority 是处理器优先级寄存器的值。

2. 中断嵌套

处理器执行中断处理程序时,currentPriority 就是该中断的优先级。新的中断请求出现时,中断控制器将其优先级与 currentPriority 相比较,若数值较大,说明新的中断请求优先级更高,则中断嵌套,并向处理器发出 INTR 信号。因此,在中断处理程序结束前,一定要向中断控制器发送 EOI(End Of Interrupt)命令(图 3.2 中的时序 5)。该命令对 currentPriority 清 0,允许系统响应同级或低级中断请求。

多个中断同时发生时,优先响应高优先级中断。处理器执行高优先级的中断处理程序时,是不会响应低优先级的中断处理请求的。下一个问题是:高优先级的中断处理程序执行完毕之后,若系统中存在多个未经处理的低优先级中断请求(suspended interrupt request),系统优先响应哪个?答案是:优先级最高者。换句话说,就是在收到处理器给出的 EOI 命令之后,中断控制器转发优先级最高的中断请求。

图 3.3 显示了一个中断嵌套的实例。某台计算机运行一个程序打印网上下载的文件。每完成一个打印操作,打印机就会产生一个中断;每当一个数据单元到达,网卡也会产生一个中断。已知网卡通信优先级比打印机高,因此通信中断到达系统时可以随时中断正在运行之中的打印机中断处理程序。若通信 ISR 在运行时又发生了一个键盘中断。由于键盘中断的优先级低于通信中断,因此这个中断被延迟到通信 ISR 结束。此时,在系统中存在的两个尚未运行完毕的打印机中断和键盘中断之间,后者优先级高,因此系统首先响应键盘中断,最后再返回打印机 ISR。

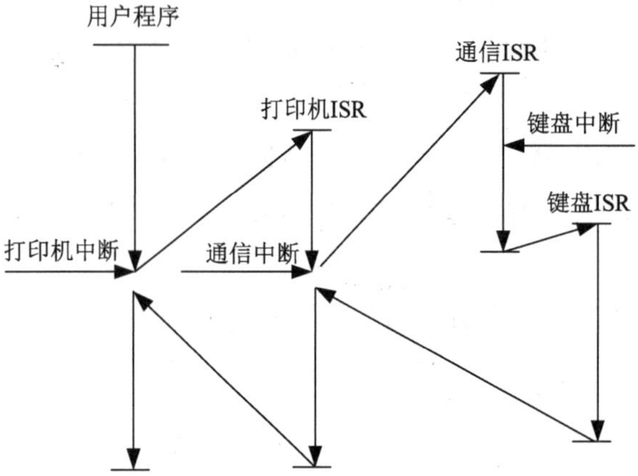

图 3.3 中断嵌套示例

注：ISR 为中断服务程度 Interupt Service Routime 的简称。

3.1.5 异常

中断最初是为了实施外部设备和处理器并行工作而引入的。但是后来这个概念被大大地扩展了。现在，在系统中发生的、需要处理器暂停当前工作转而进行干预的所有事件都通过中断机构进行处理。这些事件（中断源）的类型与系统结构及操作系统的设计有关，但一般都包括以下三类。

1. 程序出错

现运行指令执行出错。可能出现的情况包括：算术溢出，除数为 0，试图执行非法指令，访问到该程序不允许访问的存储器位置，试图访问存储在磁盘上的指令和数据等。通常程序出错将导致现运行进程夭折（终止），但最后一种错误可用虚拟存储器（详见存储管理一章中关于缺页中断和缺段中断的介绍）解决。

2. 硬件故障

诸如掉电或存储器奇偶校验错。硬件故障导致现运行进程夭折。

3. 调试(Debug)

程序调试过程中，程序员往往需要在程序中设置断点或进行单步工作，这些需要现运行进程暂停执行的功能也是通过 CPU 自己给自己发送中断信号实现的。

单步执行：每条指令执行后都会产生中断，这将导致现运行进程暂停，为程序员观察现运行指令执行完毕后，各个寄存器和内存单元的变化提供了有利条件。

断点：调试程序时，程序员可能会将应用程序分成若干个功能片段，每段末尾设一个断点。当 CPU 执行到断点时便产生中断，此时，程序员可检查各个寄存器和内存单元的内容。

与前述的外设中断不同，上面的几类事件，或者是程序本身要求的（调试），或者是由程序本身的问题引起的(程序错误)。根据这种区别,一些小型机和微型机将上面的几类事件称为异常。与中断信号不同,异常信号是CPU发送给自己的紧急信号,其目的在于通知计算机系统,现运行进程有问题,必须暂停以进行故障排查。异常有时又被称为陷入。在同时发生异常和中断请求时,异常总是优先得到响应和处理,所以异常也称为高优先级中断。

根据产生的原因不同,每一种异常都有唯一标识号(中断号)。内核为每种可能发生的异常提供异常处理程序,并在系统初始化时将所有异常处理程序的入口地址和执行异常处理程序时的处理机状态字(即异常向量)登记在中断向量表中。系统运行时,一旦出现异常,根据其中断号,在中断向量表中查询相应的异常向量。后续的处理过程与设备中断类似。

3.1.6 系统调用

利用系统调用,应用程序可实现在运行时动态请求、释放系统资源,控制程序的执行速度,访问硬件设备或以文件为单位进行I/O操作等执行进程在用户态无法完成的合法任务。

系统调用接口是操作系统最接近用户的一部分,由若干运行在核心态的子程序构成①,它是操作系统提供给应用程序的唯一接口。不同的操作系统向用户提供的系统调用数量不一,从几十到上百不等。可以将操作系统向应用程序提供的所有系统调用视为操作系统的用户界面。

需要注意的是,用户态下执行的应用程序无法直接调用系统调用。这是因为系统调用程序是内核子程序,受系统保护,如果允许应用程序随意访问内核,计算机系统的安全将无从谈起。因此,必须提供一种有别于普通子程序调用的方法向内核传递信息。这种方法就是执行系统调用指令。而系统调用指令将引发一次具有特定中断号的中断请求。CPU收到这个中断请求后,将进行中断处理。可以看出,系统调用是一类特殊的子程序调用,表3.1显示了其与一般子程序调用的区别。

表3.1 一般子程序调用与系统调用的区别

项目	一般子程序调用	系统调用
调用者	应用程序或内核中的任意子程序	应用程序中的某个子程序
被调用者	同一个程序中的另一个子程序	操作系统内部供应用程序调用的子程序
调用者和被调用者之间的关系	链接在同一个可执行文件中	分别链接在2个不同的可执行文件中。被调用者一定是操作系统内核
引发调用的事件	call 指令	int 指令或 trap 指令

① 可能读者会有这样的疑问:用户不是通过shell或者桌面与系统打交道的么?为什么说系统调用是内核最接近用户的部分?原因在于,shell、桌面本身也是应用程序,它们同样需要使用系统调用请求操作系统的服务。

（续表）

项目	一般子程序调用	系统调用
被调用者的栈帧位置	当前堆栈的栈顶	核心栈
参数如何传递	调用者向当前堆栈 push 实参	调用者和被调用者的栈帧一定分别位于同一个进程的用户栈和核心栈。参数传递需借助寄存器和 User 结构
调用者如何得到返回值	CPU 内的寄存器	将系统调用的返回值写入核心栈中 CPU 内某个寄存器的保存位置，待中断返回时，该值将装回该寄存器，作为系统调用的返回值

3.2 i386 的中断机构

3.2.1 处理器运行状态

i386 体系结构中没有独立的处理器状态字（Program Status Word，PSW）寄存器，而是将其诸多状态位（bits）分散在代码段寄存器 CS 中和 EFLAGS 寄存器中。

代码段（Code Segment，CS）寄存器（图 3.4）的最后 2 位为 CPL（Current Privilege Level）位，表示当前正在执行的进程的特权级，CPL = 00 为处理器 ring0 运行，依次类推。UNIX V6++，Linux 和大多数 UNIX 家族的成员只使用了 ring0 和 ring3。当处理器正在执行的是操作系统内核子程序时，CPL = 00，称处理器运行在核心态；执行应用程序时，CPL = 11，称处理器运行在用户态。

EFLAGS 中与中断有关的二进制位为 IF 位，其定义和使用与 3.1.4 节中描述相同，这里不再赘述。

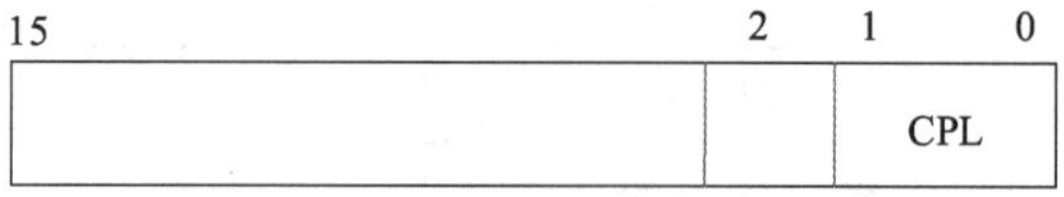

图 3.4　CS 寄存器

3.2.2 中断控制器 8259A

i386 体系中的中断控制器是 2 片级联的 8259A 可编程中断控制芯片（Programmable Interrupt Controller），共可管理 15 级中断（图 3.5）。最多 15 个不同的外部设备可将中断请求线分别接至主从 8259A 芯片的 IR0～IR7 引脚。

外设将中断请求发送至 8259A，然后由 8259A 通知 CPU 有中断进入，CPU 响应来自

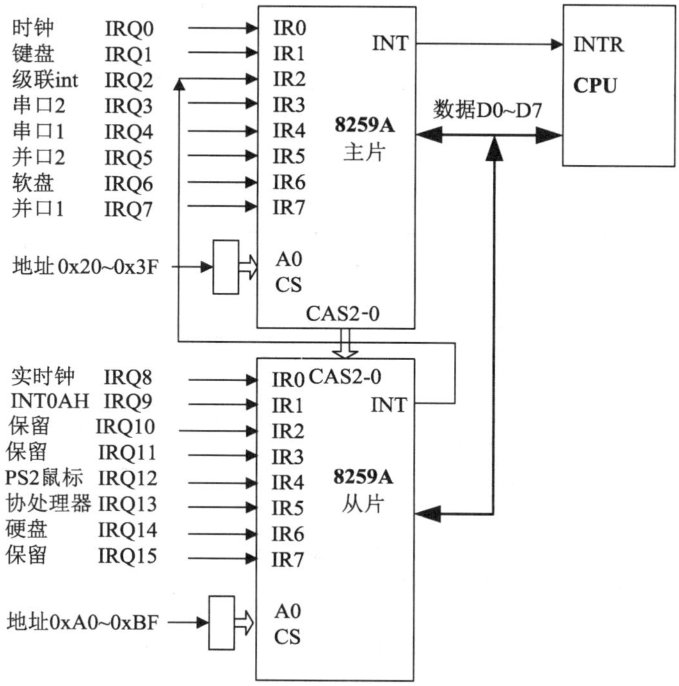

图 3.5 i386 系统中的 8259A 中断管理机构

8259A 的中断信号之后需要知道具体是哪个设备发出的中断请求，这就需要由 8259A 芯片将中断号告诉 CPU。换言之，8259A 中断管理机构从硬件上建立了外设中断请求与中断向量号的对应关系。

3.2.3 中断描述符表

中断描述符表（Interrupt Descriptor Table，IDT）是 i386 中的中断向量表，所有中断、异常向量都登记在 IDT 中。

IDT 是由一系列描述符构成的一个数组，其中每个描述符长 8 个字节，是一种称为门（Gate）的数据结构，分为任务门、中断门、陷入门和调用门 4 种。Linux，大多数 UNIX，包括 UNIX V6++ 中，只用到其中的中断门和陷入门，分别对应异常和中断。“门”的含义其实是指，当中断发生时，必须先通过这些门，进程才能进入核心态，完成相应的处理程序。图 3.6 显示了中断门和陷入门的构成。

中断门和陷入门几乎相同，仅类型位不同（第 8～10 位，图 3.6 中圈出的部分）。门中含 2 组与中断响应相关的重要信息：Segment Selector 和 Offset（包括 0～15 位，16～31 位两段），分别表示中断入口程序①所在的段及该程序入口地址的段内偏移量。CPU 在中断发

① 这里的中断入口程序就是本章前一节中所提到的中断处理程序。本章从此处开始，由于将涉及大量的中断的实现细节，其中必须强调真正处理 I/O 的子程序，为了不产生指代上的混乱，称硬件响应中断后首先执行的程序为中断入口程序，另一个真正与外设打交道的程序为中断处理子程序，以便使二者有所区别。

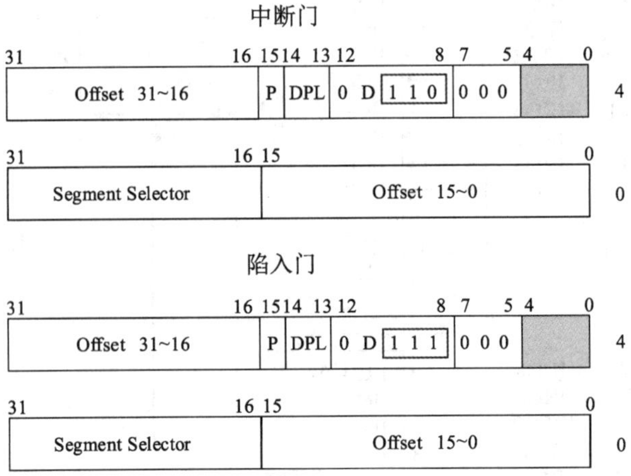

DPL: 描述符优先级
Offset: 中断（或陷入）入口程序的偏移地址
P: 段是否在内存中的标志
Selector: 中断（或陷入）入口程序所在代码段的选择符
D: 门的大小：1=32位；0=16位

图 3.6　中断门和陷入门定义

生时将 Segment Selector 装入 CS 寄存器、Offset 装入 EIP 寄存器，这样就跳转到了相应的中断入口程序。由于中断门和陷入门中 Selector 字段的最后两位为 00，所以一旦将 Selector 装入 CS 后，无论中断发生前处理器处于何种运行状态，执行中断处理程序时，处理器均在核心态运行。

系统启动后，IDT 常驻内存，位置不变，它的基地址和长度登记在 CPU 内部的 IDTR 寄存器中，如图 3.7 所示。IDTR 长 48 位，其中高 32 位保存 IDT 在内存的基地址，低 16 位保存 IDT 的长度。由于 i386 体系结构下最多支持 256 个中断(包括异常)，所以 IDT 表最大长度为 2 kB。

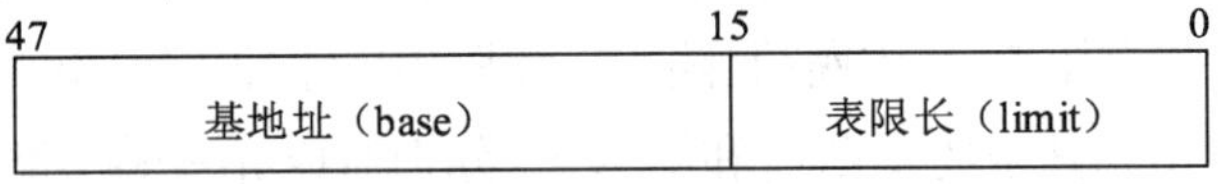

图 3.7　IDTR 记录 IDT 表在内存中的位置和长度

UNIX V6++实现了对中断描述符表 IDT 的抽象化封装，如图 3.8 所示。IDT 类包含了一个含有 256 个 GateDescriptor 结构体类型的数组。该结构体为 8 字节大小，使用 gcc 编译器关键字__attribute__((packed))修饰，使得该结构体中各字段之间不会插入“空隙”，严格保证 IDT 表中每个 GateDescriptor 的大小为 8 字节。

表 3.2 列出了UNIX V6++中，部分设备中断、异常和系统调用的中断号和对应的中断入口程序与中断处理程序的示例。

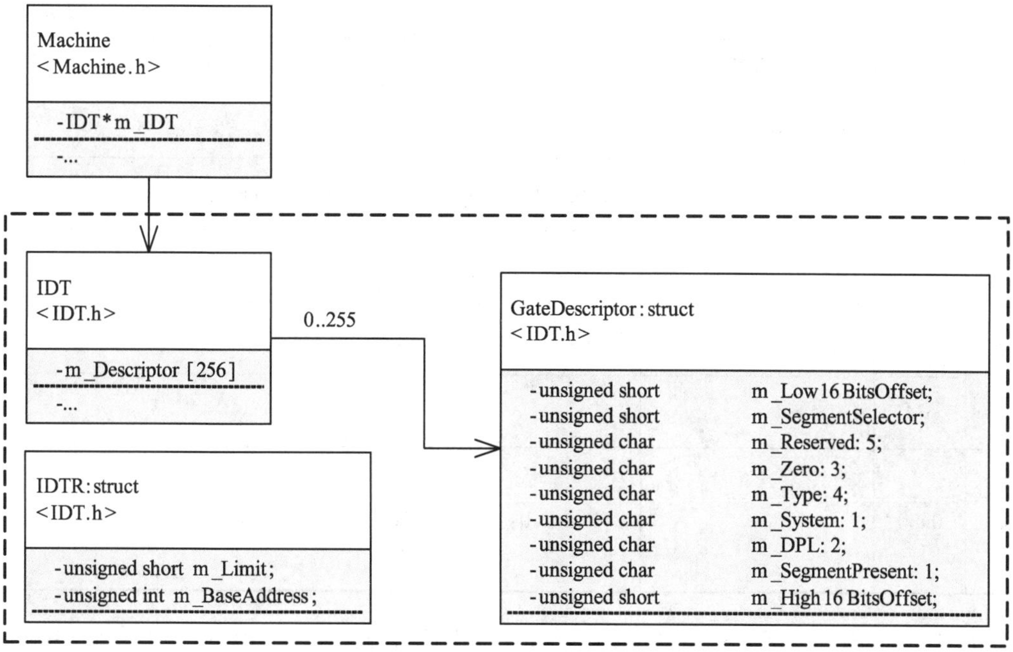

图 3.8 中断描述符表 IDT 的类结构

表 3.2 UNIX V6++的中断向量表

中断号		中断源	中断入口程序
异常	0x0	除 0 错	Exception:: DivideErrorEntrance()
	0x1	调试异常	Exception:: DebugEntrance()
	0x2	NMI 非屏蔽中断	Exception:: NMIEntrance()
	0x3	调试断点	Exception:: BreakpointEntrance()
	0x4	溢出	Exception:: OverflowEntrance()
	0x5	BOUND 指令异常	Exception:: BoundEntrance()
	0x6	无效操作码	Exception:: InvalidOpcodeEntrance()
	0x7	设备不可用	Exception:: DeviceNotAvailableEntrance()
	0x8	双重错误	Exception:: DoubleFaultEntrance()
	0x9	协处理器段越界	Exception:: CoprocessorSegmentOverrunEntrance()
	0xA	无效 TSS	Exception::InvalidTSSEntrance()
	0xB	段不存在	Exception:: SegmentNotPresentEntrance()
	0xC	堆栈段错误	Exception:: StackSegmentErrorEntrance()
	0xD	一般保护性异常	Exception:: GeneralProtectionEntrance()
	0xE	缺页异常	Exception:: PageFaultEntrance()
	…	…	…
	0x1F	保留	保留

（续表）

中断号		中断源	中断入口程序
设备中断	0x20	时钟中断	Time::TimeInterruptEntrance()
	0x21	键盘中断	KeyboardInterrupt::KeyboardInterruptEntrance()
	…	…	
	0x2E	硬盘中断	DiskInterrupt::DiskInterruptEntrance()
	…	…	
系统调用	0x80	—	SystemCall::SystemCallEntrance()

从中可以看出，UNIX V6++将0～31号中断定义为系统中的所有异常，并利用Exception类封装了所有异常的入口程序和处理程序；32，33和46号中断被分别定义为时钟中断、键盘中断和硬盘中断，且它们的中断入口程序被分别封装在了Time类、KeyboardInterrupt类和DiskInterrupt类中；与异常和设备中断不同的是，所有的系统调用共用第128号（0x80）中断，并在SystemCall类中封装了一个系统调用入口函数。

IDT::SetInterruptGate()函数用于根据中断号、中断入口程序的地址设置对应的中断门描述符。同样的，IDT::SetTrapGate ()函数用于根据异常号、异常入口程序的地址设置对应的陷入门描述符。

3.3 UNIX V6++的中断处理

图3.9显示了UNIX V6++的中断处理过程。从图中可以看出，整个中断处理过程可分为硬件处理部分（由硬件实施的中断隐指令）和软件处理部分（中断入口程序）。

其中，UNIX V6++中的所有中断入口程序，完成的操作都是基本相同的，一般都包括以下四个部分。

（1）切换至核心态；

（2）保存现场和参数传递；

（3）调用设备中断或异常或系统调用入口程序；

（4）恢复现场和中断返回。

本节将详细介绍中断处理过程中，每个步骤完成的具体工作。

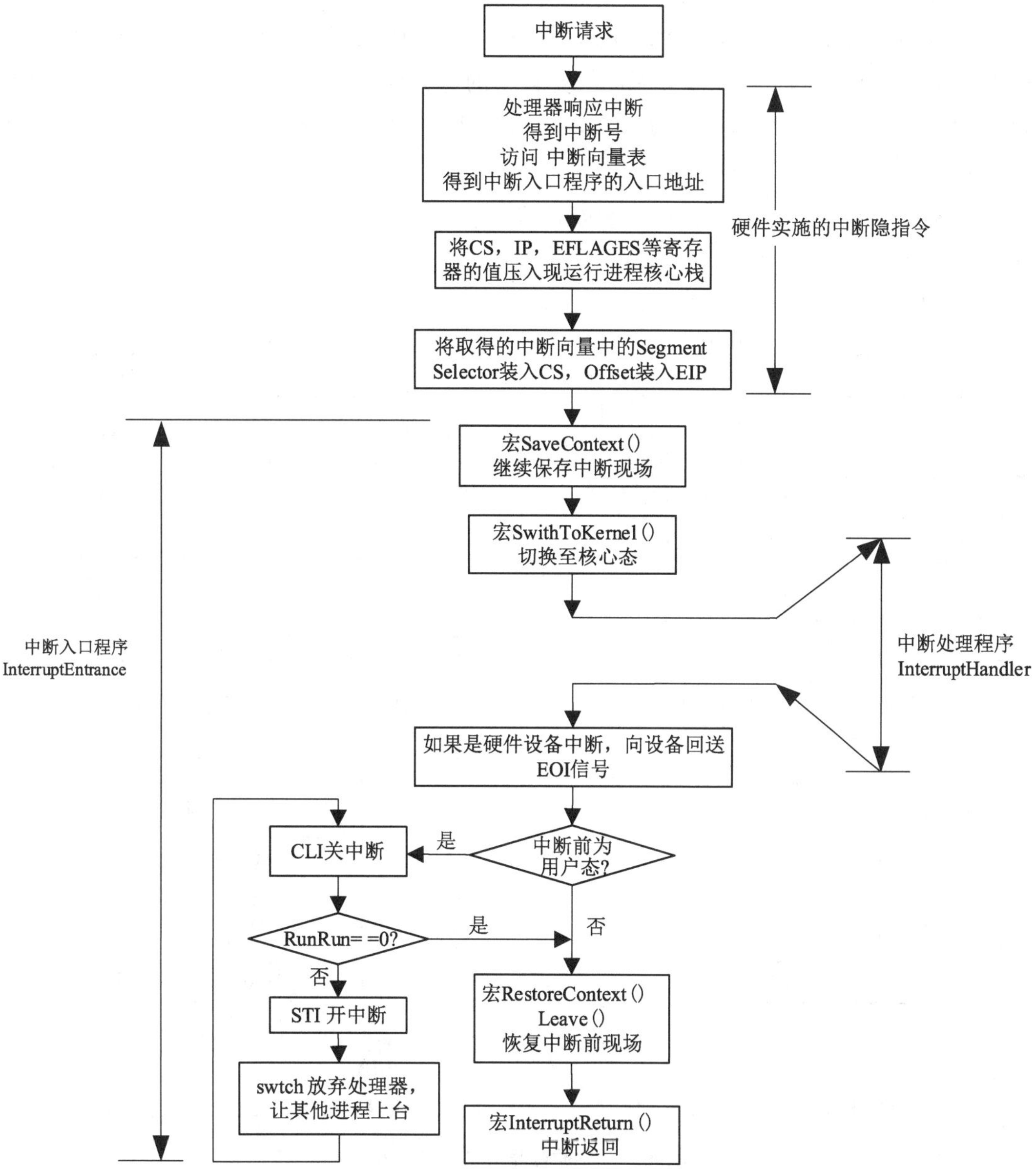

图 3.9 UNIX V6++中断处理过程

3.3.1 中断隐指令

处理器响应中断请求后，首先由硬件完成中断隐指令，其主要包括以下工作。

（1）查询 IDT，获得相应中断源的中断门；

（2）关中断；

（3）现场保护。

将当前 EFLAGS、CS 和 EIP 寄存器的值依次压入栈（如果中断前，进程运行在用户态，还需压入 SS 和 ESP 的值)。这几个寄存器中包含了重要的状态标志位和中断发生时刻 CPU 正在执行指令的下一条指令地址。保存这些值以便处理完中断后可以继续执行被打断的程序。对于异常而言,INT 0～31 号异常中的部分异常会产生出错码。对于会产生出错码的异常,除了将基本的 EFLAGS,CS,EIP 压入堆栈之外,还会在后面压入一个 ErrorCode。

图 3.10 分别显示了进程在用户态或者核心态运行时,一旦有中断或异常发生,中断隐指令在堆栈上压入的情况。

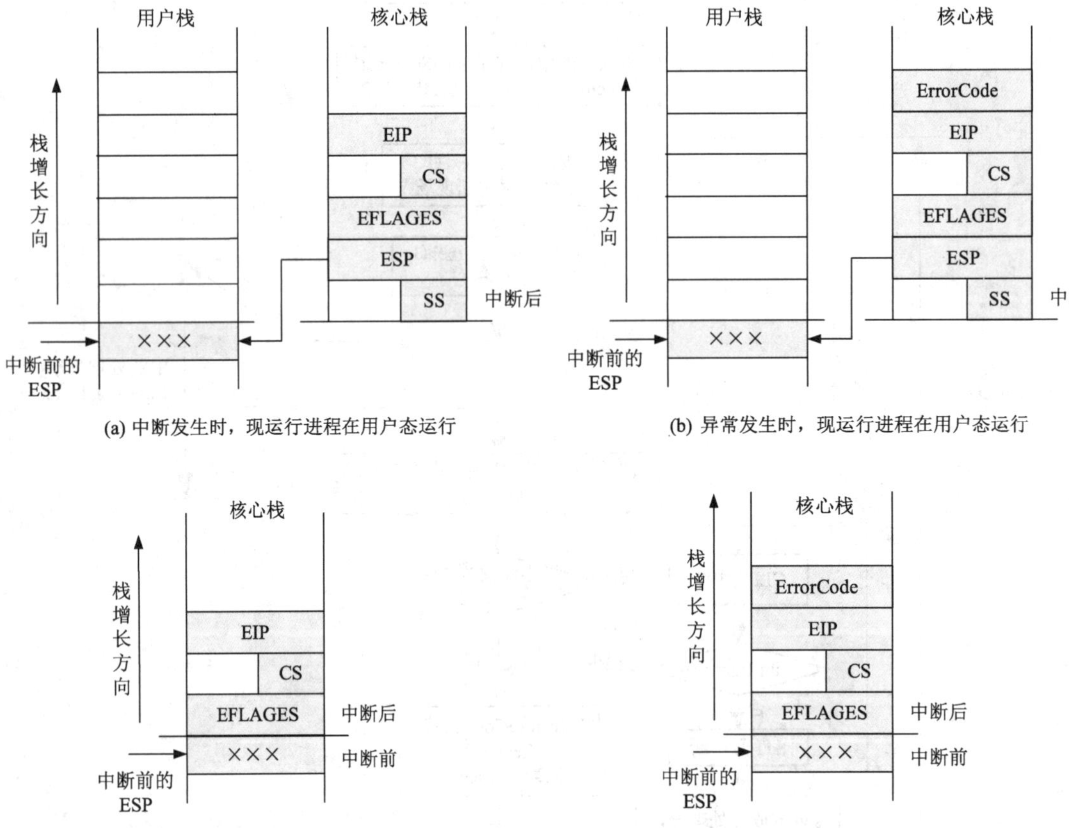

(a) 中断发生时,现运行进程在用户态运行　(b) 异常发生时,现运行进程在用户态运行

(c) 中断发生时,现运行进程在核心态运行　(d) 异常发生时,现运行进程在核心态运行

图 3.10　中断隐指令对堆栈的影响

(4) 装入中断描述符

将取得的中断门中的 Segment Selector 装入 CS,Offset 装入 EIP。之后,CPU 将转入执行不同中断源的中断入口程序。

3.3.2　中断入口程序

UNIX V6++所有中断和系统调用使用相同的操作系统。包括:

(1) SaveContext();　　/＊保存现场＊/

(2) SwitchToKernel();　　/＊切换至核心态＊/

(3) CallHandler(Class, Handler);　　　/* 调用中断、异常处理子程序 */

(4) 调度

(5) RestoreContext();　　　/* 恢复现场 */

(6) Leave();　　　/* 手工撤销栈帧 */

(7) InterruptReturn();　　　/* 中断返回 */

异常的中断入口程序不包括步骤(4),调度。

实现上,除步骤(4)外,其余步骤均是宏。经过这样的封装,所有中断、异常的处理过程简化为相同序列的宏展开,在保存现场,恢复现场,退出中断阶段完全一致,区别仅在于CallHandler()调用不同的中断处理程序执行具体的中断处理逻辑。

1. SaveContext 保存现场

中断入口程序中需要保存中断隐指令中未曾保护的所有寄存器。寄存器压栈的次序是无关紧要的。UNIX V6++定义了宏 SaveContext(),通过一组内联于 C++ 的汇编指令,来完成现场保护工作。若中断发生时,现运行进程在用户态运行,则在图 3.10(a)的基础上,可以得到如图 3.11 所示的核心栈状态。其他情况下,读者可依此类推。

在图 3.11 中,由中断隐指令执行压栈操作得到的"硬件保护区"和由宏 SaveContext()执行压栈操作得到的"软件保护区"中间,存在一块长度不确定的"间隙","间隙"占据的大小 = = EBP 寄存器的值(4 字节) + 中断入口程序的局部变量(大小由编译时确定)。这一块"间隙"是如何产生的呢? 由于UNIX V6++的中断入口程序都是由 C++ 编写的,而采用高级语言编写的函数在经过编译后会产生栈帧,即便它是一个空白的函数,或者内部完全采用内联汇编。所以这里"间隙"的产生是由于中断隐指令调用了 C++ 编写的中断入口程序。正是中断入口函数在中断隐指令之后,在执行入口函数本身处理逻辑(即保存现场步骤)之前,进行了栈帧的创建,导致核心栈中产生了"间隙"。而且,"间隙"的大小是不能预估的,会受到中断入口程序局部变量个数以及其他因素影响而变化,关于 C/C++ 语言编译产生栈帧的细节,参见 3.3.3 节。

2. Switch ToKernel 转入核心态

如前所示,系统转入核心态运行的标志是 CS 的最后两位为 00,指向核心态代码段的描述符。这一工作已通过中断隐指令中,将中断门的 Segment Selector 字段装入 CS 来完成。除此之外,DS、ES 和 SS 各寄存器的值需设置为 0x10,指向核心态数据段的描述符。因此,这里要在进入具体的中断处理子程序之前,通过一组内联于 C++ 的汇编指令对 DS、ES 和 SS 各寄存器赋值。具体过程请参阅UNIX V6++源代码。

3. CallHandler(Class, Handler)调用中断处理子程序

CallHandler(Class, Handler)的宏定义如下:

```
#define CallHandler (Class, Handler) \
__asm__ __volatile__("call *%%eax" :: "a" (Class::Handler));
```

可以看到,进入具体的中断处理程序之前执行的最后一条汇编指令是 call。

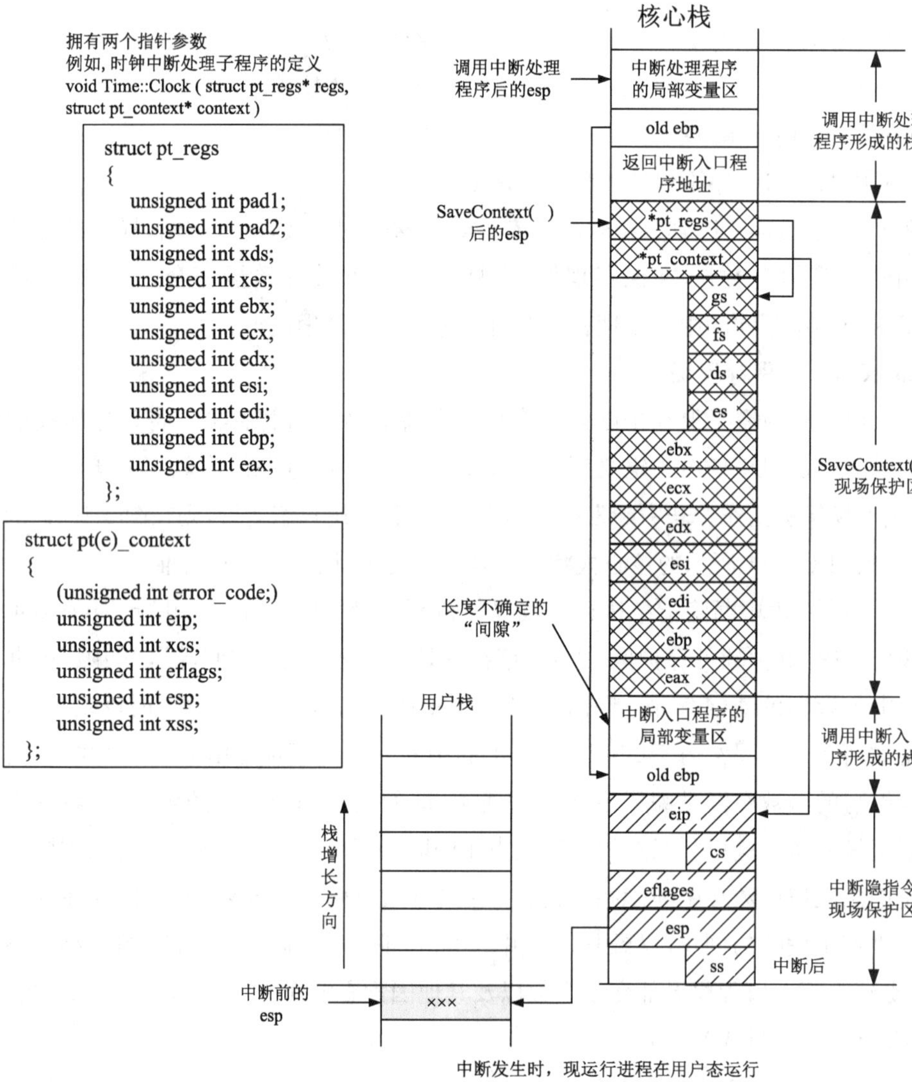

图 3.11 当前进程在用户态运行时响应中断后的核心栈变化

如果发生的是时钟中断,宏 CallHandler(Time, Clock) 展开后是 2 条汇编指令:

```
mov Time::Clock,eax
call %eax
```

这 2 条汇编指令执行的是间接函数调用,被调用的程序,入口地址放在寄存器 eax 中。对于本例就是时钟中断处理程序 Time::Clock。

中断/异常/系统调用处理程序是普通的 C++ 程序。其中,异常和系统调用处理程序的具体操作流程将分别在 3.5.1 节和 3.5.2 节中详细介绍,设备中断处理程序的执行和各中断源息息相关,将分别在后续相关章节中进行介绍。

4. 参数传递

由于需要向中断处理程序传递的参数，恰好一部分就是核心栈中现场保护的内容，而且现场保护和参数传递都使用栈，因此在UNIX V6++中，中断处理将现场保护和参数传递这两个方面统一起来处理。在了解参数传递的细节之前，请读者首先阅读3.3.3节中关于C/C++语言编译产生栈帧的详细过程。

UNIX V6++中使用struct类型的数据结构来分别描述了图3.11中两部分的现场信息。中断隐指令保护的硬件现场分别使用结构体pt_context和pte_context(图3.11)，其区别在于是否包含出错码字段。结构体中每个字段占用4个字节，字段顺序需要和核心栈中隐指令保存现场的压栈顺序相吻合，首字段对应最后压栈靠近栈顶方向上的寄存器，末字段对应最先压栈的寄存器。软件现场部分使用结构体pt_regs来描述，其各个字段顺序与图3.11中软件现场保护区中压栈顺序相吻合。

在上述结构体定义的基础上，UNIX V6++将中断/异常/系统调用处理函数声明为如下形式：

```
void Handler(struct pt_regs * regs, struct pt(e)_context * context);
```

这样，一方面，将核心栈中所保存的两部分现场信息以结构体指针的形式方便地传递给了中断/异常/系统调用处理程序；另一方面，有效地解决了核心栈中存在长度不确定的一段“间隙”的问题。

5. 中断返回

UNIX V6++在中断返回时需要做3件事：中断结束、例行调度和现场恢复。

(1) 中断结束

如果是设备中断，在中断处理结束后，必须通过向中断控制器发送EOI指令，来允许系统响应与此次中断同级或低级的中断请求。在UNIX V6++具体实现时，这个工作既可以在中断处理子程序返回后，通过向8259A写入EOI指令来完成(如图3.9所示，典型实例参见键盘中断)，也可以在中断处理程序中的适当位置完成(典型实例参见时钟中断)。

(2) 例行调度

UNIX V6++中的进程管理会在中断结束时刻进行调度。

如果中断前处理器运行在核心态(即中断前，进程在执行的是操作系统内核代码)，中断结束后立即恢复中断现场，现运行进程将继续执行被中断的核心态程序。此时不宜更换现运行进程，这是UNIX V6++在实施核心态不抢占策略。

若中断前处理器运行在用户态，中断结束后需检查RunRun标志(RunRun标志为UNIX系统中非常重要的全局变量，用于标识系统中是否出现了比现运行进程更适合在处理器上运行的进程)。如果RunRun标志为1，则系统中出现了比现运行进程更适合在处理器上执行的进程，于是现运行进程(记为PA)调用swtch将处理器让予其他进程，而PA进程恢复用户态现场的工作延迟到下一次本进程调度上台(详见第5章)。RunRun标志为0

表示现运行进程仍然是当前系统中最适合在处理机上运行的进程，则立即执行后续的恢复中断前现场、回用户态运行的工作。

(3) 现场恢复

这部分工作通过 RestoreContext()、Leave()和 InterruptReturn()三个宏来完成。

RestoreContext()是 SaveContext()的逆过程，从 SaveContext()完成时 ESP 所指向的位置开始，将图 3.11 中 SaveContext()现场保护区中的内容恢复到各个寄存器中。Leave()调整 ESP 使其指向中断隐指令现场保护区中 EIP 所在的位置，即删除栈帧中的“间隙”。最后，InterruptReturn()中的 iret 指令执行中断隐指令的逆过程，恢复中断隐指令压栈的所有寄存器。

此时，进程恢复被中断时所有寄存器的现场，就像从未被中断一样继续运行。

3.3.3 C 编译器对函数调用的处理方式与栈帧*

利用 C/C++ 语言编写的程序，在运行的过程中，都会拥有唯一的一个堆栈。每当程序发生一次函数调用，都会向堆栈中压入一部分信息，这部分信息就称为一次函数调用的栈帧(Stack Frame)。子程序返回时，相应的栈帧会自堆栈弹出。因此，堆栈的栈顶始终对应程序正在执行的函数。

每个栈帧被认为是一个函数的工作现场。一般而言，一个完整的栈帧从高地址到低地址方向生长，依次包括以下四个部分：实参区，返回地址，前一栈帧的基地址指针和局部变量区。根据一次函数调用的实际情况，一个栈帧可能只包含上述四个部分中的一个或几个。如图 3.12(a)所示代码中，主程序 main 在被调用之后，形成如图 3.13(a)所示的栈帧。

```
void main ()
{
    int a ,b;
    a=16;
    b=32;
    sum (a,b);
}
```

```
        ...
L-2 :  push  [%ebp  -8]
L-1 :  push  [%ebp  -4]
L :    call  sum
L+1 :  add   %esp , 8
        ...
```

(a) main 函数及其编译后的汇编指令代码一

```
int sum  (int var 1,int var 2)
{
    int c ;
    c=var 1+var 2;
    return  (c);
}
```

```
T :    push   %ebp
T+1 :  mov    %esp ,        %ebp
T+2 :  sub    %esp ,        4
       ...
T+3 :  mov    [%ebp -4],    %eax
T+4 :  mov    %ebp ,        %esp
T+5 :  pop    %ebp
T+6 :  ret
```

(b) sum 函数及其编译后的汇编指令代码二

图 3.12　编译过程实例

由于 main 函数没有参数，所以其栈帧只包含三个部分，即返回地址、前一栈帧的基地址指针和局部变量区。

CPU 中的两个寄存器负责管理堆栈。寄存器 ESP 指向栈顶，寄存器 EBP 指向局部变量区，也被称为栈帧的基地址指针。

下面通过一个简单的函数调用实例，来介绍栈帧结构及其建立与销毁的过程。

1. C 语言编译器对函数调用语句的处理

图 3.12(a)中，主程序 main 调用了函数 sum。在调用之前，用户栈的内容如图 3.13(a)所示。C 语言编译器将这一函数调用语句处理为 L－2～L＋1 这 4 条汇编指令，其功能在于：

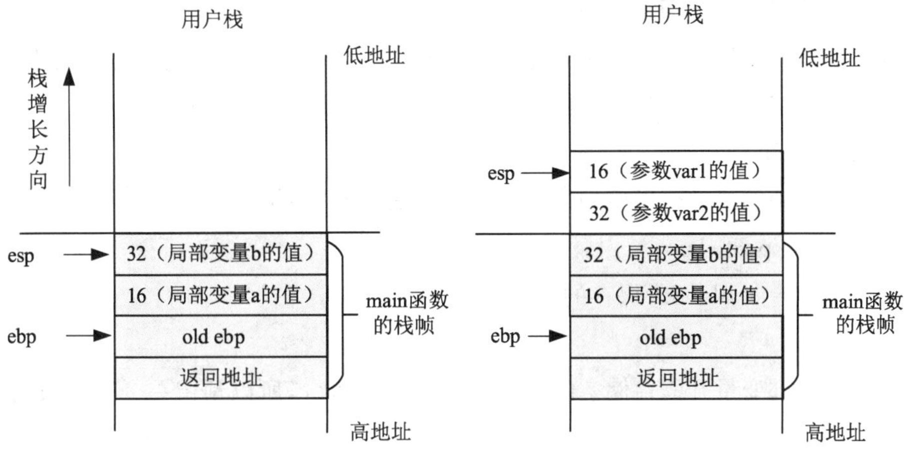

(a) 栈的初始状态　　(b) L指令执行之前

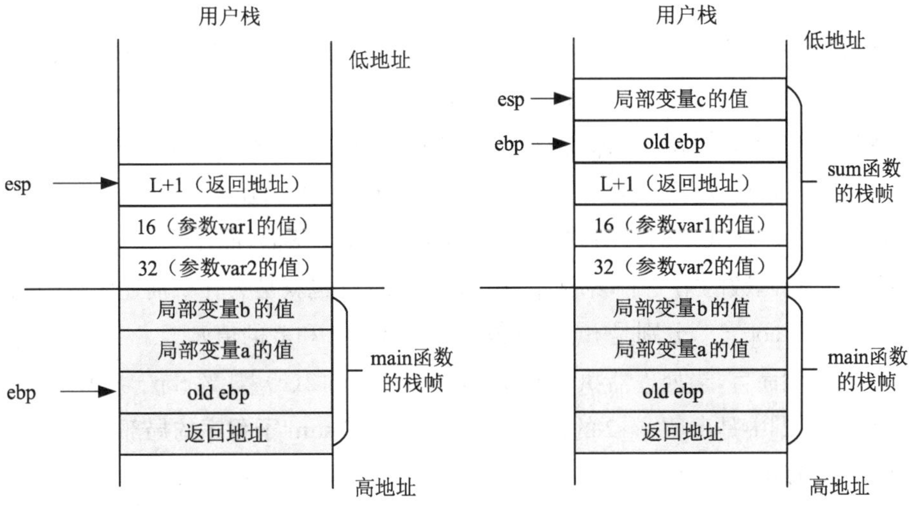

(c) L指令执行之后　　(d) T+2指令执行之后

图 3.13　函数调用过程中的栈的变化

（1）push [%ebp－8]；push [%ebp－4]

这两条指令按逆序向栈中压入 sum 函数 2 个参数的值(其中，[%ebp－8]中为 main 函数栈帧中保存的第二个局部变量 b 的值 32，[%ebp－4]中为 main 函数栈帧中保存的第一个局部变量 a 的值 16)。此时，用户栈的情况如图 3.13(b)所示。

（2）call sum

该指令将返回地址 L＋1 送入栈，并转而执行 sum 函数。此时，用户栈的情况如图 3.13(c)所示。

（3）add %esp，8

该指令在 sum 函数返回后，清理实参占用的栈空间。

2. C 语言编译器对被调用函数的处理

sum 函数被编译处理后的汇编指令代码如图 3.12(b)所示。在进行加法操作之前，编译器加入了语句 T～T＋2，其作用在于：

（1）push %ebp

将前一个栈桢的局部变量区地址(用 old ebp 表示)压栈保存。

（2）mov %esp，%ebp

使 ebp 指针指向 old ebp 保存的位置。

（3）sub esp，4

在栈顶为局部变量开辟存储空间(本例中局部变量为 c，所以预留一个整形数的存储空间)。

至此，在堆栈建立了一个完整的函数 sum 的栈桢，如图 3.13(d)所示。

3. 关于 ebp

ebp 是 i386 芯片中的基地址寄存器。处理器运行时，该寄存器始终指向当前正在使用的栈帧的局部变量区。上述处理过程的目的在于：

（1）将上一级函数栈桢的 ebp 保存在堆栈中，以便在将来函数返回时恢复其 ebp。

（2）便于利用 ebp 定位数据。无论何时，被调用函数可以在代码中分别利用[%ebp＋8]，[%ebp＋12]，…访问现运行函数的第 1 个，第 2 个，…参数；而用[%ebp－4]，[%ebp－8]，…访问现运行函数的第 1 个，第 2 个，…局部变量(这也就是为什么前述函数调用过程中[%ebp－4]和[%ebp－8]分别是 main 函数中局部变量 a 和 b 的值)。

例如，对上例而言，当处理器执行 sum 函数时[图 3.12(c)]，[%ebp＋8]中是参数 var1 的值，[%ebp＋12]中是参数 var2 的值，[%ebp－4]中是 sum 子程序的局部变量 c 的值。于是，其中加法运算可表达为

```
mov [%ebp+8], %eax;          //var1 的值被送入 eax 寄存器
add[%ebp+12], %eax;          //var2 的值加入 eax 寄存器
mov %eax,[%ebp-4];           //eax 中的计算结果存入局部变量 c
```

4. 函数返回

在函数返回时,需要清除相应的栈桢。为此,编译器加入了语句 T+3~T+6,其作用在于:

(1) mov[%ebp-4],%eax

将函数返回值保存在 eax 寄存器中,供调用函数使用。

(2) mov %ebp, %esp

使 esp 指向保存 old ebp 的位置,也即同时删除了局部变量区。

(3) pop %ebp

用 old ebp 的值恢复 ebp,同时使得 esp 指向返回地址所在位置。此时,栈的情况如图 3.13(c)所示。

(4) ret

该指令为函数返回指令。将此时栈顶的值(返回地址)弹出装入 EIP。此时 main 函数恢复执行,堆栈状态如图 3.13(b)所示。

返回 main 函数后,执行 L+1 指令,清除实参区。

5. 关于栈帧的一点说明

图 3.12 中的示例说明了 C/C++ 语言编译器对函数调用的处理过程。这里需要说明的是,示例中,作为调用函数的 main 函数和作为被调用函数的 sum 函数都是由 C 语言编写的,通过编译器的处理,添加了一些汇编语句,从而完成了栈帧的建立和销毁操作。

但是,在实际的系统开发,特别是操作系统内核的开发中,经常会碰到与此不同的情况。例如,由汇编语言编写的调用函数调用了由 C/C++ 编写的被调用函数,或者由硬件完成的指令调用了由 C/C++ 编写的被调用函数等。在这些特殊情况下,有可能会形成不完整的栈帧。读者应根据实际情况,分析栈帧的形成过程和最终的状态。

3.4 时钟管理

计算机系统的许多管理活动都与时钟有关,因此其硬件配置应包含时钟芯片,PC 机中通常使用的是 8253 或 8254 可编程定时芯片(Programmable Interval Timer, PIT)。从表 3.2 中可以看到,系统初始化时,定义时钟中断的中断号为 0x20,中断入口程序是 Time::TimeInterruptEntrance(),中断处理程序是 Time::Clock()。在所有外设中断中,时钟中断优先级最高。这意味着,时钟可中断其他外设的中断处理程序。

每隔 1/60 秒,PIT 芯片将发出一次时钟中断。这里称 60 为 ticks,它是系统时钟中断的频率。时钟中断定时发生,是系统的心跳。图 3.14 显示了时钟中断处理的主要流程。从图中可以看出,整个流程大致可以分为两个部分:一部分是每一次时钟中断(每个 tick,即每秒 60 次)都会执行的,另一部分是每一秒钟(每 60 个 ticks)且中断前是用户态时才会执行的。

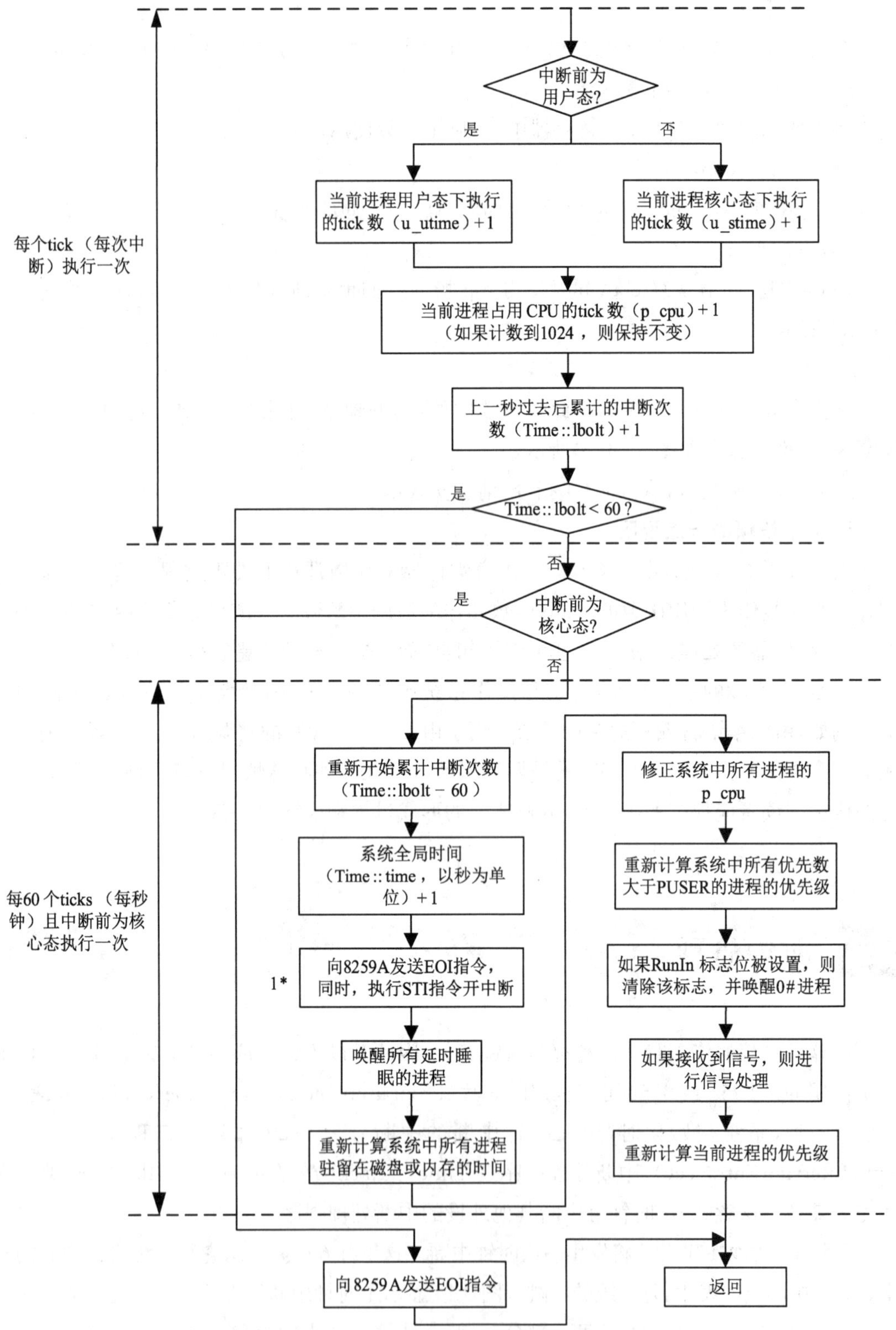

图 3.14　时钟中断处理过程

时钟中断处理完成的主要功能包括：

（1）维护系统时钟。

（2）计时，即处理 Proc 结构和 User 结构中与时间有关的项。

（3）完成每秒一次的系统维护工作，包括重新计算所有用户态进程的优先数，检查磁盘交换区中是否有就绪态进程需要进内存，以及其他与定时睡眠进程有关的唤醒操作，等等。

由此可以看出，时钟中断是系统中非常重要的硬件中断，为系统中诸如进程调度、内存管理等重要环节提供保证，为此，本节将详细阐述时钟中断的处理过程。

3.4.1　对多个时间量的维护

1. 进程的执行时间

进程的 User 结构中有两个分量 u_utime 和 u_stime，分别表示进程在用户态和核心态下的运行时间，以 tick 为单位。若中断前为用户态，则 u_utime 加 1；若中断前为核心态，则 u_stime 加 1。

2. 现运行进程占用 CPU 的程度

进程的 Proc 结构中有一个分量 p_cpu，该分量表示进程占用处理器的程度，以 tick 为单位。每次时钟中断中，现运行进程的 p_cpu 加 1。

3. 整型全局量 Time::lbolt 和系统时间 Time::time

Time::time 为系统时间，记录从 1970 年 1 月 1 日以来以秒为单位的时间。Time::lbolt 累计时钟中断次数，其初值为 0。每过 1 个 tick，产生 1 次时钟中断，相应的，在时钟中断处理中，对 Time::lbolt 加 1。所以每次 Time::lbolt 计数到 60 的时候（即 Time::lbolt = 60），表示当前已经过去了 1 秒。从图 3.14 可以看出，如果此次中断前进程运行在用户态，则 Time::time 应该加 1，同时 Time::lbolt 减去 60。

这样的处理方式考虑的是，不漏掉任何一次时钟中断计数，否则就失去了获得精确时钟时间的基础；至于是否及时计入系统时钟时间，则视中断前进程的状态而定。如果中断前进程运行在用户态，说明被中断的程序不急于执行，则及时对日历时钟进行处理；反之，则推迟到以后的时钟中断中进行追加处理。

4. 每秒需要累加的时间量

每隔 1 秒，如果中断前为用户态，系统对所有进程的 p_time 执行加 1 操作，p_time 记录了每个进程本轮在内存或磁盘交换区上驻留的时间，以秒为单位。内核需要使用该信息搬迁进程图象，详细过程在第 5 章介绍。

3.4.2　系统维护

每秒计时到时，若中断前为用户态，都会进行一些与系统维护相关的操作。

1. 唤醒延时睡眠的进程

延时睡眠进程指的是之前因为执行系统调用 sleep(seconds) 而入睡，seconds 秒之后系统需要将其唤醒的进程。

2. 关于系统中所有进程优先级的计算

UNIX 系统采用动态优先权的进程调度算法，其实现关键是随时间的推移，依据系统当前运行状态，修正系统中所有进程的优先级。这部分工作将在每一秒到的时钟中断中，中断前是用户态的情况下完成。具体的内容包括：

（1）按照一定的原则修正系统中所有进程的 p_cpu 的值；

（2）重新计算系统中所有用户态进程的优先级；

（3）在中断处理程序即将结束时，重新计算当前进程的优先级。

此部分是系统能够正常运行的重要保证，所涉及到的进程管理操作，将留待第 5 章详细介绍。

3. 判断是否进行进程图象的搬运

检查系统中的 RunIn 标志是否被设置，如果该标志被设置，则清除该标志，并且唤醒对应的挂起进程（第 5 章中将看到，实际上此处唤醒的是 0＃进程）。该进程将根据进程的当前状态来决定是否需要进行进程图象在内存和磁盘交换区之间的交换。

3.4.3 时钟中断的特点

时钟中断处理涉及的面比较广，需要处理的事务相当繁杂。在所有设备中断处理程序中，时钟中断处理程序优先级最高，执行最耗费时间。因此，在其设计中应该考虑如下三点。

（1）使时钟能正确发挥作用。

（2）使被中断的程序，特别是具有一定紧迫程度的程序，不至于被搁置太久。

（3）使时钟中断处理时可能发生的中断请求得到比较及时的响应。

根据上述考虑设计的时钟中断处理程序，有其显著的特点。

1. 确保获得准确时间

时钟中断涉及对许多重要时间量的维护，为了获取精确的时间，应做到不放过任何一次时钟中断。为此，在 i386 体系结构中，时钟中断的优先级最高。而在时钟中断处理程序中，每次必做的部分是对时间增量的累计，例如，u_utime，u_stime，p_cpu 及 Time::lbolt 等。

2. 烦琐事务可适当延后

对于其他各个与时间有关的事务处理，延时几个 ticks 之后再处理也无碍大局，例如对系统时钟的调整，即便推迟几次也不过暂时造成几十毫秒的时钟误差，以后可以追补，不会造成累计误差。同时，这些事务处理往往都是比较耗时的，比如进程优先数的维护、唤醒睡眠进程等。为此，若中断发生时现运行进程在用户态运行，说明被中断的不是紧急事务，系统可以继续执行这些繁琐的维护工作。否则，时钟中断处理程序会立即返回，耗时的系统维护工作推迟至下次时钟中断。

3. 允许中断嵌套

由于时钟的优先级最高，且时钟中断中包含了许多繁琐耗时的事务处理，如果在时钟中断的过程中，都不允许其他中断嵌套，则有可能会导致一些外设比较紧急的中断请求被延误。为此，时钟中断在处理过程中，处理机优先级会降至0(图3.14中的1＊)。这样，其他的中断请求就可以进入。这与一般的中断处理中始终不改变处理机优先级的方式不同。例如，磁盘中断时，处理机优先级始终保持高位(等于磁盘的中断优先级)，不允许其他同级和较低级的中断请求嵌套。

4. 与其他外设中断的区别

虽然时钟中断和系统中其他的外设中断均由8259A芯片转发，但是在理解上，时钟中断与其他外设中断有很大的不同。可以这么认为：

(1) 外设中断“借用”一小段现运行进程的时间，目的在于帮助其他进程完成I/O扫尾工作，外设发送中断处理请求可以解读为：“嗨，内核，打扰一下，一块新的数据已经准备好了，请尽早检查。OK后，我就可以执行新的I/O任务了”。外设中断逻辑上的发起者是执行系统调用发起I/O操作的其他进程，与现运行进程没有必然的关联。

(2) 系统安排时钟中断是为了引入心跳(Heart Beat)，这些有规律的脉冲信号可激活系统中的日常维护，更是对进程计时的唯一手段。后者是系统调度用户态进程的重要依据。可以认为，时钟中断的发起者是内核，作为调度的依据，时钟中断总是与现运行进程相关。

3.5 异常与系统调用

3.5.1 异常处理

UNIX V6++对异常的处理基本流程和图3.9中所示的中断处理流程基本相同，也包含中断隐指令、异常入口程序和异常处理程序三个部分。

异常有不产生出错码和产生出错码两种。在中断隐指令部分，如图3.10所示，当发生不会产生错误码的异常时，核心栈的状态和中断时完全一样，然而，对于会产生出错码的异常，中断隐指令会在核心栈压入出错码。

下面将具体介绍异常入口程序和异常处理程序的流程。

1. 异常入口程序

异常入口程序同样包含了与中断入口程序相同的五个宏定义的内联汇编，并且在异常入口程序调用异常处理程序之后，系统进入真正的异常处理过程。

异常入口程序在具体细节上与中断的区别主要有以下三个方面。

(1) 当发生不会产生错误码的异常时，由于核心栈的状态和中断时完全一样，则异常入口程序在恢复现场的时候，也是和中断时完全一样的。然而，对于会产生出错码的异常，由于中断隐指令在核心栈还压入了出错码，因此在恢复现场时，需要另外删除错误码所占用的栈空间[在宏 leave()之后]。

(2) 由于异常不是来自于 8259A，因此在异常处理结束后不需要发送 EOI 指令。

(3) 异常处理程序中没有例行调度。原因在于，异常发生表明进程执行的应用程序出现了问题，必须暂停运行排查故障。因此，这里不再进行进程的切换调度而是由现运行进程首先完成故障处理。

2. 异常处理程序

图 3.15 是UNIX V6++中异常处理子程序的流程。从图中可以看出，按照异常类型和异常前处理机的状态，UNIX V6++将按照以下原则对异常进行处理。

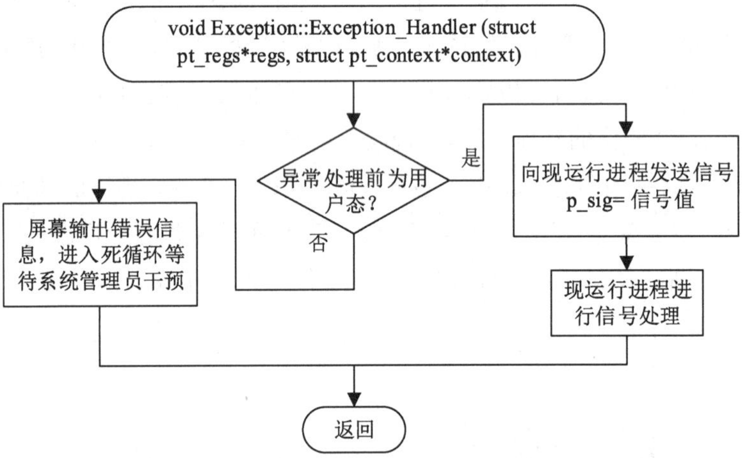

图 3.15　异常处理子程序流程

(1) 如果进程异常前为核心态，这只能说明一个问题，内核代码的 bug 被触发了，系统缺乏行之有效的积极处理方法，所以它只是在控制台打印出出错类型信息，然后进入死循环等待系统操作人员干预。

(2) 如果进程是在用户态下发生的异常，异常处理子程序将异常类型转换成信号，然后将该信号借助信号机构发送给现运行进程。

因为核心态下的异常处理比较简单直接，所以后面阐述的内容都是针对进程在用户态下发生异常时，借助信号机制完成的异常处理过程。

3. 信号机制及其处理方式

信号机制实质上是UNIX V6++提供的可以向进程发送信息的一种机制，这个信息被称为信号，是一个正整数 n。n 的值被记录在信号接收进程 Proc 结构中的一个整型分量 p_sig 中(进程未接收到信号时，p_sig = 0)。不同的 n 值将触发进程针对不同信号的处理过程。

一个进程对不同信号的处理方式都记录在该进程的信号处理表：User 结构的 u_signal

[NSIG]数组中。具体规则如下：

（1）如果 u_signal[n]＝0，说明进程对信号 n 的处理方式是马上终止本进程；

（2）如果 u_signal[n]的值为奇数，说明进程对该信号不做任何处理；

（3）如果 u_signal[n]的值为非 0 偶数，则 u_signal[n]即为相应的信号处理程序的入口地址。

UNIX V6++提供给用户程序一个系统调用 signal(n，func)，用户程序通过这个系统调用可以将 func 指向的对信号 n 的处理函数的入口地址写入 u_signal[n]单元。从而，用户程序可以根据需要为某个信号安排相应的信号处理程序。

4. 借助信号机制完成异常处理

如图 3.15 所示，异常发生时，如果进程运行在用户态，则异常处理程序中会向进程发送信号 n，之后，现运行进程将进行信号处理。

（1）第一种情况：如果该进程的 u_signal[n]＝0，则进程立即终止。

由此，一个异常的发生，导致了现运行进程在异常处理程序中夭折，无法从异常处理程序返回，因而也就没机会通过异常入口程序返回用户态继续执行已经出错的应用程序，从而有效地阻止了故障的蔓延。

（2）第二种情况：如果该进程的 u_signal[n]为一个非 0 偶数，则修改进程核心栈和用户栈的栈桢。

这种情况下，说明应用程序安排了相应的信号处理程序，现运行进程将能够对自己产生的故障进行处理。但是，由于该处理程序是用户自编程序，那么该程序就必须在用户态下才能执行。也就是说，只有当进程执行完异常入口程序，返回用户态后，才有机会执行自编的信号处理程序。

正常情况下，一个在用户态下运行的进程如果因为中断转入核心态，则在相应的处理结束回到用户态后，会从断点继续执行被中断的应用程序。这一过程中的核心栈内容如图 3.16(a)所示。然而，如果用户安排了相应的信号处理程序，执行的流程改变为：进程执行完异常入口函数返回用户态后，首先要执行一段信号处理程序，待信号处理程序执行完毕后，再转去执行之前引发异常的指令的下一条指令。

这一过程是如何实现的呢？其方式是：

（1）首先，进程原核心栈栈帧中的 eip，即异常结束后返回到用户态的指令地址，被修改为用户定义的信号处理函数的入口地址，即 u_signal[n]。这就造成了异常入口程序执行结束返回用户态时，不是回到之前异常发生时的断点，而是返回到了用户定义的信号处理函数的入口。

（2）其次，进程用户栈栈顶被压入了核心栈原栈帧中的 eip，同时核心栈原栈帧的 esp 指向了修改后的用户栈的栈顶。这就造成了用户定义的信号处理函数执行结束之后，进程将返回之前异常发生时的断点，继续执行用户态下的程序。

上述修改后的栈桢及由于修改造成的进程执行流程的变化如图 3.16(b)所示。

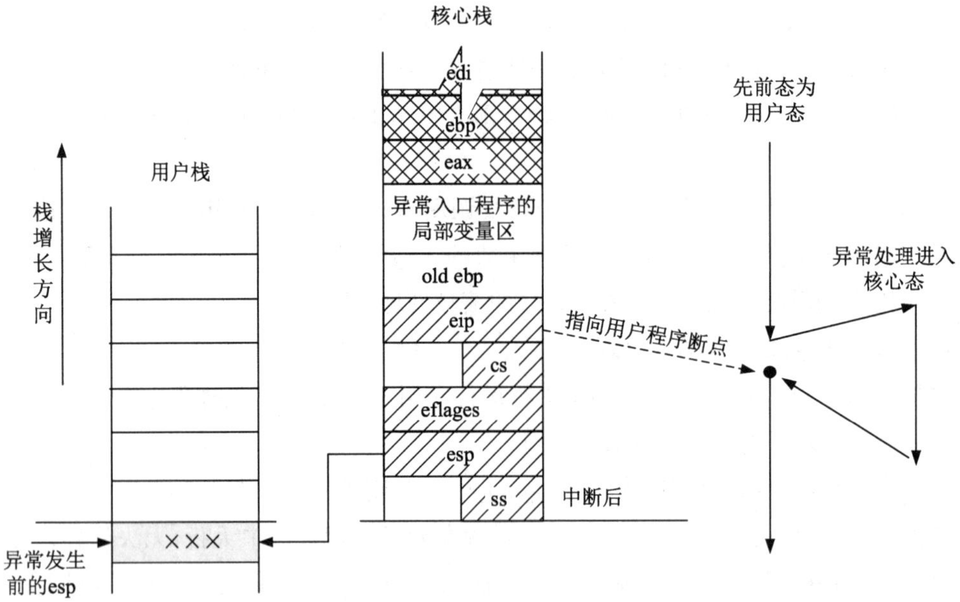

(a) 异常发生时，现运行进程在用户态运行

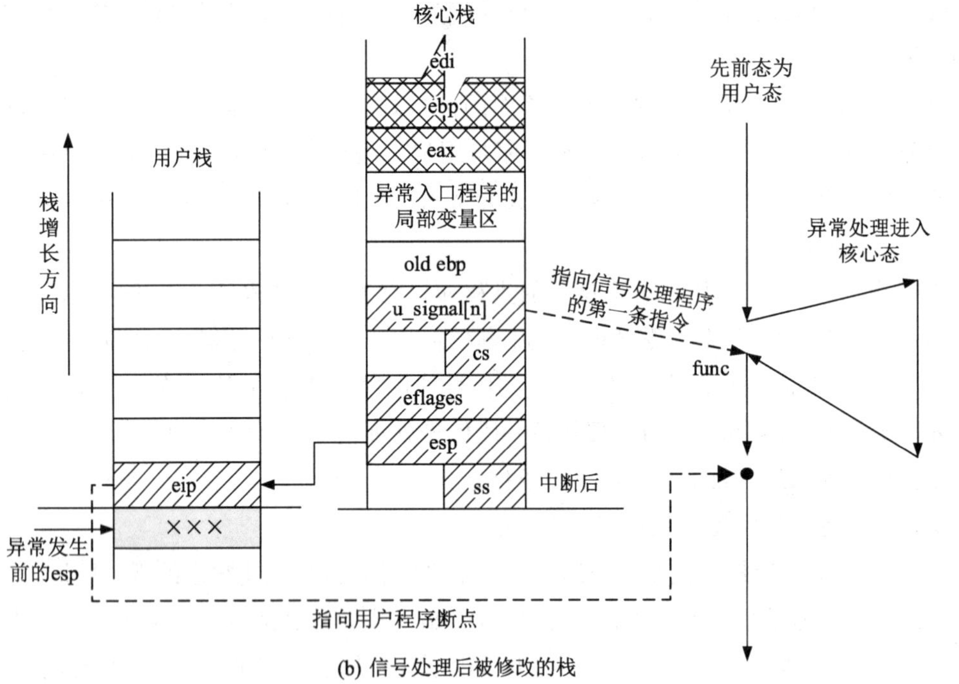

(b) 信号处理后被修改的栈

图 3.16　信号处理对栈的修改

栈帧修改完成后，异常处理程序结束返回，继续执行异常入口程序中的栈帧恢复及中断返回的指令。之后，进程回到用户态，立即执行信号处理程序。信号处理程序返回时，进程将继续执行之前发生异常的用户程序。

3.5.2 系统调用处理

UNIX 提供的系统调用的数量随版本的不同而略有差别。主要的系统调用功能和名称见表 3.3。

系统调用的实现需要应用程序、处理器硬件和操作系统的共同努力。代码 3.1 具体说明系统调用的执行过程。

```
fd = open("fileName", mode);
if(fd < 0) {
    printf("Can not open file! \\n");
    exit();
}
```

代码 3.1　打开文件操作代码示例

表 3.3　UNIX 中主要的系统调用

项目	系统调用功能	系统调用子程序名
与进程管理和控制有关	(1) 进程的创建、睡眠和消亡	fork，sleep，exit
	(2) 进程间的同步	wait
	(3) 进程间的相互控制	signal，kill，ptrace
	(4) 进程优先数偏置值的设置	nice
	(5) 进程各种标识数的设置和获得	setgid，getgid(进程用户组标识数) setuid，getuid(进程实际和有效用户标识数) getpid(进程标识数)
	(6) 进程占用存储区的分配	break(sbrk)
与文件系统有关	(1) 文件生成和取消	creat，unlink
	(2) 文件打开和关闭	open，close
	(3) 文件读、写	read，write，seek
	(4) 文件执行	exec
	(5) 文件共享	link
	(6) 文件状态查询	fstat，stat
	(7) 改变文件拥有者或文件工作方式	chown，chmod
	(8) 改变文件工作目录	chdir
	(9) 构成目录文件和特殊文件项	mknod

（续表）

项目	系统调用功能	系统调用子程序名
与文件系统有关	(10) 装、卸子文件系统	mount，umount
	(11) 生成进程通信文件	pipe
	(12) 复制打开文件表项	dup
	(13) 更新文件系统资源管理信息块	sync
	(14) 目标文件各部分执行频度统计	profil
其他	(1) 设置和获得终端状态	stty，gtty
	(2) 设置和获得系统或进程时间	stime，time，times
	(3) 读控制台开关	csw
	(4) 间接系统调用	indir

代码 3.1 完成的主要功能是：根据用户提供的文件名（fileName）和文件的打开方式（mode）两个参数，找到相应的磁盘文件并打开。如果打开成功，则返回该文件的句柄 fd（一个正整数）；如果打开不成功，则提示出错信息，进程终止。

1. 应用程序（准确地说是编译时使用的库函数）

从上面的代码可以看到，用户在用户程序中调用了库函数 open。UNIX 中每个系统调用均唯一对应一个用户库函数。可以将后者看成是系统调用的“钩子”，运行在用户态，作用为：为系统调用准备参数、引发中断，最后接收系统调用的返回结果。

下面仍以 open 库函数（代码 3.2）为例，观察其是如何实现的。

```
int open(char * pathname, unsignedint mode)
{
    int res;
    __asm____volatile__ ("int
                $ 0x80":"=a"(res):"a"(5),"b"(pathname),"c"(mode));
    if (res >= 0)
        return res;
    return -1;
}
```

代码 3.2　open 库函数

open 库函数中有一条内联汇编语句，它是 open 函数中最重要的部分，完成的工作包括：

(1) 将 open 的系统调用号 5 送 EAX 寄存器；

(2) 第一个参数（文件名 pathname）和第二个参数（文件的打开方式 mode）分别送入

ebx 和 ecx 寄存器；

（3）引发 int 0x80 指令；

（4）系统调用的返回值将由 eax 寄存器带回后保存在 res 变量中。

UNIX 中各个系统调用对应的库函数大体都符合上面的流程。为了保证系统调用的成功执行，用户态下运行的库函数必须给出系统调用号。系统调用号是应用程序需要的内核服务代号。在UNIX V6++中，定义了一张系统调用处理子程序入口表（详见图 3.17），该表共有 64 个表项，每一个表项是一个数据结构 SystemCallTableEntry，其定义如代码 3.3 所示。

```
struct SystemCallTableEntry
{
    unsigned int count;             //系统调用的参数个数
    int( * call)();                 //相应系统调用处理函数的指针
};
```

代码 3.3　SystemCallTableEntry 结构定义

系统初启时，该表用代码 3.4 中的值进行初始化。

系统调用处理子程序入口表中虽然有 64 项，但是UNIX V6++只使用了前 49 项，余下部分留待扩充。各系统调用在表中所占的位置就是它们的系统调用号。例如，打开文件系统调用 open 的系统调用号是 5，创建新进程系统调用 fork 的系统调用号为 2 等。根据系统调用号，就可以在表中找到相应的系统调用需要的参数个数和子程序入口地址。例如，代码 3.2 中，库函数给出系统调用号 5，表示希望执行 open 系统调用，可在表中知悉 open 系统调用需要 2 个参数，它的子程序入口地址是函数 Sys_Open()。

```
{ 0, & Sys_NullSystemCall  },        /* 0 = indir        */
{ 1, & Sys_Rexit  },                 /* 1 = rexit        */
{ 0, & Sys_Fork},                    /* 2 = fork         */
{ 3, & Sys_Read},                    /* 3 = read         */
{ 3, & Sys_Write  },                 /* 4 = write        */
{ 2, & Sys_Open},                    /* 5 = open         */
{ 1, & Sys_Close  },                 /* 6 = close        */
...
{ 0, & Sys_Nosys  },                 /* 63 = nosys       */
```

代码 3.4　SystemCallTableEntry 结构的初始化

系统调用参数：库函数需要将系统调用所需的参数写入寄存器 ebx，ecx，edx，esi 和 edi 中（通常系统调用的参数不会超过 5 个，很少有系统调用需要 5 个参数，用 5 个寄存器来传递参数已经足矣)。

系统调用指令:在3.1.6节中已经提及,进程在用户态下执行时,无法直接调用系统调用子程序。这是因为系统调用子程序是内核程序,受系统保护。允许应用程序随意访问内核,计算机系统的安全将无从谈起。所以,当进程执行应用程序(用户态下运行),需要操作系统服务而必须调用内核子程序(系统调用处理程序)时,必需用一种有别于普通程序调用的方法向内核传递如下信息:“请把我的状态切换成核心态,执行系统调用程序”。这种方法就是执行系统调用指令。UNIX V6++(LINUX也是一样)的系统调用指令为int 0x80。

2. 中断处理

int 0x80指令实际是向CPU发出了0x80号中断请求。CPU执行这条指令时,将进行如图3.9所示的标准中断处理,这里不再赘述。最终的结果是:现运行进程切换至核心态,执行系统调用入口程序SystemCall::SystemCallEntrance。该程序完成现场保护的工作后,调用系统调用处理程序SystemCall::Trap。此时,将形成和中断处理时完全一样的核心栈,如图3.17所示。

从图3.17可以看出,此时,保存在eax寄存器中的系统调用号和保存在ebx,ecx等5个寄存器中的系统调用参数被分别压入了进程的核心栈中。UNIX V6++正是通过这种方式,借助中断处理,将用户态地址空间中的参数带入了核心态。

3. 系统调用处理程序

系统调用处理程序Trap的声明如下:

```
void SystemCall::Trap(struct pt_regs * regs,
                      struct pt_context * context)
```

可以看到,它和所有的中断、异常处理函数拥有一样的参数列表。它是所有系统调用的入口,负责执行的工作包括:

(1) 查系统调用处理子程序入口表

Trap函数被调用后,根据核心栈中保护eax寄存器单元中的系统调用号查系统调用处理子程序入口表,得到系统调用处理子程序的入口地址和所需参数个数。

(2) 为系统调用处理子程序准备参数

Trap函数被调用后,将核心栈中保护ebx, ecx, edx, esi和edi中应用程序提供的5个系统调用参数,转存入进程User对象中的u_arg[5]数组。这样,系统调用处理子程序执行时,就可以从User对象中,而不是栈帧中来获取参数。

(3) 执行系统调用处理子程序

至此,Trap函数已经为系统调用处理子程序的执行准备好了一切,可以根据在系统调用子程序入口表中查询到的入口地址执行了。

4. 系统调用处理子程序

UNIX V6++中,所有系统调用子程序基本遵循相同的设计规则:

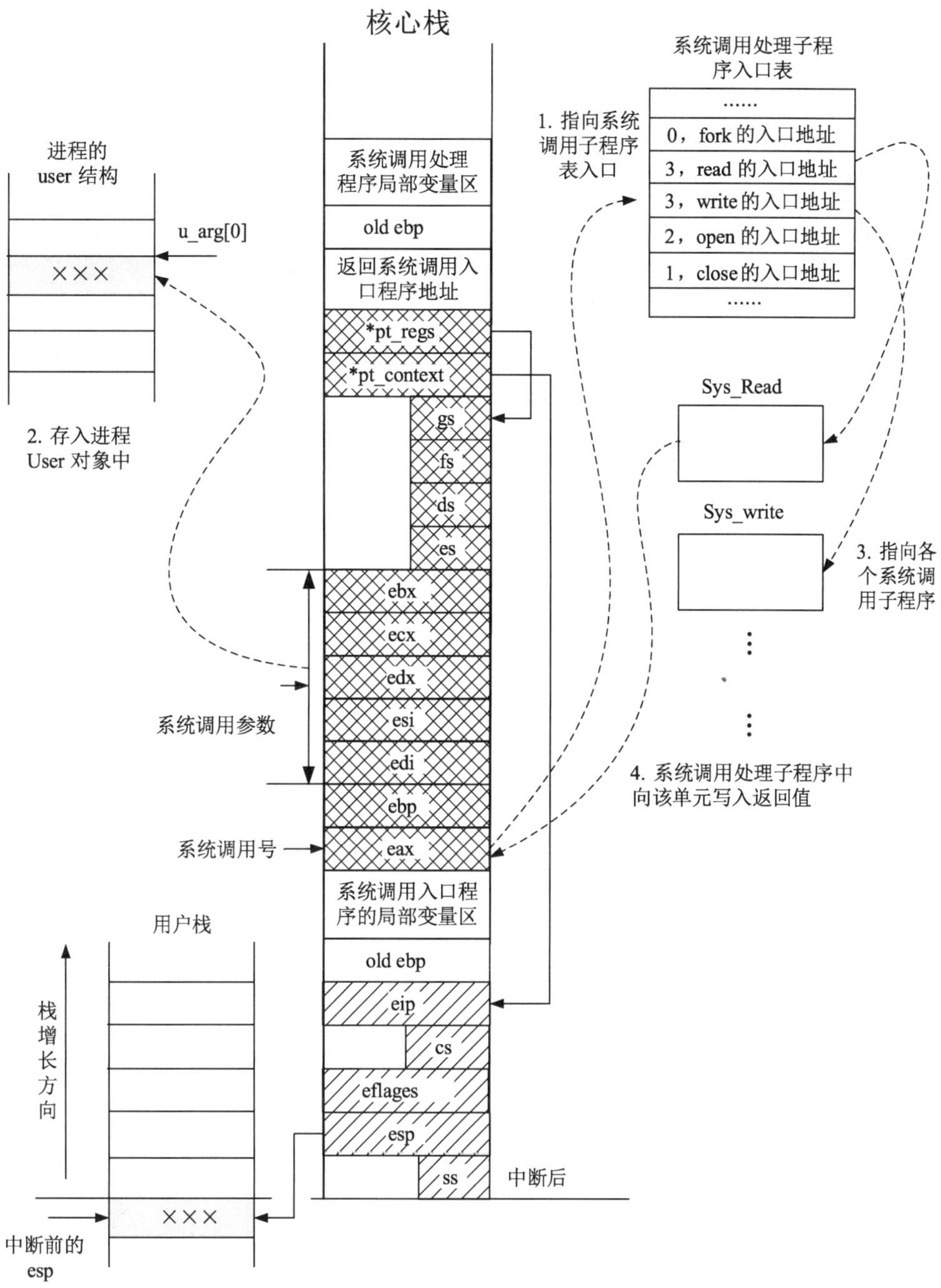

图 3.17 系统调用中的核心栈及相关数据结构

(1) 不需要入口参数。这是因为，该函数的参数来自进程 User 对象中的 u_arg [5]数组，无需从栈帧中获得参数。

(2) 可能会调用内核其他模块中的子程序为应用程序服务。

(3) 使用 EAX 寄存器将返回值带回用户态。UNIX V6++规定，系统调用子程序将系统调用的返回值写入核心栈的保护 eax 单元，进程返回用户态时，这个值被装入 eax 寄存器。UNIX V6++用 User 对象中的 u_ar0 指针定位此单元的位置。在UNIX V6++源代码的任何位置，只要看到类似于 u.u_ar0[User::EAX] = i 的赋值语句，这就是在准备系统调用的返回值了。

5. 返回用户态

系统调用执行结束后，进程返回用户态，这一过程和中断是完全一样的。返回用户态后，将首先执行完库函数，然后由库函数返回用户程序。参见代码 3.2。

第 4 章

存储管理

存储器是计算机系统的重要组成部分。近年来,虽然存储器容量在不断扩大,但仍不能满足现代软件快速发展的需要。因此,存储器仍然是一个宝贵而又紧俏的资源。如何对它进行有效的管理,不仅直接影响到存储器的利用率,而且对系统性能有着重大影响。存储器管理的主要对象是内存。由于对外存的管理与对内存的管理很相似,只是它们的用途不同,即外存主要用来存放文件,所以本书把对外存的管理放在设备管理一章介绍。

4.1 存储管理基本概念

存储管理是操作系统中的一个重要组成部分，其主要功能涉及以下五个方面。

4.1.1 多级存储器结构

在现代计算机系统中，存储部件通常是采用层次结构来组织的，如图 4.1 所示。存储层次至少应有三级：最高层为 CPU 寄存器，中间为主存，最下层是辅存。

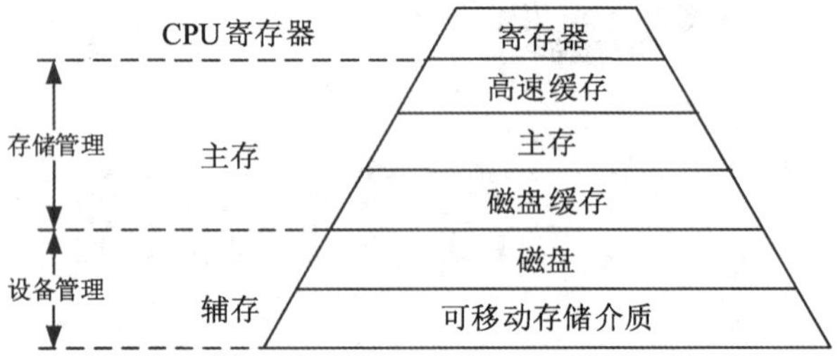

图 4.1　多级存储器层级结构

寄存器和主存储器又称为可执行存储器，存放于其中的信息和存放于辅存中的信息相比较而言，计算机所采用的访问机制是不同的，所需耗费的时间也是不同的。进程可以在很短的时钟周期内使用一条 load 或者 store 指令对可执行存储器进行访问，但对辅存的访问则需通过 I/O 操作来实现，因此，访问中涉及中断、设备驱动程序以及物理设备的运行，所需耗费的时间远远高于对可执行存储器的访问时间。

高速缓存的建立是为了缓解主存与 CPU 寄存器速度差异的矛盾。根据程序局部性原理（即程序在执行时，将呈现出局部性规律，在较短的一段时间内，程序的执行仅局限于某个部分），将主存中一些经常访问的信息存放在高速缓存中，减少访问主存储器的次数，可以大幅提高程序的执行速度。同理，磁盘缓存是为了缓解内存与磁盘之间的速度差异。将频繁使用的一部分磁盘数据，暂时存放在主存空间中开辟的磁盘缓存中，可减少访问磁盘的次数。

因此，操作系统中的存储管理的目标，就是负责对不同层次的存储介质统一管理，将多级存储器有机地组织起来，一方面扩大存储器容量，另一方面自动地实现多级存储器之间的信息传送。

4.1.2 主存空间的管理

存储管理面临的第一个问题是存储空间的分配与回收。这一问题的提出至少有下列四个方面的原因。

(1) 存储器为多个进程共享，而进程是动态创建、存在和终止的。进程创建时要求分配存储资源，终止时释放它所占用的存储资源。

(2) 在运行过程中，进程需要占用的存储空间大小随时可能发生变化。例如，进程在运行过程中，可能需要增配存储空间。又如，一个进程在运行中，可能需要更换它所执行的程序段以及相关的数据段，而新的程序段或数据段可能大于或小于原程序段和数据段。

(3) 进程执行的程序及有关数据结构等或存放在内存中，或存放在外存上。当它们从外存调入内存时，首先需要分配内存存储区；调入结束后即可释放外存区，反之亦然。所以进程有关信息在内外存之间的传递也带来了存储器分配和释放的问题。

(4) 系统为了充分利用存储资源，有时需要改动某些进程占用的存储区位置。例如，在某一时刻，内存的使用情况如图 4.2(a)所示。此时创建进程 pn 所需的内存连续区长度为 psize。虽然内存中每个空闲区的长度都小于 psize，但它们的总长度却可能超过 psize。为了充分利用这些空闲区，应当搬迁内存中已占用部分的信息，使各空闲区合并起来。这样就能为进程 pn 分配所需存储区，使其有关信息可以调入[图 4.2(b)]。

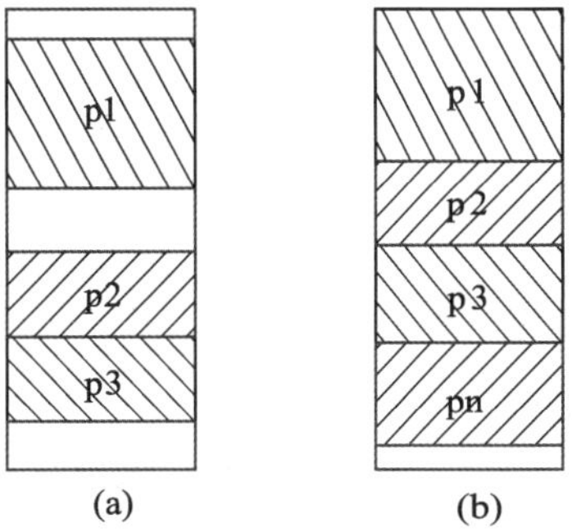

图 4.2　内存中信息的搬迁

考虑到上述诸方面的原因，操作系统中存储管理的功能之一，是提供内存空间的管理策略。这其中需要考虑几个方面的问题，包括：内存空间的分配方式，空闲内存空间的组织与管理，内存分配与回收算法。

1. 内存空间的分配方式

基本的内存分配方式包括连续分配方式和离散分配方式。连续分配方式是指为一个用户程序分配一个连续的内存空间。为此，须事先为它一次性申请足够的内存空间，以便将整个作业装入。这种分配方式曾广泛应用于 20 世纪 60 至 70 年代的操作系统中，至今仍在内存分配方式中占有一席之地。离散分配方式，是指用户程序可以不必分配在一个连续的内存空间内，可以以离散化的方式散列在不同的内存区域。如果对用户程序地址空间的离散化是以“页”为基本单位的，则称为页式分配方式；如果对用户程序地址空间的离散化是以“段”为基本单位的，则称为段式分配方式。上述两种分配方式，都具备对应的内存空间的分配和回收算法，将分别在本章的后续小节详细介绍。

2. 空闲内存空间的组织与管理

为了实施有效的内存分配和回收，操作系统必须知道内存空间的占有和空余情况。这就要求内存管理模块必须跟踪内存的使用情况，并通过一定的数据结构来记录。跟踪和记录的方法主要有以下三种。

(1) 索引表管理

系统为内存中所有空闲的分配单元建立一张空闲分区索引表，每个空闲分配单元在表中占有一项。各表目项一般包括索引号、该空闲分配单元的起始地址和长度。例如，图 4.3(a)中的空闲分区分布情况可以用图 4.3(b)中的索引表描述。

(2) 位示图表示法

如果系统中定义的分配单元的大小长度是固定的，可采用位示图法进行管理。位示图表示法的基本思想是用一个二进制位代表一个固定长度的分配单元的使用情况。如果该位为 1，说明相应的分配单元已经被占用；如果该位为 0，说明相应的分配单元空闲。于是，一组二进制位就可以按序地表示整个内存的使用情况。

如果选择 1 k 大小的固定分配单元，则对于 4.3(a)中所示的空闲分区分布状况，用位示图表示如图 4.3(c)所示。

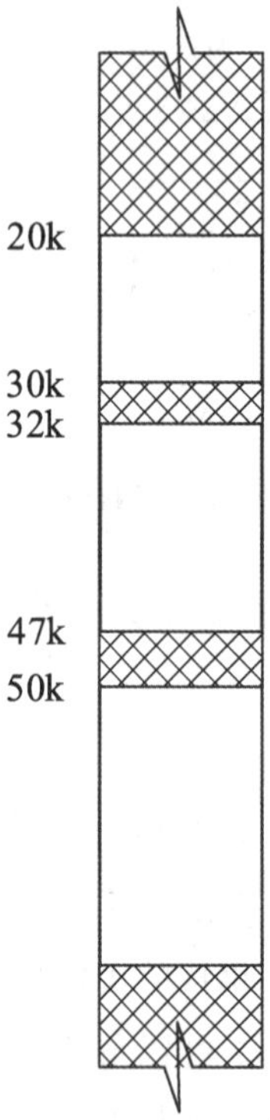

(a) 空闲分区分布情况

索引号	大小/kB	始址/kB
1	10	20
2	15	32
3	20	50

(b) 空闲分区索引表

	7	6	5	4	3	2	1	0
7	1	1	1	1	1	1	1	1
15	1	1	1	1	1	1	1	1
23	0	0	0	0	1	1	1	1
31	1	1	0	0	0	0	0	0
39	0	0	0	0	0	0	0	0
47	1	0	0	0	0	0	0	0
55	0	0	0	0	0	0	1	1
63	0	0	0	0	0	0	0	0
71	1	1	0	0	0	0	0	0
				…	…			

(c) 位示图表示法

图 4.3 空闲分区索引表与位示图

位示图表示法的优点是在管理固定大小的分配单元时直观、简单。其中每一位代表的分配单元的大小可以是几个字节，也可以是几千字节，分配单位越小，位示图越大。在搜索需要的空闲空间时，需要找到一片连续 0 的个数大于或等于所需要分配的单元数。将这片空间分配给需要的进程，并将相应的位示图值设置为 1。

(3) 链式队列管理

另外一种办法是将分配单元按是否空闲链接起来，称为链式队列管理。具体实现时，可选择将各分配单元的部分起始字用来表示下一个分配单元的起始地址(勾连指针)、本分配单元的长度和分配状态。各分配单元勾连成队列，队首由一指针指示。队尾分配单元的勾连指针为-1。

对于图4.3(a)所示的空闲分区分布状况，如果用链式表示则如图4.4所示。图中的M代表该分配单元已经被占用，而F代表空闲分配单元。

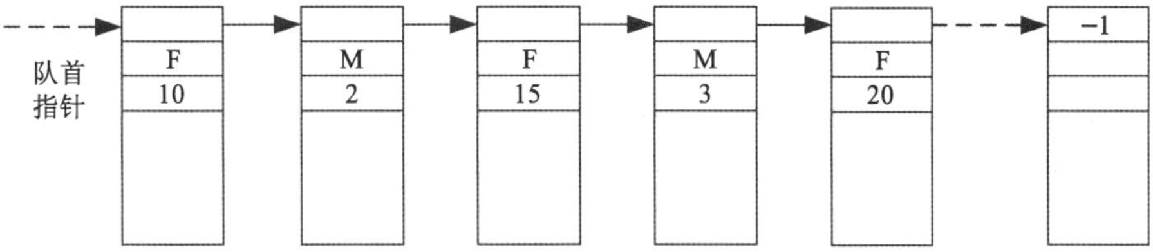

图4.4 内存分配的链式表示

在链式队列管理方式下，寻找一个给定大小的闲置空间意味着找到一个类型为F的链表项，其大小大于或等于给定的目标值。不过，扫描链表的速度通常较慢。为提高查找空闲单元的速度，可以将空闲分配单元和被占用空间分开设置链表，这样就形成了两个链表的管理模式。同时，队列也可采用循环勾连构成循环队列。

3. 内存分配与回收算法

上述两种不同的分配方式和对空闲分区不同的管理策略，决定了不同的内存空间的分配和回收算法，将分别在本章的后续小节中进行详细介绍。

4.1.3 地址变换

创建进程的一个重要工作，就是将该进程所需的程序和数据装入内存。将一个用户源程序变成一个可以在内存中执行的程序，通常要经过以下三个步骤。

(1) 编译。由编译程序(Compiler)将用户源代码编译成若干个目标模块。

(2) 链接。由链接程序(Linker)将编译后形成的一组目标模块，以及它们所需要的库函数链接在一起，形成一个完整的装入模块。

(3) 装入。由装入程序(Loader)将装入模块装入内存。

1. 逻辑地址与物理地址

由上述过程可以看出，进程有关的程序和数据装入内存的位置是很难事先确定的，而且，在进程存在的整个生命周期中，这个位置有可能发生变化。因此，为了使进程能正确地执行程序，程序员不能用内存物理地址编写程序，而应该使用在逻辑上独立于机器的地址，从0开始在地址字长允许的范围内编写程序。这种地址称为逻辑地址(logical address)或程序地址。它们构成的地址空间相应地称为逻辑地址空间或程序地址空间。与内存的实地址相对应，程序地址有时也称为虚地址(virtual address)，相应空间称为虚地址空间。内存物理地址构成的空间称为物理地址空间或内存空间。

程序员本身在用高级语言编写程序时，并不涉及地址编码的问题，而由编译程序、链接程序等负责处理，产生的可执行目标模块是用程序地址空间编码的。

用程序地址编写的程序，一旦送入内存，其逻辑地址和内存物理地址之间就存在一种对应关系。例如，程序 A 使用的程序地址空间长度为 0～24 kB，装入连续内存区第100 k～第 124 k 字节中[图 4.5(a)]。于是，如果程序地址为 VA，则对应的内存物理地址 MA 应为 100 k＋VA。

如果不对程序中的地址进行改变，程序的执行将会出现错误。例如，在程序 A 的 8 号单元，有一条指令要取得第 24 号单元的值 88。程序装入内存之后，如果代码不加修改，24 号单元的值显然不是 88[图 4.5(a)]，导致程序的执行出现问题。

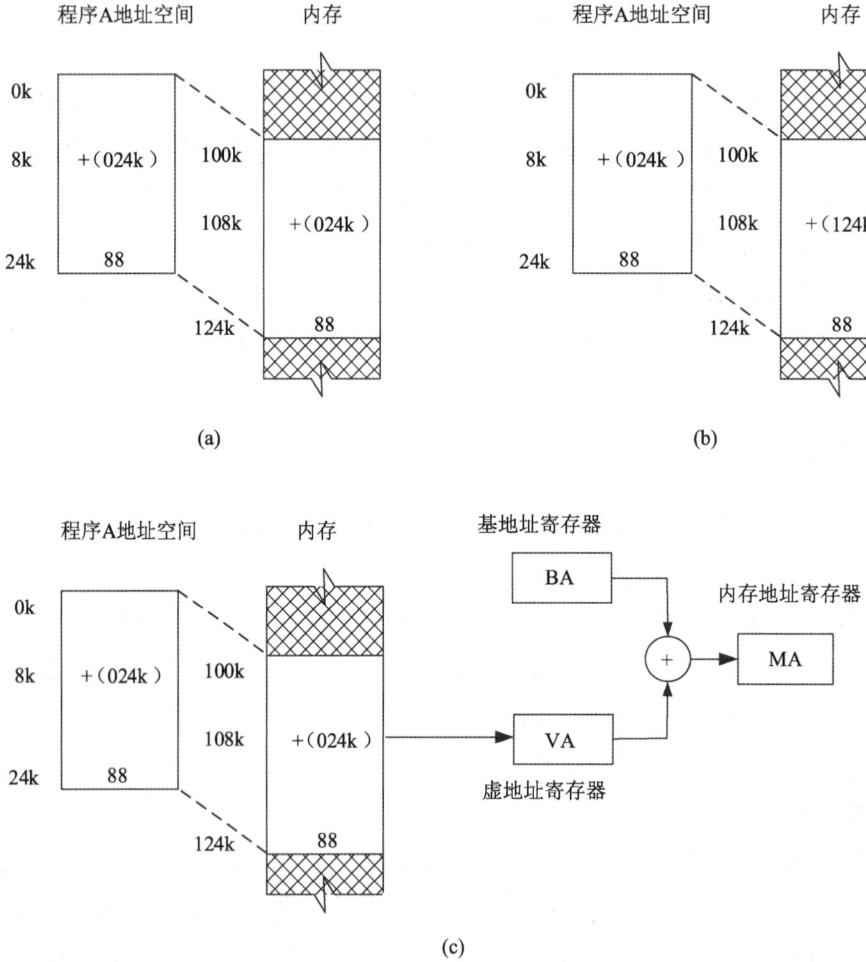

图 4.5　地址重定位过程

正确的做法是，在程序装入时，按照 100＋24＝124 的计算方法，修改该条指令中对数据的访问。为使程序能够正确执行，需要按照上述对应关系对程序中出现的地址实施地址变换，即将程序地址空间中的逻辑地址映照为内存地址。这种变换过程称为地址重定位。按照地址变换的时机，可将地址重定位分为两种：静态重定位和动态重定位。

2. 静态地址重定位

静态地址重定位是在程序执行之前，由装配程序完成的。例如，上例中，装配程序按 MA = 100 k + VA 的规则，对程序中包含的所有地址实施变换[图 4.5(b)]。如果程序 A 在另一次运行前装入内存 60 k～84 k 字节单元之间，则装配程序按 MA = 60 k + VA 对程序中包含的所有地址实施变换。

静态重定位的优点是不需要硬件的支持，因而可以在任何机器上实施。它的主要缺点是：①程序必须占用连续的内存区，而且在执行过程中不能移动。这不利于内存空间的有效利用。②各个进程难以共享在内存中的同一程序副本。

3. 动态地址重定位

动态重定位是在程序运行过程中，每次存访内存之前，将程序地址变换成内存地址。这种变换是依靠硬件地址变换机构实施的。动态重定位的实现方式有很多种，图 4.5(c)显示了最简单的一种，即如果用变量 BA 表示程序 A 所占用的内存区起始地址，则程序地址和内存地址之间变换关系的一般形式可表示为 MA = BA + VA，针对这种情况实施地址变换的方法如下：

(1) 在处理机中设置基地址寄存器、虚地址寄存器和内存地址寄存器。

(2) 程序装入内存时，将其占用的内存区起始地址送入基地址寄存器。

(3) 程序运行时，它所涉及的每一个存访指令和数据的地址先送入虚地址寄存器；然后将虚地址寄存器和基地址寄存器值相加，结果送入内存地址寄存器；按内存地址寄存器值存访内存。

动态重定位的优点是：①程序占用的内存空间动态可变，也不必分配连续内存空间；②几个进程比较易于共享使用同一程序副本。动态重定位的代价是：①实现存储管理的软件算法比较复杂；②需要一定的硬件支持。

与静态重定位比较，动态重定位的优点是比较明显的，而且现在一般计算机在不同程度上都提供动态重定位所需的硬件支持，因此这种重定位方法得到了普遍应用。综上，操作系统中存储管理的功能之二，就是提供有效的地址重定位机制。

4.1.4　内存扩充

在现代的计算机系统中，随着用户程序规模的不断扩大和并发程序的数量逐渐增多，可能会出现以下情况：

(1) 有的作业地址空间很大，其所需要的内存空间超过了内存总容量，作业不能一次性全部装入内存，致使该作业无法执行。

(2) 有大量的用户作业要求并发执行，但是由于内存容量不足以容纳所有这些作业，只能将少数作业装入内存让它们先执行，而将其他大量的作业留在外存上等待。这样造成的后果是：一方面，在内存中的某些进程由于某事件的发生而被阻塞运行，但它却占用了大量的内存空间；另一方面，却又有许多作业在外存上等待，因无内存而不能进入内存运行。

导致以上问题的原因主要在于早期存储管理方式的特征。

(1) 一次性特征。在早期的存储管理方式中，都要求将作业全部装入内存后方能运行，即作业在运行前，需要一次性地全部装入内存，而正是这一特征导致了上述两种情况的发生。而实际情况，有许多作业在运行时，并非其全部程序和数据都要用到。如果一次性装入全部数据，是对内存空间的浪费。

(2) 驻留性特征。作业装入内存后，便一直驻留在内存，直至作业运行结束。尽管运行中的进程会因 I/O 而长期等待，或有的代码在运行过一次后将不再需要运行了，但它们仍将继续占用宝贵的内存资源。

由此可以看出，上述的一次性特征和驻留性特征，使许多在程序运行中不用或暂时不用的程序或数据占用了大量的内存空间，使得一些需要运行的作业无法装入。针对这些"小内存"难以满足"大需求"的情况，存储管理中出现了多种内存扩充技术。所谓内存扩充，就是在不增加实际物理存储空间的条件下，借助大容量的辅存，在逻辑上实现对内存的扩充。因此，操作系统中存储管理的功能之三，就是必须提供有效的手段，以实现对物理内存的扩充，从逻辑上满足大作业和多进程并发的需求。

1. 覆盖(overlay)

为了在小的内存空间中运行大的作业，可采用覆盖技术。覆盖技术就是将一个大程序按程序的逻辑结构划分成若干个程序(或数据)段，并将不会同时执行从而就不必同时装入内存的程序段分在一个组内，该组称为覆盖段。这个覆盖段可分配到同一个称为覆盖区的存储空间，一个覆盖段内的多个程序段按先后次序依次进入内存，后进入的程序段覆盖之前进入的程序段。由此，一个作业的多个程序段共享了一段主存空间。

例如，图 4.6 中所示的程序实例。由程序员提供的程序逻辑结构(也称为覆盖结构)可以看出，子程序 1 和子程序 2 是不会同时执行的两个程序段，因而可以将两个程序段构成一个覆盖段，并共享一段 10 k 大小的覆盖区。执行子程序 1 时，将子程序 1 装入该覆盖区，当子程序 2 执行时，子程序 2 的装入将覆盖子程序 1。同理，子程序 11、子程序 21 和子程序 22 也构成了一个覆盖段，并共享一个 25 k 的覆盖区。如果加上主程序需要的 30 k 内存区域，整个作业的执行一共需要 65 k 的内存空间，比未采用覆盖技术而为所有的程序分配内存空间所需的 108 k 有了大幅度减少。

为了实现覆盖管理，系统必须提供相应的覆盖管理控制程序。当作业装入运行时，由系统根据用户提供的覆盖结构进行覆盖处理。当程序中引用当前尚未装入覆盖区的程序段时，则调用覆盖管理控制程序，请求将所需的覆盖装入覆盖区中，系统响应请求，并自动将所需覆盖装入主存覆盖区中。

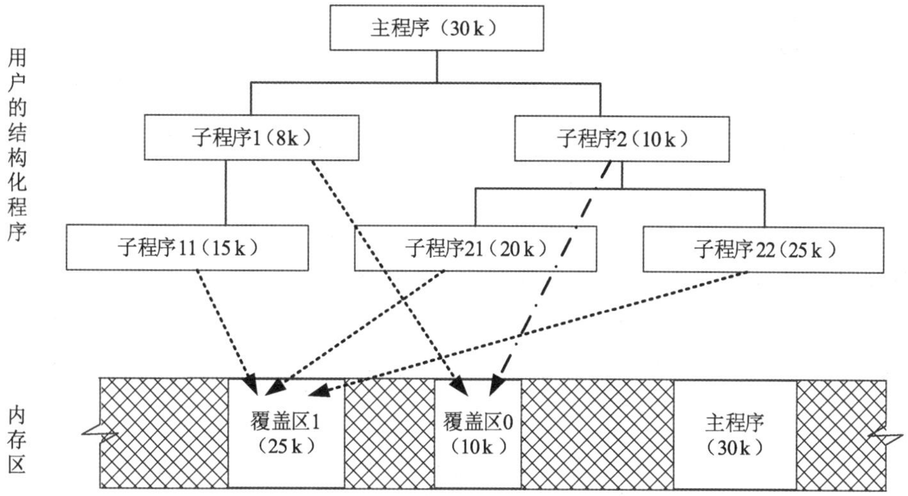

图 4.6 覆盖结构实例

覆盖技术的关键是提供正确的覆盖结构。通常，一个作业的覆盖结构要求程序员事先给出，这相当于把内存管理的部分功能交给了用户，是个很糟糕的方法。对于一个规模较大或比较复杂的程序来说是难以分析和建立它的覆盖结构的。因此，通常覆盖技术主要用于系统程序的主存管理上。例如，磁盘操作系统分为两部分，一部分是操作系统中经常用到的基本部分，它们常驻主存且占有固定区域；另一部分是不经常用的部分，它们放在磁盘上，当调用时才被装入主存覆盖区中运行。

覆盖技术的主要特点是打破了必须将一个作业的全部信息装入主存后才能运行的限制。在一定程度上解决了小主存运行大作业的矛盾。

2. 交换(swap)

所谓“交换”，就是既可以将进程从内存“换出”到磁盘，也可以将其从磁盘“换进”到内存中来的过程。交换技术的目的主要有两个：其一，是上文中提到的为了防止暂时不能运行的进程占用大量的内存空间，而磁盘上有需要运行的进程无法获得内存；其二，通过交换可以为进程找到更大的空间，从而防止一个进程因为地址空间增长而导致空间不够无法运行。交换的时机通常在以下情况发生：①作业的进程用完时间片或等待输入输出；②作业要求扩充存储空间而得不到满足时。

同覆盖技术一样，交换技术也是利用外存在逻辑上扩充主存。它的主要特点是打破了一个程序一旦进入主存便一直运行到结束的限制。自 20 世纪 60 年代初期出现交换技术后，它已经被广泛应用在操作系统中。如果交换是以整个进程为单位的，便称之为“整体交换”或“进程交换”。这种交换是为了解决内存紧张的问题，并可进一步提高内存的利用率。相关细节将结合UNIX V6 ++ 的内存管理实现方法来详细介绍。而如果交换是以“页”或“段”为单位进行的，则分别称之为“页面交换”或“分段交换”。这种交换方法是实现下面提到的请求分页和请求分段式存储管理的基础，其目的是实现虚拟存储系统，相关细节将在虚拟存储器一节中详细介绍。

3. 虚拟存储器

虚拟存储区的目的是在不太增加成本的情况下，扩大内存容量。虚拟存储器的中心思想是将物理内存扩大到便宜、大容量的磁盘上，即将磁盘空间看作是内存空间的一部分。用户程序存放在磁盘上就相当于存放在内存中。用户程序既可以完全存放在磁盘上，也可以完全存放在内存中，当然也可以部分存放在内存，部分存放在磁盘。而程序执行时，程序到底是存放在主存还是存放在磁盘，由操作系统的内存管理模块负责判断。事实上，可以更进一步将缓存也包括进来，构成一个效率、价格、容量错落有致的存储架构。即虚拟存储器要提供的就是一个空间像磁盘那样大，速度像缓存那样高的主存储系统。

虚拟内存是操作系统发展史上一个革命性的突破（当然，它也是使操作系统变得更复杂的一个重要因素）。因为有了虚拟内存，编写的程序从此不再受空间大小的限制（当然还是受制于虚地址空间大小的限制）。虚拟存储器除了让程序员感觉到内存容量大大增加之外，还让程序员感觉到内存速度也加快了。只是因为虚拟存储器将尽可能从内存或缓存满足用户的访问请求，尽量减少磁盘访问的次数，从而给人以速度提升了的感觉。

（1）程序局部性原理

从运行的时间角度来分析，在一段时间内作业一般不会执行到所有程序段的指令和存取绝大部分数据，它往往相对集中地访问某些区域中的指令和数据，这就是程序运行的“局部性原理”。“局部性原理”表现在两个方面：①时间局部性。如果程序中的某条指令一旦执行，则不久后该指令可能再次执行；如果某数据被访问过，则不久以后该数据很有可能被再次访问。产生时间局部性的典型原因是由于程序中存在着大量的循环操作。②空间局部性。一旦程序访问了某个存储单元，在不久之后，其附近的存储单元也将被访问，即程序在一段时间内所访问的地址，可能集中在一定的范围之内，其典型情况便是程序的顺序执行。

（2）虚拟存储器的实现原理

基于局部性原理，应用程序在运行之前，没有必要将代码全部装入内存，仅需将那些当前要运行的部分装入内存即可运行，其余部分可暂留在磁盘上。程序运行时，如果它需要访问的内容已经在内存中，便可继续执行下去；但如果应用程序要访问的内容尚未进入内存，此时操作系统需要将所缺的部分调入内存。如果此时内存已满，无法再装入新的内容，则还需要再利用置换功能，将内存中暂时不用的内容调出到磁盘上，腾出足够的内存空间后，再将要访问的内容调入内存，使程序继续执行下去。这样，便可使一个大的用户程序在较小的内存空间中运行；也可在内存中装入更多的进程使它们并发执行。从用户的角度看，该系统所具有的内存容量，将比实际内存容量大得多。但须说明，用户所看到的大容量只是一种感觉，是虚的，故人们把这样的存储器称为虚拟存储器。

虚拟存储器的实现同时引入了覆盖和交换两种内存扩充方法的思想。与覆盖类似的是:虚拟存储器中的一个作业在执行时,只需一部分地址空间在主存,另一部分在辅存。在辅存的地址空间将来进入主存时,有可能覆盖主存中的地址空间。但是区别在于,这一过程对程序员是透明的。与交换类似的是:一个作业在执行时,部分地址空间可以在内存和外存之间移动,而且这种移动是以"页"或"段"为单位的。

(3) 虚拟存储器的特征

由上面的阐述可知,所谓虚拟存储器,是指具有请求调入功能和置换功能,能从逻辑上对内存容量进行扩充的一种存储器系统。其逻辑容量由内存容量和外存容量之和所决定,其运行速度接近于内存速度,而每位的成本又接近于外存。

由此可见,虚拟存储器具有多次性、对换性和虚拟性三大主要特性。所谓多次性是指一个作业被分成多次调入内存运行。而对换性是指允许在作业的运行过程中进行换进、换出。虚拟性是指能从逻辑上扩充内存容量,使用户看到的内存容量远远大于实际的内存容量。

4.1.5 信息共享与保护

在多道程序设计的系统中,同时进入主存储器执行的作业可能要调用相同的程序。例如,调用编译程序进行编译,把这个编译程序存放在某个区域中,各作业要调用时就访问这个区域,因此这个区域就是共享的。同理,多道程序也可实现对公共数据的公享。

存储保护是为了防止一个作业有意或无意地访问并破坏操作系统或其他作业的地址空间。常用的存储保护方法有以下两种。

1. 界限寄存器方法

通过设置专门的界限寄存器,防止程序对地址空间的越界访问。主要包括以下两类。

(1) 上下界寄存器。用这两个寄存器分别存放进程地址空间的起始地址和结束地址。在进程执行过程中,将每一个访问内存的地址都与这两个寄存器的内容比较,如超出这个范围便产生保护性中断。

(2) 基址、限长寄存器。用这两个寄存器分别存放进程地址空间的起始地址和地址空间长度。当进程执行时,将每一个访问内存的相对地址和限长寄存器比较,如果超过了限长寄存器的值,则发出越界中断信号,并停止进程的运行。

2. 存储保护键方法

给内存中的每个存储块分配一个单独的保护键,它相当于一把锁。对进入系统的每个进程也赋予一个保护键,它相当于一把钥匙。当进程运行时,检查钥匙和锁是否匹配,如果匹配,进程可以执行;反之,则系统发出保护性中断信号,停止进程的运行。

操作系统中内存管理的功能之四,就是提供有效的内存共享和内存保护的机制。

4.2 连续分配方式

连续分配方式可分为单一连续分配、固定分区分配、可变分区分配和可重定位分区分配四种方式。

4.2.1 单一连续分配

单一连续分配主要应用于单用户、单任务环境中，是指内存中只装入一道用户作业。采用这种存储管理方式时，可把内存分为系统区和用户区两部分。系统区仅提供给操作系统使用，通常是放在内存的低地址部分(也有些系统将系统区和外设驱动程序地址空间分开设计)。用户区是指除系统区外的全部内存空间，提供给用户程序。这是最简单的一种存储管理方式，但只能用于单用户、单任务的操作系统中。

在这样的内存分配方式中，由于在单用户环境下，机器由一个用户独占，其可独占的地址空间范围是事先设计好的，因此地址的重定位采用静态方式实现。同时，不可能存在其他用户干扰的问题。可能出现的破坏行为也只是用户程序自己去破坏操作系统，其后果并不严重，只是会影响该用户程序的运行，且操作系统也很容易通过系统的重新启动而重新装入内存。因此，在单一连续分配方式中，不需要额外的地址重定位与存储器保护机构。

4.2.2 固定分区分配

固定分区分配是最简单的一种可运行多道程序的存储管理方式。它将内存用户空间划分为若干个固定大小的区域，在每个分区中装入一道作业。这样，系统设计时，将用户空间划分为几个分区，便能允许几道作业并发运行。

1. 分区的划分方法

可用以下两种方法将内存的用户空间划分为若干个固定大小的分区。

(1) 分区大小相等。其优点是简单，缺点是缺乏灵活性。当程序太小时，会造成内存空间的浪费；当程序太大时，一个分区不足以装入该程序。

(2) 分区大小不等。为了克服分区大小相等这种方法缺乏灵活性的缺点，可把内存划分成含有多个较小的分区、适量的中等分区和少量的大分区。这样便可以根据程序的大小为其分配合适大小的分区。

2. 分区的管理及分配回收

分区的管理采用 4.1.2 节中介绍的空闲分区索引表管理方式。当有一用户程序要求装入时，由内存分配程序检索该表，从中找出一个大小能满足要求且尚未分配的分区，并将其分配给该用户程序；若未找到大小满足要求的分区，则拒绝为该用户程序分配内存。

当有一用户程序执行结束时，释放其所占用的内存分区。这时，内存分配程序在索引表中建立相应的表项。

3. 地址重定位与内存保护

在固定分区分配方式中，由于程序占用连续内存空间，且占据的内存分区位置在装入时（程序执行之前）就可以确定，在程序执行过程中不会发生移动，因此，可采用静态重定位方式。

由于固定分区方式支持多道程序的并发执行，因此对内存的保护是必须的。在实施的过程中，一般采用界限寄存器进行越界保护。

固定分区分配是最早的多道程序的存储管理方式，用于20世纪60年代的IBM360和MFT操作系统中。由于每个分区大小固定，必然会造成存储空间的浪费，因而现在已很少用于通用计算机中。但在某些用于控制多个相同对象的控制系统中，由于每个对象的控制程序大小相同，是事先已编好的，其所需的数据也是一定的，故仍采用固定分区式存储管理方式。

4.2.3 可变分区分配

所谓可变分区分配，是指可根据进程的实际需要，动态地为之分配内存空间。从可用的自由存储空间内，划出一个大小正好等于作业大小的存储区，并分配给这一作业。在实现可变分区分配时，涉及对分区的组织和管理、内存分区的分配和回收、地址重定位方式、内存保护及内存扩充方法。

1. 分区的组织与管理

为了实现可变分区分配，系统中必须配置相应的数据结构，用来描述空闲分区和已分配分区的情况，为分配过程提供依据。常用的数据结构可采用4.1.2节中介绍的空闲分区索引表或空闲分区链。

2. 分区的分配算法

为了把一个新作业装入内存，需按照一定的分配算法，从空闲分区索引表或空闲分区链中选出一个合适的分区分配给该作业。下面将以空闲分区索引表（简称空闲分区表）为例，说明目前常用的四种分配算法。

（1）首次适应算法（First Fit）

该算法要求空闲分区表中的各个表项按照空闲分区起始地址递增的顺序排列。在分配内存时，从第一个空闲区开始顺序查找，直至找到一个大小能满足要求的空闲分区为止；然后再按照作业的实际大小，从该分区中划出一块内存空间分配给请求者，余下的空闲分区仍保留在空闲分区表中。若从表中第一个表项开始直至最后一个表项都不能找到一个大小能满足要求的分区，则此次内存分配失败，返回。

可以看出，首次适应算法倾向于优先利用内存中低地址部分的空闲分区，从而保留了高地址部分的大空闲区。这就为以后到达的大作业分配大的内存空间创造了条件。其缺点是低地址部分不断被划分，会留下许多难以利用的、很小的空闲分区（称为内存碎片或零头），而每次查找都是从低地址部分开始的，这无疑会增加查找可用空闲分区时的开销。

（2）循环首次适应算法（Next Fit）

该算法是由首次适应算法演变而来的。在为进程分配内存空间时，不再是每次都从第一个空闲区开始查找，而是从上次找到的空闲分区的下一个空闲分区开始查找。同时，算法采用循环查找方式，即如果空闲分区表中记录的最后一个空闲分区的大小仍然不能满足要求，则返回第一个空闲分区继续查找。如果找到一个能满足要求的空闲分区，则从中划出一块与请求大小相等的内存空间分配给作业。如果循环查找到上次找到的空闲分区，仍然没有大小合适的分区，则认为查找失败。该算法能使内存中的空闲区分布得更均匀，从而减少了查找空闲分区时的开销，但这样会缺乏大的空闲分区。

（3）最佳适应算法（Best Fit）

所谓“最佳”，是指每次为作业分配内存时，总是把能满足需要的、又是最小的空闲分区分配给作业，避免“大材小用”。为了加速寻找，该算法要求各空闲分区以从小到大的顺序排列。这样，第一次找到的大小能满足要求的空闲区，必然是最佳的。孤立地看，最佳适应算法似乎是最佳的，然而在宏观上却不一定。因为每次分配后所切割下来的剩余部分总是最小的。这样，在存储器中会留下许多难以利用的碎片。同时，为了始终保持空闲区按大小有序组织，也需要额外的开销来维护空闲分区表或空闲分区链。

（4）最坏适应算法（Worst Fit）

最坏适应分配算法要扫描所有的空闲分区，总是挑选一个最大的空闲区分割给作业使用，其优点是可使剩下的空闲区不至于太小，产生碎片的概率最小，对中、小作业有利。而且该算法的查找效率很高，它要求所有的空闲分区按容量的大小以从大到小的顺序排列，查找时只要看第一个分区能否满足要求。该算法的缺点也是明显的，它会使存储器中缺乏大的空闲分区，同时也需要额外的开销来维护存储空间按大小的有序排列。

例 4.1 为相同的内存空闲区条件下，分别采用首次适应算法和循环首次适应算法进行内存分配的实例。请读者尝试采用最佳适应算法和最坏适应算法进行内存分配。

例 4.1　系统中的空闲分区表见表 4.1。现有三个作业分配申请内存空间 100 k，30 k 及 7 k。给出按首次适应算法的内存分配情况及分配后空闲分区表。

表 4.1　系统中的空闲分区

分区序号	大小	起址
1	32 k	20 k
2	8 k	52 k
3	120 k	60 k
4	331 k	180 k

采用首次适应算法，申请 100 k 时，分配 3 号分区，剩下分区大小为 20 k，起始地址修改为 160 k；申请 30 k 时，分配 1 号分区，剩下分区大小为 2 k，起始地址修改为 50 k；申请 7 k 时，分配 2 号分区，剩下分区大小为 1 k，起始地址 59 k。

分配后空闲分区见表 4.2。

表 4.2　采用首次适应算法分配情况

区号	大小	起址
1	2 k	50 k
2	1 k	59 k
3	20 k	160 k
4	331 k	180 k

采用循环首次适应算法，申请 100 k 时，分配 3 号分区，剩下分区大小为 20 k，起始地址 160 k；申请 30 k，分配 4 号分区，剩下分区大小为 301 k，起始地址修改为 210 k；申请 7 k 时，分配 1 号分区，剩下分区大小为 25 k，起始地址修改为 27 k（表 4.3）。

表 4.3　采用循环首次适应算法分配情况

区号	大小	起址
1	25 k	27 k
2	1 k	52 k
3	20 k	160 k
4	301 k	210 k

3. 分区分配操作

系统不论采用上述分配算法中的哪一种，目的都在于从空闲分区表（链）中找到所需大小的分区。具体的分区分配操作的流程如图 4.7 所示。设进程请求的分区大小为 u.size，表中每个空闲分区的大小可表示为 m.size。若 m.size − u.size≤size（size 是事先规定的不再切割的剩余分区的大小），说明剩余部分太小，可不再切割，将整个分区分配给请求者；否则（即剩余部分超过 size），从该分区中按请求的大小划分出一块内存空间分配出去，余下的部分仍留在空闲分区表（链）中。然后，将分配区的首地址返回给调用者。

4. 分区回收操作

当进程运行完毕释放内存时，系统根据回收区 I 的首地址和大小，可能出现以下四种情况之一。

(1) 回收区 I 与插入点的前一个空闲分区 H 相邻接。此时应将回收区 I 与分区 H 合并，不必为回收分区分配新表项，而只需修改其前一分区 H 的大小为二者大小之和。

(2) 回收区 I 与插入点的后一个空闲分区 T 相邻接。此时应将回收区 I 与分区 T 合并，但是用回收区 I 的首地址作为新的空闲区首地址，大小为二者大小之和。

(3) 回收区 I 同时与插入点的前后两个分区 H 和 T 相邻接。此时应将三个分区合并，

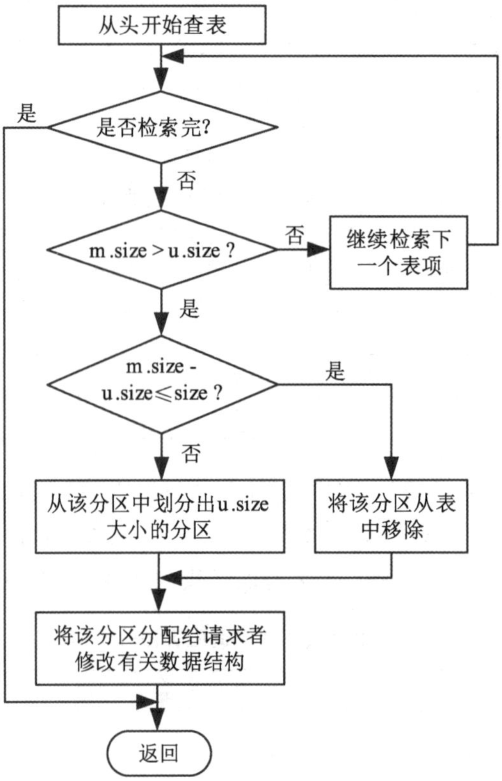

图 4.7　可变分区分配流程

使用 H 的表项和 H 的首地址，大小为三者大小之和，取消 T 的表项。

(4) 回收区 I 既不与 H 邻接，也不与 T 邻接。此时需为 I 单独建立一个新的表项，填写回收区的首地址和大小，并将该表项插入到空闲表(链)的适当位置。

5. 内存扩充方式与保护方式

在可变分区分配方式中，可采用覆盖或交换技术来实现内存的扩充。内存保护的方式一般采用界限寄存器和存储保护键。

4.2.4　可重定位分区分配

在连续分配方式中，必须把一个系统或用户程序装入一连续的内存空间。如果在系统中只有若干个小的分区，即使它们容量的总和大于要装入的程序，但由于这些分区不相邻，也无法把该程序装入内存。

若想把程序装入，可采用的一种方法是：将内存中的所有作业移动，使它们全部邻接，这样，即可以把原来分散的多个小分区拼接成一个大分区，这时就可把作业装入该分区。这种通过移动内存中作业的位置，以把原来多个分散的小分区拼接成一个大分区的方法，称为“拼接”或“紧凑”。由于经过紧凑的某些用户程序在内存中的位置发生了变化，此时若不对程序和数据的地址加以修改(变换)，则程序必将无法执行。为此，在每次“紧凑”后，都必须对移动了的程序或数据进行重定位。

可重定位分区分配算法和可变分区分配算法基本上相同，差别仅在于：在这种分配算法中，增加了紧凑的功能，通常，在找不到足够大的空闲分区来满足用户需求时进行紧凑。图 4.8 是可重定位分区分配算法流程。

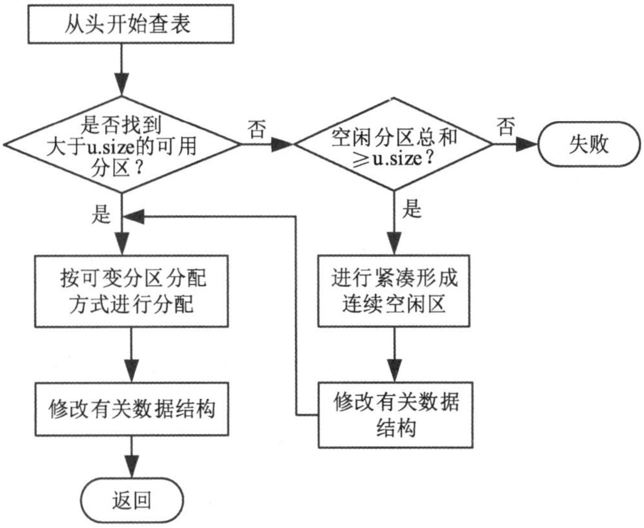

图 4.8　可重定位分区分配流程

4.3　分页存储管理

在连续分配的存储管理中，内存会形成很多“碎片”。尽管采用“紧凑”技术可以解决这个问题，但要为移动大量信息花去不少的处理机时间，代价较高。如果允许将一个进程直接分散地装入到许多不相邻接的分区中，则无须再进行“紧凑”。基于这一思想而产生了离散分配方式。如果离散分配的基本单位是“页”，则称为分页存储管理方式；如果离散分配的基本单位是“段”，则称为分段存储管理方式。本节将介绍分页存储管理，分段存储管理将在下一节介绍。

4.3.1　基本思想

在分页存储管理方式中，用户程序的逻辑地址空间被划分成若干个固定大小的区域，称为页(或逻辑页、页面、虚页)，并为各页加以编号，从 0 开始，如第 0 页，第 1 页等。页面的典型大小为 1 k。相应地，将内存空间分成大小相等的若干个存储块，称为页框(或物理块)，同样也将它们编号。

在为进程分配内存时，以页为单位将进程中的若干个页分别装入多个可以不邻接的物理页框中，实现离散分配。由于进程的最后一页经常装不满，从而形成了不可利用的碎片，这时内存中的碎片大小不会超过一页，称为页内碎片。

在分页存储管理方式中，如果不具备页面对换功能，则称为基本的分页存储管理方式，或称为纯分页存储管理方式。它不具有支持实现虚拟存储器的功能，它要求把每个作业全部装入内存后才能运行。

4.3.2 地址结构

分页存储管理中的程序地址字结构如下：

31　　　　12	11　　　　0
页号 P	页内位移量 W

它含有两部分：第一部分为页号 P，后一部分为页内位移量 W（或称为页内地址）。该例中地址长度为 32 位，其中 0～11 位为页内地址（页内位移量），即每页的大小为 4 k；12～31 位为页号，即地址空间最多允许有 1M 页。

对于某特定机器，其地址结构是一定的。若给定一个逻辑地址空间中的地址为 A，页面的大小为 L，则页号 P 和页内地址 W 可按下式求得：

$$P = \mathrm{INT}\left[\frac{A}{L}\right]; \quad W = [A]\,\mathrm{MOD}\,L$$

其中，INT 是整除函数，MOD 是取余函数。例如，某系统的页面大小 1 kB，若 $A = 2170$ B，则 $P = 2$，$W = 122$。

应当强调的是，把程序地址空间分成页号和页内地址是由硬件实施的，对程序员是完全透明的。程序员只知道他在一个相当大的一维线性地址空间中编写程序。

4.3.3 地址变换

1. 页表

在分页系统中，允许将进程的各个页离散地存储在内存不连续的物理块中，但系统应能保证进程的正确运行，即能在内存中找到每个页面所对应的物理块。为此，系统需为每个进程建立一张页面映像表，简称页表。

在进程逻辑地址空间中的所有页（0～n），依次在页表中占有一个页表项，页表的一般形式如图 4.9 所示。因为页表总是按页号从小到大排序的，所以页号没有出现在页表中。内存页框号这一栏用来记录逻辑地址中页号所在的主存块号（页框号）。在配置了页表后，进程在执行时，通过查找该表，即可找到每页在内存中的物理块号。

即使在最简单的分页系统中，也常在页表的表项中设置一存取控制字段，用于对相应物理块中的内容加以保护。例如，可用来规定该存储块中的内容是允许“读/写”“只读”还

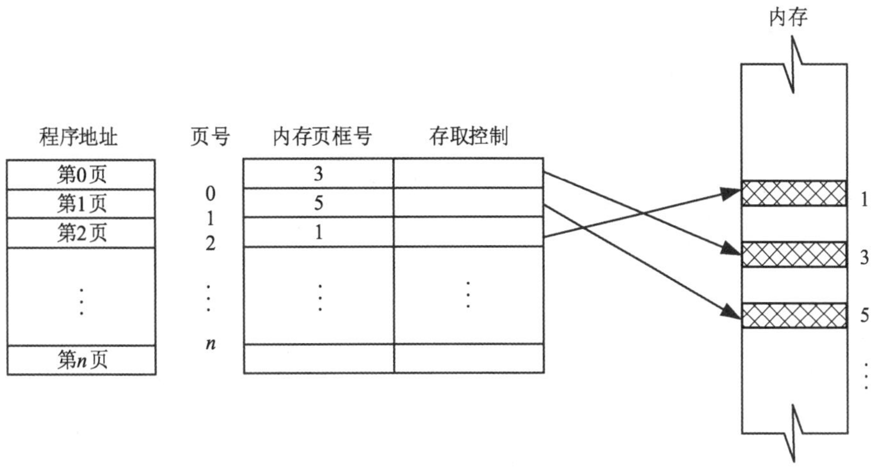

图 4.9　页表的一般结构与作用

是“只执行”等存取方式。如果有一个进程试图去“写”一个只允许“读”的物理块时，将引起操作系统的一次中断。

由于大多数现代计算机的页表可能很大(应用程序的逻辑地址空间很大)，使页表项的总数可达几千甚至几十万个，因此，页表大多驻留在内存中，而在系统中设置一个页表寄存器 PTR(Page Table Register)，在其中存放页表在内存的起始地址和页表的长度。进程未上台执行时，页表的始址和长度存放在本进程的 PCB 中。当调度程序调度到该进程时，才将这两个数据装入页表寄存器中。因此，在单处理机环境下，虽然系统可以运行多个进程，但只需一个页表寄存器。

在配置了页表后，进程执行时，通过查找该表，即可找到每页在内存中的物理块号。可见，页表的作用是实现从页号到物理块号的地址映射。

2. 基本的地址变换过程

在分页存储管理中，由于页内地址和物理块号内的地址是一一对应的，无须再进行转换(例如，对于页面大小是 1 kB 的页内地址是 0～1 023，其对应的物理块内地址也是 0～1 023)，因此，地址变换机构的任务实际上只是将逻辑地址中的页号，转换为内存中的物理块号，这一任务是借助页表来完成的。

图 4.10 是分页系统的地址变换机构及变换过程。对页表的查找过程由硬件执行。

需要指出的是，在上述地址变换过程中，提供了两种内存保护机制：越界保护和越权保护。地址越界保护是由地址变换机构中的控制寄存器的值——页表长度和所要访问的虚地址相比较来完成的。越权保护的实现则是通过检查页表中相应的存取控制字段来实现的。

3. 具有快表的地址变换

由于页表是存放在内存中的，这使得 CPU 在每存取一个数据时，都要两次访问内存。

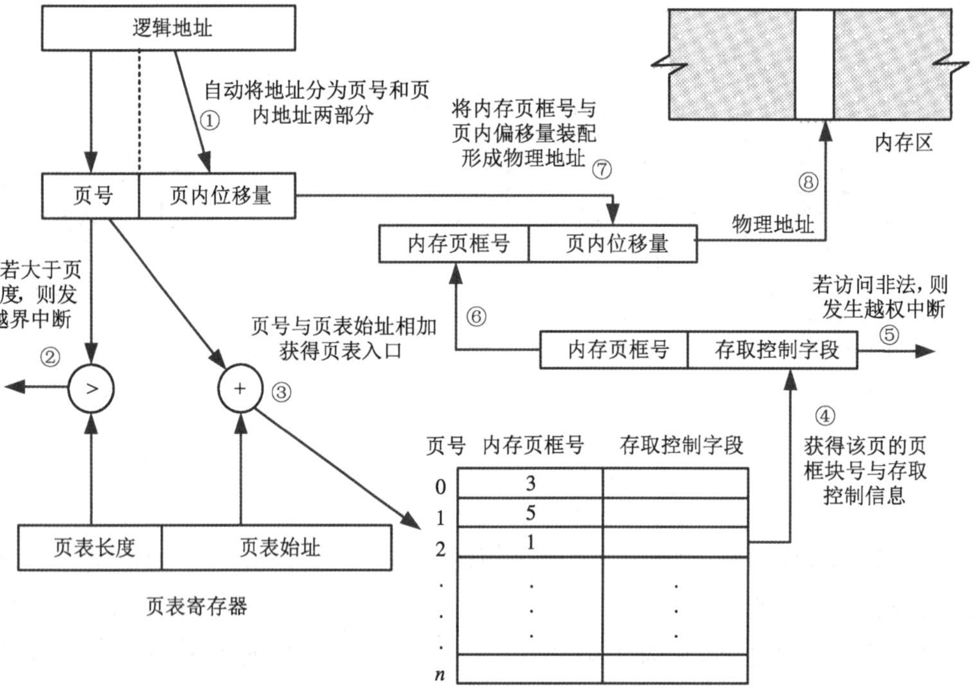

图 4.10　分页系统的地址变换机构与变换过程

第一次是访问内存中的页表，以形成物理地址。第二次访问内存时，才能从第一次所得地址获得所需数据(或者向此地址写入数据)。因此，采用这种方式将使得计算机的处理速度降低。

为了提高地址变换速度，可在地址变换机构中增设一个具有并行查找能力的特殊高速缓冲寄存器，又称“联想寄存器”，或称“快表”，用以存放当前访问的那些页表项。此时的地址变换过程是：在 CPU 给出有效地址后，由地址变换机构自动将页号 P 先送入快表，并将此页号与快表中的所有页号进行比较，若其中有与此相匹配的页号，则称之为“命中”，表示所要访问的页表项在快表中。于是，可直接从快表中读出该页所对应的物理块号，以便形成物理地址。如在快表中未找到相应的页表项，即“未命中”，则还需再访问内存中的页表，以进行地址变换。图 4.11 显示了这一过程。

若快表“未命中”，在地址变换结束后，需将内存页表中的相应页表项存入快表中的一个寄存器单元中，即更新快表。如果快表已满，其控制单元必须找到一个最老的且已被认为不再需要的页表项，将其换出。

由于成本的关系，快表不可能做得很大，通常只保存 16～512 个页表项。由于程序和数据的访问往往带有局部性，因此，据统计，从快表中能找到所需页表项的概率可达 90%以上。这样，由于增加了地址变换机构而造成的速度损失，可减少到 10%以下，达到了可以接受的程度。

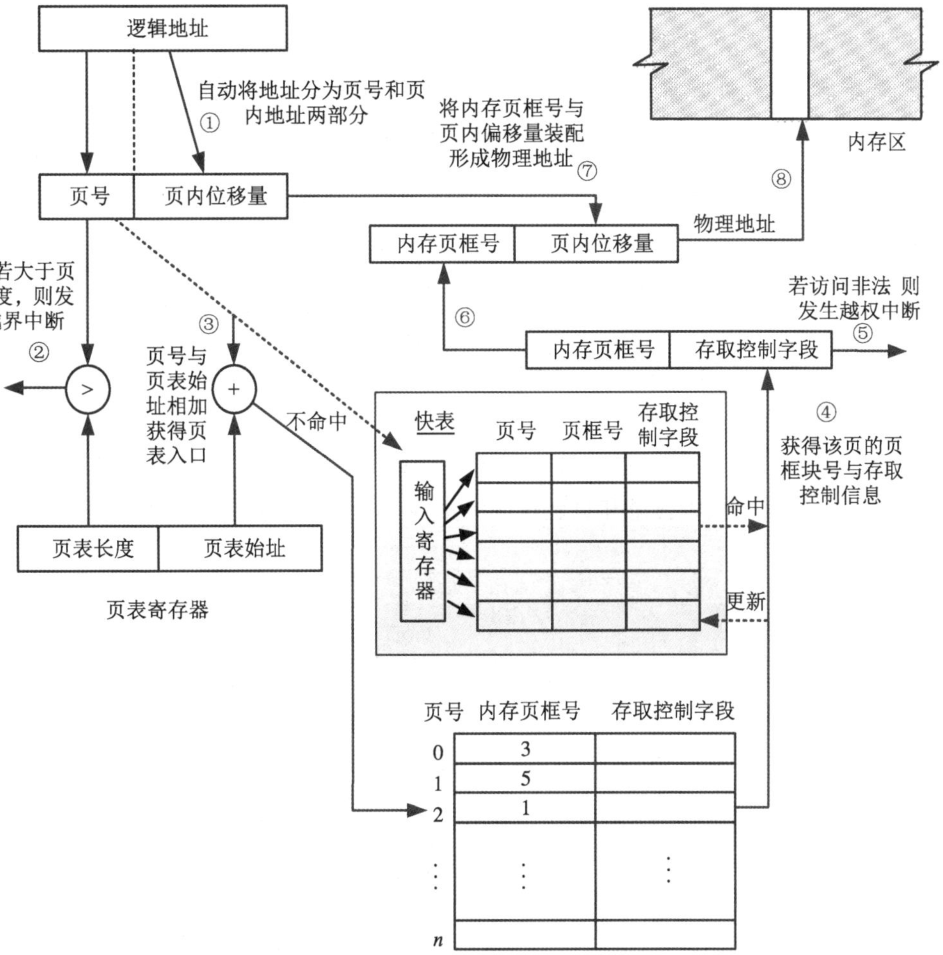

图 4.11　具有快表的地址变换机构

4. 两级和多级页表

现代的大多数计算机系统，都支持非常大的逻辑地址空间(2^{32}～2^{64})。在这种情况下，页表就变得非常大，要占用相当大的内存空间。例如，对于一个具有 32 位逻辑地址空间的分页系统，规定页面大小为 4 kB，即 2^{12} B，则在每个进程页表中的页表项可达 1 M 个之多。又因为每个页表项占用至少一个字节，故每个进程仅其页表就要占用 1MB 的内存空间，而且还是连续的。显然这样是不现实的，可以采用两个方法解决这一问题：①采用离散分配的方式解决难以找到一块连续的大内存空间的问题；②只将当前需要的部分页表项调入内存，其余的页表项仍驻留在磁盘上，需要时再调入。下面将分别加以阐述。

(1) 两级页表

对于要求连续的内存空间来存放页表的问题，可以利用将页表分页，并离散地将各个页面分别保存在不同的物理块中的办法来加以解决。同样，也要为离散分配的页表再建立一张页表，称为外层页表(Outer Page Table)，在每个页表项中记录了页表页面的物理页框号。下面仍以前面的 32 位逻辑地址空间为例来说明。当页面大小为 4 kB(12 位)时，若采用一级页表结构，应具有 20 位的页号，即页表项应有 1 M 个；在采用两级页表结构时，再对页表进行分页，使每页中包含 2^{10}（即 1 024）个页表项，最多允许有 2^{10} 个页表分页；或者说，外层页表中的外层页内地址为 10 位，外层页号也为 10 位。此时的逻辑地址结构如下：

31　　　　22	21　　　　12	11　　　　0
页表号 P1	页号 P2	页内位移量 W

图 4.12 显示了两级页表结构。由图可以看出，在页表的每个表项中存放的是进程的某页在内存中的页框号，如第 0 号页存放在第 1 号页框中；第 1 号页存放在第 4 号页框中。而在页表目录的每一个表项中，存放的是某页表分页的首地址，如第 0 号页表存放在第 1011 号页框中。可以利用页表目录和页表这两级页表，实现从进程的逻辑地址到内存中物理地址的变换。

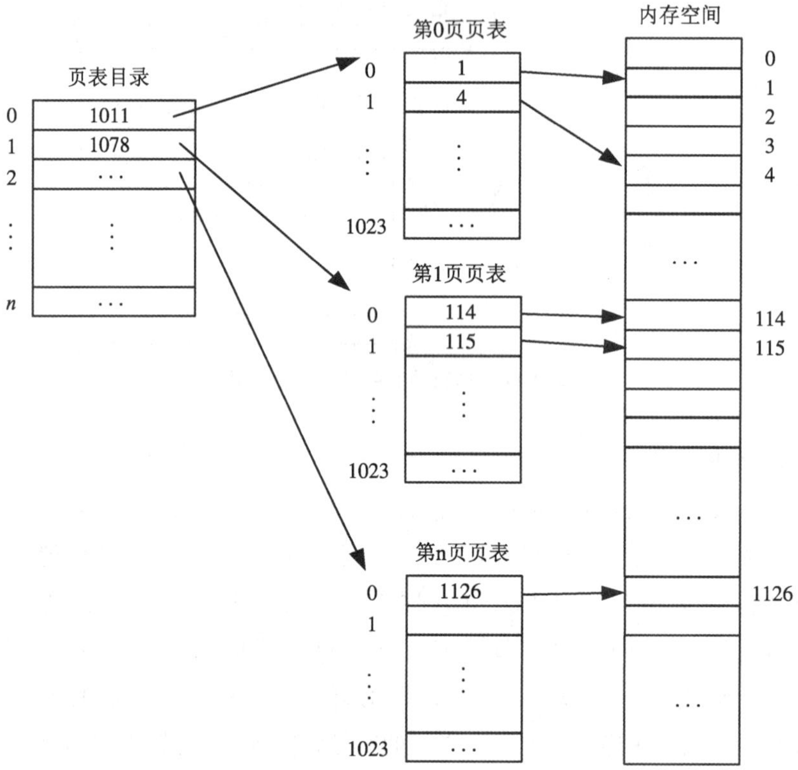

图 4.12　两级页表结构

为了地址变换实现上的方便，在地址变换机构中同样需要增设一个页表目录寄存器，用于存放页表目录的起始地址，并利用逻辑地址中的页表号 P1，作为页表目录的索引，从中找到指定页表分页的起始地址，再利用 P2 作为指定页表分页的索引，找到指定的页表项，其中即含有该页在内存中的页框号，用该页框号和页内地址 W 即可形成访问内存的物理地址。图 4.13 显示了省去越界检查和越权检查的简化的两级页表地址访问机构。

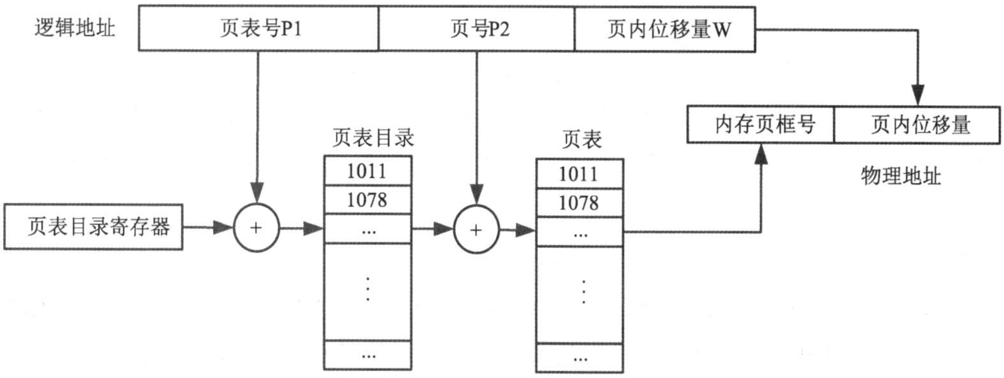

图 4.13　具有两级页表的地址变换机构

上述对页表实施离散分配的方法，虽然解决了大页表需要大片存储空间的问题，但并未解决用较少的内存空间去存放大页表的问题。换言之，只有离散分配空间的办法并未减少页表所占用的内存空间。解决方法是把当前需要的一批页表项调入内存，以后再根据需要陆续调入。在采用两级页表结构的情况下，对于正在运行的进程，必须将其页表目录调入内存，而对页表则只需调入一页或几页。为了表征某个页表分页是否已经调入内存，还应在页表目录项中增设一个状态位 S，其值若为 0，表示对应的页表分页尚未调入内存；否则，说明其分页已在内存中。进程运行时，地址变换机构根据逻辑地址中的 P1，去查找页表目录，若所找到的表项中的状态位为 0，则产生一个中断信号，请求操作系统将该页表分页调入内存。关于请求调页的详细情况，将在下一节虚拟存储器中详细介绍。

4.3.4　利用请求分页实现虚拟存储器

请求分页系统是建立在基本分页基础上的，为了能支持虚拟存储器功能而增加了请求调页功能和页面置换功能。它允许只装入少数页面的程序和数据，便启动运行。以后，再通过调页功能及页面置换功能，陆续地把即将要运行的页面调入内存，同时把暂时不运行的页面换出到外存上。置换时以页面为单位。请求分页是目前最常用的一种实现虚拟存储器的方式。

1. 调页策略

为了确定系统将进程运行时所缺的页面调入内存的时机，可采用请求调页策略和预调页策略。

(1) 请求调页策略

当进程在运行中需要访问某部分程序或数据时，若发现其所在的页面不在内存，便会立即提出请求，由操作系统将其所需页面调入内存。由请求调页策略所确定调入的页，是一定会被访问的,再加之请求调页策略比较容易实现,故在目前的页式虚拟存储器中大多采用此策略。但这种策略每次仅调入一页,需花费较大的系统开销,增加了磁盘 I/O 的启动频率。

(2) 预调页策略

如果进程的许多页是存放在外存的一个连续区域中,则一次调入若干个相邻的页,会比一次调入一页更高效些。可采用一种以预测为基础的预调页策略,将那些预计在不久之后便会被访问的页面预先调入内存。如果预测准确,那么这种策略显然是很有吸引力的。

2. 扩充页表

请求分页系统所需要的主要数据结构仍然是页表,其基本作用也仍然是将用户地址空间中的逻辑地址变换为内存空间中的物理地址。由于只将应用程序的一部分调入内存,还有一部分仍然在磁盘上,故须在页表中增加若干项,供程序(数据)在被换进、换出时参考。一般情况下,每个页表项内容如下:

内存页框号	存在位 P	访问位 A	修改位 M	外存页框号	存取控制

与基本分页系统中的页表相比,增加的各个字段的具体含义如下:

(1) 存在位 P:用于指示该页在访问时是否已经调入内存,供程序访问时参考。

(2) 访问位 A:用于记录本页在一段时间内被访问的次数,或记录本页最近已有多长时间没有被访问,供选择页面换出时参考。

(3) 修改位 M:表示该页在调入内存后是否被修改过。由于内存中的每一页都在外存上保留一份副本,因此,若未被修改,在置换该页时,就不需要再将该页写回到外存上,以减少系统的开销和启动磁盘的次数;若已被修改,则必须将该页重写到外存上,以保证外存中所保留的始终是最新副本。

3. 地址变换机构

请求分页系统中的地址变换机构,是在基本分页系统的基础上,再为实现虚拟存储器而增加了某些功能形成的。图 4.14 显示了请求分页系统的地址变换过程。

当程序所要访问的页在内存时,地址变换的过程与基本分页系统基本相同,只是需要修改页表中的访问位和修改位。而当程序所要访问的页不在内存时,便向 CPU 发出缺页中断请求。在缺页中断处理程序中,首先通过查找页表,获得该页在外存的地址,如果此时内存能容纳新页,则启动磁盘 I/O 操作将所缺页调入内存。如果此时内存已满,则须先按某种页面置换算法从内存中选出一页准备换出。如果该页在内存期间未被修改过,可不必写回磁盘;如果被修改过,则必须将它写回磁盘,然后再把所缺的页调入内存。无论在调入新页的过程中是否发生页面的置换,新页进入内存之后,都需要修改页表中的相应表项,填写分配到的内存页框号,置其存在位为 1,初始化访问位和修改位。

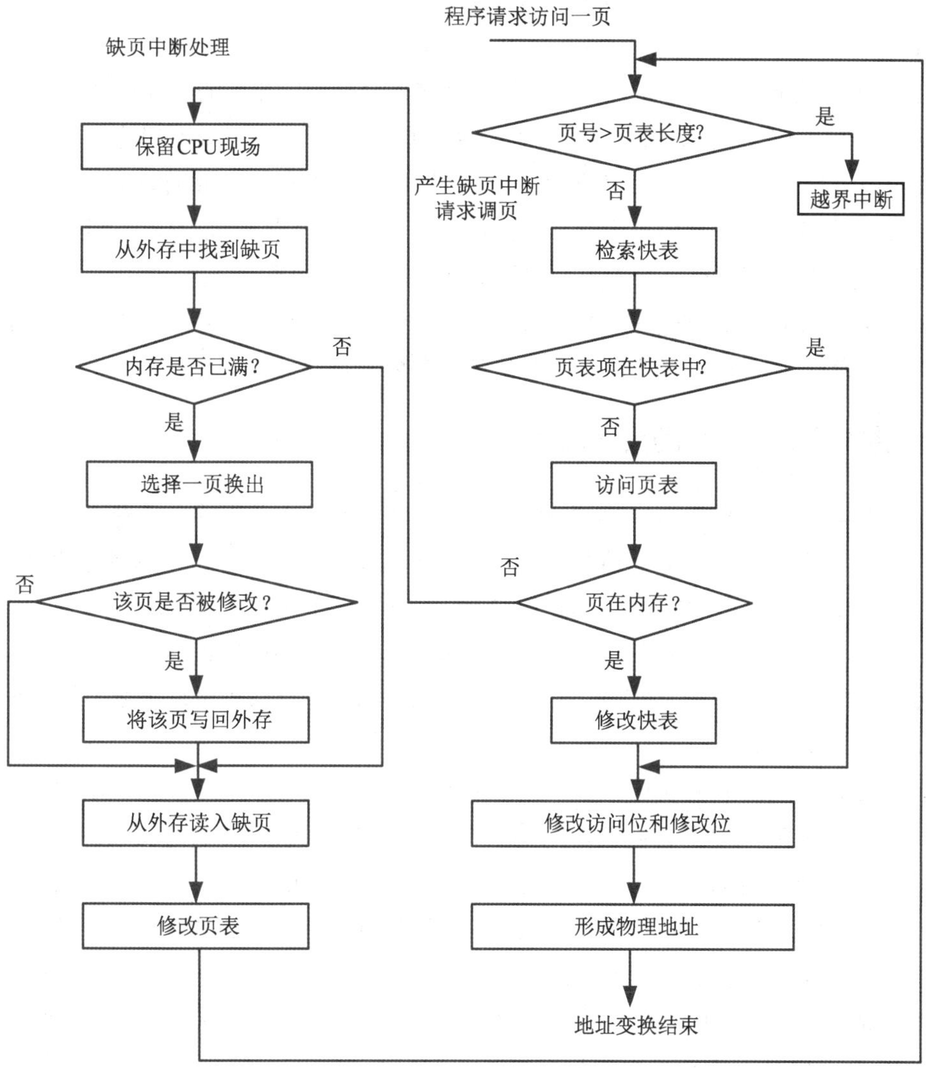

图 4.14　请求分页中的地址变换过程

4. 内存分配策略

在为进程分配内存时，将涉及以下两个关键问题。

(1) 最小物理块数的确定

这里的最小物理块数是指能保证进程正常运行所需的最小物理块数。当系统为进程分配的物理块数少于此值时，进程将无法运行。进程应获得的最小块数与计算机的硬件结构有关，由指令的格式、功能和寻址方式决定。

(2) 物理块的分配策略

在请求分页系统中，可采用两种内存分配策略，即固定分配和可变分配。在进行置换时，也可采用两种策略，即全局置换和局部置换。于是可以组合出以下三种策略。

① 固定分配局部置换。为每个进程分配一定数目的物理块，在整个运行期间不再改

变。如果进程在运行中发生缺页，只能从分配给它的 n 个页面中选择一个换出，然后再调入一页。

② 可变分配全局置换。先为系统中的每个进程分配一定数目的物理块，而操作系统自身也保持一个空闲物理块队列。当某进程发生缺页时，由系统从空闲物理块队列中取出一个分配给该进程。这样，凡产生新缺页中断的进程，都将获得新的物理块。仅当空闲队列分配完时，操作系统才会从内存中选择一页调出，而该页可能是系统中任一进程的页。

③ 可变分配局部置换。在固定分配局部置换基础上，如果某个进程在运行中频繁地发生缺页中断，则系统再为该进程分配若干附加的物理块。反之，如果某进程在运行过程中的缺页率非常低，则此时可适当减少分配给该进程的物理块数。

4.3.5 请求分页中的页面置换算法

如前所述，在请求调页的过程中，可能会由于内存空间不足而发生页面置换。但应将哪个页面换出，须根据一定的算法来确定。通常，把选择页面换出的算法称为页面置换算法(Page Replacement Algorithm)。置换算法的好坏，将直接影响到系统性能。

一个好的页面置换算法，应该有较低的页面置换频率。从理论上讲，应将那些以后不再会访问的页面换出。目前存在多种页面置换算法，它们都试图更接近理论上的目标。

1. 最佳置换算法

最佳置换算法是由 Belady 于 1966 年提出的一种理论上的算法。其所选择的被淘汰页面，是在未来最长时间内不会再被访问的页面。采用最佳置换算法，通常可保证获得最低的缺页率。但由于人们无法预知一个进程在运行过程中对页面的访问顺序，即无法预知哪一个页面是未来最长时间内不再访问的，因而该算法在实际中是无法实现的。但是仍可以利用该算法作为其他算法的评价指标。

现举例说明如下。假定某系统采用固定分配局部置换的分配策略，为某进程分配了三个物理块，并考虑图 4.15 中的页面号引用串。

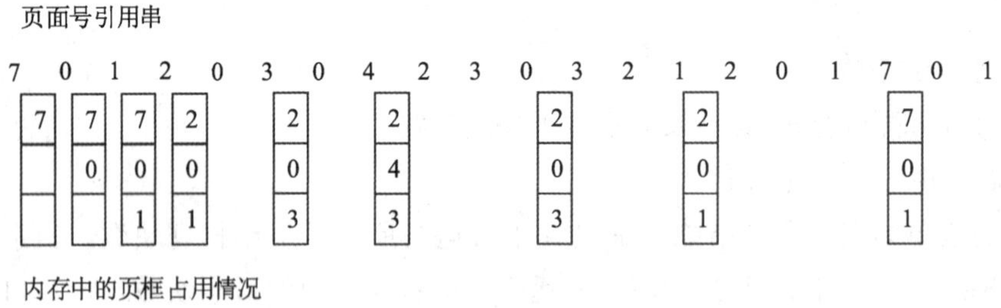

图 4.15 利用最佳页面置换算法时的置换

进程运行时，先将 7,0,1 三个页面装入内存。之后，当进程要访问页面 2 时，将会产生缺页中断。此时根据最佳置换算法，将选择页面 7 予以淘汰。这是因为，页面 7 是内存中 3 个页面里在最长时间以后才会被再次访问并调入内存的。依次类推，图 4.15 显示了采用最佳置换算法的置换。由图可以看出，采用最佳置换算法时，发生了 6 次页面置换。

2. 先进先出(FIFO)页面置换算法

这是最早出现的置换算法。该算法总是淘汰最先进入内存的页面。这里仍沿用上面的例子，但执行 FIFO 置换算法，页面置换结果如图 4.16 所示。由图可以看出，使用 FIFO 算法时进行了 12 次页面置换，比最佳算法多了一倍。

产生这样的结果的原因在于：该算法虽然实现简单，但与进程实际运行的规律不相适应。因为在进程中，有些页面经常被访问。比如，含有全局变量、常用函数、例程等的页面，FIFO 算法不能保证这些页面不被淘汰。所以很多情况下，页面刚被淘汰出内存，马上又由于对该页的访问而引发缺页中断并被调入内存，从而造成了页面置换频率的显著增加。

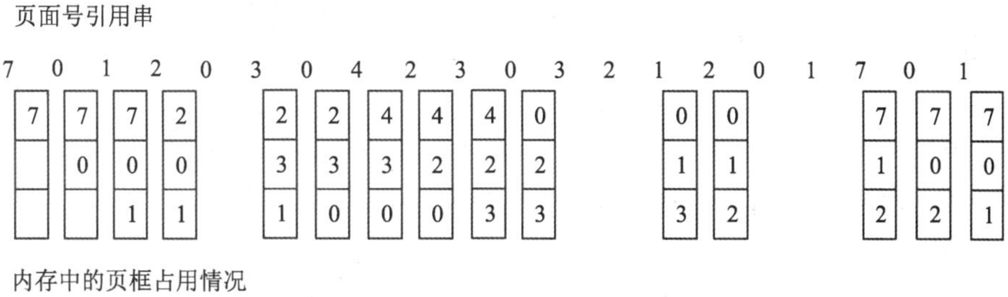

图 4.16　利用 FIFO 页面置换算法时的置换

3. 最近最久未使用(LRU)页面置换算法

FIFO 置换算法的性能之所以较差，是因为它所依据的条件是各个页面进入内存的时间，而页面调入的先后并不能反映页面的使用情况。最近最久未使用(Least Recently Used，LRU)的页面置换算法，是根据页面调入内存后的使用情况进行决策的。由于人们无法预测各页面将来的使用情况，该算法的基本思想是利用“最近的过去”作为“最近的将来”的近似，即最近最久未使用的页面，在最近的将来也不会被使用。可以看出，最佳置换算法是从“向后看”的观点出发的，即它是依据以后各页的使用情况；而 LRU 算法则是“向前看”的，即根据各页以前的使用情况来推测以后的使用情况。但是，应当强调的是，这只是一种算法设计的思路，在页面的过去和未来之间并无必然的联系。

利用 LRU 算法对上例进行页面置换的结果如图 4.17 所示。当进程第一次对页面 2 进

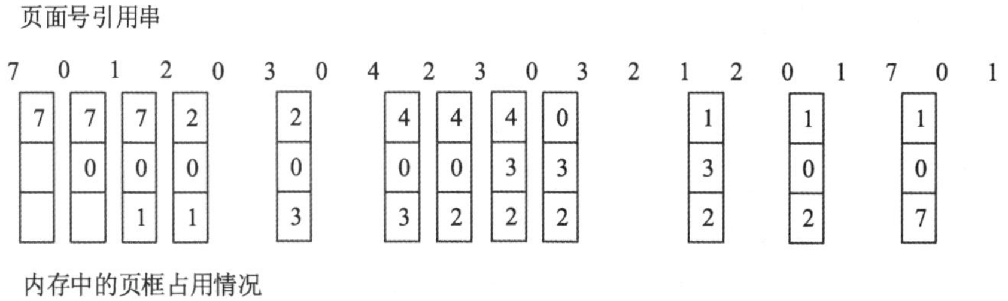

图 4.17　利用 LRU 页面置换算法时的置换

行访问时,由于页面 7 是最近最久未被访问的,故将它置换出去。同理,当进程第一次对页面 3 进行访问时,选择第 1 页置换。由图可以看出,采用 LRU 算法时共进行了 9 次页面置换。

LRU 算法虽然是一种比较好的算法,但实现起来比较困难,要求系统有较多的硬件支持,用于记录一个进程在内存中的各个页面各有多少时间未被访问,以及如何快速地知道哪一页是最近最久未使用的页面。

4. Clock 置换算法

由于 LRU 算法需要有较多的硬件支持,故在实际应用中,大多采用 LRU 的近似算法。其中,Clock 算法是用得较多的一种 LRU 近似算法。

Clock 算法在选择一页换出时,只需检查页的访问位。如果是 0,就选择该页换出;如果为 1,则重新将它置 0,暂不换出。而给该页第二次驻留内存的机会,再按照 FIFO 检查下一个页面。当检查到最后一个页面时,若其访问位仍为 1,则再返回到队首去检查第一个页面。

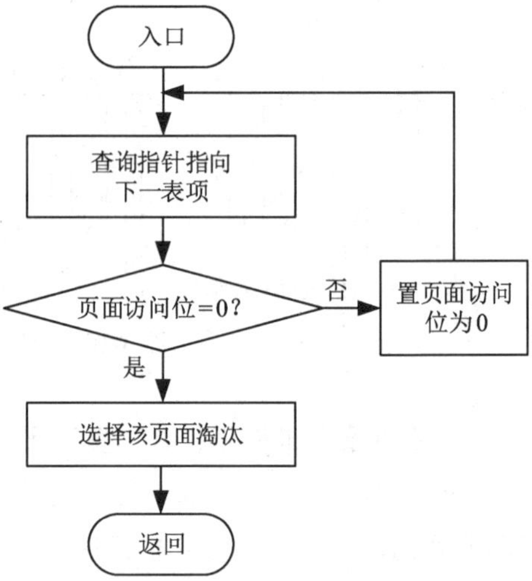

图 4.18 Clock 算法执行流程

图 4.18 显示了该算法的流程。由于该算法是循环地检查各页面的使用情况,故称 Clock 算法。因该算法只有一位访问位,只能用它描述该页是否已经使用过,而置换时是将未使用过的页面换出,故又把该算法称为最近未用算法(Not Recently Used,NRU)。

除上述几种算法之外,还有许多其他的页面置换算法。例如,最少使用置换算法,页面缓冲算法,随机淘汰算法,轮转法等。这里不再赘述,感兴趣的读者可查阅相关参考文献。

4.3.6 分页系统的优缺点

根据上面介绍的所有分页系统的特征,这里总结出分页系统与之前的可变分区分配方式相比,主要的优势体现在以下三个方面。

(1) 不需要“紧凑”过程就可解决零头问题,将碎片控制在一页之内,有效地提高了主存的利用率。

(2) 可提供大容量的虚拟存储器,方便了大作业用户。

(3) 多道程序运行的程度进一步提高。

而分页系统也同时存在一些不足之处,比如,动态的地址变换机构,增加计算机的成本,降低处理速度;系统为维护各种表格需花费额外空间、时间;在请求分页系统,为处理页面中断增加了系统开销。

4.4 分段存储管理

前面各节讲述的存储管理方式从固定分区分配到可变分区分配，再发展到分页存储管理方式，其目的都在于提高内存的利用率。在分页存储系统中，作业的地址空间是一维线性的，这破坏了程序内部天然的逻辑结构。这样常常会把逻辑相关部分划到不同的页面，造成共享、保护的困难。引入分段存储管理主要是为了满足用户（程序员）在编程和使用上多方面的要求，其中有些要求是其他几种存储管理方式难以满足的。

我们知道，通常情况下，程序是由若干个标准模块和自编的模块组成的。它们存访的数据也有类似的情况，一般有可修改和不可修改之分。例如，一个编译程序可以分成词法分析、语法分析和代码生成三个模块，数据区则可包括不可修改的保留字表格和可修改的符号表等。为了与程序的这种逻辑结构相适应，出现了将程序地址空间按程序的逻辑结构分段组织，以及提供二维虚拟地址空间的段式虚拟存储器。

4.4.1 基本思想

在分段存储管理中，程序地址空间按照逻辑关系被划分成若干个段，有主程序段、若干子程序段、数据段等，如图 4.19 所示。每个段都有相应的名称。为了简单起见，通常可用一个段号来代替段名，每个段都从 0 开始编址，并采用一段连续的地址空间。段的长度由相应的逻辑信息组的长度决定，因而各段长度不等。整个程序的地址空间由于被分成多个段，因而是二维的，亦即其逻辑地址由段号（段名）和段内地址所组成。

在前面所介绍的可变分区分配方式中，系统为整个进程分配一个连续的内存空间。而分段存储管理在为进程分配内存时，以段为单位，为每一个分段分配一个连续的空闲分区，进程的各个段可离散地装入内存中不同的分区中。

4.4.2 地址结构

分段存储管理中的程序地址具有如下结构：

21　　　　16	15　　　　0
段号 S	段内偏移地址 W

程序地址包含两部分：第一部分为段号 S，第二部分为段内位移量 W（或称为段内地址）。由图可以看出，系统允许一个作业最长有 64 个段，每个段的最大长度为 64 kB。

分段方式已经得到了许多编译程序的支持，编译程序能自动地根据程序的情况产生若干个段。例如，Pascal 编译程序可以为全局变量、用于存储相应参数及返回地址的过程调用栈、每个过程或函数的代码部分、每个过程或函数的局部变量等，分别建立各自的段。类似地，Fortran 编译程序可以为公共块(common block)建立单独的段，也可以为数组分配一个单独的段。装入程序将装入所有这些段，并为每个段赋予一个段号。

4.4.3 地址变换

1. 段表

为使程序能正常执行，即能从物理内存中找出每个逻辑段对应的位置，应像分页系统那样，为每个进程建立一张段映射表，简称段表。每个进程都有一张段表，进程地址空间中的每个段按段号顺序在表中占用一个表项，其中记录了该段在内存中的起始地址、段的长度以及对该段的存储控制。

如图 4.19 所示，段表表目实际上起到了基址/限长寄存器的作用。段表可以存放在一组寄存器中，这样有利于提高地址转换速度，但更常见的是将段表放在内存中。在进程PCB 中，有两项与段表有关，一项是段表始址，另一项是段表长度(TL)。在处理器中相应设有段表寄存器，用于存放现运行进程的段表始址和段表长度。进程调度程序将某进程调入处理机运行时，将该进程的段表始址和段表长度送入段表寄存器。

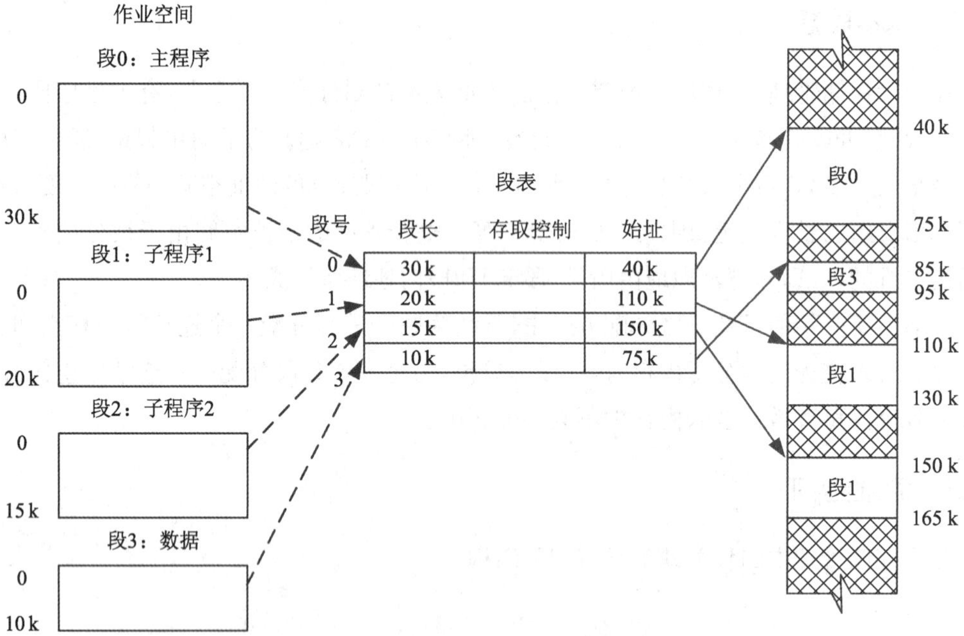

图 4.19 段表的一般结构与作用

在配置了段表后，执行中的进程可通过查找段表找到每个段所对应的内存区。可见，段表实现了从逻辑段到物理内存区的映射。

2. 地址变换过程

与分页存储管理方式类似，分段存储管理借助段表来完成程序逻辑地址到物理地址的转化。图 4.20 显示了分段系统的地址变化过程。

像分页系统一样，当段表放在内存中时，每访问一个数据，都需要访问内存两次，从而极大地影响了计算机的速率。解决的方法也和分页系统类似，再增设一个联想寄存器，用于保存最近常用的段表项。由于一般情况下，段比页大，因而段表项的数目比页表项的数目少，其所需要的联想寄存器也相对较少。

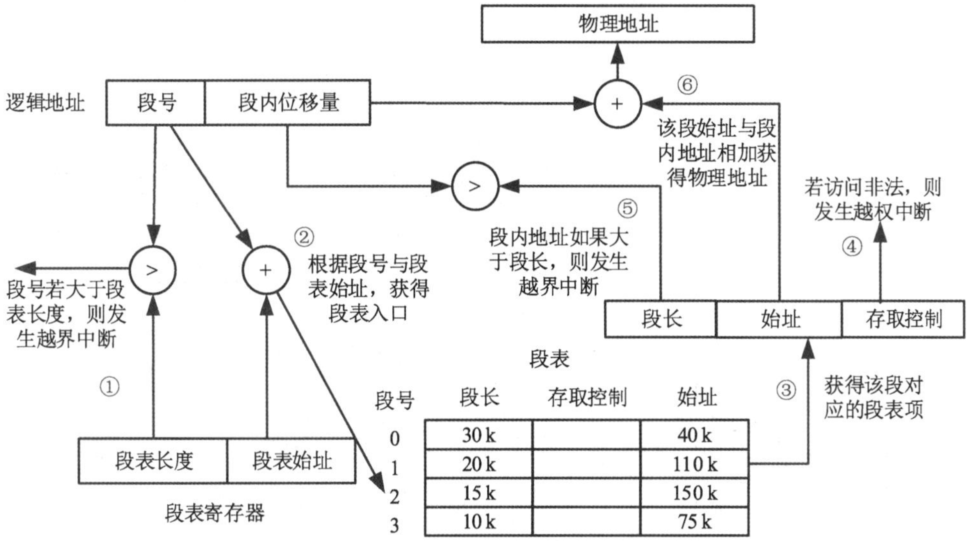

图 4.20　分段系统的地址变换过程

4.4.4　利用请求分段实现虚拟存储器

请求分段系统建立在基本分段系统基础之上。其中，程序运行之前只需要先调入若干个分段(不必调入所有的分段)，便可启动运行。当所访问的段不在内存中时，可请求操作系统将所缺的段调入内存。

1. 扩充段表

由于应用程序的许多段中，只有一部分段装入内存，其余的一些段仍留在外存上，故须在段表中增加若干项，以供程序在调进调出时参考。下面给出请求分段的段表项。

段长	段始址	存在位 P	访问位 A	修改位 M	增补位	存取控制	外存始址

与基本分段系统中的段表相比，除了段长、段在内存中的起始地址外，还增加了以下诸项：

(1) 存在位 P：用于指示本段在访问时是否已经调入内存，供程序访问时参考。

(2) 访问位 A：与请求分页中的相应字段相同，用于记录该段被访问的频繁程度。

(3) 修改位 M：用于表示该段在进入内存后是否已被修改过。

(4) 增补位：这是请求分段中所特有的字段，用于表示本段在运行过程中是否做过动态增长。

（5）外存始址：指示本段在外存中的起始地址。

2. 地址变换机构

请求分段系统中的地址变换机构是在基本分段系统基础上形成的。因为被访问的段并非全在内存，所以在地址变换时，若发现所要访问的段不在内存，必须先将所缺的段调入内存，并修改段表，然后才能再利用段表进行地址变换。为此，在地址变换机构中增加了缺段中断的请求与处理等功能。图 4.21 显示了请求分段中的地址变换过程。

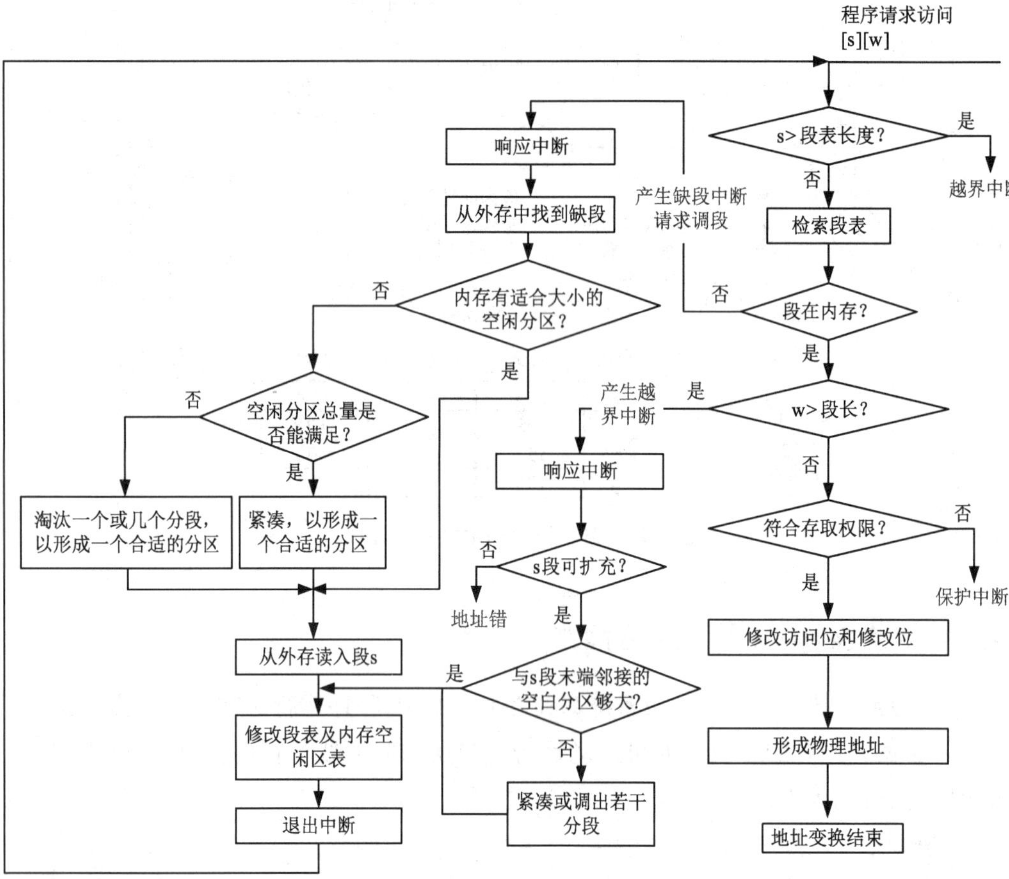

图 4.21　请求分段中的地址变换过程

3. 段式系统淘汰算法

段式系统淘汰算法的目的与页式系统一样，也就是尽可能将以后不再访问的段或最近的将来一段时间内不会访问的段淘汰出内存。从这种意义上讲，页式系统中使用的算法仍旧基本适用。但是还应考虑二者的区别。其主要点是：段是不定长的，页却是定长的。所以在段式系统中决定淘汰哪一段时，要考虑预调入段的长度。

最简单的一种方法是按照需调入段的长度，在内存中选一段，该段长度和相邻空闲区的长度加起来能满足调入段长度的要求。如果这样的段有几个，则可用前面讨论的算法，例如，FIFO 或 LRU 算法，从中选择一段。如果没有这样的段，就必须淘汰几个相邻段，而且应使淘汰的段数尽可能少。

这种算法的问题是：主要依据段长来决定淘汰哪一段，所以很可能一个段刚刚被淘汰出内存，立即又要访问它，于是不得不再次把它调入内存。纯粹按 LRU 算法选择淘汰段会大大减少这方面的问题。但是用这种算法选出的淘汰段长度却不一定能满足需要，因此可能要淘汰几段。如果这几段没有一个能单独满足要求，则还要设法把它们合并起来，这种代价是相当高的。

4.4.5　分段的共享与保护

1. 分段共享

分段系统的一个突出优点，就是易于实现段的共享，即允许若干个进程共享一个或多个分段，且对段的保护也十分简单易行。在分页系统中，虽然也能实现程序和数据的共享，但远不如分段系统方便。例如，有一个多用户系统，可同时接纳 10 个用户，他们都执行一个文本编辑程序。如果文本编辑程序有 80 k 代码和 20 k 数据区，则 10 个用户共需要 1 000 k 的内存空间来支持。如果 80 k 的代码是可重入的①，则无论在分页系统中，还是在分段系统中，该代码都可以被共享，在内存中只需要一份文本编辑器的副本，此时需要的内存空间仅为 280 k(10×20 k＋80 k)，而不是 1 000 k。假定每个页面的大小为 2 k，那么 80 k 的代码占用 40 个页面，数据区占用 10 个页面。图 4.22(a)是分页系统中共享 editor 的示意图。

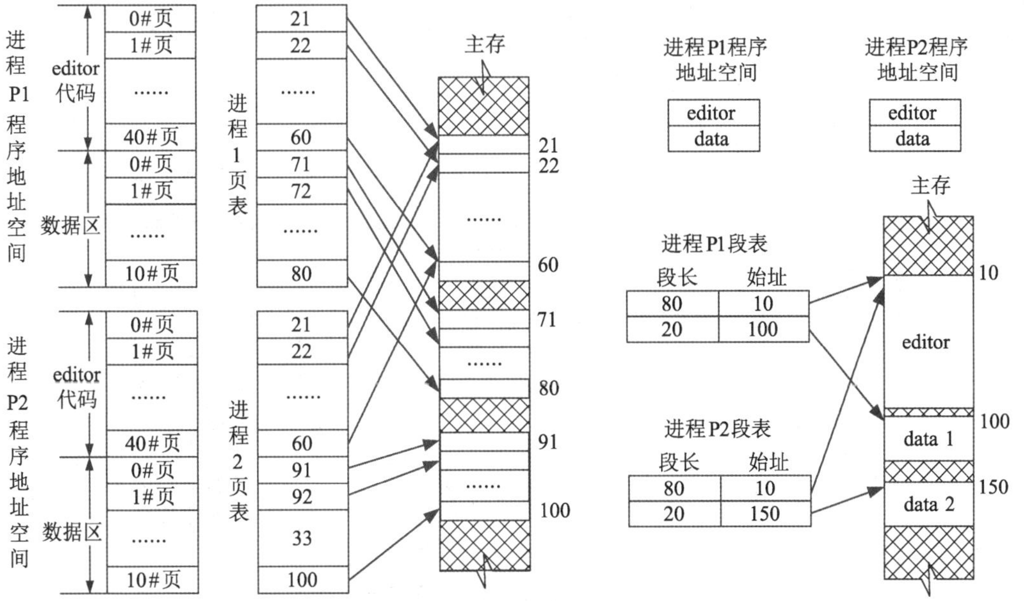

(a) 分页系统中共享 editor　　(b) 分段系统中共享 editor

图 4.22　分页系统中共享 editor

① 可重入代码是一种允许多个进程同时访问的代码，为使各个进程所执行的代码完全相同，绝对不允许可重入代码在执行过程中有任何改变。因此，可重入代码是一种不允许任何进程对它修改的代码。

然而在实际的应用中，要求对程序和数据进行共享时，通常是以信息的逻辑单位为基础的，比如，共享某个例程或函数，如上例中的 editor 程序。分页系统中的“页”只是存放信息的物理单位，并无实际的意义，不利于信息的共享。在分段系统中，“段”是信息的逻辑单位，实现共享要容易很多，只需在每个进程的段表中为文本编辑程序设置一个段表项。图 4.22(b)是分段系统中 editor 共享的示意图。

2. 共享段表

为了实现分段共享，可在系统中配置一张共享段表，所有共享段都在共享段表中占有一个表项，每个表项的内容包括：当前段是否在主存(由状态位指示)，该段在主存的始址，共享的进程数，每个进程名、进程号，以及该共享段在每个共享进程中的段号、允许的存取方式等。

每个允许被共享的段，对第一个请求使用该段的进程，由系统为该共享段分配一存储区，并将其调入主存。同时，在此表上登记，填入相应信息。之后，其他进程对该段调用时，无需再分配内存。当某共享作业退出系统后，则应将共享本段进程数减 1，并将相应表目中与共享进程有关的记录删除。若共享作业数为 0，则请求系统回收相应的存储空间，并删除共享段表中该段对应的表项。图 4.23 为共享段表的结构和示例。

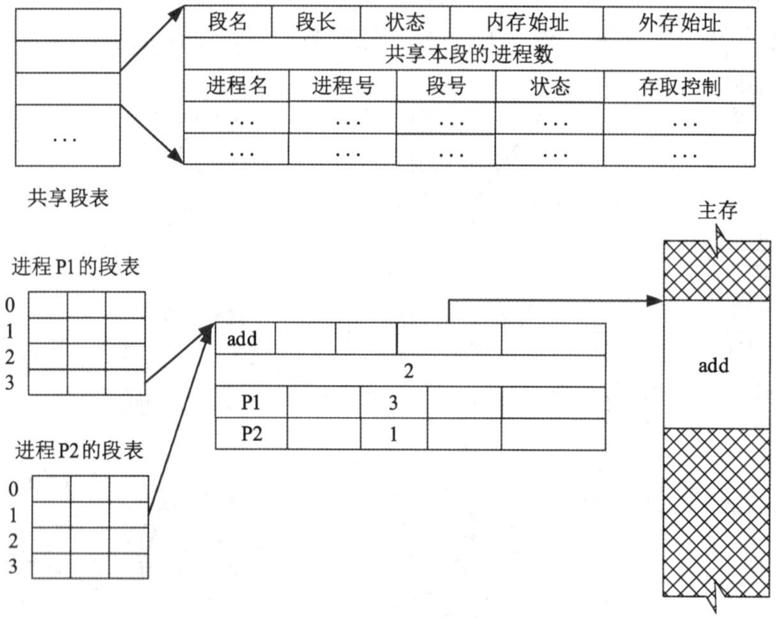

图 4.23　共享段表结构及示例

3. 分段保护

在分段系统中，由于每个分段在逻辑上是独立的，因而比较容易实现信息保护。目前，分段保护的措施主要有以下两种。

(1) 越界检查

在段表寄存器中存放有段表长度；同样，在段表中也为每个段设置有段长字段。在进行存储访问时，首先需要判断逻辑地址中的段号是否大于段表长度，其次还要检查段内地址是否大于段长，这两种情况下都会产生地址越界中断信号，从而保证了每个进程只能在自己的地址空间中运行。

(2) 存取控制检查

在段表的每个表项中，都设置了一个"存取控制"字段，用于规定对该段的访问方式，包括只读、可执行和读/写。对于共享段而言，存取控制就显得尤为重要，因而对于不同的进程，应赋予不同的读写权限。这时，既要保证信息的安全性，又要满足运行需要。

4.4.6　分段和分页的主要区别

段式管理与页式管理的地址变换机构非常相似，但二者在概念上有着根本差别。从结构方面考虑，它们的主要差别有以下四个方面。

(1) 段是信息的逻辑单位，它是根据用户的需要划分的，因此段对用户是可见的；页是信息的物理单位，是为了管理主存的方便而划分的，对用户是透明的。

(2) 页的大小固定不变，由系统决定。段的大小是不固定的，由其完成的功能决定。

(3) 段式向用户提供的是二维地址空间，页式向用户提供的是一维地址空间，其页号和页内偏移是机器硬件的功能。

(4) 由于段是信息的逻辑单位，因此便于存储保护和信息的共享，页的保护和共享受到限制。

4.4.7　段页式存储管理方式

前面介绍的分页和分段存储管理方式都各有其优缺点。分页系统能有效地提高内存利用率，而分段系统则能很好地满足用户需求。如果能对这两种存储管理方式"各取所长"，则可以将二者结合成一种新的存储管理方式——段页式存储管理方式。

1. 基本思想

从前面的讨论中可以看出，段式管理是从程序和数据的逻辑结构出发的，比较合乎自然。但是它也有不足之处，主要表现在以下三个方面。

(1) 内存空间大小的限制。因为在段式虚拟存储器中，段是作为一个整体在内、外存换进换出的，所以任何一段的长度都不可能超过内存空间的大小。而且进程对某些段，例如某些程序段和数据段的存放是频繁地交替进行的，因此这些段应当同时驻在内存，否则工作效率极低。于是，这些段的总长也不能大于内存的容量。

(2) 段作为整体在内、外存间的换进换出，花费在这种内、外存之间传送操作上的开销非常可观，降低了工作效率。

(3) 内存浪费比较严重。如前所述，段式系统中采用的分区分配算法必然会带来大量的无法使用的碎片问题，尽管通过紧凑技术可以获得大的分区，但是代价是相当大的。

造成这些不足之处的主要原因是段的划分与物理存储器的线性结构有距离，而分页技术在这方面却显出了它的长处。为了兼顾程序和数据的逻辑结构以及存储器的物理结构两方面的特征，兼收页式和段式存储管理方式二者的长处，出现了段页式存储管理方式。这种新方式既具有分段系统的便于实现、便于分段共享、易于保护等一系列优点，又能像分页系统那样很好地解决内存的外部碎片问题，以及可为各个分段离散分配内存等问题。

2. 地址结构

一个程序首先被划分成若干程序段，每一段给予不同的分段标识符，然后，对每一分段又被分成若干个固定大小的页面。图 4.24 给出了一个程序地址空间结构示例。该作业共有三个段，页面大小为 4 k。段页式存储管理中的程序地址结构，由段号、段内页号及页内地址三部分组成。

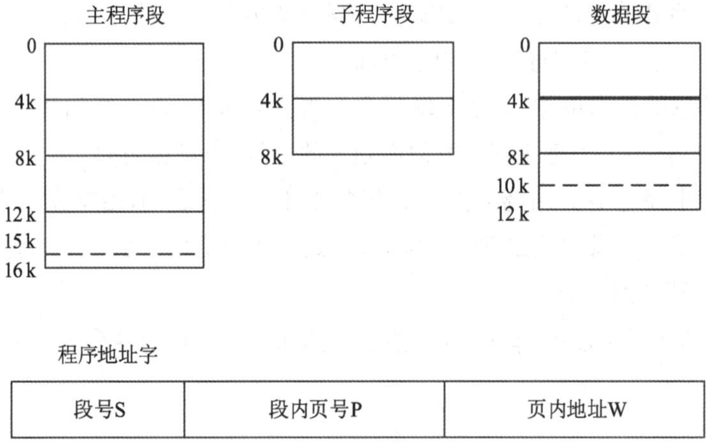

图 4.24　段页式中的程序地址空间和地址结构

3. 段表与页表

段页式地址转换的主要机构包括段表和页表。每一进程都有一张段表，对应每一个段都有一张页表，因此进程拥有的页表数与段数相等，如图 4.25 所示。

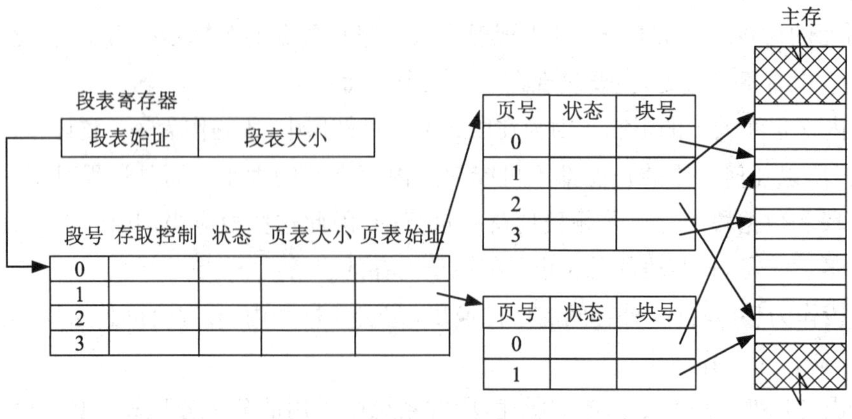

图 4.25　段表、页表与主存的关系

段表中的表目一般包括如下信息：段长，对该段的存取权，该段对应页表在内存或外存的始址，该页表是否在内存中等信息。页表表目项与页式管理中的相似，因为对页的存取权取决于它所在段的存取权，所以存取权信息不必重复。

现运行进程的段表位于内存，而各段对应的页表是否驻在内存则与它是否包含活动页有关。

4. 地址变换过程

图 4.26 显示了段页式存储管理方式中的地址变换过程。从图中可以看出，段页式将段式和页式的优点兼收并蓄，使得面向用户的地址空间按程序结构划分，而物理内存的管理则按页划分。于是，段内各页不必同时驻在内存中，节省了存储空间，同时段长也可以超过内存空间，而且段内各页都不必连续分布，使得存储器分配易于实现且利用率提高。

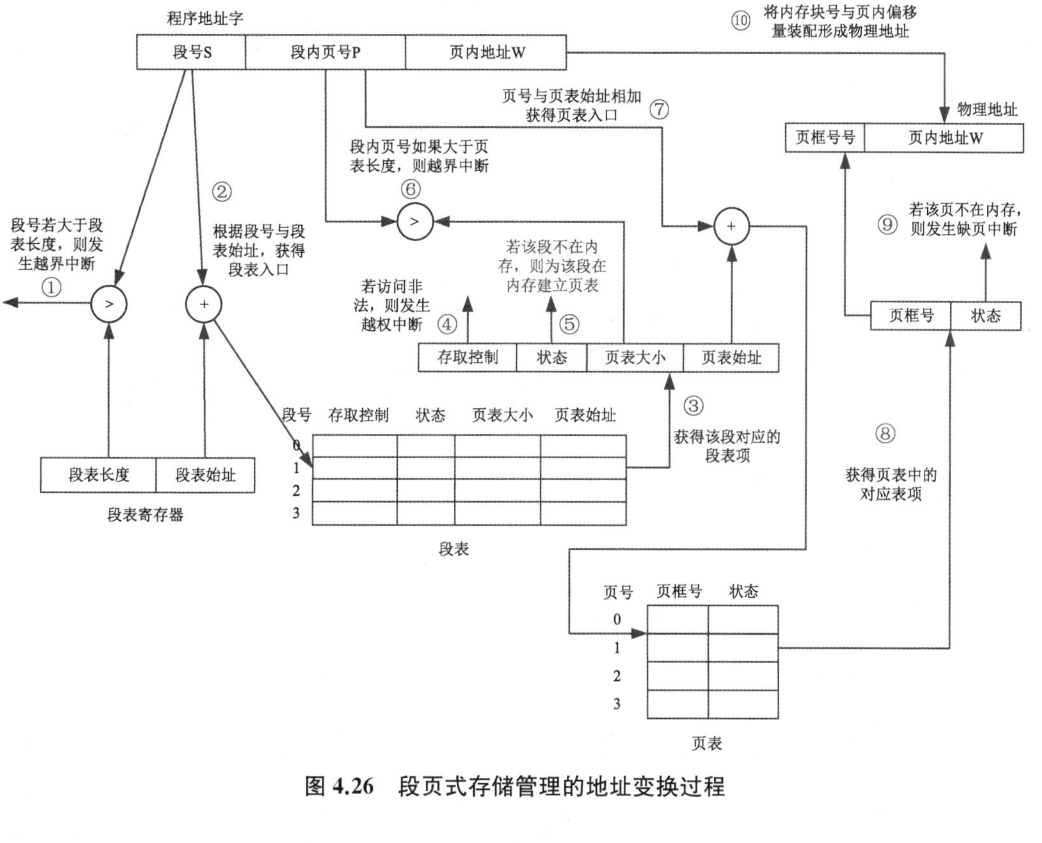

图 4.26　段页式存储管理的地址变换过程

段页式系统的代价是地址变换机构更加复杂，段表和页表使用的存储空间相应增加。此外，在段页式系统中，为了获得一条指令或数据，须三次访问内存。第一次是访问内存中的段表，从中取得页表地址；第二次是访问内存中的页表，从中取出该页所在的物理块号，并将该块号与页内地址一起形成指令或数据的物理地址；第三次访问才是真正从第二次访问得到的地址中，取出指令或数据。显然，这使得访问内存的次数增加了近两倍。为了提高执行速度，可以采用前面类似的快表技术。由于它的基本原理与分页及分段的情况相似，这里不再赘述。

4.5 UNIX V6++的存储管理

本节将在前述章节知识内容基础上，重点介绍UNIX V6++中的存储管理设计思路与实现方法。

4.5.1 IntelX86体系结构的线性地址

在80386处理器中，线性地址空间按4k字节的尺寸等分，其中的每一份为一个逻辑页面。而物理主存空间也按照4k字节的尺寸等分，其中的每一份为一个主存页框。任意主存页框只有两种状态：空闲或已分配。已分配的主存页框中装着进程的逻辑页面，既可能是用户代码或数据，也有可能是内核的代码或数据。

32位Intel体系结构采用二级页表结构，其中一级页表称为页目录。页表和页目录的结构如图4.27所示。

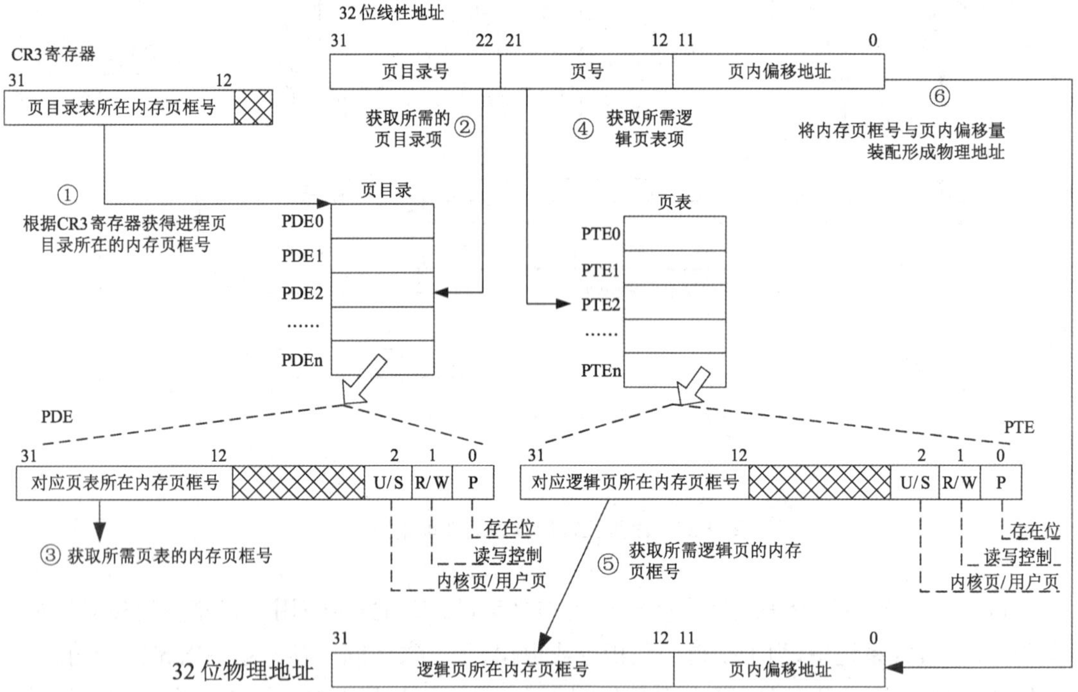

图4.27 Intel体系结构的线性地址结构与地址变换机构

页表中的每一项称为页表项(Page Table Entry，PTE)。每个PTE占4个字节，管理一个逻辑页面，包括：该逻辑页面在内存中占用的页框号，对该逻辑页的访问权限与读写控制等(各主要标志位的含义在图4.27中示出，详细代码如代码4.1所示)。如果进程的地址空间大，PTE 将会有很多。每 1 024 个 PTE 正好占用一个物理页框（1 024×4＝4 k），被称为一张页表，一共可管理 4 M 的地址空间。每个进程都可能有多张页表。

```
struct PageTableEntry
{
    unsigned char          m_Present : 1;
    unsigned char          m_ReadWriter : 1;
    unsigned char          m_UserSupervisor : 1;
    unsigned char          m_WriteThrough : 1;
    unsigned char          m_CacheDisabled : 1;
    unsigned char          m_Accessed : 1;
    unsigned char          m_Dirty : 1;
    unsigned char          m_PageTableAttribueIndex : 1;
    unsigned char          m_GlobalPage : 1;
    unsigned char          m_ForSystemUser : 3;
    unsigned int           m_PageBaseAddress : 20;
}__attribute__((packed));
```

代码 4.1　PageTableEntry 类声明

```
struct PageDirectoryEntry
{
    unsigned char          m_Present : 1;
    unsigned char          m_ReadWriter : 1;
    unsigned char          m_UserSupervisor : 1;
    unsigned char          m_WriteThrough : 1;
    unsigned char          m_CacheDisabled : 1;
    unsigned char          m_Accessed : 1;
    unsigned char          m_Reserved : 1;
    unsigned char          m_PageSize : 1;
    unsigned char          m_GlobalPage : 1;
    unsigned char          m_ForSystemUser : 3;
    unsigned int           m_PageTableBaseAddress : 20;
}__attribute__((packed));
```

代码 4.2　PageDirectoryEntry 类声明

页目录中的每个表项称为一个页目录项（Page Directory Entry，PDE）。每个 PDE 占 4 个字节，管理一张页表，包括：该页表在内存中占用的页框号，对该页表的访问权限与读写控制等（各主要标志位的含义在图 4.27 中示出，详细代码如代码 4.2 所示）。一张页目录共有 1 024 个 PDE,占用 4 k 大小的内存,正好可装入一个物理页框,可管理 4 G 的地址空间。每个进程有一张页目录。

由上所述,不难理解图 4.27 所示的 Intel 体系结构中的 32 位线性地址结构。其中,31～22 位为页目录号,21～12 位为页表号,11～0 位为页内的偏移地址。由此可见,Intel 体系结构为进程提供了最大 4 G 的线性地址空间。

需要指出的是,Intel 体系结构中,当前正在 CPU 上执行的进程的页目录在内存所占用的页框号保存在 CPU 内的寄存器 CR3 中。于是,对现运行进程来说,地址变换的主要过程如下:

(1) 由寄存器 CR3 得到页目录所在的内存页框号;

(2) 将线性地址的高 10 位作为页目录中的偏移,得到相应的 PDE;

(3) 根据该 PDE 得到对应页表的内存页框号;

(4) 将线性地址的 12～21 位作为页表中的偏移,得到相应的 PTE;

(5) 根据该 PTE 得到对应逻辑页的内存页框号;

(6) 将这个内存页框号与线性地址中的低 12 位装配,便得到了物理地址。

至此,地址转换的工作完成。

4.5.2 UNIX V6++的线性地址空间结构

如前所述,理论上 Intel 的 32 位线性地址为进程提供了 0～4G 的线性地址空间。但是,出于小型化和易于实现的考虑,UNIX V6++中对进程可访问的线性地址空间作了如下限制:

(1) 进程在用户态下运行时,可访问 0x00000000～0x00800000([0,8M－1])的线性地址空间范围,共 8 M 字节。

(2) 进程在核心态下运行时,可访问 0xC0000000～0xC0400000([3G,3G ＋4M－1])的线性地址空间范围,共 4 M 字节。

1. 进程在用户态下的线性地址空间

进程在用户态下的线性地址空间,即[0,8M－1]的空间,可以分为三段:代码段、数据段与堆栈段。从 4×M＋4×K 字节①开始,首先是代码段,之后是数据段。堆栈段排在最后,而且堆栈段是由高地址向低地址方向延伸。栈底位于 8×M 空间的最高端。每个段占据整数个连续的逻辑页面,也就是说代码段、数据段或堆栈段的长度都是 4×K 的整数倍。图 4.28 中示出了某个进程线性地址空间中的用户区,从中可以看出,这个进程代码段长8×K,数据段长 4×K,堆栈段长 4×K。

进程运行过程中,代码段长度和内容始终不变,数据段长度固定、内容变化,堆栈段长度和内容均动态变化。进程刚开始运行时,仅有 1 张初始的堆栈页面(4 k 字节,进程的

① 4×M＋4×K 字节之前的部分由编译器预留。其具体内容不在本书涉及范围,这里不赘述。

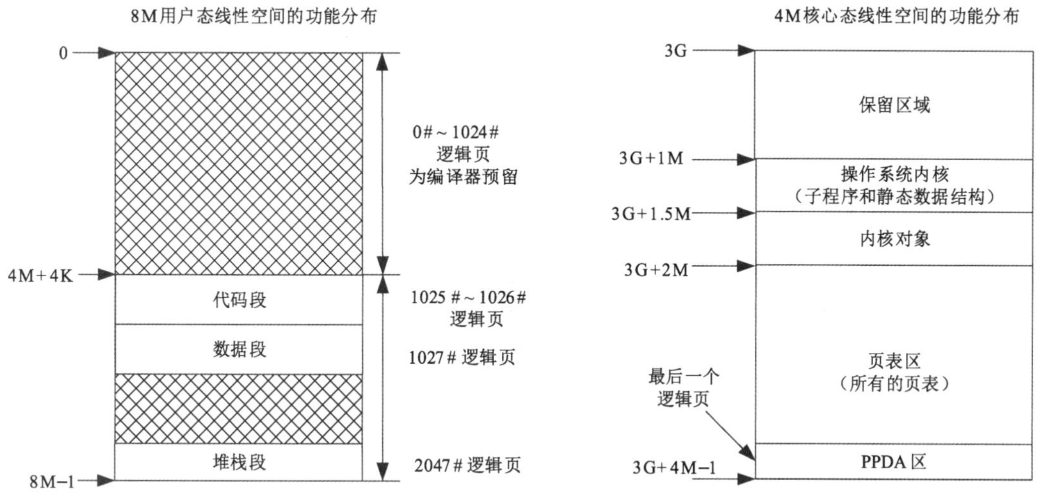

图 4.28 UNIX V6++进程的线性地址空间的分布

2047＃逻辑页面)，这里装着应用程序 main 子程序的栈帧。随着子程序嵌套调用的层次增加，可能会出现初始堆栈空间不足以容纳所有子程序栈帧的情况。此时，操作系统为进程追加 2046＃逻辑页面作为第 2 张堆栈页面。之后，每当堆栈溢出时，UNIX V6++就动态地为进程追加一张新的堆栈页面。

2. 进程在核心态下的线性地址空间

当进程在核心态下运行时，应能够访问所有 UNIX V6++的内核代码与数据。UNIX V6++在所有进程线性地址空间的[3G，3G+4M−1]字节，装有内核的全部代码和数据，统称系统内核。这部分线性地址空间，也分为了以下几个部分：包括 1 M 的保留区，0.5 M 的操作系统内核代码和静态数据结构，0.5 M 的内核堆对象区(UNIX V6++内核重载了 new/delete 操作符，所有内核对象需要的内存空间全部来自这个内核堆。换言之，物理内存的 1.5 M～2 M 区域存放着所有的内核对象)和 2 M 的页表区，还包括进程自己的 PPDA。具体内容及分布如图 4.28 所示。

4.5.3 UNIX V6++物理内存组织结构

4.5.2 节中阐述的UNIX V6++中的进程在线性地址空间中各个部分的组织结构与分布情况不能照搬到物理地址空间中去。以一台具有 16 M 内存的机器为例，在内存物理地址空间中，各个进程图象的分布如图 4.29 所示。

其中，全部系统内核总是驻在物理内存从 0 开始的低地址的 4 M 空间内，称为内核区。4 M 以上的空间称为用户区，用于存放每个进程的 PPDA 区、代码段、数据段和堆栈段。而各个进程的非常驻内存部分，除代码段外，PPDA 区、数据段和堆栈段相互紧靠占用连续的存储区，分布于 4 M 以上的内存区域。代码段则单独存放，并有可能被多个进程共享。例如，图 4.29 中，两个进程 pa 和 pb 在物理内存中共享了一份代码段。

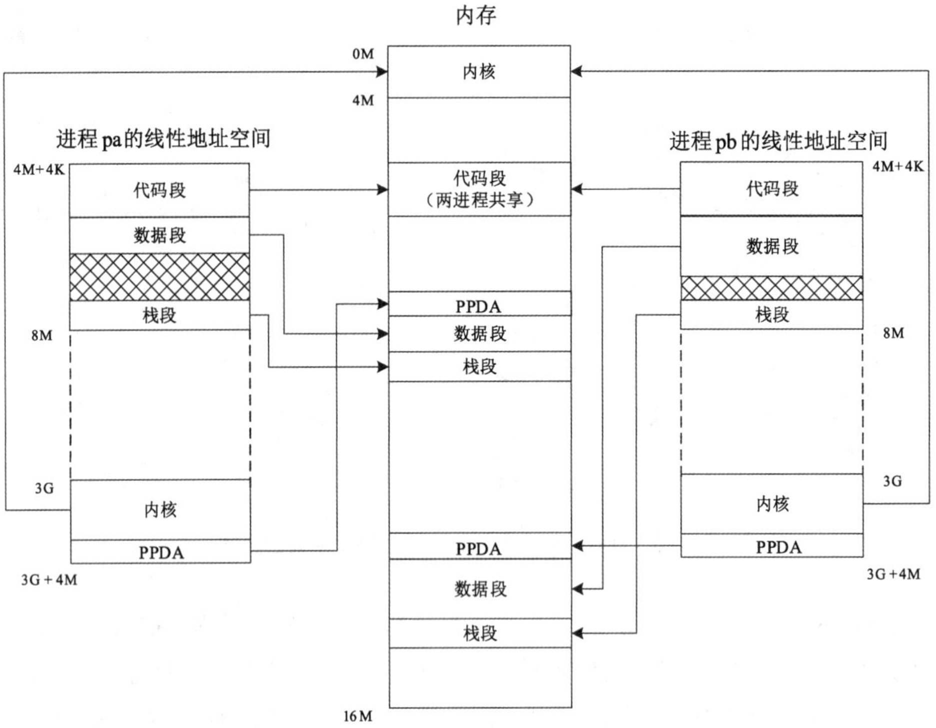

图 4.29　UNIX V6++进程的物理地址空间分布

4.5.4　线性地址到物理地址的映射

UNIX V6++利用4.5.1节中介绍的Intel体系结构的页表系统来实现进程线性地址和物理地址的转换。由于UNIX V6++中的进程在线性地址空间中分别占用了[0, 8M－1]和[3G, 3G＋4M－1]两部分地址空间，所以页目录中只使用了三个PDE，分别是0＃，1＃和768＃。其中，0＃和1＃PDE分别指向0＃和1＃两张页表，管理8 M的用户态地址空间，768＃PDE指向768＃页表，管理4 M的核心态地址空间。页目录由UNIX V6++在启动时固定装入内存0x200＃物理页框。图4.30显示了页目录的结构和在内存中的装入位置。

1. 现运行进程核心态地址转换

如前所述，UNIX核心态线性地址空间分布在[3G,3G＋4M－1]的地址范围，这4M的地址空间由768＃页表中的1 024个PTE来管理。这张页表也称为内核页表。现运行进程的768＃页表被UNIX V6++固定装入内存中的0x201＃物理页框。这个物理页框号被登记在页目录中的第768＃PDE中。内核页表的构成及在内存中的装入位置如图4.30所示。

系统内核在物理地址空间中的位置是固定不变的，总是驻留在物理内存从0开始的低地址的4 M空间内，不会随着现运行进程的变化而改变。也就是说，内核页表中的0＃PTE到1022＃ PTE，在系统生成、初启后就固定了，不再变化。而内核页表中的最后一个PTE(1023＃)是不固定的，它总是指向现运行进程的PPDA，并随着现运行进程的不同而变

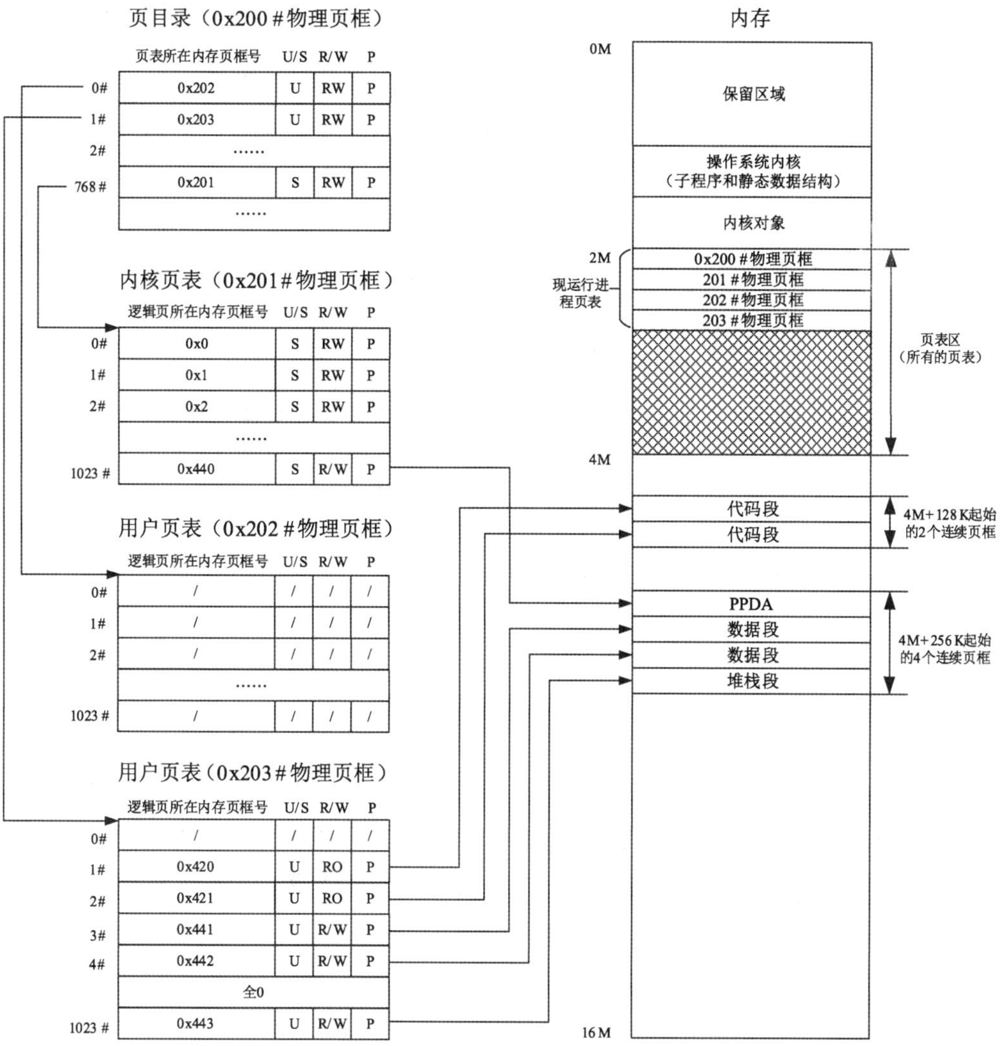

图 4.30 UNIX V6++的页表系统

化。这是UNIX V6++操作系统区别现运行进程和其他处于运行状态(SRUN)且图象在内存中的进程的唯一标志。

2. 现运行进程用户态地址转换

UNIX 用户态线性地址空间分布在[0,8M－1]的地址范围，这 8 M 的地址空间由 0＃和 1＃两张页表中的 2 048 个 PTE 来管理。这两张页表也被称为用户页表。现运行进程的两张用户页表被UNIX V6++分别固定装入内存中的 0x202＃和 0x203＃物理页框。这两个页框号被登记在页目录中的第 0＃和 1＃PDE 中。图 4.28 中所示的进程，如果该进程的 PPDA 区被装入 4 M＋256 k 的起始地址，代码段被装入 4 M＋128 k 的起始地址，则页表系统中所有页表项和页目录项的细节及进程图象在内存中的分布情况如图 4.30 所示。

3. 进程的相对地址映照表

通过 0x200＃～0x203＃四个内存物理块中装载的页目录和三张页表，处理机可以通过图 4.27 中的地址变换机构来完成现运行进程的线性地址到物理地址的转换。那么，对于系统中的其他进程，它们的线性地址和物理地址的对照关系存放在何处？形式又如何呢？

在内存空间的页表区中，除去 0x200＃～0x203＃四个页框，其他所有的空间用来为系统中的每一个进程保存一张相对地址映射表，每一张相对地址映射表占用两个连续页框，表的结构与页表相同，共包含 2 048 个表项，与进程用户态下的 2 048 张逻辑页(8 M 空间)一一对应。

因为进程可能在内存，也可能在外存，而且在内外存的位置不固定，所以这张相对地址映射表和真正的现运行进程的页表的区别在于：它是由相对于起始地址的位移构成的，即假设代码段和进程的 PPDA 区都是从内存的 0 地址开始的。仍以图 4.28 中的进程为例，其相对地址映射表的构成如图 4.31 所示。

4.5.5 完整的UNIX V6++进程图象

在第 2 章中曾经介绍过UNIX V6++的进程图象，本节将进一步补充和完善这张图象。

UNIX V6++中，每个进程的 USER 结构里有一个 MemoryDescriptor 类的对象 m_MemoryDescriptor，MemoryDescriptor 类声明如代码 4.3 所示。它封装了一批用于管理进程页表的成员函数和一组用来记录进程用户态线性空间的分布情况和每个逻辑页面的属性的数据成员。主要数据成员包括：正文段，数据段和堆栈段的起始地址和长度。此外，还有一个重要的成员变量：m_UserPage TableArray，它是一根指向进程相对虚实地址映射表的指针。

```
class MemoryDescriptor
{
public:
    /* 用户空间大小 8M 0x0-0x800000 2 PageTable */
    static const unsignedint USER_SPACE_SIZE = 0x800000;
    static const unsignedint USER_SPACE_PAGE_TABLE_CNT = 0x2;
    static const unsignedlong USER_SPACE_START_ADDRESS = 0x0;
...
public:
    PageTable*      m_UserPageTableArray;
    /* 以下数据都是线性地址 */
    unsigned long   m_TextStartAddress;      /* 代码段起始地址 */
    unsigned long   m_TextSize;              /* 代码段长度 */
    unsigned long   m_DataStartAddress;      /* 数据段起始地址 */
    unsigned long   m_DataSize;              /* 数据段长度 */
    unsigned long   m_StackSize;             /* 栈段长度 */
};
```

代码 4.3　MemoryDescriptor 类声明

UNIX V6++系统中，m_MemoryDescriptor 对象和相对虚实地址映射表是进程图象的重要成员。图 4.28 中的进程如果当前不是正在执行的进程，且假设它的进程图象的非常驻内存部分现在在内存，则图 4.31 显示了该进程的完整进程图象。请关注相对虚实地址映射表、MemoryDescriptor 对象及其与 User 对象的指针勾连关系，特别是 MemoryDescriptor 对象的数据成员。

系统在调用图 4.28 所示进程占用处理机之前，需将该进程 PPDA 所在的主存页框号填入 768＃页表(0x201＃物理页框)中的 1023＃ PTE。UNIX V6++凭借此指针指认现运行进程。除此之外，202＃、203＃主存页框的内容必须全部重写，以反映新的现运行进程在内存中的位置和线性地址空间的分布情况。主要操作是，扫描相对虚实地址映射表，为所有属于代码段的 PTE 加上代码段的内存起始页框号，为属于数据段和堆栈段的 PTE 加上偏移量 PPDA 区内存起始页框号。由此，可以得到图 4.31 中的页表系统，从而在进程上台之后，可以正确地完成地址变换。

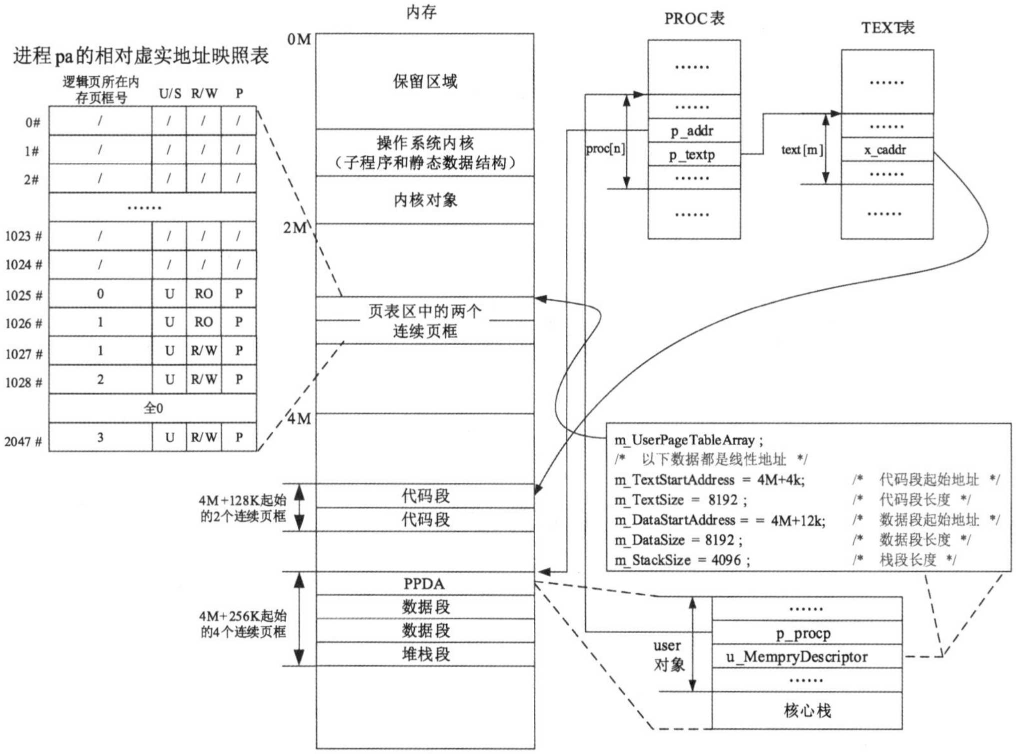

图 4.31　UNIX V6++进程的相对地址映射表及完整的进程图象

4.5.6　存储资源的管理

进程创建、终止、挂起和激活操作均涉及内存用户区的分配和释放操作。UNIX V6++采用连续的内存分配方式，即不论是在 0～4 M 的内核区中，还是在 4 M 以后的用户区中，对内存空间的分配均使用首次适应算法，回收空闲分区时，总是试图将其与相邻空闲分区合并以形成大分区。算法的细节已在 4.2.3 节中详细介绍，这里不再赘述。

UNIXV6++中涉及空闲存储区管理的类结构如图 4.32 所示。其中，KernelAllocator 类负责管理内核堆对象区，KernelPageManager 类负责管理页表区，UserPageManager 类负责管理用户区。

1. 空闲分区表

内核堆对象区、页表区和用户区都有一张对应的空闲分区表 map。map 中的每一个表目项对应一个空闲分区，由结构体 MapNode 来声明，如代码 4.4 所示，其中描述了每一个空闲分区的大小和起始地址。

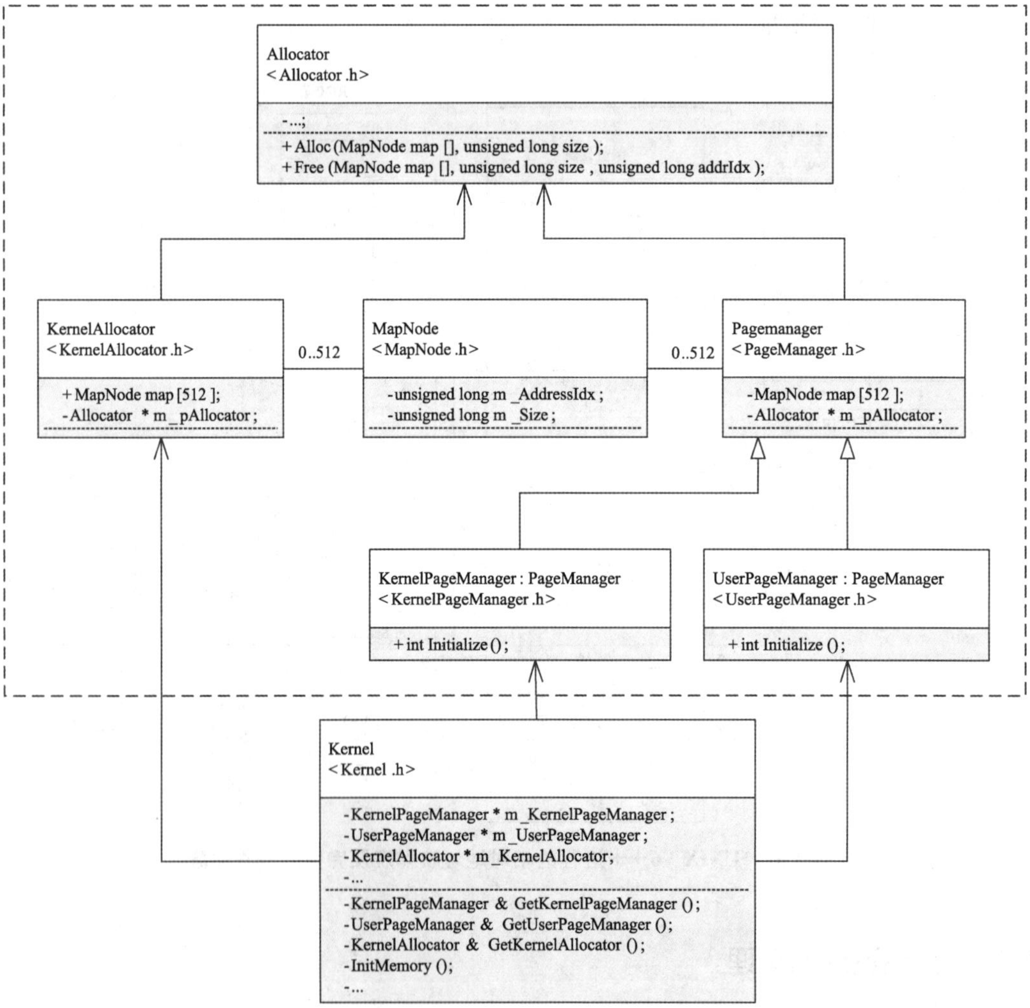

图 4.32　UNIX V6++内存空间管理类结构

```
struct MapNode
{
    unsigned long m_Size;              //空闲区的大小
    unsigned long m_AddressIdx;        //分配空间的起始地址
};
```

代码 4.4　MapNode 结构体声明

由于内核堆对象区、页表区和用户区在物理内存中所处的位置不同，UNIXV6++采用了表 4.4 中不同的数值来完成对三个内存区域空闲分区表的初始化，即 map[0]. m_Size(初始空闲区大小)和 map[0]. m_AddressIdx(初始空闲区位置)的设置。

表 4.4　不同内存区域的空闲分区表设置

序号	类名	负责管理的内存区域	空闲分区表初始状态	
			起始地址	长度
1	KernelAllocator	内核堆对象区	1.5 M	0.5 M
2	KernelPageManager	页表区	2 M+16 K (204#页框)	2 M−16 K
3	UserPageManager	用户区	4 M	全部用户区

2. 空闲区的分配与回收

Allocator 类负责内存单元的分配与回收。其中：

(1) Allocator::Alloc(MapNode map[], unsigned long size)函数按照首次适应算法，在空闲分区表 map 中找到一块大小为 size 的空闲区(关于首次适应算法的细节，详见 4.2.3 节)。

(2) Allocator::Free(MapNode map[], unsigned long size, unsigned long addrIdx)函数按照 4.2.3 节中描述的四种情况，将大小为 size，起始地址为 addrIdx 的空闲区回收，并在空闲分区表 map 中登记。

KernelAllocator 类负责管理内核堆对象区，KernelPageManager 类负责管理页表区，UserPageManager 类负责管理用户区。三个类均引用了 Allocator，并通过不同的参数设置，实现了对各自管理的内存区域不同的分配方式，进而达到了表 4.5 所示不同的分配效果。

表 4.5　不同内存区域的分配方式

序号	类名	负责管理的内存区域	分配大小	分配结果
1	KernelAllocator	内核堆对象区	实际需求	• 0:不成功 • 空闲区起始物理地址:成功

（续表）

序号	类名	负责管理的内存区域	分配大小	分配结果
2	KernelPageManager	页表区	两个页框 （8 k）	• 0：不成功 • 空闲区起始物理地址：成功
3	UserPageManager	用户区	以 4 k 为单位，≥实际需求	• 0：不成功 • 空闲区起始物理地址：成功

3. 存储管理实施

内存的分配与回收从系统初启开始贯穿系统的整个生命周期。这里将罗列其中一些主要的操作过程，详细的过程将分别在相应章节中具体阐述。

（1）系统初始化时

建立内存空间，主要包括建立页表区，即分配给页目录、内核页表和用户页表的0x200＃～0x203＃页框之外，此区域剩余的全部页框用于存放系统中所有进程的相对虚实地址映射表。

（2）进程创建时

在进程创建过程中，将首先为该进程在页表区中申请两个空闲页框，用于建立其相对虚实地址映射表；接着，按进程 p_size，即进程图象可交换部分的大小，在用户区中申请内存。

（3）进程图象交换时

UNIX V6++会根据内存使用的紧张程度，选择一些图象在内存但是不急于执行的进程，将其图象换出到磁盘交换区，而将磁盘交换区上更紧急的进程图象换入内存。对被换出的进程来讲，涉及回收其进程图象的可交换部分占用的内存空间，对于换入进程而言，则需按其 p_size，即进程图象可交换部分的大小，在用户区中申请内存。

（4）进程图象变化时

进程图象缩小时，释放多余的内存空间；而进程图象增加时，按照新的大小重新分配一块内存，释放原先占用的内存。

（5）进程终止时

进程终止时，将释放进程曾经占用的内存区域，包括进程图象的可交换部分和相对虚实地址映射表，如果代码段没有其他进程在共享使用，则代码段占用的空间将一并释放。

第 5 章

进程管理

进程是有生命周期的，因执行应用程序的需要而诞生，应用程序执行完毕，进程消亡。同时，进程的整个生命周期中可能处于不同的调度状态；图象可能在内存中，也可能在磁盘上；需要使用系统资源，如需要一个 PCB 块，一批能够足以容纳该进程图象的存储空间，还需要占用一些用于登记该进程打开文件状态的数据结构等诸如此类的许多内核数据结构。

本章将主要在前述章节内容的基础上，重点结合 UNIX V6++ 系统，介绍 UNIX 中的进程管理模块的实现细节，主要包括：进程的调度状态及状态间的转换，进程切换调度，进程图象在内存和磁盘交换区之间的交换，进程的创建与终止，父子进程的同步，进程图象的扩大和缩小等。

5.1 UNIX 中进程的调度状态和状态转换

5.1.1 进程的调度状态

在 UNIX V6++ 中，进程的调度状态有 7 种，每一个进程的基本控制块 Process 对象中定义了一个 ProcessState 类型的成员变量 p_stat（详见 2.7.3 节），它的值记录该进程当前的调度状态见表 5.1。

表 5.1 UNIX V6++中的进程调度状态

序号	状态名	值	含义
1	SNULL	0	未初始化空状态
2	SSLEEP	1	高优先权睡眠状态
3	SWAIT	2	低优先权睡眠状态
4	SRUN	3	执行状态/就绪状态
5	SIDL	4	进程创建时的中间状态
6	SZOMB	5	进程终止时的中间状态
7	SSTOP	6	进程正被跟踪

下面对这些状态的意义和特征作进一步的说明。

1. 现运行进程和执行状态

处理器正在执行的进程称为现运行进程，称现运行进程处于执行状态。对单处理器的计算机系统而言，若干并发进程中只有一个是现运行进程。执行状态的进程具有如下五个特点。

（1）其 p_stat 的值为 SRUN。

（2）其 p_flag 包含 SLOAD 标志，也就是该进程的图象全部在内存中（关于 p_flag 中各位的定义，详见 2.7.3 节）。

（3）CPU 内的寄存器是该进程的执行现场。

（4）CR3 寄存器指向的页表系统中登记着该进程的地址映射方式。即第 0x201 号页框中的第 1 023 号 PTE 指向该进程的 PPDA 区，第 0x202 号和 0x203 号页框中装载了该进程的用户页表。

（5）现运行进程可以在核心态或用户态运行。在用户态下运行时，进程执行位于用户态存储区中的用户程序。在核心态下运行时，进程在核心态存储区中活动，执行系统代码。

2. 就绪状态

等待处理器的进程处于就绪状态。就绪状态的进程数量通常会远远大于处理器的数量。处于就绪状态的进程特征：

(1) 其 p_stat 的值为 SRUN。

(2) 其 p_flag 可能包含 SLOAD 标志，也可能不包含，也就是说，就绪状态进程的图象可以在内存中，也可能在磁盘交换区上。

(3) 即使某个就绪状态的进程的图象在内存中，当前 CR3 寄存器指向的页表系统也不指向该进程在内存的地址空间。

其中，第(1)点和执行状态的进程相同，第(2)、(3)点则显出了二者的区别。

一个就绪状态的进程，若其图象尚在磁盘交换区上，则在它被调到处理机上执行之前，首先必须由系统将其图象调入内存。这是由系统中的 0 号进程执行进程图象传送程序完成的。反之，进程图象传送程序也可以将一个在内存中的进程图象调出，送到磁盘交换区上。

在适当的时机，处于就绪状态的进程可以变成现运行进程占用处理机。实现这一功能的是系统进程调度程序。反之，系统进程调度程序也可以强迫现运行进程放弃处理机，使其转变为就绪进程。应该注意的是，一个进程从现运行状态转变为就绪状态进程，是它在核心态下运行时，调用系统进程调度程序实施的。同样，当一个就绪进程转变为现运行进程时，它也一定处于核心态。

对现运行进程而言，CR3 寄存器指向的页表系统中登记着该进程的地址映射方式。而如 4.5 节所述，UNIX V6++ 在线性地址 USER_ADDRESS(0xC03FF000)处存放现运行进程的 USER 结构(代码 5.1)，内核通过 Kernel::GetUser()函数调用，寻找现运行进程图象(代码 5.2)。

```
/* src/include/Kernel.h */
class Kernel
{
public:
    static const unsigned long USER_ADDRESS = 0x400000 - 0x1000 + 0xc0000000;  /*
0xC03FF000 */
    …;
    User& GetUser();  /* 获取当前进程的 User 结构 */
};
```

代码 5.1　USER_ADDRESS 定义

Kernel::GetUser()函数返回现运行进程 USER 结构的线性地址，通过页表系统的地址变换，获得现运行进程 PPDA 区的物理地址。其中，USER 结构中的 u_procp 指向现运行进程的 Process 对象，进而可以获得 Process 对象中所有和现运行进程相关的参数。

```
/* src/kernel/kernel.cpp */
User& Kernel::GetUser()
{
    return *(User*)USER_ADDRESS;
}
```

代码 5.2　Kernel::GetUser()实现

沿现运行进程的 Process 对象中的 p_textp 可以找到正文段在内存中的起始地址和长度；p_addr 是进程可交换部分在内存中的起始地址等。而 USER 结构中的 u_MemoryDescriptor 成员记录该进程用户空间中各逻辑段的起始地址和长度，同时记录该进程的相对地址映射表在页表区中的位置。

3. 睡眠状态

睡眠状态是进程为了等待某个事件发生而被迫暂时停止前进时所处的状态。UNIX 中通常称它们为睡眠进程，即处理器当前不能执行的进程。进程进入睡眠状态的原因一定是因为在执行系统调用中，由于等待外设 I/O 操作完成或分配系统资源而入睡。根据系统调用的不同类型，UNIX V6++将睡眠状态作如下细化。

(1) 高优先级睡眠状态

进程由于执行快系统调用而导致的睡眠状态称为高优先级睡眠状态。快系统调用指的是一段时间之后进程总会因 I/O 操作完成，从而结束睡眠状态，从系统调用中返回，恢复运行。例如，涉及磁盘操作的系统调用是快系统调用的典型代表。进入此种状态后，入睡进程一定会在有限的时间内恢复就绪。

(2) 低优先级睡眠状态

有些系统调用可能会导致进程永久睡眠，称这样的系统调用为慢系统调用。例如，键盘、网络 I/O、用于进程通信的 P 操作和 PIPE 文件读/写操作等。因为执行慢系统调用而进入的睡眠状态是低优先级睡眠状态。

处于睡眠状态的进程特点：

(1) 其 p_stat 为 SSLEEP(高优先级睡眠)或 SWAIT(低优先级睡眠)。它们不参与竞争使用处理机。

(2) 睡眠状态进程的 p_flag 可能包含 SLOAD 标志，也可能不包含，即这类进程的图象可能在内存中，也可能在磁盘交换区上。

(3) 当前的页表系统不反应睡眠进程图象在内存中的地址空间。

4. 其他状态

除了上述四种最重要的进程状态，进程还可能处于如下状态：

(1) SIDL：进程创建过程中。此阶段需要父进程图象处于静止状态，以利于子进程复制。标记父进程为 SIDL,表示该进程暂时不适合投入运行。

(2) SZOMB:进程已终止,所有用户空间的内容皆已消失,此种类型的进程已无法运行。后续将看到,应用程序执行完毕后,进程终止,释放所有系统资源之后进入 SZOMB 状态,但此时进程还留有 process 对象,其中的 exit 码是父进程需要的。SZOMB 描述这种进程还在,但已无法运行的状态。

(3) SSTOP 状态。为了方便系统管理进程之间共享的外设资源(指终端的键盘和屏幕),不致出现多个进程同时输出时导致结果混乱的情况,有时需要进程暂停输入输出。此时进程进入 SSTOP 状态。系统不会调度此类进程运行。

5.1.2　进程的状态转换

图 5.1 显示了 UNIX 操作系统中上述几种进程调度状态的转换关系。需要强调的是,现运行进程的运行状态可以为核心态或用户态。任何一个进程只有在核心态下运行时,才能转入其他调度状态。一个就绪进程刚被调度占用处理机时,它一定处于核心运行状态。

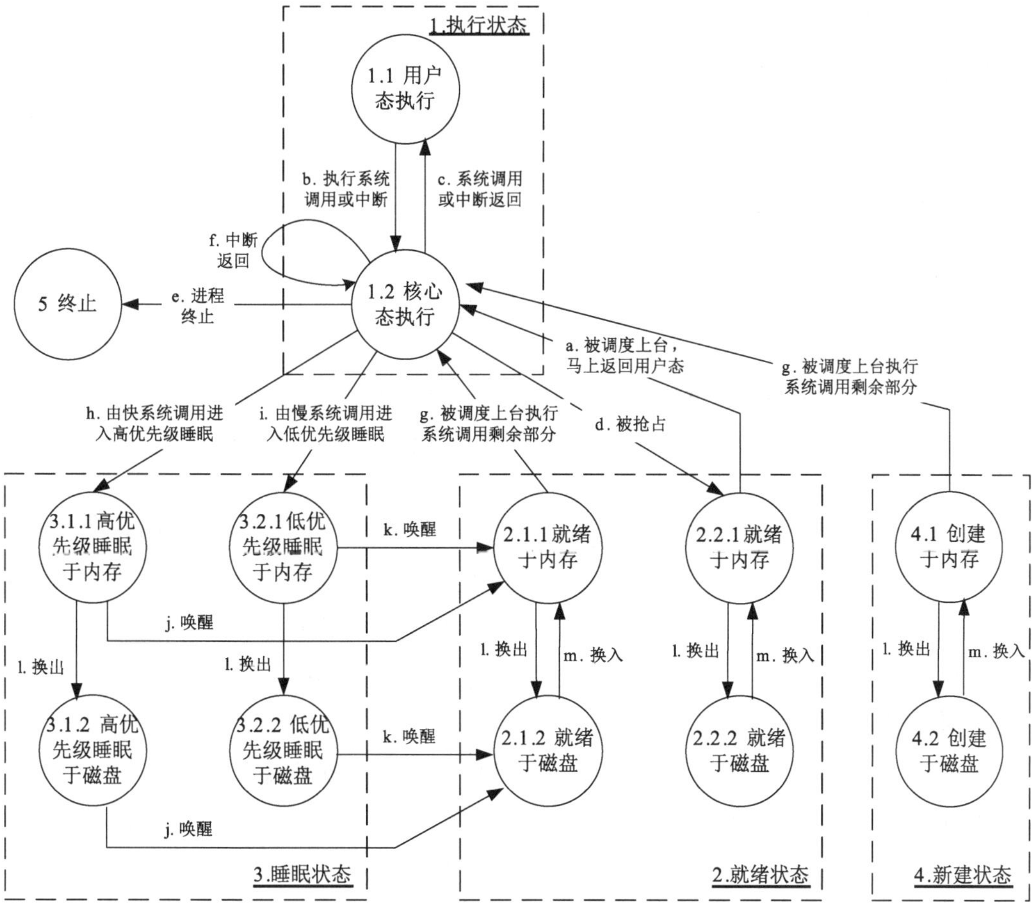

图 5.1　UNIX V6++的进程状态转换

下文将详细阐述。

1. 执行状态的状态转换

进程可以在用户态执行(状态 1.1),也可以在核心态执行(状态 1.2)。处于用户态执行的进程 PA,若被中断或执行了系统调用,则通过变迁 b 进入核心态,执行操作系统内核代码。

如果进程 PA 进入核心态运行的原因是执行了系统调用,该系统调用一旦涉及外设输入输出操作或系统资源分配,进程 PA 会在系统调用执行期间入睡,即①经历变迁 h 进入高优先级睡眠状态 3.1.1,或②经历变迁 i 进入低优先级睡眠状态 3.2.1。

进程 PA 不论是因为中断还是因为系统调用进入核心态运行,在中断或系统调用入口程序最后,都会判断系统中的调度标志 RunRun 标志(详见 3.3.1 节 UNIX V6++ 中断处理过程),由此可能发生两种情况:①RunRun 标志未被设置,表示 PA 仍然是系统中优先级最高的进程,则 PA 直接返回用户态继续执行之前被中断的应用程序(变迁 c);②RunRun标志被设置,表示系统中出现了优先级高于 PA 的其他进程,此时系统发生进程调度,PA 被迫让出处理机,经历变迁 d 进入就绪状态 2.2.1,等待下一次被调度可以重新上台执行的机会。

2. 睡眠状态的状态转换

处于睡眠状态中的进程 PA,不论是高优先级睡眠还是低优先级睡眠,如果其等待的事件一旦发生,它将被唤醒,在经历变迁 j 或者是 k 之后,恢复到就绪状态 2.1.1。

3. 就绪状态的状态转换

就绪状态 2.1.1 中的进程 PA 如果在某个时刻成为系统中优先级最高的进程,则在下一次进程切换调度中,PA 经历变迁 g 被调度上台,在核心态完成系统调用处理程序的后续部分。

就绪状态 2.2.1 中的进程 PA 如果在某个时刻成为系统中优先级最高的进程,则在下一次进程切换调度中,PA 经历变迁 a 被调度上台,并马上通过变迁 c 中断返回到用户态继续执行用户代码。

所以,这里需要强调的是,尽管都是就绪状态,但状态 2.1.1 和 2.2.1 是不同的。在 2.1.1 状态就绪的进程,是在核心态刚刚醒来的进程,占用处理机重新上台执行后,将继续完成核心态下入睡点之后的代码。而在 2.2.1 状态就绪的进程,已经完成了核心态的全部工作,之前是被抢占调度赶下台的,所以上台执行之后将立即回到用户态。

4. 内存空间不足时的进程状态转换

若内存空间不足,睡眠状态或就绪状态的进程图象会被换出到磁盘(经历变迁 l,分别进入状态 3.x.2 或 2.x.2)。系统将进程的 Process 对象中 p_flag 中的 SLOAD 位清 0,并记录可交换部分进程图象在磁盘的位置。对 UNIX V6++ 这种以连续方式管理存储器的操作系统而言,被挂起的进程图象一定要先进内存,之后才可以运行。未来如果内存紧张的情况得到缓解,系统将会尽量将磁盘上就绪进程的图象搬回内存,这部分进程经历变迁 m。

5. 其他

以上阐述了 UNIX V6++中进程主要的状态转换过程。未尽的还有以下三点。

(1) 状态4:新建状态。若内存空间足够,新创建的子进程图象放在内存(状态4.1,SLOAD==1);否则,在磁盘交换区(状态4.2,SLOAD==0)。

(2) 状态5:进程终止。导致进程终止的情况有三种。其一,应用程序执行完毕,现运行进程因执行 exit 系统调用进入核心态,进而终止;其二,现运行进程运行错误,在返回用户态之前,异常处理程序将终止该进程;其三,进程收到了导致其提前终止的信号。无论出于何种原因,进程必须在核心态执行才能终止(变迁 e)。

(3) 变迁 f:中断是异步事件,何时发生是不可预料的。若中断发生时,进程在核心态运行,那么中断返回后,现运行进程将继续执行被中断的内核子程序。这就是状态1.2至自己的变迁 f。

5.2 UNIX V6++的进程切换调度

进程切换调度指的是使原运行进程退出处理机,然后选择另一个进程,并使其占用处理机。

UNIX 的进程切换调度由三部分组成:调度算法、调度时机的选择以及具体的进程调度操作。

5.2.1 UNIX 的动态优先权调度算法

1. 进程优先数 p_pri

UNIX V6++在进行进程切换调度时使用的是动态优先权调度算法,而一个进程优先权的高低取决于其优先数,即优先数越低,优先权越高。每个进程的 Process 对象中都有一个记录进程优先数的参数 p_pri,p_pri 的取值范围为[-100,255]。

由此,UNIX 进程调度性能的关键取决于如何确定进程的 p_pri 的值。其目标是使重要的进程尽早投入运行,同时尽量公平对待所有的应用程序。为了实现上述目标,UNIX 采用以下策略:

(1) 衡量进程重要性的指标:能够提高系统资源利用率的进程先运行,这意味着如果某进程独占使用内核数据结构,应该让该进程先运行,目的在于提高内核数据结构的周转速度;如果某进程马上会发出 I/O 请求,应该让该进程先运行,这样可提高外设和处理器的并行程度等。

(2) 公平对待所有应用程序:让应用程序按时间片轮转(round robin)。也就是被调度的进程上台运行后,若现运行进程在用户态连续运行,时间片用完后,系统重新调度,考虑让其他进程(应用程序)运行。

UNIX V6++确定进程优先数的方法有设置和计算两种。下面将分别予以介绍。

2. 设置睡眠进程的优先数

进程优先数的设置用于高、低优先权睡眠状态的进程。回看图 5.1,当进程执行系统调用进入核心态,并由于涉及 I/O 操作或系统资源分配而睡眠时,即分别由于 h 变迁或 i 变迁进入 3.1.1 状态或 3.2.1 状态时,系统按其睡眠的原因设置进程的优先级 p_pri。

如果进程进入高优先级睡眠状态(状态 3.1.1),说明该进程使用了快速设备或通常独占使用重要系统资源。这样的进程在醒来后,应尽快执行,从而使它可以尽早释放系统资源,提高资源周转速度和外设的使用效率。因此这时设置进程的 $p\_pri \in [-100,0)$ 。相反,如果进程进入低优先级睡眠状态(状态 3.2.1),说明进程使用慢速设备,所占用的资源竞争不激烈,故设置 $p\_pri \in [0,100]$ 。

表 5.2 显示了在 UNIX V6++系统中所定义的所有睡眠进程可能拥有的优先数,这是一些整形常数。数值越小,进程的优先权越高。例如,常数 PSWP(-100)是进程可能拥有的最高优先权,只属于 0#进程;这意味着 0#进程只要就绪便可立即投入运行。因读磁盘文件而入睡的进程拥有 PRIBIO(-50)优先权,非常高的优先权值与计算机系统运行时需要频繁访问磁盘上的文件系统相匹配(第 7 章将会看到磁盘缓存块竞争的激烈程度)。因读终端键盘而入睡的进程,p_pri=TTIPRI(10) 是一个大于 0 的正数。键盘输入数据缓存不是竞争非常激烈的资源,故此类睡眠进程的优先权远不及因磁盘 I/O 而入睡的进程。

表 5.2　UNIX V6++中定义的睡眠进程拥有的优先数

序号	名称	优先数
1	PSWP	-100
2	PINOD	-90
3	PRIBIO	-50
4	EXPRI	-1
5	PPIPE	1
6	TTIPRI	10
7	TTOPRI	20
8	PWAIT	40
9	PSLEP	90
10	PUSER	100

3. 计算进程的优先数

UNIX V6++中进程正在或即将转入用户态时,系统通过计算方式确定其优先数。UNIX V6++进程计算优先数的公式如下:

$$p\_pri = \min\{255, p\_cpu/16 + PUSER + p\_nice\} \tag{5.1}$$

式中，p_nice 和 p_cpu 是进程基本控制块 process 对象中的两项。p_cpu 反映了进程使用中央处理机的程度；p_nice 是可以通过 nice() 系统调用设置的优先数偏置值；PUSER 是固定偏置常数，考虑到计算得到的优先数和高、低优先权睡眠进程被唤醒后具有的优先权相衔接，PUSER 一般选为 100。

(1) 关于 p_nice

p_nice 反映了程序运行时，希望有关进程具有的相对优先程度。它可以通过 nice() 系统调用来设置，一旦设置完成将不再改变，除非再次执行 nice() 系统调用。进程的优先权将在[PUSER + p_nice, 255]之间徘徊。

(2) 关于 p_cpu

p_cpu 反映了进程使用中央处理机的程度。回顾第 3 章中关于时钟中断处理的介绍，UNIX 对 p_cpu 的处理方法如下：

① 每一次时钟中断，现运行进程 p_cpu 加 1。

② 每秒结束时，依次检查所有进程的 p_cpu，若其值不超过调度魔数，则将其值置为 0，否则减去调度魔数。

图 5.2 显示了两个进程的 p_cpu 的变化曲线。

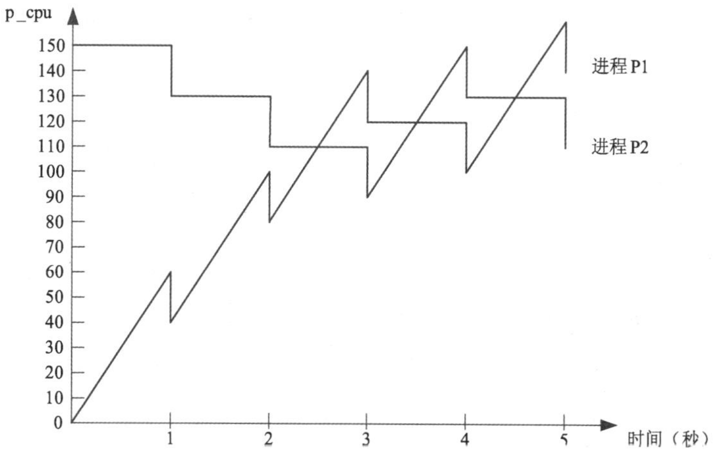

图 5.2　p_cpu 随时间的变化曲线

从图中可以看出：

(1) 当一个进程在 1 秒内占用处理机的时间(单位是时钟中断次数)大于调度魔数时，在每秒结尾处其 p_cpu 将增加。

(2) 如果小于调度魔数，则不断递减。

(3) 若在一秒起始处某进程的 p_cpu 的值加上该进程在这一秒内使用处理机的时间不大于调度模数，在该秒结束处，其 p_cpu 就恢复为 0。

对 p_cpu 的这种处理方式，即考虑了进程使用处理机的时间，也考虑了进程没有使用处理机的时间，从而达到了如下效果：

(1) 连续占用处理机较长时间的进程，其 p_cpu 值增大，由式(5.1)可知，p_pri 出现增大的趋势，优先权相应降低，在进程切换时这种进程被调度占用处理机的机会逐渐减小。从而实现了进程连续使用处理器很长时间后优先权下降、竞争处理器的能力下降的策略。

(2) 在较长的时间内未使用处理机或者虽然频繁地使用处理机，但每次使用时间都很短的进程，其 p_cpu 的值会下降(止于 0)。于是，由式(5.1)计算得到的进程优先数就会降低，进程优先级相应提高。在进程切换调度时，这种进程被调度占用处理机的机会会增加。由此，实现了进程优先权随等待时间增加而上升的策略。

二者结合，形成了一个负反馈过程(图 5.3)，使得系统中各个在用户态下运行的进程能比较均衡地共享使用处理器。

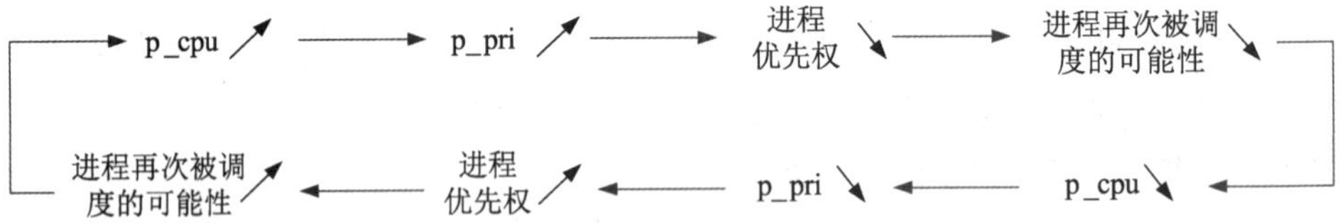

图 5.3　p_cpu 与进程切换调度的负反馈作用

4. 计算进程优先数的时机

p_cpu 和 p_nice 的变化不会自动引起 p_pri 的变化，只有对进程优先数进行计算时，p_cpu 和 p_nice 的变化才能反映为 p_pri 的变化。依据式(5.1)计算进程优先数的程序是 Process 类中封装的成员函数 SetPri()(代码 5.3)。

```
void Process::SetPri()
{
    int priority;
    ProcessManager & procMgr =
                  Kernel::Instance().GetProcessManager();

    priority = this->p_cpu / 16;
    priority += ProcessManager::PUSER + this->p_nice;
    if ( priority > 255 )
    {
      priority = 255;
    }

    if ( priority > procMgr.CurPri )
    {
      procMgr.RunRun++;
    }
    this->p_pri = priority;
}
```

代码 5.3　Process::SetPri()函数代码

其中，procMgr 为指向进程管理类 ProcessManager 实例的指针。procMgr.CurPri 为现运行进程被调度占用处理机时的优先数；procMgr.RunRun 是要求强迫进行进程切换调度的标志。当 procMgr.RunRun 为 0 时，表示系统不要求进程切换调度；当其值非 0 时，表示要求进行进程的切换调度。

从代码 5.3 可以看出，当计算所得的优先数大于现运行进程被调度占用处理机时的优先数时（也就是说，当计算所得的优先权小于现运行进程被调度占用处理机时的优先权时），将 procMgr.RunRun 标志设置为非 0，要求重新调度。对此将在稍后作进一步解释。

选择适当时机计算 p_pri，即执行 Process::SetPri()函数是非常重要的。在选择计算时机时，除了考虑与 p_cpu 和 p_nice 的变化相适应外，还要考虑不至于过多增加系统开销。按照这两点要求，UNIX V6++选择如下三个时机计算进程的优先数。

（1）系统调用处理程序即将结束时，计算现运行进程优先数

第 3 章介绍系统调用的执行过程时曾提及 SystemCall::Trap()函数的末尾，现运行进程计算自己的优先数。这次计算的结果，现运行进程得到的将是一个大于 100 的优先数，这很可能会导致现运行进程下台。原因在于：

① 如果系统调用执行过程中进程曾经入睡（图 5.1 中的变迁 h 和 i）：此时进程不论进入高、低优先级睡眠状态，都会通过设置方式获得一个优先数 p_pri ∈ [－100,100）。被唤醒后，如果进程被调度上台（图 5.1 中变迁 g），则 procMgr.CurPri 的值等于当前上台进程的优先数，即小于 100。此后，进程继续执行系统调用的后续代码。当进程执行到 SystemCall::Trap()函数的末尾时，通过 Process::SetPri()函数计算获得的优先数一定大于 100，即满足“计算所得的优先数大于现运行进程被调度占用处理机时的优先数”，procMgr.RunRun 标志将被设置为非 0。

② 如果系统调用执行过程中进程未曾入睡：现运行进程执行此种系统调用过程中不曾放弃处理机，则将始终维持原来计算获得的优先权，即其优先数大于 100。当进程执行到 SystemCall::Trap()函数的末尾时，由于 p_cpu 在过去的这段时间里不断增长，造成通过 Process::SetPri()函数计算获得的优先数增大，即满足“计算所得的优先数大于现运行进程被调度占用处理机时的优先数”，procMgr.RunRun 标志将被设置为非 0。

由此可以看出，不论现运行进程在核心态下是否曾经入睡，在即将离开核心态返回用户态时，都会由于自身优先级下降而设置调度标志。反映了 UNIX 核心态进程优先级高于用户态进程优先级的调度原则。

回看图 5.1，在 5.1.2 节曾经述及，同样是就绪态，但是 2.1.1 和 2.1.2 是不同的两个状态。这里需要再次强调，2.1.1 状态的进程都是被唤醒的睡眠进程，这些进程的p_pri 是其先前入睡放弃处理器时通过设置获得的，整个睡眠阶段 p_pri 不会改变。2.1.1 状态的进程上台后执行内核代码。而 2.1.2 状态的进程上台后执行应用程序。显然，2.1.1 状态进程的优先权更高。称 2.1.1 为核心就绪状态（p_pri ∈ [－100,100]），2.2.1 为用户就绪状态（p_pri ∈ (100,255]）。

(2) 每秒结束时，计算现运行进程优先数

回顾 3.4 节中关于时钟中断的介绍，在每秒时钟中断结束时，会计算现运行进程的优先数。如果在过去的一秒钟内，现运行进程占用了足够长时间 CPU，则其 p_cpu 的值会增加，这里的计算会导致其 p_pri 的值增加，即满足"计算所得的优先数大于现运行进程被调度占用处理机时的优先数"，procMgr.RunRun 标志将被设置为非 0。

(3) 每秒结束时，计算所有 p_pri 大于 PUSER 进程的优先数

回顾 3.4 节中关于时钟中断的介绍，在每秒时钟中断中，对所有用户态进程，即 p_pri 大于 PUSER 的进程重算优先数。此次重新计算优先数，防止了改变进程在核心态下用设置方式获得的优先数。

这里计算的目的在于：如果在过去的一秒钟，现运行进程占用 CPU 的时间不够，不足以使得 p_pri 的值增加，则在情况(2)中不会设置 procMgr.RunRun 标志。但是在系统中，总会存在一个进程，它重新计算获得的 pri 大于 procMgr.CurPri，即大于现运行进程当初抢占处理机时的优先数，从而导致 procMgr.RunRun 标志被设置。所以这里的计算是为了保证了一秒结束时，procMgr.RunRun 标志一定会被设置为非 0。

从后面两个计算优先数的时机选择上可以看出，尽管进程调度的频繁程度会随着系统在核心态下进行活动的多寡而浮动，但最坏情况下，即使所有进程都长期在用户态下活动，既不和用户发生任何交互作用，也不要求系统提供其他服务时，procMgr.RunRun 这个强制调度标志在 1 秒钟计时到时也会被设置。

5.2.2 进程切换调度的条件和时机

首先需要强调一下，进程切换是指计算机从执行一个进程转向执行另一个进程所要做的操作。很显然进程切换的发起者是现运行进程。可以这样认为，现运行进程如果不去执行进程切换调度程序，系统是无法发现优先级更高的进程的。

UNIX V6++ 中，现运行进程进行进程切换调度的条件和时机可以包括以下两类。

1. 强迫调度标志 RunRun 被设置

前文曾述及，当系统中可能存在较现运行进程更适宜于占用处理机的进程时，RunRun 标志被设置。RunRun 被设置的情况主要有以下两种。

(1) 在唤醒高、低优先权睡眠进程时，发现该进程优先权高于现运行进程。很明显，被唤醒的进程较现运行进程更适合占用处理器。

(2) 通过执行 Process::SetPri() 函数，当计算所得的优先数大于现运行进程被调度占用处理机时的优先数时。这一情况在上一节中已经详细阐述，这里不再赘述。

RunRun 的标志一旦被设置，将会引发强迫调度。强迫调度的时机是在中断和系统调用处理的末尾。在 3.3.2 节中曾述及该例行调度。中断和系统调用的发生虽然是随机的，但时钟中断却是定时的，又因为 RunRun 标志在 1 秒钟内至少设置 1 次。因此，UNIX V6++ 系统强迫调度很频繁，1 秒内会发生多次。

2. 现运行进程暂时(或永远)无法继续执行

现运行进程让出处理器。除了进程终止和入睡之外，这种情况还包括：现运行进程扩充图象时，主存空间不够等。发生这种情况时，进程的可交换部分将无奈地被系统暂存在磁盘上。在图象被进程搬进内存之前，进程无法继续运行。

5.2.3　进程切换调度的实现

系统不论由于何种原因发生进程切换调度，现运行进程将调用 Process Manager：：swtch()函数放弃处理器。本节将详细介绍 ProcessManager：：swtch()的执行过程。

ProcessManager：：swtch()的基本工作过程如图 5.4 所示。ProcessManager：：swtch()是

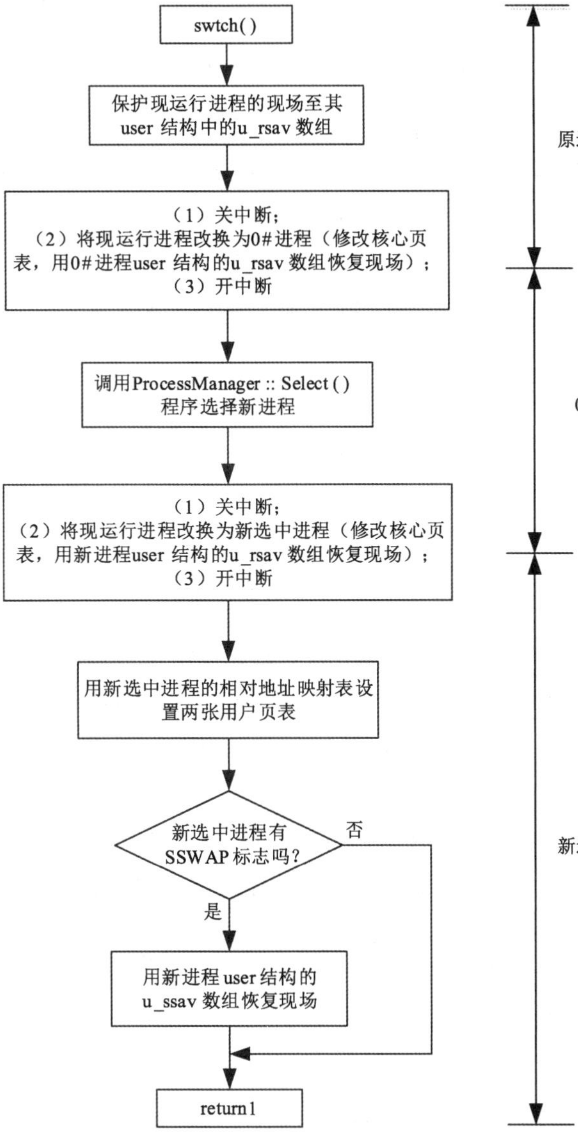

图 5.4　ProcessManager：：swtch()的执行流程

个非常特殊的程序，它可能涉及三个处于核心态的进程，分别是原运行进程、系统调度进程和新选中运行进程。下面将 ProcessManager：：swtch()的工作分成三段进行说明。

1. 原运行进程执行段

原运行进程就是调用 swtch 程序的进程。在放弃处理机前，它先要保护自己的现场，也就是记录下次上台后，应该执行哪个程序，从哪条指令开始执行，以及核心栈栈顶的位置。具体而言：

(1) 进程调用 ProcessManager：：swtch()时，已形成如图 5.5 所示的核心栈栈帧，其中包括执行 ProcessManager：：swtch()后的返回地址。需要注意的是，这个核心栈的状态是原运行进程下台时的状态，也是该进程将来再次被调度到上台时的状态。

(2) 原运行进程还需将 esp 和 ebp 两个核心栈相关指针保护在该进程的 User 结构中的整型数组 u_rsav[2]中(图 5.5)。

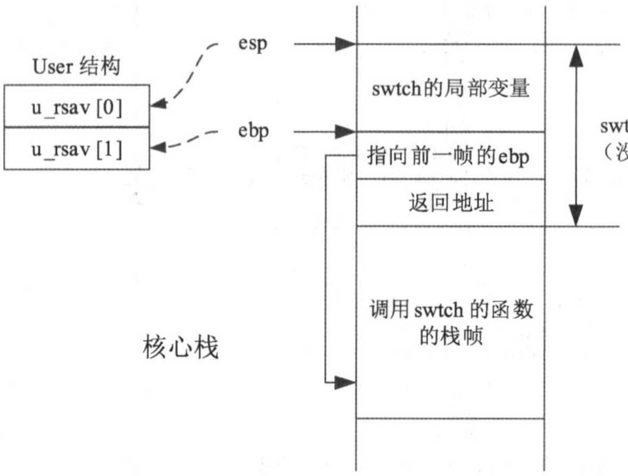

图 5.5 调用 ProcessManager：：swtch()的原运行进程的现场保护

接着，原运行进程使 0＃进程成为现运行进程。其操作过程如下：

(1) 建立 0＃进程的地址映射关系。具体而言，就是将 0＃进程的 PPDA 区所在的物理页框号写入第 0x201＃页框的第 1023＃记录(由于 0＃进程没有用户态地址空间，所以这里无需建立用户页表)。

(2) 恢复 0＃进程的现场。具体而言，就是从 0＃进程的 User 结构(u_rsav 数组)中取出 0＃进程之前下台时保存的 esp 和 ebp，在 0＃进程的核心栈中定位其 swtch 栈帧。

这样，0＃进程就变成了现运行进程。应该注意的是，这时，由于第 0x201＃页框的前 1 023 条记录没有改变，程序计数器 eip 的值也没有改变，所以 0＃进程紧接原运行进程执行 ProcessManager：：swtch()程序。

2. 0＃进程执行段

0＃进程执行段的工作是执行 ProcessManager：：Select()程序在 Process-Manager：：process 数组中选择一个进程占用处理机(流程如图 5.6 所示)。该进程被选中的条件是：处

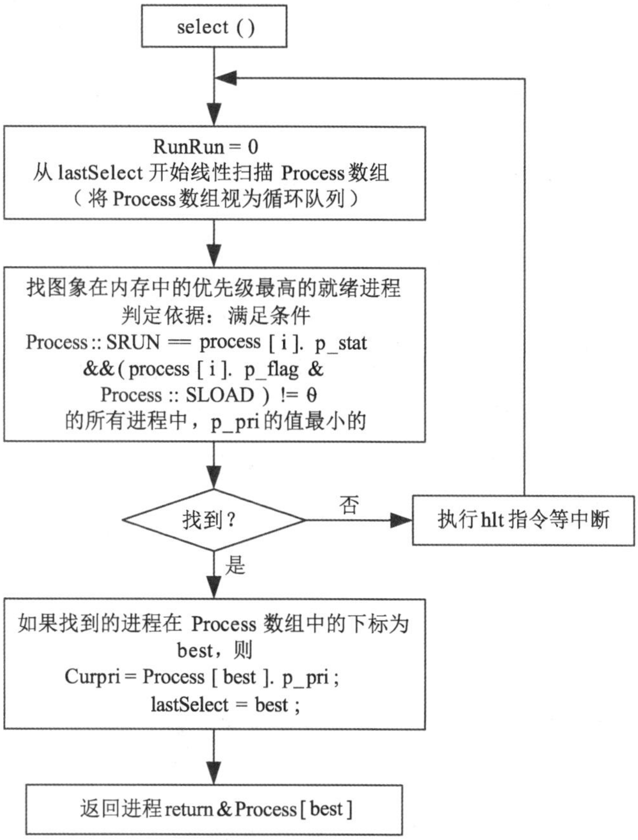

图 5.6 ProcessManager::Select()的执行流程

于就绪状态(p_stat = SRUN)且图象在内存(p_flag & Process::SLOAD = = 1)。如果这样的进程有若干个，则从中挑选优先数最小(也就是优先级最高)的进程。如果没有这样的进程，则 0＃进程执行 hlt 指令停机等待中断。一旦发生中断，处理机立即响应。中断处理后，系统中某些进程的状态很可能已经发生了变化，因此在 ProcessManager::Process 数组中再次搜索，直到选中一个进程为止。

0＃进程接着使新选中进程成为现运行进程。其操作过程如下：

(1) 建立新选中进程的核心态地址映射关系。具体而言，就是将新选中进程的 PPDA 区所在的物理页框号写入第 0x201＃页框的第 1023＃记录。

(2) 恢复新选中进程的现场。具体而言，就是从新选中进程的 User 结构(u_rsav 数组)中取出新选中进程之前下台时保存的 esp 和 ebp，在新选中进程的核心栈中定位其 Swtch 栈帧。这里，新选中进程的栈帧和之前其由于调用执行 ProcessManager::swtch()下台时的栈帧是完全一样的(图 5.5)。也就是说，ProcessManager::swtch()程序使得一个进程放弃处理机时的工作环境以及后来再度占用处理机时的工作环境完全相同。如果忽略两次调度之间的时间间隔，那么，造成的效果与一个进程连续占用一台处理机一样。

这样，新选中进程就变成了现运行进程。同样，由于这时第 0x201＃页框的前 1023 条记录没有改变，程序计数器 eip 的值也没有改变，所以新选中进程仍然继续执行 ProcessManager::swtch()程序。

3. 新选中进程执行段

新选中进程接着执行 Swtch 程序的最后一段。其工作如下：

(1) 按其相对地址映射表以及代码段和 PPDA 区的起始地址设置 0x202＃和 0x203＃页框中的两张用户页表。这样，该进程一旦转入用户态运行时，就能够正确实施逻辑地址到物理地址的变换。

(2) 检查 p_flag 中的 SSWAP 标志位是否被设置。如果被设置，则使用 user 结构中 u_ssav 数组中的两个地址值再次恢复 esp 和 ebp，这一步操作对于一般进程而言并无任何意义，但在创建新进程及进程图象的地址空间发生变化等特殊情况下，却有特殊作用，将分别在 5.5.2 节及 5.7.1 节述及。

(3) 函数返回值 1。

5.3 进程的睡眠和唤醒

前文已多次提及，进程可因等待 I/O、分配系统资源进入睡眠状态。前者是同步的需要，后者是互斥的要求。但无论是哪种原因，现运行进程最后都要调用 Process::Sleep(unsigned long chan, int pri)程序完成图 5.1 中的变迁 h 和 i，使自己入睡。入睡是单个进程的行为，故 UNIX V6++将 Sleep 程序包装在 Process 类中。

待 I/O 数据就绪或得到系统资源之后，内核将调用函数 ProcessManager::WakeUpAll(unsigned long chan)来唤醒等待相关事件的所有睡眠进程。因为可能会涉及多个进程，WakeUpAll 是系统范围的全局操作，适合包装在进程管理对象 ProcessManager 中(注：UNIX V6++中 ProcessManager 对象仅有一个实例)。

本节着重介绍 Sleep 和 WakeUpAll 程序的功能和工作过程。

5.3.1 进程睡眠

进程调用自己的成员函数 Sleep(chan,pri)进入高、低优先权睡眠状态。参数 chan 表示睡眠原因，一般这是一个变量、数组或数据结构的内存地址。例如，某进程因竞争使用某一资源不能得到满足而需进入睡眠状态时，睡眠原因就是一个指针，它指向代表该资源的一个数据结构。又如，某些变量的值表示了相应事件是否已经发生。如果因等待该事件而进入睡眠状态，则睡眠原因就是相应标志变量的指针。pri 是睡醒后该进程被设置的优先数，如前所述，若其值 $\in [-100,0)$，则该进程进入高优先权睡眠状态，否则进入低优先权睡眠状态。

1. 基本工作过程

Process::Sleep(chan,pri)函数的基本工作过程如图 5.7 所示。不论进程进入高优先权睡眠状态,还是低优先权睡眠状态,最核心的工作包括三条语句:登记进程睡眠原因,修改进程的调度状态,设置进程优先数。这三条语句构成了一个临界区,通过关中断保护起来。最后调用 ProcessManager::swtch(),使本进程放弃处理机并选择另一进程占用处理机。

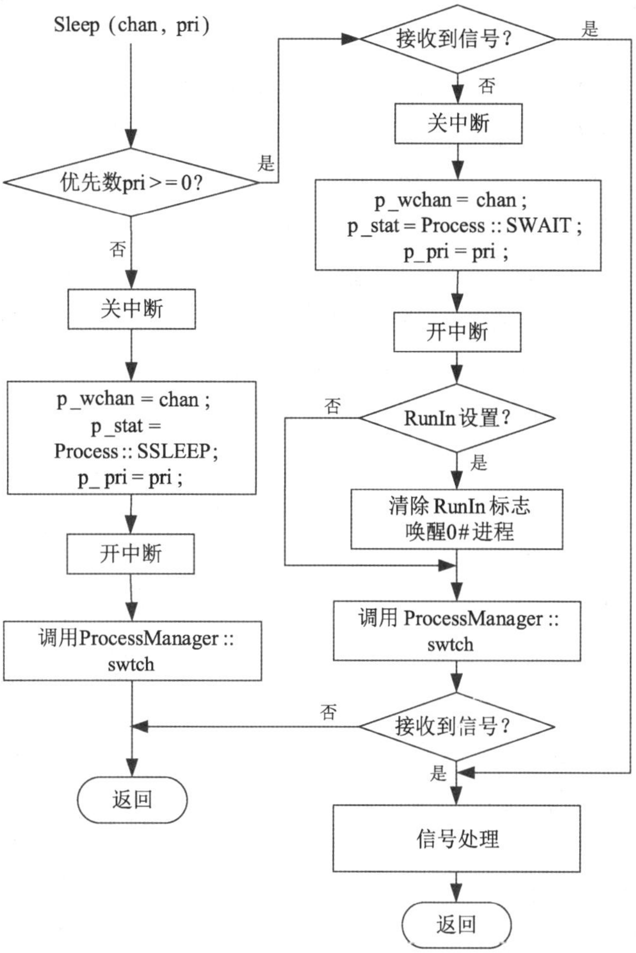

图 5.7　Process::Sleep(chan, pri)的执行流程

2. 低优先权睡眠处理

由图 5.7 可以看出,对低优先权睡眠处理部分还有两个额外操作。

一个是在其首、尾部分进行信号检测,如果收到信号,则直接跳转进行信号处理。

另一个操作与进程图象在内存和磁盘交换区之间的传送及 RunIn 标志有关。RunIn 标志是定义在 ProcessManager 类中的一个数据成员。该标志为 1,表示在磁盘交换区上有就绪进程图象需要调入内存,但是在内存中无足够大的空闲区,而且也没有合适的进程可以调出。当一个进程进入低优先权睡眠状态后,因为它等待的事件一般进行得比较缓慢。因此，系统可以将其图象送到磁盘交换区上，这需要首先唤醒因 RunIn 标志而睡眠的 0＃进程。使它再次试图进行进程图象在内存和磁盘交换区之间的传送操作(见 5.4 节)。也就是说，如果现运行进程进入低优先权睡眠状态时 RunIn 标志为 1，放弃处理器后，0＃进程将上台运行，将其图象的可交换部分搬至磁盘交换区，旨在腾出该进程占用的内存，以便于容纳磁盘交换区上的就绪进程图象。

5.3.2 进程唤醒

ProcessManager::WakeUpAll(chan) 函数唤醒所有因 chan 而进入睡眠的进程，使它们恢复就绪状态。由于这些进程竞争的是同一个需要互斥使用的资源，它们中最先上台运行的进程获得该资源的使用权，其余进程上台后若发现该资源被占用将重新回到睡眠状态。

1. 基本工作过程

ProcessManager::WakeUpAll 的工作过程(图 5.8)如下：它线性扫描 ProcessManager 类中的 Process 表，对于每个被检查的进程的 Process 对象，调用 Process::IsSleepOn(chan)函数检查该 Process 对象中的 p_wchan 成员，查看该进程是否因为 chan 原因处于睡眠，如果是的话，调用 Process::SetRun 函数将进程转入就绪状态。

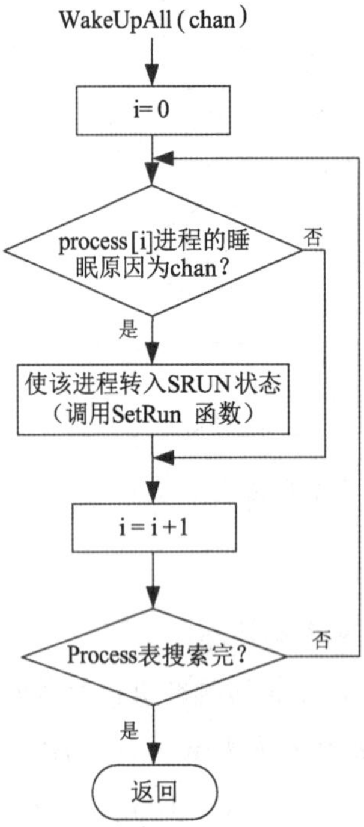

图 5.8 ProcessManager::WakeUpAll 的执行流程

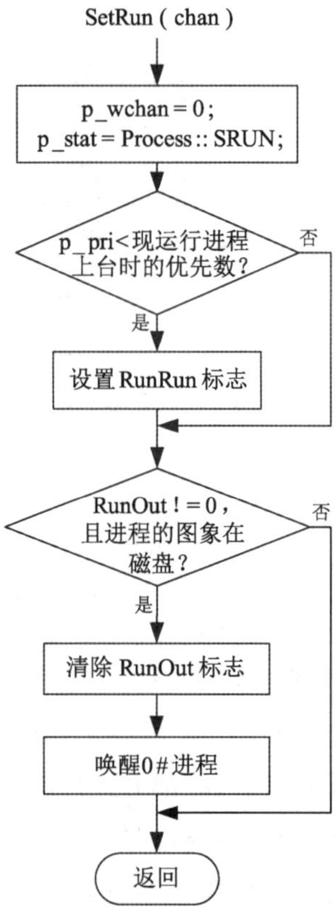

图 5.9 Process::SetRun 的执行流程

Process::SetRun 主要流程如图 5.9 所示。主要工作包括:①清除进程处于睡眠的原因;②恢复进程的就绪状态;③若被唤醒的进程优先权高于现运行进程上台时的优先级,置 RunRun 标志,这是实现强迫调度的基础;④若被唤醒进程的图象在磁盘交换区,且有必要的话(RunOut 标志被设置)需要唤醒 0# 进程。

2. 关于 RunOut 标志

RunOut 是 ProcessManager 中定义的另一个重要标志,其值为 1 表示磁盘交换区上没有进程图象可以调入内存。下节将介绍,当磁盘交换区没有就绪进程时,0# 进程将该标志置 1,入睡等待磁盘交换区中出现第 1 个就绪状态的进程。

因此,当被唤醒进程的图象在磁盘交换区且 0# 进程因 RunOut 标志而入睡时,则对磁盘交换区上的进程执行的唤醒操作会同时唤醒 0# 进程。下次调度时刻,0# 进程上台运行。如果内存有空,将该进程搬入磁盘交换区。这样,该进程便拥有了接受调度、继续运行的条件。

5.4 进程图象的交换

前文提到,UNIX V6++ 的进程图象必须全部装入内存后,该进程才能够开始运行。进程图象的传送指的是将磁盘交换区上的就绪进程图象调入内存,如无足够内存区,则将内存中某些适合于调至磁盘交换区的进程调出。进程图象传送为切换调度创造了前提条件。UNIX 中执行图象搬迁任务的进程是 0# 进程,它也是 UNIX V6++ 系统中的唯一只在核心态运行的进程。该进程执行 Process Manager::Sched 程序。

UNIX V6++ 使用连续的存储管理方式,也就是说,一个进程的可交换部分或代码段在内存或磁盘交换区中必须连续存放。在内存紧张时,理想的布局应该是:就绪进程和高优先级睡眠进程图象在内存,低优先级睡眠进程图象在磁盘交换区。于是就有了 5.3 节中所介绍的:

(1) 情景 1:唤醒磁盘交换区上的进程时,若 RunOut 标志为 1,说明此时磁盘交换区上没有进程就绪,0# 进程无事可做,正在睡眠。于是,因为唤醒了一个新的磁盘交换区上就绪的进程,因而唤醒因 RunOut 而入睡的 0# 进程。

(2) 情景 2:现运行进程进入低优先权睡眠状态时,若 RunIn 标志为 1,说明交换区中已经有进程就绪,但内存中没有连续的空间可容纳该进程,此时 0# 进程正在睡眠等待内存出现可容纳该进程的连续存储空间。于是,唤醒因 RunIn 而入睡的 0# 进程。马上可以看到,在现运行进程进入低优先权睡眠状态,0# 进程上台之后,先将其图象换出内存,之后重新尝试将磁盘交换区上就绪的进程图象搬入内存。

5.4.1 进程图象传送程序

系统启动后,0# 进程的主要功能是执行 ProcessManager::Sched 程序,其基本工作过程如图 5.10 所示。

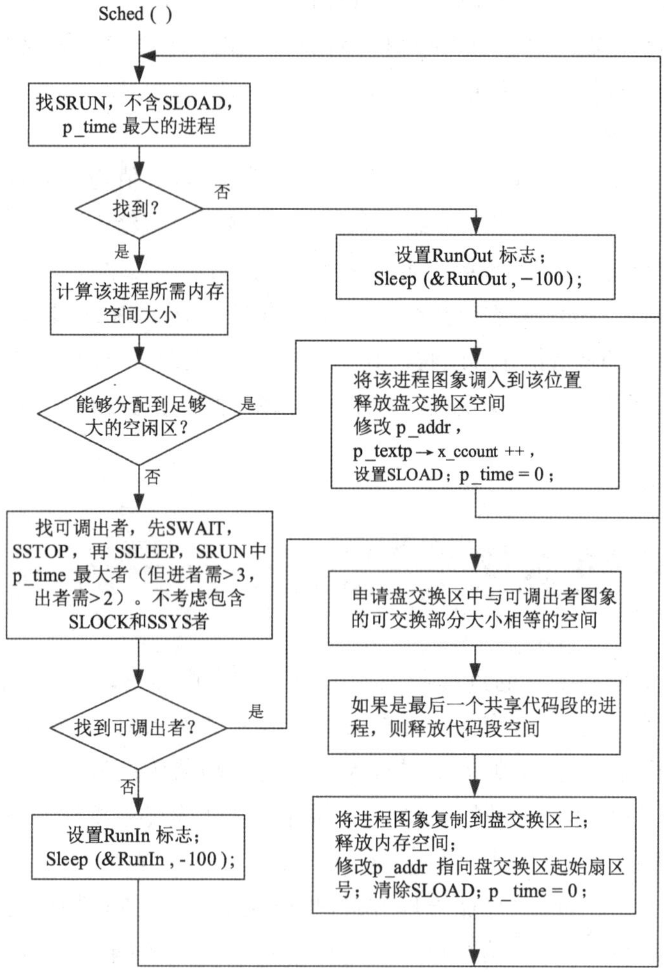

图 5.10　ProcessManager::Sched 的主要流程

进程所需内存区长度包括两个部分：一部分是长度为 p_size 的可交换部分，它是进程的 PPDA 区、用户态数据段和堆栈段长度之和；另一部分是长度为 p_textp→x_size 的代码段长度，如果该代码段已在内存，则不计此部分长度。

1. 进程图象调入内存算法

前文中曾提到，UNIX V6++ 中每一个进程的 Process 对象中，都有一个 p_time 参数用于记录该进程图象最近一次调到磁盘交换区或内存后，驻留的时间长度（单位：秒），每一秒的时钟中断中，p_time 的值被加 1。ProcessManager::Sched 程序按磁盘交换区上各个就绪进程的 p_time 的值，从长到短逐个将它们调入内存。

在将进程图象搬迁入内存之前，需要为之分配内存空间。计算进程所需内存空间的大小（记为 size）遵循原则如下：

（1）若进程代码段在内存（内存中有其他进程与之执行同一个应用程序的，共享同一个代码段)，size＝p_size。

(2) 若代码段不在内存，size ＝ p_size ＋ p_textp→x_size。

如果内存空间分配成功，即内存中存在大于size的空闲分区，则开始将进程的图象调入该分区。调入时，其顺序是先代码段，接着PPDA区、用户态数据段、堆栈段。进程图象搬迁完毕后，释放可交换部分占据的磁盘交换区空间。登记p_addr为调入的内存分区的起始地址，对p_flag中的SLOAD位置1，p_time清0以重新开始记录进程图象此轮在内存中的驻留时间。

当0＃进程将磁盘交换区上的所有就绪进程的图象依次都调入内存后，即0＃进程未找到下一个需要搬入内存的磁盘交换区中的就绪进程，说明内存空间宽裕。此时，0＃进程置RunOut标志为1，表示现在磁盘没有进程需要进入内存，然后0＃进程入睡等待磁盘交换区中再次出现就绪进程。这里，对应前述情景1。

2. 进程图象调出内存算法

如果内存紧张，即不存在尺寸不小于size的连续内存区，以上的基本操作无法将进程的图象搬入内存。为此，0＃进程需要首先将内存中的部分进程图象搬出。选择换出进程遵循原则如下：

(1) 0＃进程自己(带SSYS标记)和带SLOCK标记的进程是不可以被换出的。

(2) 其余进程，首先考虑换出低优先权睡眠状态(SWAIT)或暂停状态(SSTOP)的进程，因为这些进程有可能会在很长时间之后才需要使用处理器。

(3) 如果满足条件(2)的进程不存在，则必须换出高优先权睡眠状态(SSLEEP)或就绪状态(SRUN)的进程，内存才能够容纳新进程。但是，在这种情况下，要求需进入内存的进程在磁盘交换区的驻留时间必须大于3秒(p_time ＞3)，而被换出的进程(高优先权睡眠或就绪状态的进程)在内存中驻留时间不得低于2秒(p_time ＞2)。

如果按照上述原则，找到一个可以换出的进程，则开始实施将该进程的图象换出。包括：申请磁盘交换区中的空闲空间；将进程图象复制到磁盘交换区上；释放曾经占用的内存空间，如果是最后一个内存中使用代码段的进程，还要同时释放代码段的内存空间；登记p_addr为所分配的磁盘交换区的起始扇区号，对该进程p_flag中的SLOAD位置0，p_time清0以重新开始记录进程图象此轮在磁盘交换区中的驻留时间。

进程图象成功换出后，内存紧张的状态得到缓解，0＃进程将再次尝试将磁盘需调入的进程的图象搬入内存。

如果按照上述原则，找不到可以换出的进程，0＃进程将RunIn标志置1，表示磁盘交换区上有进程需要进入内存，但是内存没有足够的空间可供调入。然后，0＃进程睡眠等待内存腾出新的空间。此处对应前述情景2。

3. 几点说明

关于0＃进程执行的ProcessManager::Sched程序，还有以下两点需要说明。

(1) 需要注意的是，将内存中的进程换出的触发条件是磁盘交换区中有就绪进程需要进内存。因此，只要内存能够容纳所有进程的图象，0＃进程绝不会将任何进程的图象搬出主存，哪怕这个进程处于低优先权睡眠状态。

(2) 对磁盘中一个需要进入内存，而内存中没有足够空间的进程来说，0＃进程可能会尝试从内存中换出多个进程图象，以满足其所需大小的内存空间。

(3) 0＃进程具有整个系统中最小的优先数－100，也就意味着，0＃进程是整个系统中优先权最高的进程。这里请读者体会 UNIX 设计者的匠心。

5.4.2 系统颠簸

UNIX 操作系统是标准的分时操作系统，称与某进程并存在系统中的其他进程为该进程在系统中的背景负载。进程执行时间与负载的关系如图 5.11 所示。

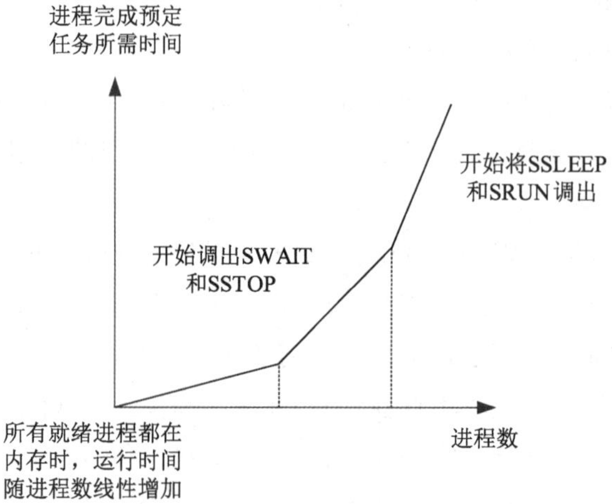

图 5.11 进程执行时间与负载的关系

若每个进程的图象均可以驻留主存，进程的周转时间随背景负载的增加而上升。如果背景负载继续上升，内存就会变得紧张，系统开始将低优先级睡眠状态的进程图象放在磁盘交换区上。此时进程周转时间随背景负载上升的曲线斜率开始增大，但还不是太明显。

继续增加背景负载，为了换入磁盘交换区上的就绪进程，系统会换出内存中高优先级或就绪进程。几乎可以肯定的是，0＃进程立即需要将这些进程搬回内存，这是一次颠簸，系统花费了大量磁盘访问能力用于进程图象交换，系统性能巨幅下降，进程周转时间急剧上升。

如何解决这一问题呢？

(1) 加入 admission control，也就是高级调度算法。在系统负载达到阈值之后，停止创建新的子进程，停止 shell 执行新的命令，并向用户告知系统拥挤状况。

(2) 最根本的，进程运行时图象不必同时驻留在内存中。虚拟存储技术是呼之欲出的，从此处可窥其一斑，虽然实施的必要性远不止这一点。

解决此问题还有其他的方法，但不及上述两种思路治本，不再赘述。

5.5 创建子进程

在 UNIX 操作系统中，用户程序希望创建一个新进程的唯一方法就是执行 fork 系统调用。执行 fork 系统调用的进程是父进程，创建出的新进程是子进程。

5.5.1 创建新进程的基本任务

创建子进程的基本任务就是为它构造一个能够正确执行的就绪态进程图象，包括 Process 对象，PPDA 区（由 User 结构和核心栈两部分构成），数据段，堆栈段和代码段。新进程创建后即成为系统的一个调度单位，可由 Swtch 程序调度占用处理机。此时，应能从其 User 结构和核心栈中获得第一次运行所需的现场信息。

UNIX 的设计思想是：除与进程的状态、标识以及与时间有关的少数控制项之外，让初生的子进程拥有和父进程一样的进程图象。为此，需要做以下工作：

（1）为子进程分配一个 Process 对象和一个唯一的 ID 号。

（2）子进程共享父进程的代码段。

（3）为子进程的可交换部分分配内存空间。

（4）复制父进程图象的可交换部分。

5.5.2 创建新进程的基本工作过程

除了 0＃进程外，进程都经由 ProcessManager::NewProc 创建。应该明确的是，执行 ProcessManager::NewProc 的进程是父进程，其 Process 对象和 PPDA 区的关系如图 5.13(a)所示。ProcessManager::NewProc 基本工作过程如图 5.12 所示。下面将详述 ProcessManager::NewProc 的主要步骤。

1. 查找空闲 Process 结构

创建新进程需要完成的第一步工作是为新进程在 Process 表中找到一个空闲的 Process 对象。

2. 克隆父进程的 Process 给子进程

随后，调用父进程的 Process::Clone 函数，为子进程的 Process 结构赋值。包括：

（1）将父进程的 p_size，p_uid，p_ttyp，p_nice，p_textp 复制给子进程，父子进程共享代码段和终端输入输出缓存。子进程拥有与父进程相同的用户标识符和静态优先数。

（2）为子进程分配 p_pid 设置子进程的 p_stat ＝ Process::SRUN，p_flag ＝ Process::SLOAD，即标记子进程为图象在内存的就绪态进程；

（3）建立父子关系，即令子进程的 p_ppid 等于父进程的 p_pid；

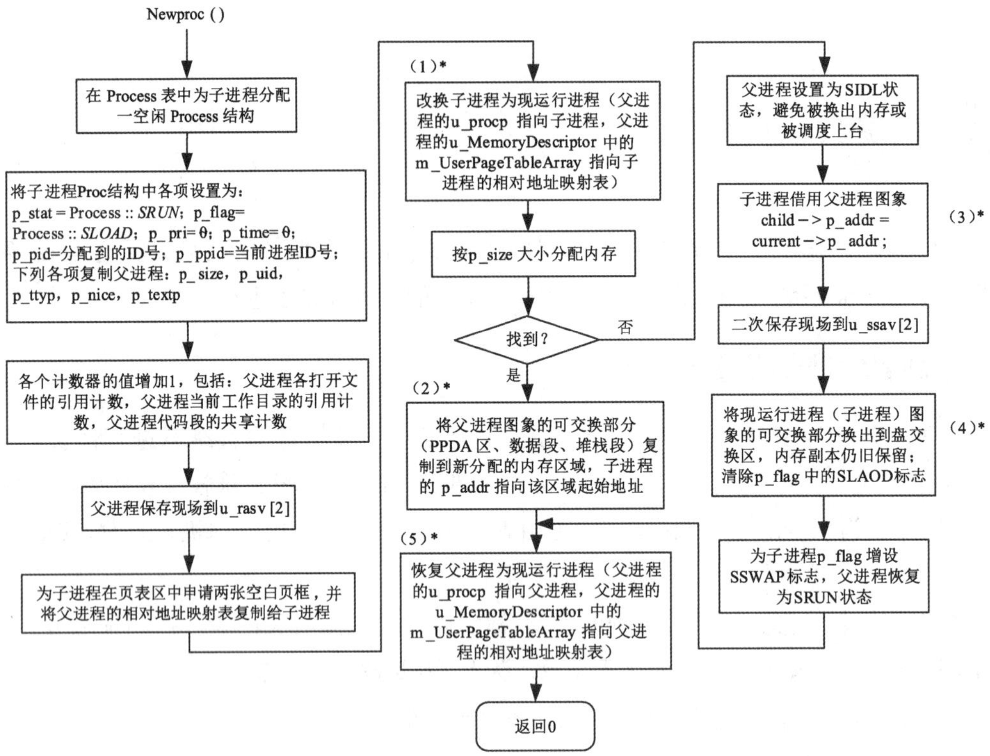

图 5.12　ProcessManager::NewProc 执行流程

(4) 设置子进程的 p_pri = 0,p_time = 0;

(5) 各个计数器的值增加 1,包括父进程打开文件的引用计数,父进程当前工作目录的引用计数,父进程代码段的共享计数等。

执行到这里,子进程拥有了自己的 Process 结构,但仅此而已。

3. 父进程保存现场

指向父进程核心栈的 esp,ebp 寄存器(指向 Newproc 帧)被存入父进程 User 结构中的 u_rsav 数组中。

4. 为子进程建立相对地址映射表

由于子进程的进程图象是由父进程复制而来的,其中各个部分的大小及相对地址关系都与父进程完全相同,因此子进程的两张相对地址映射表的内容一定也是和父进程相同的。于是,父进程在此时为子进程在页表区中申请两张空白的用户页表,并将父进程的虚实地址映射表复制其中。

需要注意的是,在具体实现这一操作的过程中,父进程首先将自己的两张相对地址映射表的地址备份到 pgTable 中,为的是将来恢复自己的相对地址映射表。进而重新申请两张空白的相对地址映射表,并使自己的 User 对象中的 u_MemoryDescriptor.m_UserPageTableArray 指针指向其起始地址。这样做的目的在于,未来通过进程图象的复制,将这个地址值直接复制给子进程[图 5.13(b)]。

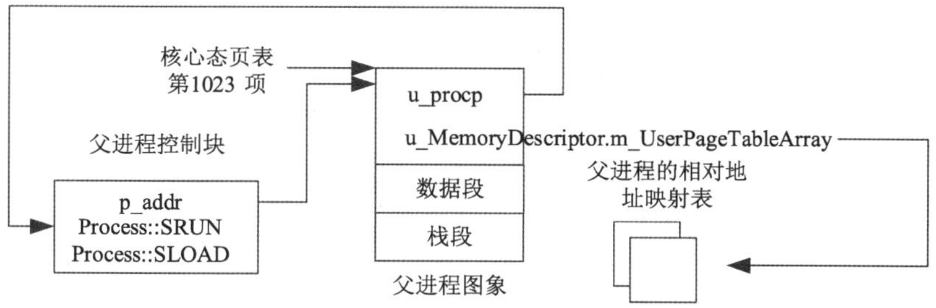

(a) ProcessManager::NewProc 被调用时，父进程为现运行进程

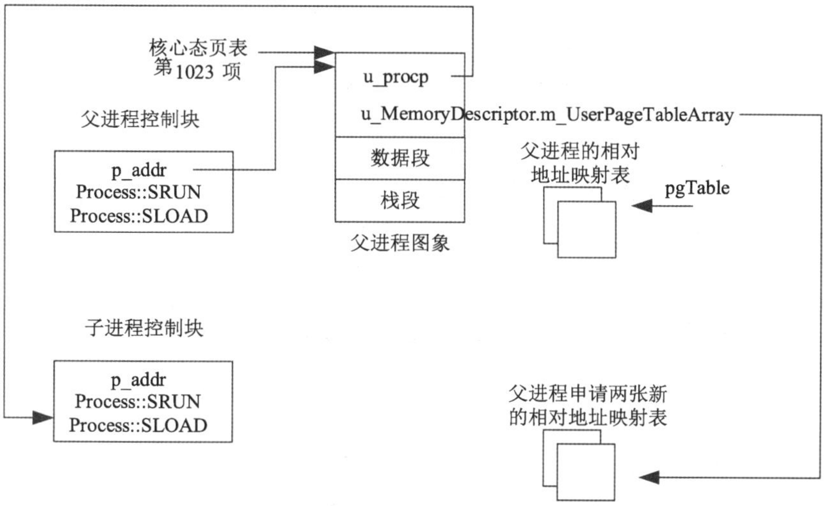

(b) 为子进程准备好相对地址映射表，并将子进程为现运行进程（1*）：
父进程 u_procp 指向子进程控制块

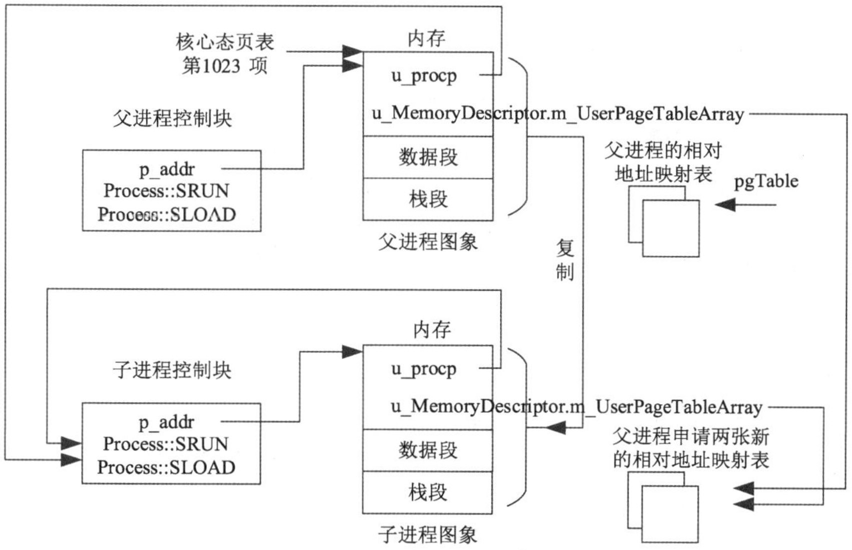

(c) 复制父进程图象到新分配的内存区中，子进程仍为现运行进程（2*）

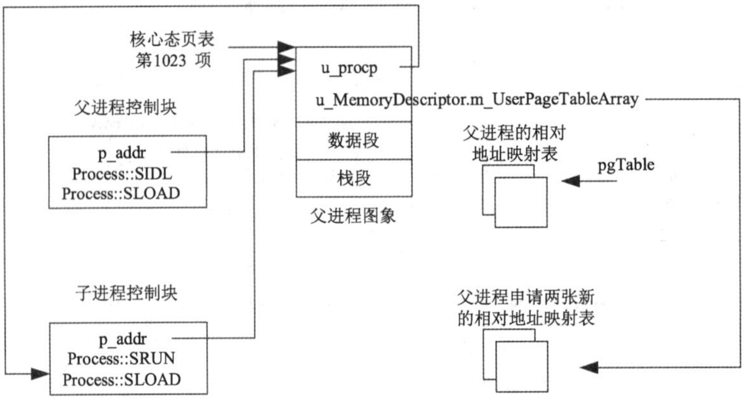

(d) 内存不足，准备复制父进程图象到盘交换区（3*）

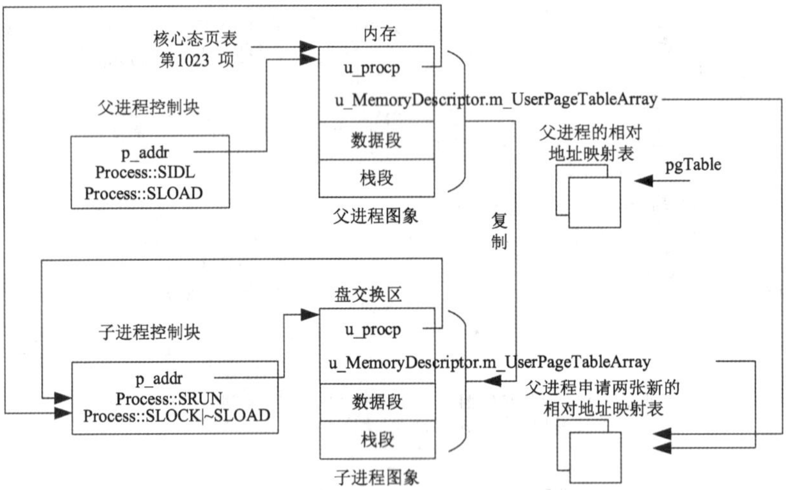

(e) 将暂借的父进程图象复制到盘交换区，子进程为现运行进程（4*）

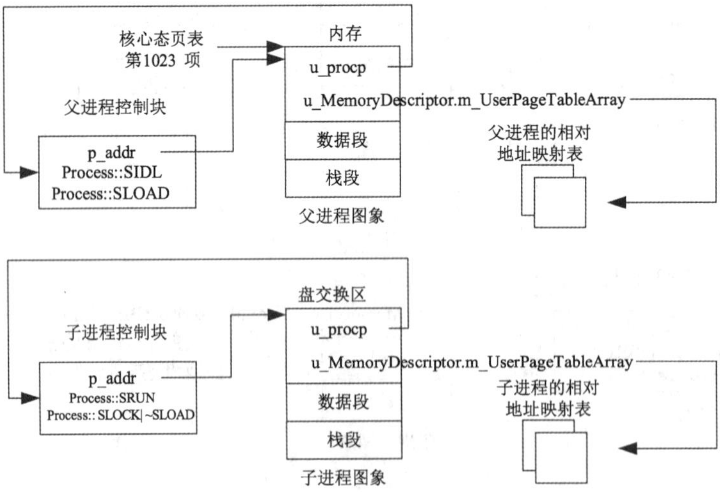

(f) 父进程恢复为现运行进程（5*）

图 5.13　创建子进程过程中的父子进程图象

5. 改换子进程为现运行进程

父进程在执行到图 5.12 中的(1*)时，将父进程 PPDA 区 User 结构中的 u_procp 指向了子进程的 Process 对象。因为核心态页表中的第 1023 项指向的 User 结构为现运行进程的扩展控制块(见 5.1.1 节中关于如何确定现运行进程的图象)。至此，子进程现在暂时变成了现运行进程。不过它除了一个 Proccess 结构外，并不占用任何存储区[图 5.13(b)]。

6. 复制父进程图象的可交换部分

此后，子进程作为现运行进程继续执行，按父进程图象的可交换部分的大小(p_size)申请内存空间。如果申请成功，则将父进程图象的可交换部分复制到该区域中。之后，将子进程的 p_addr 指向该区域的起始地址[图 5.12 中(2*)，图 5.13(c)]。

如果申请失败，即内存中没有足够的连续空间可容纳子进程图象的可交换部分，子进程图象将创建在磁盘交换区上，也就是将内存中的父进程图象复制一份在磁盘交换区中。具体的执行步骤如下：

(1) 父进程 p_stat 设置为 SIDL。

(2) 执行到图 5.12 中(3*)，令子进程的 p_addr 指向父进程 PPDA 区。这与一般现运行进程情况完全相同，不过子进程借用了父进程的 PPDA 区[图 5.13(d)]。

(3) 再次将核心栈现场(esp 和 ebp)保存在 u_ssav[2]数组中(对 esp 和 ebp 采用二次现场保护的原因将在 5.5.3 节中进一步解释)。

(4) 执行到图 5.12 中(4*)，子进程将自己图象的可交换部分(实际上是借用的父进程图象)复制到磁盘交换区上。将进程图象复制到磁盘交换区上的操作由 ProcessManager::XSwap 函数完成。该函数在启动 I/O 操作之前，为子进程的 p_flag 设置 SLOCK 标志位，以确保借用的父进程的进程图象不会被换出到磁盘交换区；并在 I/O 操作结束之后，清除 p_flag 中的 SLOCK 和 SLOAD 标志位。复制操作结束后，子进程 p_addr 指向磁盘交换区上该区首地址，内存中占用的空间也不放弃。

(5) 子进程的 p_flag 增设 SSWAP 标志。此时，父子进程 Process 对象和 PPDA 区的关系如图 5.13(e)所示。子进程仍然是现运行进程。

需要指出的是，子进程在将借用的父进程的图象交换到磁盘交换区的过程中，由于涉及磁盘 I/O，子进程一定会因此而入睡。这期间，有三个细节特别需要注意：

(1) ProcessManager::Sched 程序不会由于检索到父进程的 Process 对象而将借用给子进程的父进程图象换出到磁盘交换区上。

(2) 当子进程因等待磁盘 I/O 操作结束而进入睡眠状态时，Process Manager::swtch 程序不会由于检索到父进程的 Process 对象，而调用父进程占用处理机。

(3) ProcessManager::Sched 程序不会由于检索到子进程的 Process 对象而将借用给子进程的父进程图象换出到磁盘交换区上。

针对问题(1)和(2)，这就是 Newproc 在实施父进程图象复制到磁盘交换区的任务之前，将父进程状态改为 SIDL 的原因。这种状态是 ProcessManager::swtch 和 Process

Manager::Sched 皆不检查的状态，于是不会对父进程执行任何操作。而对于问题(3)，解决的方式是在子进程进行进程图象交换前，为 p_flag 设置 SLOCK 标志，这样借用的父进程图象也不会被换出到磁盘交换区上。

7. 恢复父进程为现运行进程

执行到图 5.12 中(5*)时，恢复父进程为现运行进程，包括：①将父进程 PPDA 区 User 结构中的 u_procp 恢复指向父进程的 Process 对象；②利用 pgTable 中备份的地址值，恢复父进程 User 对象中的 u_MemoryDescrip-tor.m_UserPageTableArray 指向父进程的两张相对地址映射表。至此，子进程的创建过程全部结束，它的调度状态为 SRUN，它的图象则可能在内存，也可能在磁盘交换区上[图 5.13(f)]。未来，当内存有空时，0＃进程会将子进程的图象搬入内存，为其提供运行的机会。

5.5.3 关于子进程创建过程的两点说明

1. 关于二次现场保护

在 ProcessManager::NewProc 中，先将父进程调用 ProcessManager::NewProc 的现场保存在 u_rsav[2]中，当需要将父进程的图象复制到磁盘交换区上去时，又将同样的现场存入 u_ssav[2]中，为什么要这样处理呢？下面对此进行说明。

(1) 子进程图象创建在内存时

通过上面流程的介绍可以知道，当内存空间足够子进程的图象创建在内存时，父进程调用 ProcessManager::NewProc 的现场被保存在 u_rsav[2]中，如图 5.14 所示。父进程创建子进程的工作顺利结束，从 ProcessManager::NewProc 返回，返回值为 0。

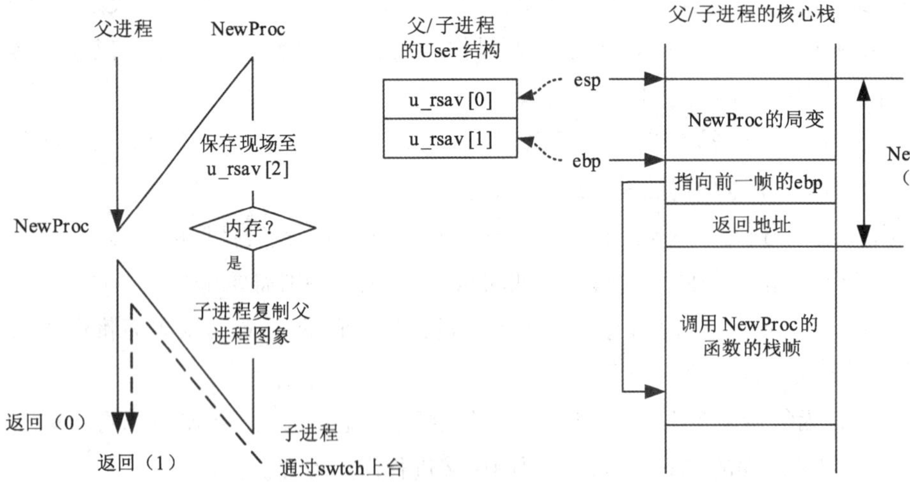

图 5.14　子进程创建在内存时

而子进程如果创建在内存，作为一个内存就绪的进程，将参与竞争使用处理机。由于子进程的 User 结构和核心栈是父进程的拷贝，所以子进程拥有和图 5.14 中父进程完全一样的现场信息。如果在某一时刻,ProcessManager::swtch 选中子进程,根据 5.2.3 节中关于 ProcessManager::swtch 的执行流程的阐述及图 5.4 所示流程图,子进程的 u_rsav[2]将用于恢复 esp 和 ebp 的值,然后当子进程从 ProcessManager::swtch 退出时(执行其 return 1 指令),从栈顶取得的是 ProcessManager::NewProc 的返回地址,返回值为 1。

(2) 子进程图象创建在磁盘交换区

既然 esp 和 ebp 的值已经存入 u_rsav[2]中,那么为什么又要存入 u_ssav[2]中呢?子进程调用 ProcessManager::XSwap 程序将父进程图象复制到磁盘交换区时,这里涉及一个多重子程序嵌套调用(图 5.15)。在其尾部,子进程因等待输出操作结束调用 Process::Sleep 程序入睡。Process::Sleep 程序又调用 ProcessManager::swtch 进行进程调度。ProcessManager::swtch 的原运行进程执行段将 esp 和 ebp 的值送入了 u_rsav[2]中,于是就取代了第一次保护进同一 u_rsav[2]数组中的 esp 和 ebp 的值。

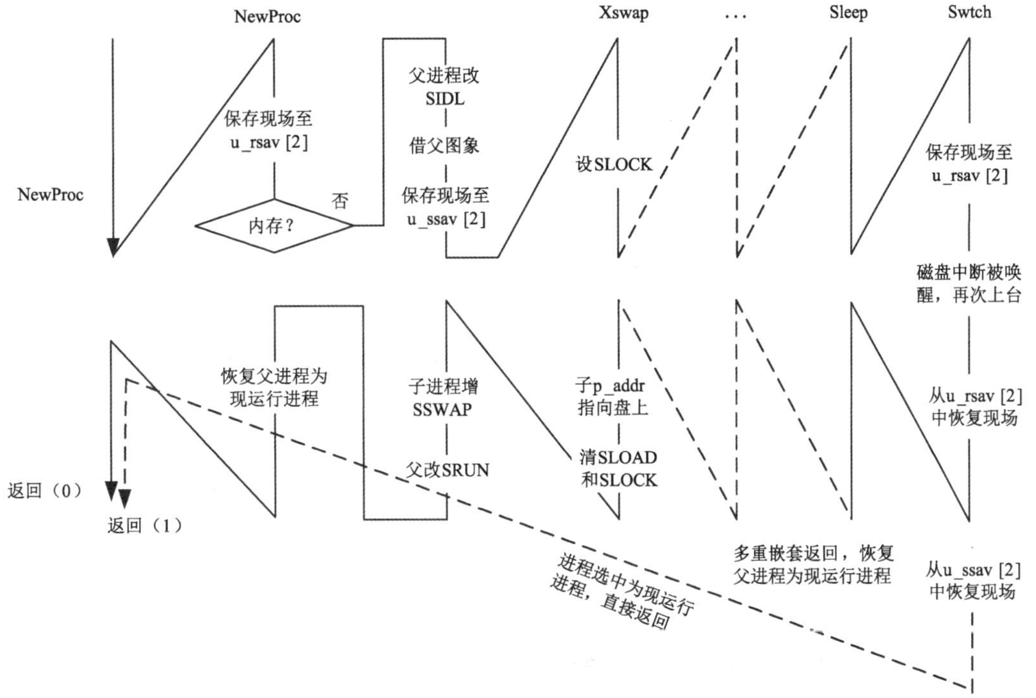

图 5.15 对 esp 和 ebp 的双重保护

再次保护在 u_rsav[2]中的 esp 和 ebp 的值,使得子进程恢复执行时(其实是执行父进程的图象)能够正确返回 Process::Sleep 程序;接着在继续执行 ProcessManager::XSwap 时形成子进程 proc 和盘上图象的勾连关系;最后,在 ProcessManager::NewProc 的末尾又使得父进程成为现运行进程,并向调用 ProcessManager::NewProc 的进程返回 0。这种过程对于恢复父进程为现运行进程是非常必要的。

但是一个完整的被创建好的子进程被 swtch 第一次选中时，却不应该重复这种嵌套返回操作，而是要立即构成正常运行所需的现场（也就是父进程调用 ProcessManager::NewProc 时的现场）。为此，将 esp 和 ebp 保存进父进程的 u_ssav[2]中（此时形成的父进程核心栈如图 5.16 所示），并为新子进程增设 SSWAP 标志。由图 5.4 的流程图可以看到，当 ProcessManager::swtch 选中这一进程时，首先检查它是否具有 SSWAP 标志。如果带有这种标志，则从 u_ssav[2]中恢复 esp 和 ebp，这样就保证了子进程在第一次占用处理机时能够正常工作。即当子进程从 ProcessManager::swtch 退出时（执行其 return 1 指令），从栈顶取得的是 ProcessManager::NewProc 的返回地址，返回值为 1。

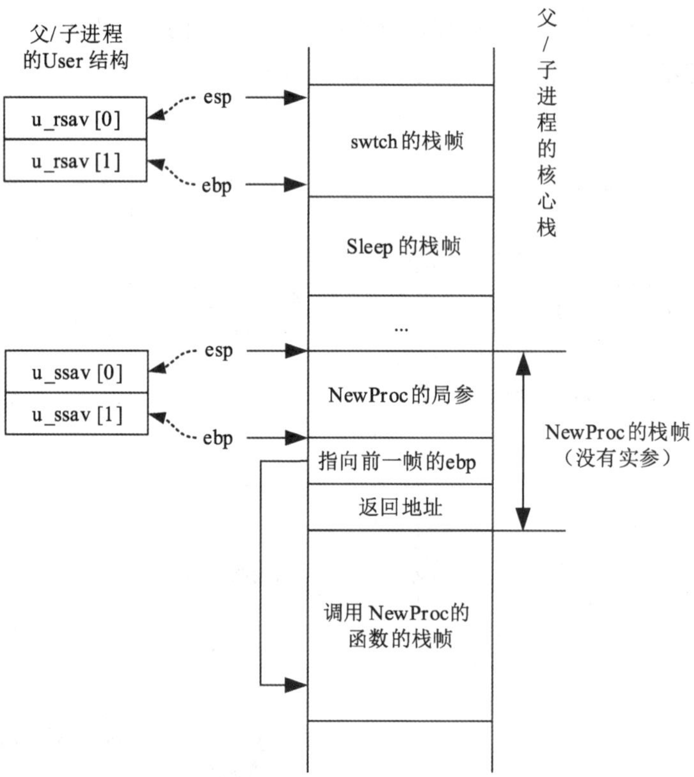

图 5.16　进程图象创建在磁盘交换区时形成的父子进程核心栈

2. 关于子进程的起始执行点

当一个创建好的子进程被调度占用处理机时，它从父进程调用 ProcessManager::NewProc 的返回点处开始执行程序。这和父进程是完全相同的。于是就出现一个问题，从此以后父、子进程是否就只能以完全相同的方式执行相同的程序段呢？对这一问题的回答是否定的，因为创建子进程的目的一般是使它执行一个和父进程不同的任务，因此子进程应该能够执行与父进程完全不同或者至少部分不同的程序段。那么，这一点又是如何做到的呢？

```
ProcessManager pm;
if (pm->NewProc())
    statement1;
else
    statement2;
```

代码 5.4 ProcessManager::NewProc 的调用方法示例

通过前面的阐述可以看到，UNIX 设计子进程的起始执行点就是父进程调用 ProcessManager::NewProc 时的返回地址。但是父进程从 ProcessManager::NewProc 返回时，返回值为 0；子进程从 ProcessManager::Swtch 返回时，返回值为 1。于是，按照返回值就可以判断是父进程还是子进程，并按需使它们执行不同程序段。所以，调用 ProcessManager::NewProc 的程序段如代码 5.4 所示，其中，statement2 是父进程执行的部分，statement1 是子进程执行的部分。

5.5.4 fork 系统调用

创建进程程序 ProcessManager::NewProc 并不直接面向用户态程序。如用户态程序希望创建新进程，则应使用 fork 系统调用。由代码 5.5 中的系统调用入口表的定义可以看出，fork 系统调用是 UNIXV6++ 中的 2 号系统调用。代码 5.6 显示了 fork 系统调用对应的库函数 fork。

```
/* 系统调用入口表的定义
SystemCallTableEntry SystemCall::m_SystemEntranceTable[SYSTEM_CALL_NUM] =
{
    { 0, &Sys_NullSystemCall  },          /* 0 = indir   */
    { 1, &Sys_Rexit   },                  /* 1 = rexit   */
    { 0, &Sys_Fork},                      /* 2 = fork    */
    { 3, &Sys_Read},                      /* 3 = read    */
    ...
}
```

代码 5.5 系统调用入口表中关于 fork 系统调用的定义

```
int fork()
{
    int res;
    __asm____volatile__ ("int $0x80":"=a"(res):"a"(2));
    if ( res >= 0 )
        return res;
    return -1;
}
```

代码 5.6 fork 系统调用的使用

由代码 5.7 显示的 fork 系统调用的实现函数 Sys_Fork 可以看出，其核心的处理程序是 ProcesssManager::Fork。主要功能是调用 ProcesssManager::NewProc 创建子进程图象。图 5.17 显示了该程序的执行流程，而代码 5.8 给出了该程序的主要代码。从中可以看出，与一般的系统调用不同的是，子进程创建后与父进程执行同一个应用程序。ProcesssManager::Fork 利用 ProcesssManager::NewProc 中父进程与子进程不同的返回值，使父子进程分别执行不同的程序分支，执行完 ProcesssManager::Fork 后，父进程返回所创建的子进程 pid 号，子进程返回 0。

```
/*2 = fork count = 0*/
int SystemCall::Sys_Fork()
{
    ProcessManager& procMgr = Kernel::Instance().GetProcessManager();
    procMgr.Fork();
    return 0;/* GCC likes it ! */
}
```

代码 5.7　fork 系统调用的实现函数 SystemCall::Sys_Fork

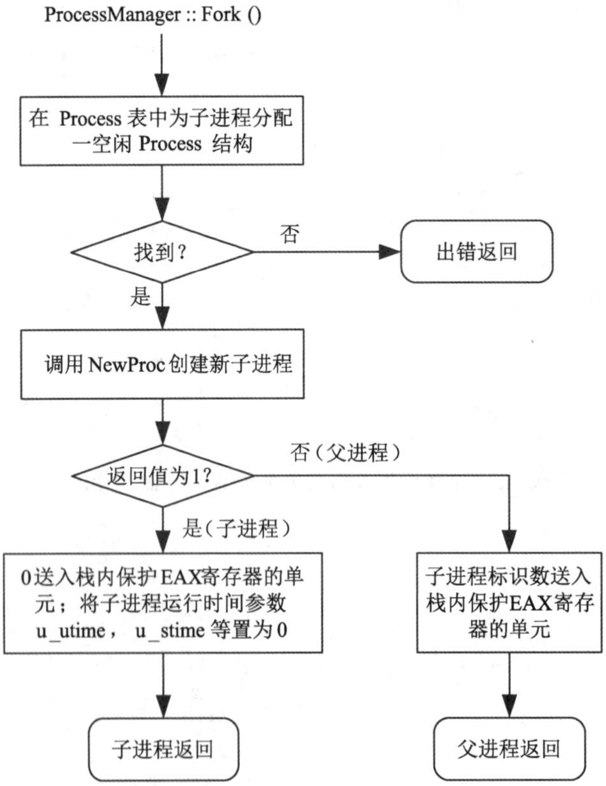

图 5.17　ProcessManager::Fork()函数执行流程

系统调用成功后：

(1) 系统中多出了一个和父进程长得一模一样的子进程。它们执行同一个应用程序，拥有相同的变量值，相同的打开文件列表，甚至每个文件的读写指针都完全相同。当然它们是“2 个人”，应该有不同的身份证号码；它们的年龄不一样，新生的子进程所有时间统计值为 0。

(2) 父进程顺利完成子进程创建任务，fork 系统调用返回，返回值是子进程的 ID 号（一个正整数）；子进程此时是一个就绪进程。一段时间之后，子进程上台运行，也从 fork 系统调用返回，返回值为 0。请回看图 5.1 中的状态 4 和变迁 g。

```
void ProcessManager::Fork()
{
    ...

    if ( this->NewProc() )   /* 子进程返回 1,父进程返回 0 */
    {
        /* 子进程 fork()系统调用返回 0 */
        u.u_ar0[User::EAX] = 0;
        u.u_cstime = 0;
        u.u_stime = 0;
        u.u_cutime = 0;
        u.u_utime = 0;
    }
    else
    {
        /* 父进程进程 fork()系统调用返回子进程 PID */
        u.u_ar0[User::EAX] = child->p_pid;
    }

    return;
}
```

代码 5.8　ProcessManager::Fork()函数主要代码

下面将详细介绍 fork 系统调用的两种用法。

1. 父进程和子进程执行同一个应用程序

fork 系统调用后，子进程与父进程共享同一个代码段，但彼此拥有独立的进程图象可交换部分。实例程序 example1 见代码 5.9。

fork 系统调用执行完毕后，父子进程都执行应用程序 example1。需要说明的是：

（1）父进程将自己的可交换部分复制给子进程，之后父子进程分别访问自己的数据段和堆栈段。因此子进程数据段中的局部变量 a 与父进程数据段中的 a 占据不同的内存单元（i 变量也是如此）。fork 成功时，2 个 a 变量的值都是 0。

（2）父进程由于 fork 的返回值是子进程的 ID 号，执行结果为 true 的 if 分支，子进程由于返回值为 0，执行 else 分支。所以，父子进程分别对自己的 a 变量执行加法操作，父进程 a 变量的值是 1，子进程 a 变量的值为 4。因此，程序的输出结果是 2 行，parent：a＝1 和 child：a＝4。

（3）父子进程彼此独立，谁先运行不确定，由调度系统决定。如果父进程先上台运行，该应用程序的输出见代码 5.9。

```
main()
{
    int i ;
    int a=0;
    while((i=fork( ))==-1);
    if(i)
    {
        a=a+1;
        printf("parent:a= %d\n", a);
    }
    else
    {
        a=a+4;
        printf("child:a= %d\n", a);
    }
}
```

代码 5.9　example1 程序示例

```
parent:a=1
child:a=4
```

如果子进程先上台运行，输出结果为：

```
child:a=4
parent:a=1
```

2. 让子进程转换进程图象(exec)执行另一个应用程序

如果创建子进程是为了让它执行与父进程完全不同的应用程序，子进程 fork 返回后，应立即执行 exec 系统调用。此过程为进程图象转换，将在第 8 章中详述。

5.5.5 进程树

如同所有操作系统一样，UNIX 系统中所有进程组成进程树。树根是 0♯进程，它是系统初始化时创建的第一个进程。0♯进程的子进程是 1♯进程，这是所有终端监控进程的父进程。然后，1♯进程又为每个终端生成一个子进程，子进程数量与终端数量相等，它们就是大家非常熟悉的 shell 进程。shell 进程执行 shell 程序，这是 UNIX 系统中的命令解释程序。shell 程序所做的最主要的工作就是解析命令行，为用户提供执行应用程序服务的。在此过程中，每个 shell 进程又可能创建若干子进程，每个子进程也可以按需要再创建子进程。依次类推，UNIX 系统中的进程构成了树形结构的进程族，如图 5.18 所示。除了同时存在的进程数受到限制外，树形结构的层次可以不断延伸。

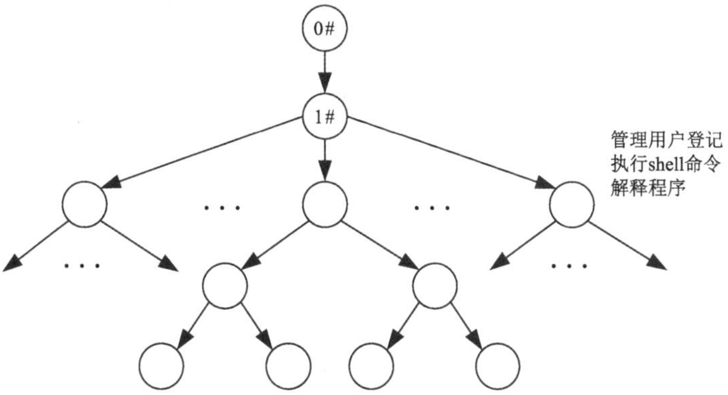

图 5.18 UNIX 进程的树形体系

通常，一个命令行仅包含一个可执行程序。UNIX 系统究竟是如何执行该程序的？要理解此过程，还需要耐下心来再学几章。这里先提一句：每执行一个应用程序，shell 进程就会创建出一个子进程，让这个子进程去运行这个应用程序。子进程是 fork 出来的，初生的子进程执行的是应用程序 shell，也就是说子进程的代码段、数据段和堆栈段中存放的是 shell 的代码、shell 的全局变量和 shell 的子程序栈帧。如何让这个子进程执行新的应用程序（命令行包含的可执行程序）？子进程自己执行 exec 系统调用，抛弃原有的代码段和可交换部分，申请新的内存空间装入新的应用程序。理解这一过程需要具备文件系统的相关知识。

5.6 进程终止和父子进程同步

进程在完成任务（通常是应用程序执行完毕）后总要终止，而且计算机系统总是希望尽快回收该进程使用的一切系统资源，毕竟系统赋予进程以生命完全是为了令其执行代码（特别是应用程序）。

5.6.1 进程终止

在 UNIX V6++ 操作系统中，使一个进程终止只有一个方法：这个进程自己执行内核函数 Process::Exit。该函数使调用它的现运行进程释放一切系统资源，进入不能继续运行的 SZOMB 状态，此时的进程只剩下 Process 对象和 User 结构，其中保存的信息供父进程采集。

有两种可能会导致进程执行 Process::Exit 函数的情况：

(1) 应用程序执行完毕后，执行 exit 系统调用或从 main 返回。称此种情况是进程正常终止。exit 系统调用处理程序为 SystemCall::Sys_Rexit，其核心操作即是由内核子程序 Process:: Exit 完成。

(2) 收到信号。信号会导致进程终止。这是 UNIX 内核在调用 Process:: Exit 函数。称这种方式为进程异常终止。

图 5.19 显示了 Process::Exit 函数的工作过程。

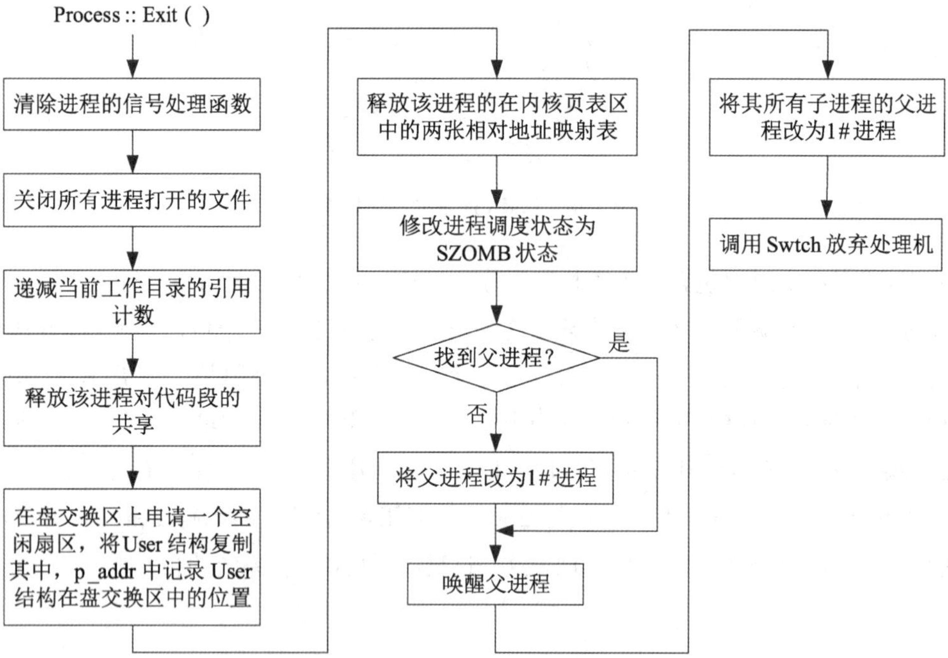

图 5.19 进程的终止过程

1. 清理信号处理方式

将 u_signal[NSIG]数组中的每一个成员赋奇数值。理由是已经终止的进程应该忽略所有信号。

2. 关闭所有打开的文件

将 u_ofile 数组中的全部元素清空。

3. 关闭当前工作目录

旨在释放该目录文件的内存 i 节点。每个进程都有当前目录，此目录文件在进程整个生命周期始终处于打开状态。进程 User 结构中的 u_cdir 指向该目录文件的内存 i 节点。关于 i 节点将在文件管理一章详细介绍。

4. 处理进程图象

即将终止的进程将按照以下步骤处理自己的进程图象：

（1）释放该进程对代码段的共享引用；

（2）在磁盘交换区上申请一个空闲扇区，将 User 结构复制其中，并在 p_addr 中记录该进程 User 结构在磁盘交换区中的位置；

（3）释放进程占用的 2 张相对地址映射表；

（4）释放进程可交换部分占用的内存区；

（5）修改进程调度状态为 SZOMB 状态。

上述操作结束后，进程仅剩下 Process 对象和磁盘交换区上的 User 结构，没有了用户空间的全部图象、没有了核心栈，并且进程进入不会被调度执行的状态。

Process 中的 p_addr 指向该进程 User 结构在磁盘交换区中的位置。User 结构中的 u_arg[0]是进程的退出原因，时间统计量 u_stime、u_utime、u_cstime 和 u_cutime 分别表示进程本身及其所有子进程在核心态、用户态下的执行时间，需要将它们累加入父进程相应的时间统计量中。因此，子进程终止后，其 Process 和 User 结构一定要保存，直至父进程将上述信息采集完毕。

5. 唤醒父进程

在 UNIX 操作系统中，父进程经常会执行 Wait 系统调用等待子进程终止。因此，Process::Exit 后半部所做的主要工作就是唤醒在执行 Wait 系统调用时入睡的父进程。

6. 将子进程的父进程改为 1# 进程

即将终止的现运行进程将自己的所有子进程传递给 1# 进程。

7. 放弃 CPU

调用 ProcessManager::swtch 进行进程的切换调度，从而现运行进程放弃处理机。

5.6.2 父进程等待子进程终止

父进程可使用 wait 系统调用入睡。其睡眠状态将一直持续到出现第一个终止的子进程。被唤醒的父进程收集该子进程暂存在磁盘交换区中的 User 结构中所包含的信息，释放子进程的 Process 结构和 User 结构所占据的盘交换空间。

wait 系统调用处理程序为 SystemCall::Sys_Wait()，其核心操作由内核程序 ProcessManager::Wait 完成，如图 5.20 所示。

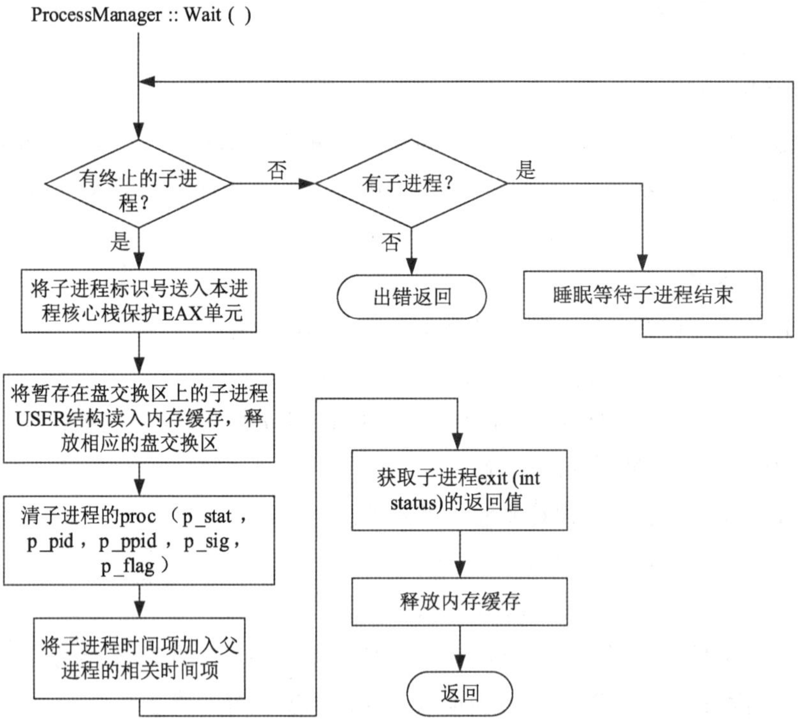

图 5.20　ProcessManager::Wait 函数执行流程

5.6.3　子进程终止码的传递

应用程序执行完毕后，执行 exit 系统调用或从 main 返回。系统调用 exit(status)中参数 status 的值是进程的终止码(exit_status)。程序员经常用不带入口参数的 exit()或在 main 子函数中调用 return 来终止应用程序，此时进程的终止码默认为 0。

```
int exit(int status)   /* 子进程返回给父进程的 Return Code */
{
    int res;
    __asm____volatile__ ( "int $0x80":"=a"(res):"a"(1),"b"(status));
    if ( res >= 0 )
      return res;
    return -1;
}
```

代码 5.10　exit 库函数

UNIX V6++ 自带的函数库 lib/src/sys.c 中，exit 库函数程序实现如代码 5.10 所示。很明显，进程的终止码 status 存放在 EBX 寄存器中。学过系统调用实现的读者应该很清楚，未来 SystemCall::Trap 将把这个终止码存入该终止进程的 u.u_arg[0]。

进程执行 exit 系统调用后，终止码保存在 User 结构中供父进程采集。如果父进程对子进程的终止状态不感兴趣可以不执行 wait 系统调用，也就无法得到子进程的终止码。

需要时，父进程执行类似：childID = wait (&exit_status)的语句入睡，等待子进程终止。可以看到，子进程终止时会唤醒睡眠在 wait 系统调用的父进程。之后，父进程会将存放在子进程 USER 结构中的终止码送入父进程自己的私有数据区（向变量 exit_status 赋值）。

下面用代码 5.11 中的例子说明系统调用 exit 和 wait 的应用。

```
main( )
{
int i,j;
if (fork())
    {
        i = wait(&j);        /* i 为终止的子进程的进程号 */
        printf("It is parent process. \n");
        printf("The finished child process is %d. \n", i);
        printf("The exit status is %d. \n", j);
    }
else
    {
        printf("It is child process. \n");
        exit(0);
    }
}
```

代码 5.11　系统调用 exit 和 wait 的应用实例

执行该程序的结果是在标准输出上得到：

```
It is child process.
It is parent process.
The finished child process is XXX.
The exit status is 0.
```

5.6.4 回收 PCB

UNIXV6++ 中系统中并存的进程数量不能超过 100。因而，尽快回收终止进程的 Process 块是非常必要的；否则，系统将会因缺乏 Process 结构无法创建新的子进程。

系统最早何时能够回收终止进程的 Process 块呢？必须等到其父进程将 Process 块中的信息采集完毕，或者系统确认终止进程 PCB 中包含的信息已无进程需要。因此，Process::

Exit 后半部必须唤醒在执行 wait 系统调用时入睡的父进程，期待被唤醒的父进程能够早日上台运行，执行 ProcessManager::Wait 代码，采集信息后释放子进程的 PCB。

如果父进程在创建子进程后不执行 wait 系统调用，而是自顾自地运行。那么子进程终止之后，PCB 块的回收操作将是一个大问题。

情景 1：如果父进程已不存在，UNIX 将指认 1# 进程为当前进程的父进程，由 1# 进程负责回收进程的 PCB。

情景 2：父进程仍然存在。子进程 PCB 回收操作将推迟至父进程终止之后（由 1# 进程回收）。这将是一段无法控制的时间，显然是我们不愿意看到的。

因此，仰仗父进程执行 wait 来回收子进程 PCB 是不可靠的。现代 UNIX 操作系统（含 Linux）设计子进程终止信号 SIGCHLD，子进程终止后，父进程将收到该信号。

（1）父进程非现运行进程（低优先权睡眠，或就绪）：提前苏醒，系统提高父进程的优先权至用户态进程中的最高优先权，使父进程能够很快得到调度。上台恢复用户态运行之前，默认的情况是忽略该信号，父进程回收子进程的 PCB 块后继续自己的任务。

（2）父进程非现运行进程（高优先权睡眠）；等待 I/O 结束，重返用户态运行时，回收子进程的 PCB。

（3）父进程是现运行进程：最晚在下个整数秒，回收子进程的 PCB。

因为 PCB 中包含有父进程需要采集的信息，系统丧失了回收子进程 PCB 的主动权，陷入了两难境地，这直接导致了 SIGCHLD 信号的出现。

5.7 改变进程的虚地址空间

UNIX V6++ 系统中，改变进程虚地址空间只有两种方法：扩大或缩小进程的数据段、堆栈段。具体表现如下：

（1）通常 C 语言程序员会在程序中使用 malloc 函数为进程动态申请内存空间，用 free 函数动态释放内存空间。这两个操作有可能引发进程数据段的扩大和缩小操作。

（2）进程的堆栈段依据子程序调用的嵌套深度，自动地增长、缩短。即进程不需要做显式的系统调用，堆栈段按需扩大缩小。

5.7.1 进程占用存储区的长度变更

在 UNIX V6++ 操作系统中，现运行进程调用 Process::Expand 子程序改变自己的数据段或堆栈段的尺寸。前文中已经多次提及，UNIX V6++ 是一个基于连续内存管理方式的操作系统，要求进程的可交换部分占据连续的存储单元。在这样的限定条件下，图 5.21 中详尽展示了 Process::Expand 执行后进程图象在存储空间位置移动的情况。相应地，图

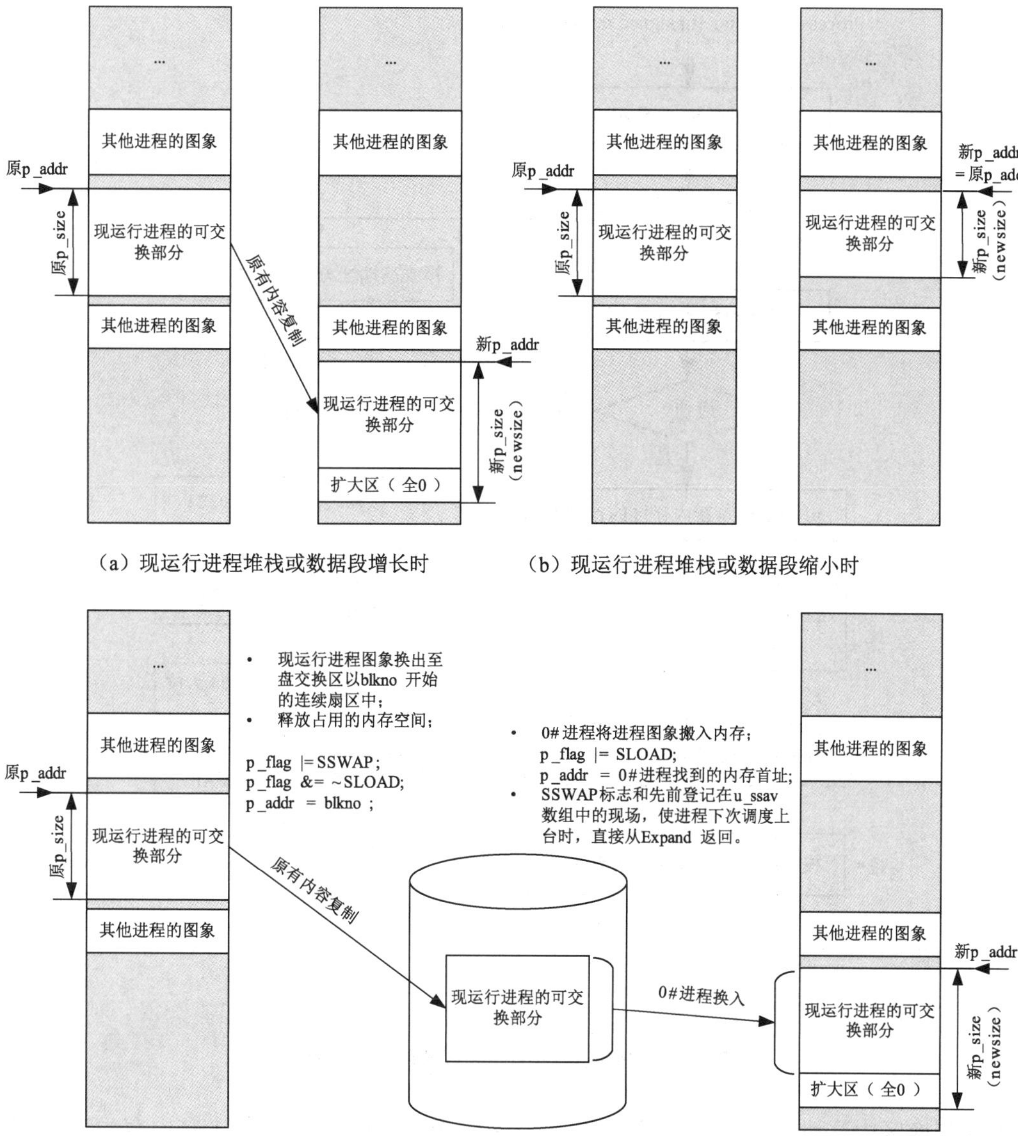

（a）现运行进程堆栈或数据段增长时　（b）现运行进程堆栈或数据段缩小时

（c）现运行进程堆栈或数据段增长时（内存无足够连续空间）　（d）当内存出现足以容纳进程图象的连续空间时

图 5.21　进程图象的扩大和缩小

5.22 显示了 Process::Expand 的详细执行流程，其主要工作分为三个部分：

（1）按可交换部分的新尺寸修正 p_size。

（2）按可交换部分的新尺寸分配内存空间。

如果数据段或堆栈段长度增加，则按增长后的尺寸为进程的可交换部分分配新的内存空间，之后将原先的进程图象拷贝其中。这是因为紧邻现运行进程可交换部分的内存空闲区域尺寸经常小于所需，导致进程可交换部分图象无法原地扩展[图 5.21(a)]。而此时，如果内存中没有足够的空间，新的进程空间会暂时分配在磁盘交换区上，并将原有内容复制

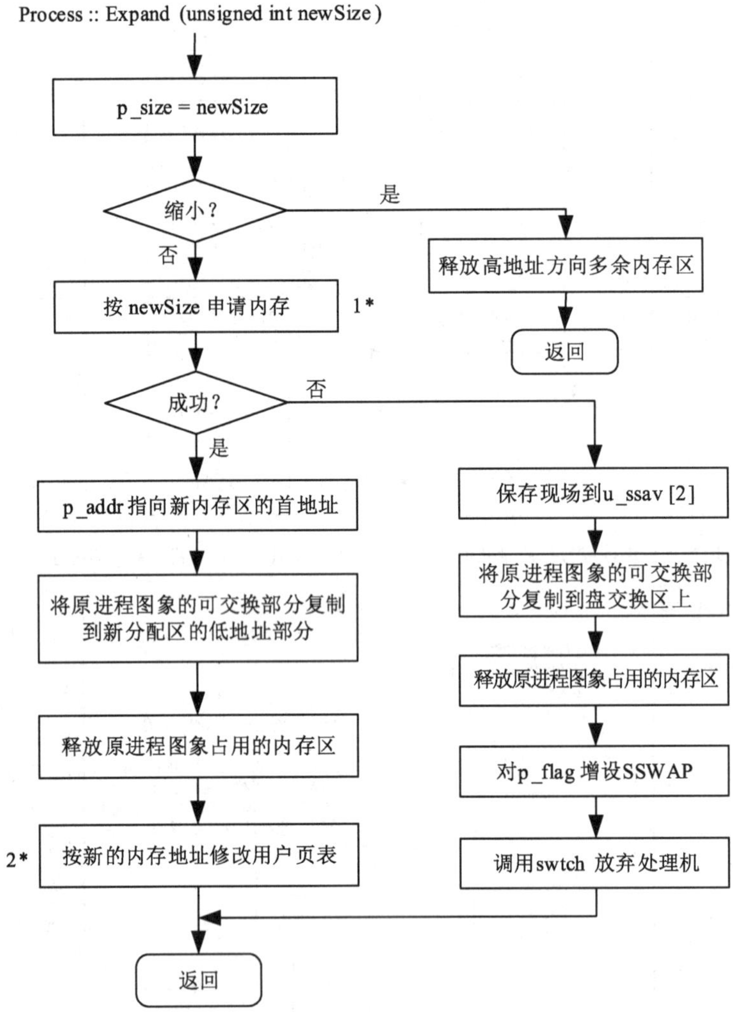

图 5.22　Process::Expand 函数的执行流程

到磁盘交换区中这块新分配的空间上[图 5.21(c)]，接着进程睡眠等待未来内存中有了足够大小的空间后，由 0＃进程将该进程图象调入内存[图 5.21(d)]。

如果数据段或堆栈段长度缩小，操作相对简单很多，直接释放高地址端多余的内存空间[图 5.21(b)]。

(3) 修改进程的用户页表，以反映每张逻辑页面新的状态。

Process::Expand 并未修改进程的相对地址映射表，且进程图象只是平移拷贝。修改相对地址映射表及堆栈空间上下的移动均由调用 Process::Expand 的其他程序实施。详见 5.7.2 节和 5.7.3 节。

5.7.2　用户栈的扩充

当用户栈溢出时，异常处理机构自动扩充用户栈。先调用 Process::Expand 改变进程图象的位置和尺寸，然后将原用户栈的内容搬迁到高地址部分(图 5.23)。

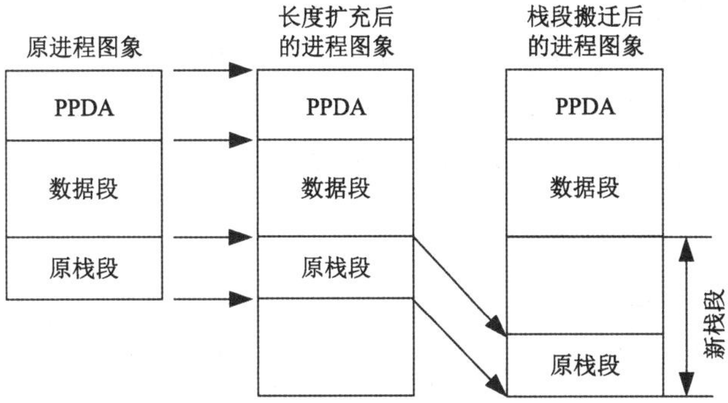

图 5.23　用户栈段的扩充

5.7.3　数据段长度变化

进程通过系统调用 brk(又称 sbrk)来扩展或压缩自己的虚地址空间，相应的库函数定义在文件 lib/src/sys.c 中。实施 brk 系统调用的函数为 Process::SBreak。

数据段扩充过程将按如下步骤完成(图 5.24)：

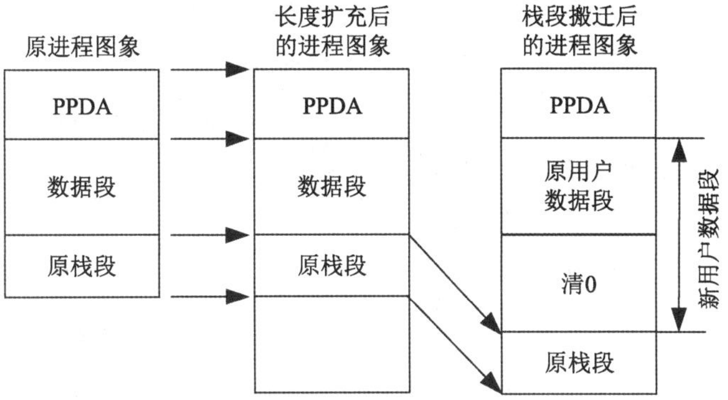

5.24　用户数据段的扩充

(1) 按现运行进程新的数据段长度重写进程相对地址映射表；

(2) 调用上节中介绍的 Process::Expand，按新的数据段长度为可交换部分分配内存空间，实施图象平移操作；

(3) 按照新的进程相对地址映射表修改进程用户页表；

(4) 将原堆栈段中的内容向下平移。

(5) 清 0 扩展出的数据空间。

数据段缩小过程将按如下步骤完成：

(1) 按现运行进程新的数据段长度重写进程相对地址映射表；

(2) 将原来的可交换部分中将堆栈段中的内容向上平移；

(3) 调用上节中介绍的 Process::Expand，释放高地址端多余的内存空间；

(4) 按照新的进程相对地址映射表修改进程用户页表。

下面通过一个实例展示数据段长度变化时，内核（Process::Sbreak 函数）的行为。假设现运行进程数据段长 8 k，堆栈段长 4 k，正文段长 8 k。该进程 p_addr = 4 M+256 k 字节，p_textp_→x_caddr = 4 M+128 k 字节（进程图象如图 5.25 所示）。内存空间充裕，足以容纳扩展后的进程图象。

图 5.25 原进程图象

1. 数据段长度增长 4K

内核行为如下：

(1) 按现运行进程新的数据段长度重写进程的相对地址映射表；

(2) 调用 Process::Expand，分配从 4 M + 40 k 开始的 20 k 地址空间，并实施图象平移复制操作，按照新的进程相对地址映射表修改进程用户页表；

(3) 将原堆栈段中的内容向下平移。

改变后的各个相关数据结构的内容如图 5.26 所示。

图 5.26 扩充后的进程图象

2. 数据段长度缩短 4K

内核行为如下：

（1）按现运行进程新的数据段长度重写进程的相对地址映射表；

（2）将原来的可交换部分堆栈段中的内容向上平移；

（3）调用 Process::Expand，释放高地址端多余的内存空间，并按照新的进程相对地址映射表修改进程用户页表。

改变后的各个相关数据结构的内容如图 5.27 所示。

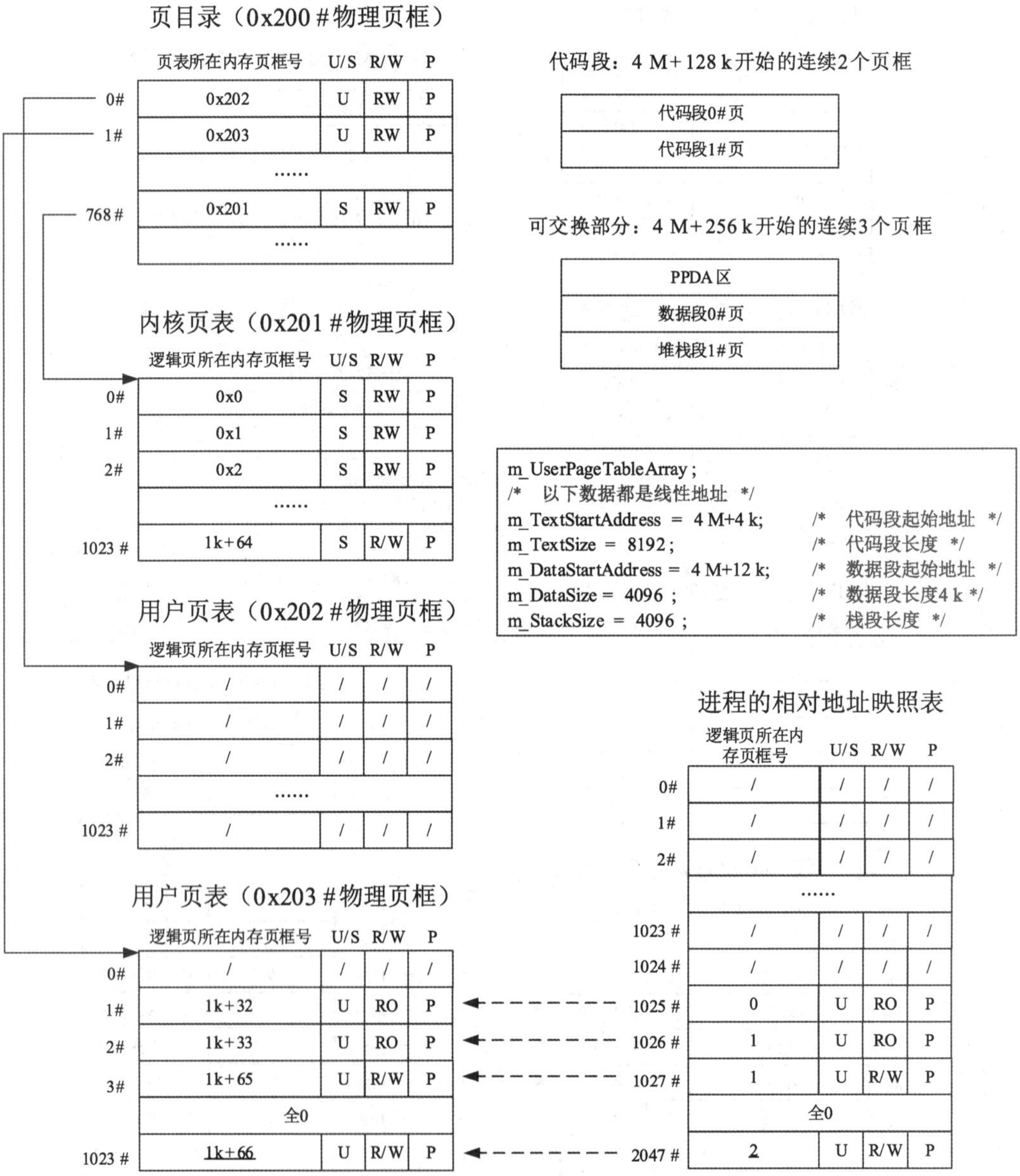

图 5.27　进程图象缩短 4K 后（在原图象，图 5.25 的基础上）

第 6 章

设备管理

前面几章叙述了进程得以存在和活动的基本环境。例如,进程管理使进程得以创建、活动,并最后到达终点;存储管理为进程分配存储空间以存放程序和数据等。系统的这些管理活动主要是针对中央处理机和内存进行的。但是,对大多数进程而言,它们的活动范围还包括一种或多种外部设备,以便通过它们和外部世界通信,即进行信息交换。所以,对各种外部设备进行管理是操作系统的一个重要任务,也是其基本组成部分。

6.1 概述

外部设备种类繁多，它们的特征和操作方式又有很大区别，因此很难找到统一的方法对它们进行管理，不得不分别进行处理。由于这种原因，在操作系统设计中，设备管理总是比较烦琐、复杂的一部分。

6.1.1 I/O 设备

1. I/O 设备类型

I/O 设备的类型繁多，从操作系统观点看，其主要的性能指标有数据传输速率、数据的传输单位、设备共享属性等。

(1) 按传输速率分类

按传输速率的高低，可将 I/O 设备分为三类。第一类是低速设备，指其传输速率仅为每秒钟几个字节至数百个字节的一类设备。典型的低速设备有键盘、鼠标器、语音的输入和输出等。第二类是中速设备，指其传输速率在每秒钟数千个字节至数万个字节的一类设备。典型的中速设备有行式打印机、激光打印机等。第三类是高速设备，指其传输速率在数百千个字节至数十兆字节的一类设备。典型的高速设备有磁带机、磁盘机、光盘机等。

(2) 按信息交换的单位分类

按信息交换的单位，可将 I/O 设备分为两类。第一类是块设备，这类设备以数据块为单位用于存储信息。它属于有结构设备。典型的块设备是磁盘，每个盘块的大小为512 B～4 kB。磁盘设备的基本特征是传输速率较高，通常每秒几兆位；另一特征是可寻址，即对它可随机地读/写任一块；此外，磁盘设备的 I/O 常采用 DMA 方式。第二类是字符设备，以字符为基本单位用于数据的输入和输出。它属于无结构类型，如交互式终端、打印机等。字符设备的基本特征是其传输速率较低，通常为几个字节至数千字节；另一个特征是不可寻址，即输入/输出时不能指定数据的输入源地址及输出的目标地址；此外，字符设备常采用中断驱动方式。

(3) 按设备的共享属性分类

这种分类方式可将 I/O 设备分为三类。第一类是独占设备，是指在一段时间内只允许一个用户(进程)访问的设备，即临界资源。因而，对多个并发进程而言，应互斥地访问这类设备。系统一旦将这类设备分配给了某进程后，便由该进程独占，直至用完释放。应当注意，独占设备的分配有可能引起进程死锁。第二类是共享设备，是指在一段时间内允许多个进程同时访问的设备。当然，对于每一时刻而言，该类设备仍然只允许一个进程访问。

显然，共享设备必须是可寻址的和可随机访问的设备。典型的共享设备是磁盘，共享设备不仅可获得良好的设备利用率，而且也是实现文件系统和数据库系统的物质基础。第三类是虚拟设备，是指通过虚拟技术将一台独占设备转换成若干台逻辑设备，供若干个用户（进程）同时使用。

2. 设备与控制器之间的接口

通常，设备并不是直接与 CPU 进行通信，而是与设备控制器通信。因此，在设备与设备控制器之间应有一接口。该接口中有三种类型的信号（图 6.1），各对应一条信号线。

(1) 数据信号线

数据信号线用于在设备和设备控制器之间传送数据信号。对输入设备而言，由外界输入的信号经转换器转换后所形成的数据，通常先送入缓冲器中，当数据量达到一定的比特（字符）数后，再从缓冲器通过一组数据信号线传送给设备控制器，如图 6.1 所示。对输出设备而言，则是将从设备控制器经过数据信号线传送过来的一批数据先暂存于缓冲器中，经转换器作适当转换后，再逐个字符地输出。

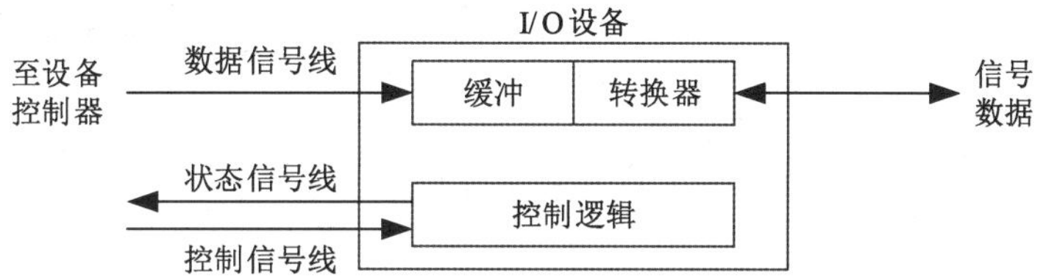

图 6.1　设备与控制器之间的接口

(2) 控制信号线

这是作为由设备控制器向 I/O 设备发送控制信号时的通路。该信号规定了设备将要执行的操作，如读操作（指向设备控制器传送数据），或写操作（从控制器接收数据），或执行磁头移动等操作。

(3) 状态信号线

这类信号线用于传送指示设备当前状态的信号。设备的当前状态有正在读/写；设备已读/写完成，并准备好新的数据传送。

6.1.2　设备控制器

设备控制器是 CPU 与 I/O 设备间的接口，其主要职责是控制一个或多个 I/O 设备，以实现 I/O 设备和计算机之间的数据交换。它接收从 CPU 发来的命令，并控制 I/O 设备工作，使处理机从繁杂的设备控制事务中解脱出来。

设备控制器是一个可编址的设备，当它仅控制一个设备时，只有一个唯一的设备地址；若控制器可连接多个设备，则应含有多个设备地址，并使每一个设备地址对应一个设备。设备控制器的复杂性因不同设备而异，相差甚大，于是可把设备控制器分为两类：一类是用于控制字符设备的控制器，另一类是用于控制块设备的控制器。在微型机和小型机中的控制器，常做成印刷电路卡形式，因而也称接口卡，可将它插入计算机。有些控制器还可以处理 2 个、4 个或 8 个同类设备。

设备控制器的基本功能包括接收和识别指令、数据交换、设备状态的了解和报告、地址识别、数据缓冲、差错控制。

大多设备控制器由设备控制器与处理机的接口、设备控制器与设备的接口和 I/O 逻辑三部分组成。设备控制器的基本组成如图 6.2 所示。

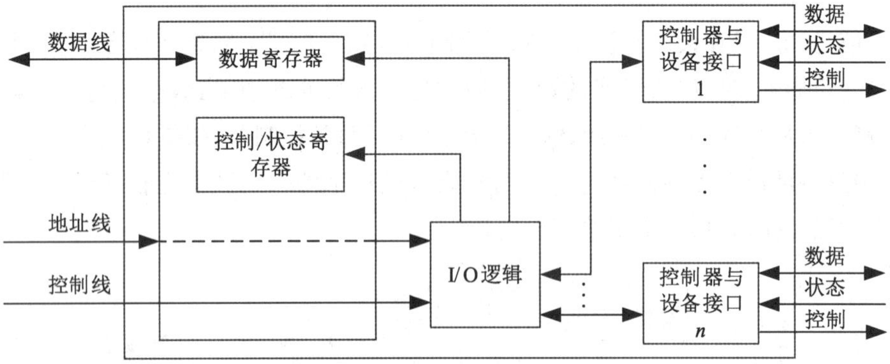

图 6.2　设备控制器的组成

6.1.3　I/O 通道

1. I/O 通道(I/O Channel)设备的引入

虽然在 CPU 与 I/O 设备之间增加了设备控制器，但 CPU 的负担仍很重。为此，在 CPU 和设备控制器之间又增设了 I/O 通道。其目的是使一些原来由 CPU 处理的 I/O 任务转由通道来承担，从而把 CPU 从繁杂的 I/O 任务中解脱出来。

实际上，I/O 通道是一种特殊的处理机。它具有执行 I/O 指令的能力，并通过执行通道(I/O)程序来控制 I/O 操作。但 I/O 通道又与一般的处理机不同，主要表现在两个方面：一是其指令类型单一，这是由于通道硬件比较简单，其所能执行的命令，主要局限于与 I/O 操作有关的指令；二是通道没有自己的内存，通道所执行的通道程序是放在主机的内存中的，换言之，是通道与 CPU 共享内存。

2. 通道类型

前已述及，通道是用于控制外围设备(包括字符设备和块设备)的。由于外围设备的类型较多，且其传输速率相差较大，因而使通道具有多种类型。这里，根据信息交换方式的不同，可把通道分为以下三种类型。

(1) 字节多路通道

这是一种按字节交叉方式工作的通道。它通常含有许多非分配型子通道，其数量可从几十到数百个，每一个子通道连接一台 I/O 设备，并控制该设备的 I/O 操作。这些子通道按时间片轮转方式共享主通道。当第一个子通道控制其I/O设备完成一个字节的交换后，便立即腾出主通道，让给第二个子通道使用；依次类推。当所有子通道轮转一周后，再返回来由第一个子通道去使用主通道。只要字节多路通道扫描每一个子通道的速率足够快，而连接到子通道上的设备的速率不是太高时，便不致丢失信息。

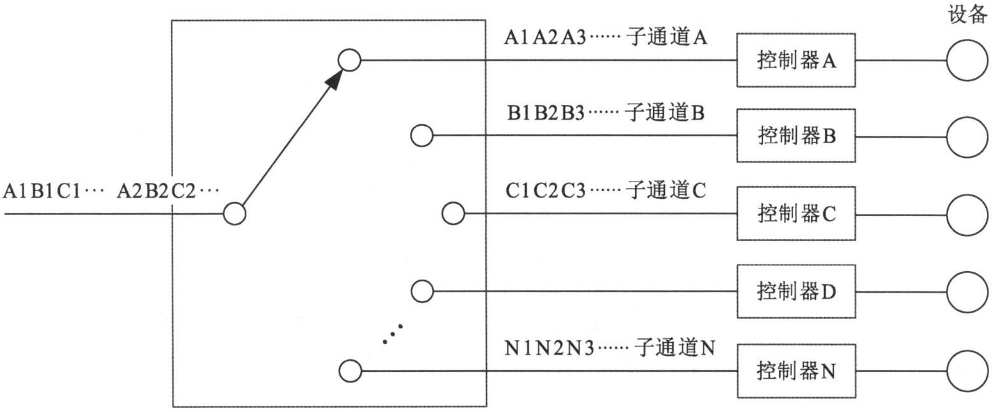

图6.3 字节多路通道的工作原理

(2) 数组选择通道

字节多路通道不适于连接高速设备，这推动了按数组方式进行数据传送的数组选择通道的形成。这种通道虽然可以连接多台高速设备，但由于它只含有一个分配型子通道，在一段时间内只能执行一道通道程序，控制一台设备进行数据传送，当某台设备占用了该通道后，便一直由它独占，即使它无数据传送，通道被闲置，也不允许其他设备使用，直至该设备传送完毕释放该通道。

(3) 数组多路通道

数组选择通道虽有很高的传输速率，但它却每次只允许一个设备传输数据。数组多路通道是将数组选择通道传输速率高和字节多路通道能使各子通道(设备)分时并行操作的优点相结合而形成的一种新通道。它含有多个非分配型子通道，因而这种通道既具有很高的数据传输速率，又能获得令人满意的通道利用率。也正因此，才使该通道能被广泛地用于连接多台高、中速的外围设备，其数据传送是按数组方式进行的。

3. “瓶颈”问题

由于通道价格昂贵，致使机器中所设置的通道数量势必较少，这往往又使它成了I/O的瓶颈，进而造成整个系统吞吐量的下降。例如，在图6.4中，假设设备1至设备4是4个磁盘，为了启动磁盘4，必须使用通道1和控制器2。但若这二者以被其他设备占用，必然无法启动磁盘4。类似地，若要启动盘1和盘2，由于它们都要用到通道1，因此也不可能启动。这些就是通道不足所造成的“瓶颈”现象。

解决“瓶颈”问题的最有效的方法，便是增加设备到主机间的通路，而不增加通道，如图6.5所示。换言之，就是把一个设备连接到多个控制器上，而一个控制器又连接到多个通道

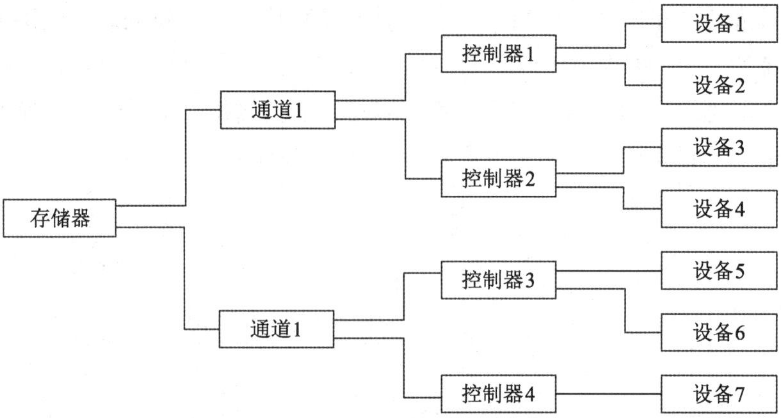

图 6.4　单通道 I/O 系统

上。图中的设备 1,2,3 和 4 都有四条通往存储器的通路。多通路方式不仅解决了“瓶颈”问题,而且提高了系统的可靠性,因为个别通道或控制器的故障不会使设备和存储器之间没有通路。

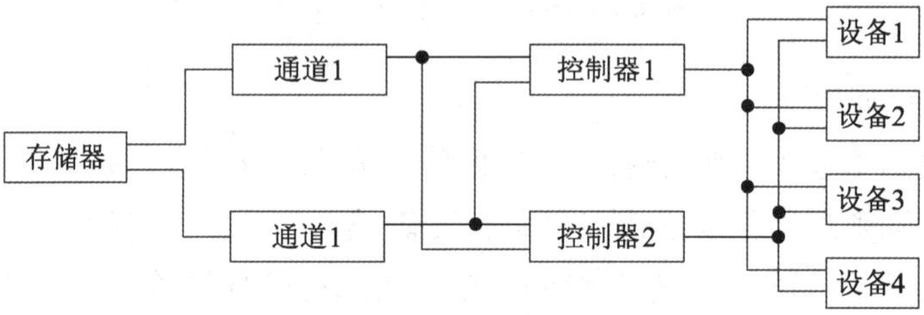

图 6.5　多通道 I/O 系统

6.2 缓冲管理

在现代操作系统中,几乎所有的 I/O 设备在与处理机(内存)交换数据时,都使用了缓冲区。因为提高 I/O 速度和设备的利用率,在很大程度上都需要借助于缓冲技术来实现。缓冲管理的主要功能是组织好这些缓冲区,并提供获得和释放缓冲区的手段。

在操作系统中,引入缓冲的主要原因,可归纳为以下三点。

(1) 缓和 CPU 与 I/O 设备间速度不匹配的矛盾。事实上,凡在数据到达速率与其离去速率不同的地方,都可设置缓冲区,以缓和它们之间速度不匹配的矛盾。众所周知,CPU 的运算速度远远高于 I/O 设备的速率,如果没有缓冲区,则在输出数据时,必然会由于打印的速度跟不上而使 CPU 停下来等待;然而在计算阶段,打印机又空闲无事可做。显然,如果在打印机或控制器中设置一缓冲区,用于快速暂存程序的输出数据,以后由打印机“慢慢地"从中取出数据打印,这样,就可提高 CPU 的工作效率。类似地,在输入设备与 CPU 之间也设置缓冲区,也可使 CPU 的工作效率提高。

(2) 减少对 CPU 的中断频率,放宽对中断响应时间的限制。在远程通信系统中,如果从远地终端发来的数据仅用 1 位缓冲接收,如图 6.6(a)所示,则必须在每接收到 1 位数据时便中断一次 CPU。这样,对于速率为 9.6 kB/s 的数据通信来说,就意味着其中断 CPU 的频率也为 9.6 kB/s,而且 CPU 必须在 100 s 内予以响应,否则缓冲区内的数据将被冲掉。倘若设置一个具有 8 位的缓冲(移位)寄存器,如图 6.6(b)所示,则可使 CPU 被中断的频率降低为原来的 1/8;若再设置一个 8 位的寄存器,如图 6.6(c)所示,则又可把 CPU 对中断的响应时间放宽到 800 s。

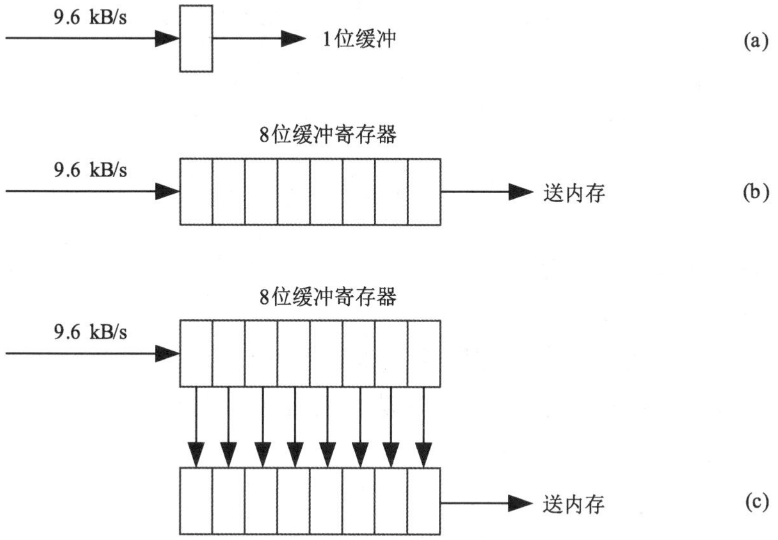

图 6.6　利用缓冲寄存器实现缓冲

(3) 提高 CPU 和 I/O 设备之间的并行性。缓冲的引入可显著提高 CPU 和 I/O 设备之间的并行操作程度,提高系统的吞吐量和设备的利用率。例如,在 CPU 和打印机之间设置了缓冲区后,便可使 CPU 和打印机并行工作。

6.3 设备分配

在多道程序环境下,系统中的设备供所有进程共享。为防止诸进程对系统资源的无序竞争,特规定系统设备不允许用户自行使用,必须由系统统一分配。每当进程向系统提出 I/O 请求时,只要是可能的和安全的,设备分配程序便按照一定的策略,把设备分配给请求用户(进程)。在有的系统中,为了确保在 CPU 和设备之间能进行通信,还应分配相应的控制器和通道。为了实现设备分配，必须在系统中设置相应的数据结构。

6.3.1 设备分配中的数据结构

在进行设备分配时，需要借助于一些表格的帮助。在表格中记录了相应设备或设备控制器的状态及对设备控制器进行控制所需的信息。

1. 设备控制表 DCT

系统为每一个设备都配置了一张设备控制表，用于记录本设备的情况，如图 6.7 所示。

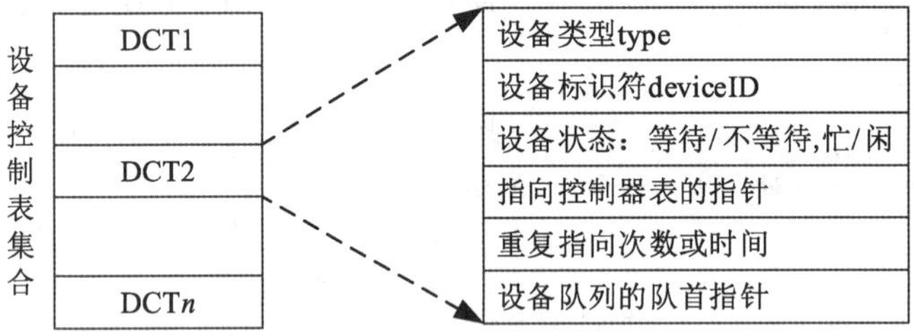

图 6.7 设备控制表

设备控制表中，除了有用于指示设备类型的字段 type 和设备标识字段 deviceID 外，还应有以下字段：

(1) 设备队列队首指针。凡因请求本设备而未得到满足的进程，其 PCB 都应按照一定的策略排成一个队列，称该队列为设备请求队列或简称设备队列。其队首指针指向队首 PCB。在有的系统中还设置了队尾指针。

(2) 设备状态。当设备自身正处于使用状态时，应将设备的忙/闲标志置 1。若与该设备相连接的控制器或通道正忙，也不能启动该设备，此时则将设备的等待标志置 1。

(3) 与设备连接的控制器表指针。该指针指向该设备所连接的控制器的控制表。在设备到主机之间具有多条通路的情况下，一个设备将与多个控制器相连接。此时，在 DCT 中还应设置多个控制器表指针。

(4) 重复执行次数。由于外部设备在传送数据时，较易发生数据传送错误，因而在许多系统中，如果发生传送错误，并不立即认为传送失败，而是令它重新传送，并由系统规定设备在工作中发生错误时应重复执行的次数。在重复执行时，若能恢复正常传送，则仍认为传送成功。仅当屡次失败，致使重复执行次数达到规定值而传送仍不成功时，才认为传送失败。

2. 控制器控制表、通道表、系统设备表

(1) 控制器控制表(COCT)。系统为每一个控制器都设置了一张用于记录本控制器情况的控制器控制表，如图 6.8(a)所示。

(2) 通道控制表(CHCT)。每个通道都配有一张通道控制表，如图 6.8(b)所示。

(3) 系统设备表(SDT)。这是系统范围的数据结构，其中记录了系统中全部设备的情况。每个设备占一个表目,其中包括设备类型、设备标识符、设备控制表及设备驱动程序的入口等项,如图 6.8(c)所示。

控制器标识符controllerID
控制器状态:　忙/闲
与控制器连接的通道表指针
控制器队列的队首指针
控制器队列的队尾指针

(a) 控制器表COCT

通道标识符channelID
通道状态:　忙/闲
与通道连接的控制器表首址
通道队列的队首指针
通道队列的队尾指针

(b) 通道表CHCT

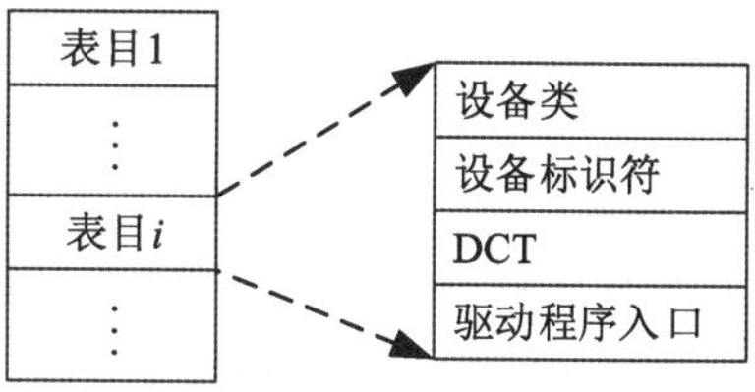

(c) 系统设备表SDT

图 6.8　COCT、CHCT 和 SDT

3. 设备分配时应考虑的因素

为了使系统有条不紊地工作,系统在进行设备分配时,应考虑的因素有:①设备的固有属性;②设备分配算法;③设备分配的安全性。

(1) 设备的固有属性

在分配设备时,首先应考虑与设备分配有关的设备属性。设备的固有属性可分为三种:第一种是独占性,是指这种设备在一段时间内只允许一个进程独占,此即第 2 章所说的“临界资源”;第二种是共享性,是指这种设备允许多个进程同时共享;第三种是可虚拟设备,是指设备本身虽然是独占设备,但经过某种技术处理,可以把它改造成虚拟设备。对上述的独占、共享、可虚拟三种设备应采取不同的分配策略。

(2) 设备分配算法

对设备的分配算法,与进程的调度算法有些相似,但相对要简单些,通常只采用先来先服务和优先级高者优先两种分配算法。

(3) 设备分配的安全性

从进程运行的安全性上考虑,设备分配有安全分配方式和不安全分配方式两种。所谓安全分配方式,是指每当进程发出 I/O 请求后,便进入阻塞状态,直到其 I/O 操作完成时才被唤醒。所谓不安全分配方式,是指进程发出 I/O 请求后仍继续运行,需要时又可发出第二个 I/O 请求、第三个 I/O 请求。仅当进程所请求的设备已被另一进程占用时,进程才进入阻塞状态。

6.3.2　设备独立性

1. 设备独立性的概念

在现代操作系统中,为了提高操作系统的可适应性和可扩展性,都毫无例外地实现了设备独立性,也称设备无关性。其基本含义是:应用程序独立于具体使用的物理设备。为了实现设备独立性而引入了逻辑设备和物理设备这两个概念。在应用程序中,使用逻辑设备名称来请求使用某类设备;而系统在实际执行时,还必须使用物理设备名称。因此,系统须具有将逻辑设备名称转换为某物理设备名称的功能，这非常类似于存储器管理中所介绍的逻辑地址和物理地址的概念。

在实现了设备独立性的功能后，可带来以下两方面的好处。

(1) 设备分配时的灵活性

当应用程序(进程)以物理设备名称来请求使用特定的某台设备时，如果该设备已经分配给其他进程，而此时尽管还有几台其他的相同设备正在空闲，该进程却仍然阻塞。但若进程能以逻辑设备名称来请求某类设备时，系统可立即将该类设备中的任何一台分配给进程，仅当所有此类设备全部分配完成时，进程才会阻塞。

(2) 易于实现I/O重定向

所谓I/O重定向，是指用于I/O操作的设备可以更换(即重定向)，而不必改变应用程序。例如，在调试一个应用程序时，可将程序的所有输出送往屏幕显示；而在程序调试完成后，如需正式将程序的运行结果打印出来，此时便须将I/O重定向的数据结构——逻辑设备表中的显示终端改为打印机，而不必修改应用程序。I/O重定向功能具有很大的实用价值，现已被广泛地引入到各类操作系统中。

2. 设备独立性软件

设备独立性软件的主要功能包括以下两个方面。

(1) 执行所有设备的公有操作。这些公有操作包括：①对逻辑设备的分配与回收；②将逻辑设备名映射为物理设备名，可以进一步找到相应物理设备的驱动程序；③对设备进行保护，禁止用户直接访问设备；④缓冲管理，即对字符设备和块设备的缓冲区进行有效的管理，以提高I/O的效率；⑤差错控制。由于在I/O操作中的绝大多数错误都与设备无关，故主要由设备驱动程序处理，而设备独立性软件只处理那些设备驱动程序无法处理的错误。

(2) 向用户层(或文件层)软件提供统一接口。无论何种设备，它们向用户所提供的接口应该是相同的。例如，对各种设备的读操作，在应用程序中都使用 read，而对各种设备的写操作，也都使用 write。

3. 逻辑设备名到物理设备名映射的实现

(1) 逻辑设备表

为了实现设备的独立性，系统必须能够将应用程序中所使用的逻辑设备名映射为物理设备名。为此，须设立一张逻辑设备表 LUT(Logical Unit Table)，如图 6.9 所示。在该表中的每个表目中包含了三项：逻辑设备名、物理设备名和设备驱动程序的入口地址。当进程用逻辑设备名请求分配I/O设备时，系统为它分配相应的物理设备，并在 LUT 上建立一个表目，填上应用程序中使用的逻辑设备名和系统分配的物理设备名，以及该设备驱动程序的入口地址。当以后进程再利用该逻辑设备名请求I/O操作时，系统通过查找 LUT，便可找到物理设备和驱动程序。

逻辑设备名	物理设备名	驱动程序入口地址
/dev/tty	3	1024
/dev/printer	5	2046
…	…	…

(a)

逻辑设备名	系统设备表指针
/dev/tty	3
/dev/printer	5
…	…

(b)

图 6.9　逻辑设备表

6.3.3　SPOOLing 技术

1. SPOOLing 的概念

为了缓和 CPU 的高速性与 I/O 设备低速性间的矛盾而引入了脱机输入、脱机输出技术。该技术是利用专门的外围控制机，将低速 I/O 设备上的数据传送到高速磁盘上；或者相反。事实上，当系统中引入了多道程序技术后，完全可以利用其中的一道程序，来模拟脱机输入时的外围控制机功能，把低速 I/O 设备上的数据传送到高速磁盘上；再用另一道程序来模拟脱机输出时外围控制机的功能，把数据从磁盘传送到低速输出设备上。这样，便可在主机的直接控制下，实现脱机输入、输出功能。此时的外围操作与 CPU 对数据的处理同时进行，这种在联机情况下实现的同时外围操作称为 SPOOLing（Simultaneaus Peripheral Operating On-Line），或称假脱机操作。

2. SPOOLing 系统的组成

SPOOLing 系统是对脱机输入、输出工作的模拟，它必须有高速外存的支持，这通常采用磁盘。SPOOLing 系统主要有以下三部分（图 6.10）。

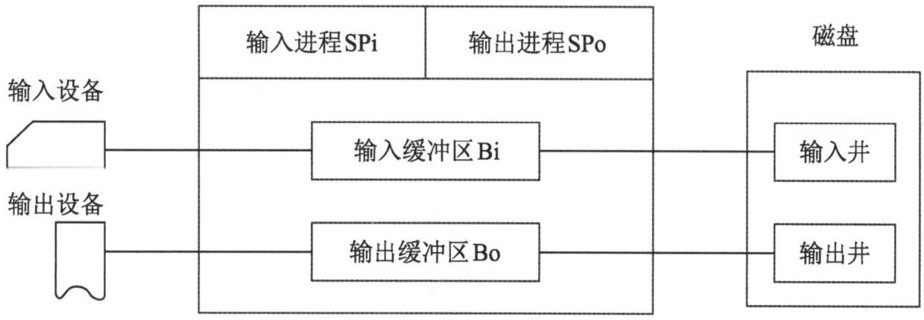

图 6.10　SPOOLing 系统的组成

(1) 输入井和输出井。这是在磁盘上开辟的两个大存储空间。输入井是模拟脱机输入时的磁盘，输出井是模拟脱机输出时的磁盘。

(2) 输入缓冲区和输出缓冲区。这两个缓冲区是在内存中开辟的。输入缓冲区用于暂存由输入设备送来的数据，以后再传送到输入井。输出缓冲区用于暂存从输出井送来的数据，以后再传送给输出设备。

(3) 输入进程 SPi 和输出进程 SPo。进程 SPi 模拟脱机输入时的外围控制机。进程 SPo 模拟脱机输出时的外围控制机。

3. 共享打印机

共享打印机技术已被广泛地用于多用户系统和局域网络中。当用户进程请求打印输出时，SPOOLing 系统同意为它打印输出，但并不真正立即把打印机分配给该用户进程，而只为它做两件事：①由输出进程在输出井中为之申请一个空闲磁盘块区，并将要打印的数据送入其中；②输出进程再为用户进程申请一张空白的用户请求打印表，并将用户的打印要求填入其中，再将该表挂到请求打印队列上。如果还有进程要求打印输出，系统仍可接受该请求，也同样为该进程做上述两件事。

如果打印机空闲，输出进程将从请求打印队列的队首取出一张请求打印表，根据表中的要求，将要打印的数据从输出井传送到内存缓冲区，再由打印机进行打印。打印完后，输出进程再查看请求打印队列中是否还有等待打印的请求表。若有，则再取出队列中的第一张表，并根据其中的要求进行打印，如此下去。直至请求打印队列空，输出进程才将自己阻塞起来。仅当下次再有打印请求时，输出进程才被唤醒。

4. SPOOLing 系统的特点

SPOOLing 系统具有如下主要特点：

(1) 提高了 I/O 的速度。这里，对数据所进行的 I/O 操作，已从对低速设备进行的 I/O 操作，演变为对输入井或输出井中数据的存取，如同脱机输入输出一样，提高了 I/O 速度，缓和了 CPU 与低速设备之间速度不匹配的矛盾。

(2) 将独占设备改造为共享设备。因为在 SPOOLing 系统中，实际上并没有为任何进程分配设备，而只是在输入井或输出井中为进程分配一个存储区和建立一张 I/O 请求表。这样，便把独占设备改造为共享设备。

(3) 实现了虚拟设备功能。宏观上，虽然是多个进程在同时使用一台独占设备，而对于每一个进程而言，它们都会认为自己是独占了一个设备。当然，该设备只是逻辑上的设备。SPOOLing 系统实现了将独占设备变换为若干台对应的逻辑设备的功能。

6.4 磁盘存储器的管理

6.4.1 磁盘性能简述

磁盘设备是一种相当复杂的机电设备，有专门的课程对它进行详细讲述。在此，仅对磁盘的某些性能，如数据的组织、磁盘的类型和访问时间等方面作扼要的介绍。

1. 数据的组织和格式

磁盘设备可包括一个或多个物理盘片，每个磁盘片分为一个或两个存储面(图 6.11)。每个磁盘面被组织成若干个同心环，这种环称为磁道(track)。为使处理简单起见，在每条磁道上可存储相同数目的二进制位。这样，磁盘密度即每英寸中所存储的位数，显然是内层磁道的密度较外层磁道的密度高。每条磁道又在逻辑上划分成若干个扇区(sectors)。一张硬盘可以有数百兆个扇区。

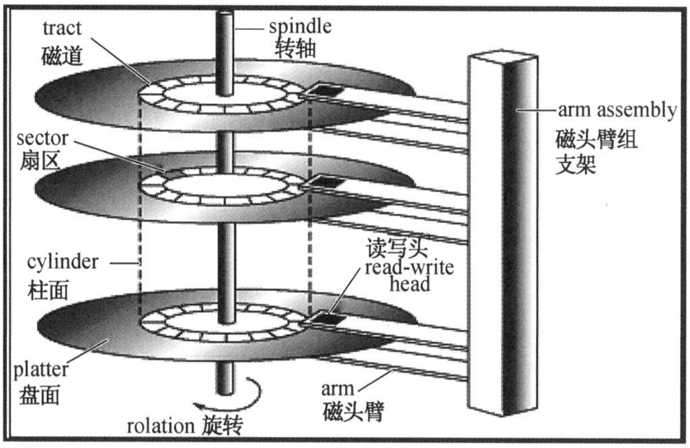

图 6.11　磁盘的结构和布局

2. 磁盘的类型

对磁盘，可以从不同的角度进行分类。最常用的有将磁盘分成硬盘和软盘、单片盘和多片盘、固定头磁盘和活动头(移动头)磁盘等。下面仅对固定头磁盘和移动头磁盘作介绍。

(1) 固定头磁盘

固定头磁盘在每条磁道上都有一读/写磁头，所有的磁头都被装在一刚性磁臂中。通过这些磁头可访问所有各磁道，并进行并行读/写，有效地提高了磁盘的 I/O 速度。这种结构的磁盘主要用于大容量磁盘上。

(2) 移动头磁盘

移动头磁盘的每一个盘面仅配有一个磁头，也被装入磁臂中。为能访问该盘面上的所有磁道，该磁头必须能移动以进行寻道。可见，移动磁头仅能以串行方式读/写，致使其 I/O 速度较慢。但由于其结构简单，故仍广泛应用于中小型磁盘设备中。

3. 磁盘访问时间

(1) 寻道时间 T_s

寻道时间是指把磁臂(磁头)移动到指定磁道上所经历的时间。该时间是启动磁臂的时间 s 与磁头移动 n 条磁道所花费的时间之和，即

$$T_s = mn + s$$

其中，m 是一常数，与磁盘驱动器的速度有关，对一般磁盘，$m=0.2$；对高速磁盘，$m\leqslant 0.1$，磁臂的启动时间约为 2 ms。这样，对一般的磁盘，其寻道时间将随寻道距离的增加而增大，大体上是 5～30 ms。

(2) 旋转延迟时间 T_τ

旋转延迟时间是指定扇区移动到磁头下面所经历的时间。对于硬盘，典型的旋转速度大多为5 400 r/min，每转用时 11.1 ms，平均旋转延迟时间 T_τ 为 5.55 ms；对于软盘，其旋转速度为300 r/min 或 600 r/min，这样，T_τ 平均为 50～100 ms。

(3) 传输时间 T_t

传输时间是指把数据从磁盘读出或向磁盘写入所经历的时间。T_t 的大小与每次所读/写的字节数 b 和旋转速度有关，即

$$T_t=\frac{b}{rN}$$

其中，r 为磁盘每秒钟的转数；N 为一条磁道上的字节数，当一次读/写的字节数相当于半条磁道上的字节数时，T_t 与 T_τ 相同，因此，可将访问时间 T_a 表示为

$$T_a=T_s+\frac{1}{2r}+\frac{b}{rN}$$

由上式可以看出，在访问时间中，寻道时间和旋转延时时间基本上都与所读写数据的多少无关，而且它占据了访问时间中的大头。例如，假定寻道时间和旋转延时时间平均为 20 ms，而磁盘的传输速率为 10 MB/s，如果要传输 10 kB 的数据，此时总的访问时间为 21 ms，可见传输时间所占比例是非常小的。当传输 100 kB 数据时，其访问时间也只是 30 ms，即当传输的数据量增大 10 倍时，访问时间只增加约 50%。目前磁盘的传输速率已达80 MB/s 以上，数据传输时间所占的比例更低。可见，适当地集中数据（不要太零散）传输，将有利于提高传输效率。

6.4.2 磁盘调度

磁盘是可供多个进程共享的设备，当有多个进程都要求访问磁盘时，应采用一种最佳调度算法，以使得各个进程对磁盘的平均访问时间最小。由于在访问磁盘的过程中，主要是寻道时间，因此，磁盘调度的目标是使磁盘的平均寻道时间最少。目前常用的磁盘调度算法有先来先服务、最短寻道时间优先及扫描算法等。下面逐一介绍。

1. 先来先服务(First Come First Served, FCFS)

这是一种最简单的磁盘调度算法。它根据进程请求访问磁盘的先后次序进行调度。此算法的优点是公平、简单，且每个进程的请求都能依次地得到处理，不会出现某一进程的请求长期得不到满足的情况。但此算法由于未对寻道进行优化，致使平均寻道时间可能较长。图 6.12 显示了有 9 个进程先后提出磁盘 I/O 请求时，按 FCFS 算法进行调度的情况。

这里将进程按它们发出请求的先后次序排队。这样,平均寻道距离为55.3条磁道,与后面即将讲到的几种调度算法相比,其平均寻道距离较大,故FCFS算法仅适用于磁盘I/O的进程数目较少的场合。

2. 最短寻道时间优先(Shortest Seek Time First,SSTF)

该算法要求访问的磁道和当前磁头所在的磁道距离最近,以使每次的寻道时间最短。但这种算法不能保证平均的寻道时间最短。图6.13显示了按SSTF算法进行调度时,各进程被调度的次序、每次磁头移动的距离,以及9次调度磁头平均移动的距离。比较图6.12与图6.13可以看出,SSTF算法的平均每次磁头移动距离明显小于FCFS算法的距离,因而SSTF较之FCFS有更好的寻道性能,故曾经一度被广泛采用。

(从100号磁道开始)	
被访问的下一个磁道号	移动距离(磁道数)
55	45
58	3
39	19
18	21
90	72
160	70
150	10
38	112
184	146
平均寻道长度:55.3	

图6.12　FCFS调度算法

(从100号磁道开始)	
被访问的下一个磁道号	移动距离(磁道数)
90	10
58	32
55	3
39	16
38	1
18	20
150	132
10	10
184	24
平均寻道长度:27.5	

图6.13　SSTF调度算法

3. 扫描(SCAN)算法

SSTF算法虽然能获得较好的寻道性能,但却可能导致某个进程发生“饥饿”(starvation)现象。因为只要不断有新进程请求到达,且其所要访问的磁道与磁头当前所在磁道的距离较近,这样的I/O请求必须优先满足。对SSTF算法略加修改后所形成的SCAN算法,即可防止老进程出现“饥饿”现象。

SCAN算法不仅考虑到欲访问的磁道与当前磁道间的距离,更优先考虑的是磁头当前的移动方向。例如,当磁头正在自里向外移动时,SCAN算法所考虑的下一个访问对象,应是其欲访问的既是在当前磁道之外,又是距离最近的。这样自里向外地访问,直至更外的磁道需要访问时,才将磁臂换向为自外向里运动。这时,同样也是每次选择这样的进程来调度,即要访问的磁道在当前位置内距离最近者,这样,磁头又逐步地从外向里移动,直至再无更里面的磁道要访问,从而避免了出现"饿死"现象。由于在这种算法中磁头运动的规律颇似电梯的运行,因而又常被称为电梯调度算法。图 6.14 显示了按 SCAN 算法对 9 个进程进行调度及磁头移动的情况。

4. 循环扫描(CSCAN)算法

SCAN 算法既能获得较好的寻道性能,又能防止"饥饿"现象,故被广泛应用于大、中、小型机器和网络的磁盘调度。但 SCAN 算法也存在这样的问题:当磁头刚从里向外移动而越过了某一磁道时,恰好又有一个进程请求访问该磁道,这时,该进程必须等待,待磁头继续从里向外,然后再从外向里扫描完所有要访问的磁道后,才处理该进程的请求,致使该进程的请求被大大地推迟。为了减少这种延时,CSCAN 算法规定磁头单向移动。例如,只是自里向外移动,当磁头移到最外的磁道并访问后,磁头立即返回到最里的欲访问的磁道,亦即将最小磁道号紧接着最大磁道号构成循环,进行循环扫描。图 6.15 显示了 CSCAN 算法对 9 个进程调度的次序及每次磁头移动的距离。

(从 100 号磁道开始,向磁道号增加方向访问)	
被访问的下一个磁道号	移动距离(磁道数)
150	50
160	10
184	24
90	94
58	32
55	3
39	16
38	1
18	20
平均寻道长度:27.8	

图 6.14 SCAN 调度算法

(从 100 号磁道开始,向磁道号增加方向访问)	
被访问的下一个磁道号	移动距离(磁道数)
150	50
160	10
184	24
18	166
38	20
39	1
55	16
58	3
90	32
平均寻道长度:27.5	

图 6.15 CSCAN 调度算法

5. N-Step-SCAN 和 FSCAN 调度算法

(1) N-Step-SCAN 算法

在 SSTF、SCAN 及 CSCAN 几种调度算法中,都可能出现磁臂停留在某处不动的情况。例如,有一个或几个进程对某一磁道有较高的访问频率,即这个(些)进程反复请求对某一磁道的 I/O 操作,从而垄断了整个磁盘设备。这一现象称为"磁臂黏着"(arm stickiness)。在高密度磁盘上容易出现此情况。N-Step-SCAN 算法是将磁盘请求队列分成若干个长度为 N 的子队列,磁盘调度将按 FCFS 算法依次处理这些子队列。而每处理一个队列时又是按 SCAN 算法，对一个队列处理完后，再处理其他队列。当正在处理某子队列时，如果又出现新的磁盘 I/O 请求，便将新请求进程放入其他队列，这样就可避免出现黏着现象。当 N 值取得很大时，会使 N 步扫描法的性能接近于 SCAN 算法的性能；当 $N = 1$ 时，N-Step-SCAN 算法便蜕化为 FCFS 算法。

（2）FSCAN 算法

FSCAN 算法实质上是 N-Step-SCAN 算法的简化，即 FSCAN 只将磁盘请求队列分成两个子队列。一个是由当前所有请求磁盘 I/O 的进程形成的队列，由磁盘调度按 SCAN 算法进行处理。在扫描期间，将新出现的所有请求磁盘 I/O 的进程，放入另一个等待处理的请求队列。这样，所有的新请求都将被推迟到下一次扫描时处理。

6.4.3 磁盘高速缓存

目前，磁盘的 I/O 速度远远低于对内存的访问速度，通常要低上 4～6 个数量级。因此，磁盘的 I/O 已成为计算机系统的瓶颈。于是，人们便千方百计地去提高磁盘 I/O 的速度，其中最主要的技术便是采用磁盘高速缓存。

1. 磁盘高速缓存的形式

这里所说的磁盘高速缓存，并非通常意义下的内存和 CPU 之间所增设的一个小容量高速存储区。而是指利用内存中的存储空间，来暂存从磁盘中读出的一系列盘块中的信息。因此，这里的高速缓存是一组在逻辑上属于磁盘，而物理上是驻留在内存中的盘块。高速缓存在内存中可分成两种形式。第一种是在内存中开辟一个单独的存储空间来作为磁盘高速缓存，其大小是固定的，不会受应用程序太多的影响；第二种是把所有未利用的内存空间变为一个缓冲池，供请求分页系统和磁盘 I/O 时（作为磁盘高速缓存）共享。此时高速缓存的大小显然不再是固定的。当磁盘 I/O 的频繁程度较高时，该缓冲池可能包含更多的内存空间；而在应用程序运行得较多时，该缓冲池可能只剩下较少的内存空间。

2. 数据交付方式

系统可以采取两种方式，将数据交付给请求进程。

（1）数据交付。这是直接将高速缓存中的数据，传送到请求者进程的内存工作区中。

（2）指针交付。只将指向高速缓存中某区域的指针，交付给请求者进程。

后一种方式由于所传送的数据量少，因而节省了数据从磁盘高速缓存存储空间到进程的内存工作区的时间。

3. 置换算法

由于请求调页中的联想存储器与高速缓存（磁盘 I/O 中）的工作情况不同，因而使得在置换算法中所应考虑的问题也有所差异。因此，现在不少系统在设计其高速缓存的置换算法时，除了考虑最近最久未使用这一原则外，还考虑了访问频率、可预见性和数据的一致性等方面。

4. 周期性地写回磁盘

在 UNIX 系统中专门增设了一个修改(update)程序，使之在后台运行，该程序周期性地调用一个系统调用 SYNC。该调用的主要功能是强制性地将所有在高速缓存中已修改的盘块数据写回磁盘。一般是把两次调用 SYNC 的时间间隔定为 30 秒。这样，因系统故障所造成的工作损失不会超过 30 秒的劳动量。而在 MS-DOS 中所采用的方法是：只要高速缓存中的某盘块数据被修改，便立即将它写回磁盘，并将这种高速缓存称为“写穿透高速缓存”(write-through cache)。MS-DOS 所采用的写回方式，几乎不会造成数据的丢失，但须频繁地启动磁盘。

6.5 UNIX V6++的块设备管理

前文中已述及，各类外部设备在速度、传送单位、工作方式和操作类型等方面有很大的差别，很难用统一的方式管理各种外部设备，但是为了设计一个简练、可靠、易于维护的设备管理系统，应该求同存异，尽可能用比较统一的方法对外部设备进行管理。

为了实现这一目标，UNIX 采用的方法是：首先将各种外部设备分成特性迥然不同的两大类，也就是前面已经提到过的块设备和字符设备。接着，又把与设备物理特性密切相关的部分与设备管理的基本方式和使用的基本技术分离开来。系统为各个设备设置单独的数据结构，将它们的物理特性集中到数据结构中加以反映，然后用基本上相同的方式和技术对同类设备的 I/O 操作进行处理。这种方法比较成功地解决了力求以统一方式管理各种设备的问题。

本节将着重阐述 UNIX V6++的块设备管理策略与方法。

6.5.1 块设备管理相关类结构

图 6.16 显示了 UNIX V6++块设备管理模块的主要类结构。整个模块主要包含两个部分：缓存管理部分和设备驱动部分。下面将逐一阐述各个类的结构和功能。

1. 缓冲存储区及缓存控制块

对 UNIX 中的块设备而言，所有读写操作都是通过系统在内核中保留的一块称之为高速缓冲存储区(简称高速缓存)的物理内存区域实现的。UNIX 在内存中设置高速缓存的目的有两个。

(1) 提高 CPU 和文件存储设备工作的并行程度；

(2) 力争重复使用已在缓存中的文件字符块，以减少对文件存储设备的读、写次数，提高文件系统信息的读、写速度和效率。

文件存放在磁盘等存储介质上时，在物理上是以块为单位来组织的。直接读、写文件

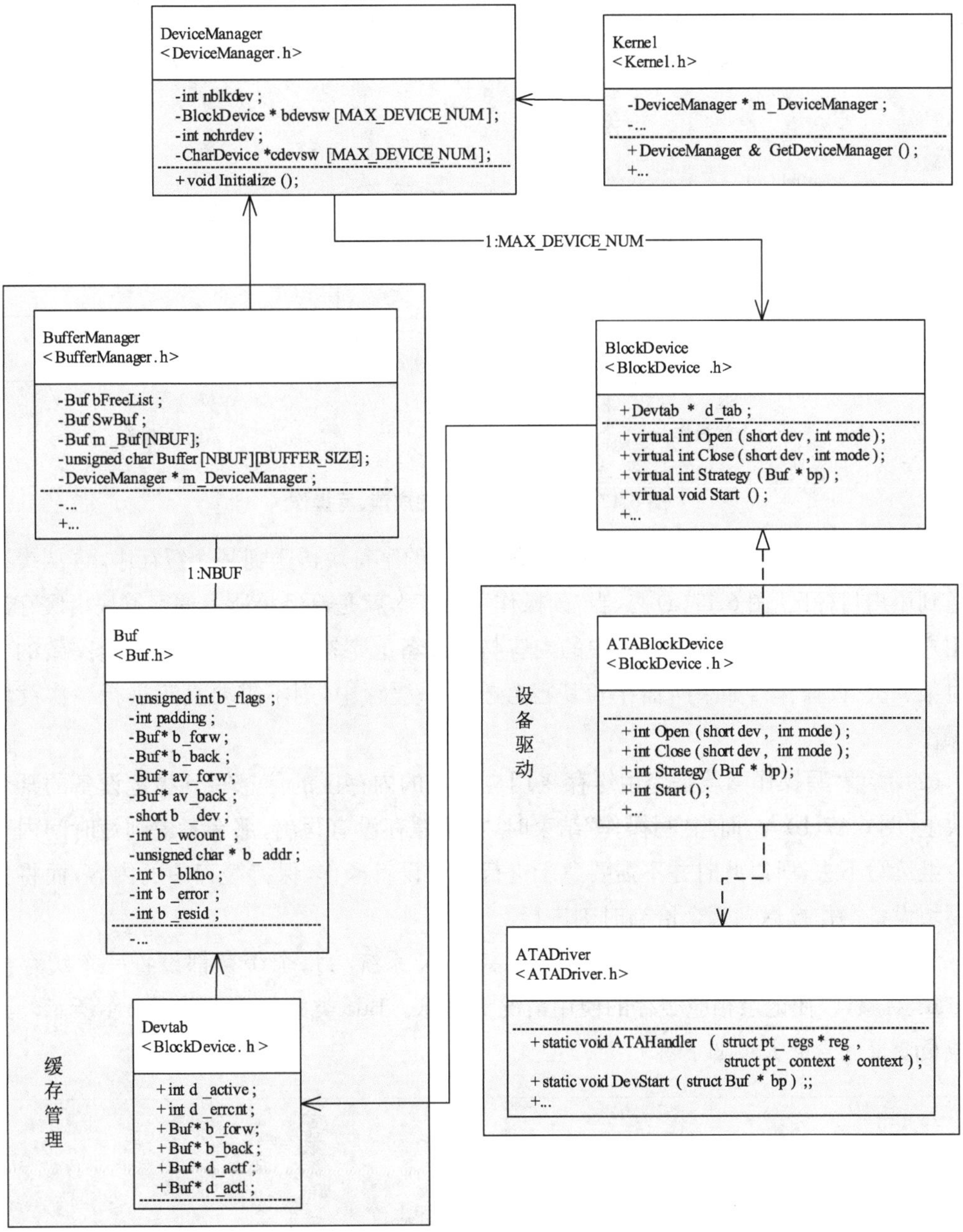

图 6.16　设备管理模块主要类结构

盘块速度很低。在有些应用场合，例如，对某文件进行编辑操作时，在短时间内可能需要对同一文件块进行多次处理。如果每次都要进行磁盘读、写操作，那么进程前进的速度就会明显下降，系统花费在读、写操作上的开销也会大大增加。而如果多个进程都在进行文件读、写，则处理机和磁盘之间传输信息的通道会非常繁忙，进程为等待字符块数据传送所花费的时间也会急剧上升，系统性能进一步下降。

为了改善这种情况，UNIX 块设备管理设置了由多个缓存组成的缓冲池，在使用多缓存技术时，借鉴了硬件设计中高速缓冲存储器以及虚拟存储器的思想，力图重复使用已在缓存中的文件字符块，以便减少对文件存储设备的读、写次数。具体来说：

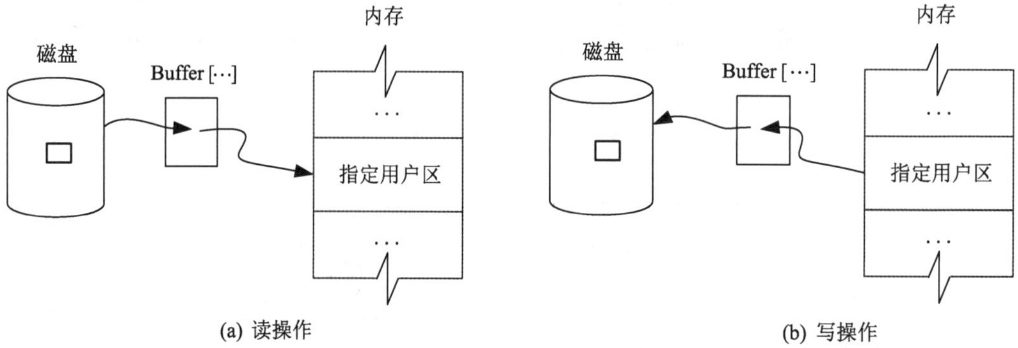

图 6.17　通过高速缓存完成读、写操作

(1) 所谓“读操作”，就是先要将相应块设备上的字符块传送到某个缓存中，再从缓存中传送到用户目标区[图 6.17(a)]。当“读操作”结束时，就是已经将所需的字符块由缓存读入了用户指定的内存区。此时，缓存中的内容与块设备上字符块中的内容是完全一致的。而针对某一次“读操作”，如果所需字符块已经在某一缓存中，则不需要真正进行一次读块设备操作。

(2) 所谓“写操作”，就是经由缓存将用户指定的内存区的信息写到指定设备的某个字符块上[图 6.17(b)]。而当“写操作”结束时，如果缓存没有写满，那么考虑到短时间内可能还会继续写下去，所以此时并不需要急于进行写块设备操作，保持缓存中的内容，而将真正的写块设备操作推迟到某个恰当时刻进行。

为了有效管理多个缓存构成的缓存池，UNIX 系统为每个缓存都设置一个缓存控制块：Buf 对象，以便记录相应缓存的使用情况等信息。Buf 类的定义如代码 6.1 所示。其各个成员变量的含义大致如下：

```
class Buf
{
public:
    enum BufFlag                    /* b_flags 中标志位 */
    {
        B_WRITE = 0x1,              /* 写操作。将缓存中的信息写到硬盘上去 */
        B_READ= 0x2,                /* 读操作。从盘读取信息到缓存中 */
        B_DONE= 0x4,                /* I/O 操作结束 */
        B_ERROR= 0x8,               /* I/O 因出错而终止 */
        B_BUSY= 0x10,               /* 相应缓存正在使用中 */
        B_WANTED = 0x20,            /* 有进程正在等待使用该 buf 管理的资源，
                                    /* 清 B_BUSY 标志时，要唤醒这种进程 */
        B_ASYNC= 0x40,              /* 异步 I/O，不需要等待其结束 */
        B_DELWRI = 0x80             /* 延迟写 */
    };
```

```
public:
    unsigned int b_flags;        /* 缓存控制块标志位 */
    int          padding;        /* 4 字节填充 */

    Buf*         b_forw;         /* 缓存控制块队列勾连指针 */
    Buf*         b_back;
    Buf*         av_forw;
    Buf*         av_back;

    short        b_dev;          /* 高 8 位是主设备号,低 8 位是次设备号 */
    int          b_wcount;       /* 需传送的字节数 */
    unsigned char* b_addr;       /* 指向该缓存控制块所管理的缓冲区首地址 */
    int          b_blkno;        /* 磁盘逻辑块号 */
    int          b_error;        /* I/O 出错时信息 */
    int          b_resid;        /* I/O 出错时尚未传送的剩余字节数 */
};
```

代码 6.1 缓存控制块 Buf 类的定义

(1) b_flag:标志信息,用于指示该缓存的使用情况以及 I/O 方式,其值是 BufFlag 枚举类型中定义的标志位中一个或多个按位或"|"的结果。

(2) padding:4 字节填充,目的是保证 b_forw 和 b_back 在 Buf 类中与 Devtab 类中的字段顺序(或者说内存布局)能够一致,否则强制转换会出错。

(3) b_forw 和 b_back,av_forw 和 av_back 是两对队列勾连指针。有了这两对勾连指针,任何一个缓存控制块都可以同时存在两个队列中,每个队列用一对指针实施双向勾连。

(4) b_dev:设备号,该变量指定它所管理的缓冲区属于哪个设备。它由两个部分组成,高 8 位指定了主设备号,而低 8 位则指定了次设备号。

(5) b_wcount:记录本次 I/O 请求需要传送的字节数,通常该值等于一个缓冲区的大小,即 512 字节。

(6) b_addr:指向该缓存控制块所管理的缓冲存储区的首地址,即将一个缓存控制块与一个缓冲存储区建立对应关系。

(7) b_blkno:磁盘逻辑块号,该变量指定缓冲区中的数据对应磁盘中哪一个扇区的数据。

(8) b_error:I/O 操作时的错误信息,在 UNIX V6++ 中并未使用。

(9) b_resid:记录 I/O 出错时尚未传送的剩余字节数,与上面的 b_error 一样,仅仅是取自原 UNIX V6,而在 UNIX V6++ 中并未实际用到。

以上是对 Buf 类中各个成员及其含义的解释,可以看到其中不仅包含了对缓存的有关管理控制信息,也包括了 I/O 请求信息。因此,后续的章节中会看到,缓存控制块 Buf 类不仅是缓存控制块,还是针对该缓存进行的 I/O 请求块。

2. 缓存管理相关类

UNIX V6++ 高速缓存机制主要由 BufferManager 类完成(图 6.16,代码 6.2)。

BufferManager 类中主要的数据成员有：

（1）设置了 NBUF 个缓冲存储区（NBUF 常量定义为 15），每个缓存占 BUFFER_SIZE 个字节大小（BUFFER_SIZE 一般为 512 字节）。

（2）一个 NBUF 个缓存控制块对象构成的数组，用于对每一缓存的管理。

（3）一个 Buf 类型的自由缓存队列控制块 bFreeList，与一般缓存控制块不同的是它没有与之对应的缓冲存储区。该缓存控制块的作用是作为系统中自由缓存队列的队首节点，自由队列用于勾连系统中所有处于空闲状态、可供重新分配使用的缓存，bFreeList 中的一对队列指针 av_forw、av_back 分别指向自由缓存队列的队首和队尾节点。

（4）一个用于进程图象在内存和交换区之间传送的缓存控制块 SwBuf。

UNIX 中，所有针对文件的操作都是通过 BufferManager 类提供的接口，间接调用底层设备驱动来完成的。BufferManager 向上层文件系统提供了统一的访问高速缓存功能的接口。这些接口的具体实现将在后续章节中作详细介绍。

```
class BufferManager
{
public:
    static const int NBUF = 15;                          /* 缓存控制块、缓冲区的数量 */
    static const int BUFFER_SIZE = 512;                  /* 缓冲区大小，字节单位 */

public:
    …;
    void Initialize();                                   /* 缓存控制块队列的初始化 */
    Buf* GetBlk(short dev, int blkno);                   /* 申请一块缓存 */
    void Brelse(Buf* bp);                                /* 释放缓存控制块 buf */
    void IOWait(Buf* bp);                                /* 同步方式 I/O */
    void IODone(Buf* bp);                                /* I/O 操作结束善后处理 */
    Buf* Bread(short dev, int blkno);                    /* 读一个磁盘块 */
    Buf* Breada(short adev, int blkno, int rablkno);     /* 预读 */
    void Bwrite(Buf* bp);                                /* 写一个磁盘块 */
    void Bdwrite(Buf* bp);                               /* 延迟写磁盘块 */
    void Bawrite(Buf* bp);                               /* 异步写磁盘块 */
    void ClrBuf(Buf* bp);                                /* 清空缓冲区内容 */
    …;

private:
    Buf bFreeList;                                       /* 自由缓存队列控制块 */
    Buf SwBuf;                                           /* 进程图象传送请求块 */
    Buf m_Buf[NBUF];                                     /* 缓存控制块数组 */
    unsigned char Buffer[NBUF][BUFFER_SIZE];             /* 缓冲区数组 */
    DeviceManager* m_DeviceManager;                      /* 指向设备管理模块全局对象 */
};
```

代码 6.2　缓存管理 BufferManager 类的定义

3. 设备管理相关类

(1) 块设备表——Devtab

块设备表是内核中用于管理各类块设备，也就是主设备号不同的各类设备使用情况的一个数据结构。Devtab 类的定义如代码 6.3 所示。

与一类块设备有关的队列有两个：①与该类设备有关的所有缓存的控制块排成的队列，称为设备缓存队列，或简称设备队列；②向该类设备提出的所有 I/O 请求排成的队列，称为设备 I/O 请求队列。

为了管理这两个队列，Devtab 中包含了 4 个指针。b_forw 和 b_back 分别是该类设备缓存队列的队首、队尾指针；d_actf 和 d_actl 分别是该类设备 I/O 请求队列的队首、队尾指针。关于这两个队列的详细情况，将在本章后续部分中详细叙述。

```
class Devtab
{
public:
    Devtab();
    ~Devtab();

public:
    int d_active;
    int d_errcnt;
    Buf* b_forw;
    Buf* b_back;
    Buf* d_actf;
    Buf* d_actl;
};
```

代码 6.3　块设备表 Devtab 类定义

在系统初始化时，还没有发生任何块设备 I/O 读写请求之前，对块设备表 Devtab 对象的初始设置应将设备队列的队首、队尾两个指针都指向其自身，而其设备 I/O 请求队列的队首、队尾指针设置为空，即当前块设备没有任何正在执行的 I/O 请求。

(2) 块设备基类——BlockDevice

UNIX V6++ 中使用 BlockDevice 类抽象出了块设备的通用接口，而并不由这个类实现针对某种具体块设备的操作过程，其中的成员函数基本都采用虚函数方式定义，由其派生类负责具体操作逻辑的实现（代码 6.4）。例如，UNIX V6++ 中使用派生类 ATABlockDevice 抽象系统中 ATA 磁盘设备，该类继承 BlockDevice 基类所有接口，并且针对特定 ATA 磁盘设备进行设备操作逻辑的实现。因此，在添加新硬件时，只需要添加相应的派生类即可。

设备管理模块中采用继承的好处在于能够让内核使用统一的接口访问系统中的各类设备，而不需要涉及各类不同设备迥异的物理特性和参数设置细节，方便操作系统对设备进行统一的管理。

基类 BlockDevice 中除了这些接口之外，还包含了指向块设备表 Devtab 的指针。UNIX V6++ 中，对于每一类块设备，其实例中总是包含指向对应块设备表 Devtab 的指针。

(3) 磁盘块设备类——ATABlockDevice

如代码 6.5 所示，ATABlockDevice 类用于对系统中 ATA 磁盘设备的管理，其继承自块设备基类 BlockDevice，它需要针对 ATA 磁盘实现继承自 BlockDevice 基类的虚函数接口。对于系统中 ATA 磁盘，只有启动 I/O 操作 Start()和处理 I/O 请求块 Strategy()有意义(实现细节将在块设备驱动一节详述)，而 Open()和 Close()没有意义，为空函数。

```
class BlockDevice
{
public:
    BlockDevice();
    BlockDevice(Devtab* tab);
    virtual ~BlockDevice();
    /*
     * 定义为虚函数，由派生类进行 override 实现设备
     * 特定操作。正常情况下，基类中函数不应被调用到
     */
    virtual int Open(short dev, int mode);
    virtual int Close(short dev, int mode);
    virtual int Strategy(Buf* bp);
    virtual void Start();

public:
    Devtab* d_tab;  /* 指向块设备表的指针 */
};
```

代码 6.4　BlockDevice 类定义

```
class ATABlockDevice : publicBlockDevice
{
public:
    static int NSECTOR;  /* ATA 磁盘扇区数 */

public:
    ATABlockDevice(Devtab* tab);
    virtual ~ATABlockDevice();

    int Open(short dev, int mode);
    int Close(short dev, int mode);
    int Strategy(Buf* bp);
    void Start();
};
```

代码 6.5　ATABlockDevice 类定义

(4) 设备管理类——DeviceManager

设备管理类 DeviceManager 负责整个设备管理部分的抽象，由它负责管理系统中的块设备和字符设备对应的内核数据结构。DeviceManager 类定义的部分代码如代码 6.6 所示。该类中使用了数组 bdevsw[]管理系统中的块设备，它是一个指向块设备基类的指针数组，将它称为块设备开关表。

```
class DeviceManager
{
    …;
public:
    …;
    void Initialize();  /* 初始化块设备基类指针数组 */
    int GetNBlkDev();  /* 获取系统中实际块设备数量 nblkdev */
    BlockDevice& GetBlockDevice(short major);
private:
    int nblkdev;  /* 系统中块设备的数量 */
    /* 块设备基类的指针数组 */
    BlockDevice * bdevsw[MAX_DEVICE_NUM];
    …;
};
```

代码 6.6 DeviceManager 类定义

在 UNIX V6++系统初始化时需要注册系统中的各种块设备，譬如系统中 ATA 磁盘设备 ATABlockDevice 类型的一个实例 g_ATADevice，需要将 bdevsw[]数组中的某一项指向系统中的 g_ATADevice 块设备实例，也就是将一个基类 BlockDevice 类型的指针指向了一个派生类 ATABlockDevice 类型的对象 g_ATADevice，从而实现多态。当内核调用基类 BlockDevice 提供的接口时，实际执行的将是派生类 ATABlockDevice 实现的具体操作。

在完成设备的注册后，内核可以根据主设备号，作为查找块设备开关表 bdevsw[] 数组的下标，找到对应的设备。在 UNIX V6++中，ATA 磁盘设备的主设备号为 0，对应占据 bdevsw[0]单元。DeviceManager 类提供了相应的函数接口用于根据主设备号获取对应块设备实例的引用。

4. 块设备驱动相关类

ATADriver 类中包含的两个重要函数分别是 DevStart()和 ATAHandler ()。DevStart()根据本次 I/O 请求的参数，设置 ATA 磁盘控制器中相应控制寄存器，然后启动磁盘设备执行本次 I/O 请求任务。ATAHandler()则为磁盘中断处理函数，磁盘在执行完一次 I/O 请求之后会向 CPU 发出中断，告知本次 I/O 执行完成，磁盘中断处理函数就是用于在完成一次 I/O 操作后进行相应的善后处理工作。关于这两个函数实现的细节将在6.5.4 节块设备驱动一节中详述。

6.5.2 ATA 磁盘控制器及 DMA 控制器*

1. ATA 磁盘控制器

从硬件角度来说，磁盘控制器是一块芯片；而从软件角度来说，磁盘控制器可以被认为是由一系列寄存器组成的，包括状态寄存器、命令寄存器、数据寄存器、扇区号寄存器等，还加上用于临时存储数据的控制器缓冲区。通过对寄存器写入恰当的数值来发送 I/O 操作命令，告诉控制器要读写的扇区号是多少，操作方式为读或写，并通过读取状态寄存器的值了解操作是否成功完成等。所以说将磁盘控制器抽象化为一组寄存器是比较恰当的。

如何访问这些不同的寄存器？每个寄存器都有其特定的端口地址，通过 IN/OUT 指令访问指定的端口地址就可以访问到这些寄存器，对其写入或读取数据。至于每个寄存器具体的端口地址则是系统体系结构规范确定的。

表 6.1 给出了 ATA 磁盘控制寄存器的端口地址和用途。表中有两个寄存器共用一个端口地址的情况：在读操作时，访问一个寄存器；而在写操作时，访问另一个寄存器。这样安排是为了节省 I/O 地址资源。

表 6.1　ATA 磁盘控制寄存器端口及用途

序号	端口	读操作	写操作
1	0x1f0	数据寄存器	
2	0x1f1	错误寄存器（错误状态）	写前预补偿寄存器
3	0x1f2	扇区数寄存器	
4	0x1f3	扇区号寄存器	
5	0x1f4	柱面号寄存器（低位）	
6	0x1f5	柱面号寄存器（高位）	
7	0x1f6	驱动器/磁头寄存器——驱动器号/磁头号	
8	0x1f7	主状态寄存器	命令寄存器
9	0x3f6	辅助状态寄存器	磁盘控制寄存器
10	0x3f7	驱动器地址寄存器	—

下面对表 6.1 中给出的各个寄存器进行说明。

（1）数据寄存器（0x1f0，读/写）

这是一对 16 位数据传输器，用于扇区读、写和磁道格式化操作。该寄存器用于在内存和控制器缓冲区之间进行 32 位数据交换，即每次 4 字节。在使用轮询和中断方式 I/O 传输时要使用该寄存器。当要进行一个扇区 512 字节的直接数据读取时，应当使用 rep insd 指令将控制器缓冲区中的数据经由该数据寄存器读入内存。

(2) 错误寄存器(0x1f1，读)/写前预补偿寄存器(0x1f1，写)

这是一个 8 位的寄存器。读操作时，它反映控制器在诊断方式(在加电、复位或执行驱动器诊断命令时所处的方式)或操作方式(执行除诊断命令以外的所有命令时所处的方式)下的错误原因。例如，在操作方式下，该寄存器的最高位为 1 表示访问的扇区是坏扇区(详见表 6.2)。只有当主状态寄存器(0x1f7)的位 0 等于 1 时该寄存器的数据才有效指示错误状态。

表 6.2 错误寄存器状态含义

序号	值	诊断命令时	其他命令时
1	0x01	无错误	数据标志丢失
2	0x02	控制器出错	磁道 0 错
3	0x03	扇区缓冲区错	—
4	0x04	ECC 部件错	命令放弃
5	0x05	控制处理器错	
6	0x10	—	ID 未找到
7	0x40	—	ECC 错误
8	0x80	—	坏扇区

在写操作时，作为写前预补偿寄存器，该寄存器的内容等于柱面号除以 4，表示开始写预补偿的起始柱面号。现在的磁盘已基本不使用该寄存器。

(3) 扇区数寄存器(0x1f2，读/写)

该寄存器记录要访问的扇区的数目。用于多扇区操作时，每访问一个扇区，其值自动减 1。如果初值为 0，则表示扇区数是 256。

(4) 扇区号寄存器(0x1f3，读/写)

该寄存器记录要访问的起始扇区号。用于多扇区操作时，每完成一个扇区读写操作寄存器的值自动加 1。如果使用 LBA28 寻址(逻辑块寻址)4F① 方式，它记录起始逻辑扇区号的第 7～0 位。

---

① 逻辑块寻址(Logical Block Addressing，LBA)采用从 0 开始的数值对磁盘扇区进行编号，允许程序使用绝对的扇区号访问磁盘，而不再是原先依据磁盘物理结构的“磁柱-磁头-扇区(CHS)”寻址模式。在访问磁盘时，由 IDE 控制器把逻辑扇区号转换为实际磁盘对应的柱面、磁头、扇区等参数。

(5) 柱面号寄存器(0x1f4,0x1f5,读/写)

这是由两个 8 位寄存器组成的 16 位寄存器,0x1f4 为低字节,0x1f5 为高字节。它用来记录要操作的柱面的编号。如果使用 LBA28 寻址方式,这两个寄存器分别存放起始逻辑扇区号的第 15～8 位和第 23～16 位。

(6) 驱动器/磁头寄存器(0x1f6,读/写)

该寄存器记录要访问的驱动器号、磁头号以及寻址方式。对于 IDE 接口的磁盘而言,其中第 7 位和第 5 位必须置 1,而第 6 位置 1 时开启 LBA 模式,否则就用"磁柱-磁头-扇区(CHS)"寻址方式。第 4 位为驱动器选择,指定此次访问的对象是主盘还是从盘,置 0 时访问主盘,置 1 时访问从盘。当采用 LBA 模式时第 3 位～第 0 位表示 LBA28 位中的第 24～27 位。

(7) 主状态寄存器(0x1f7,读)/命令寄存器(0x1f7,写)

在读时,该端口地址对应主状态寄存器,反映磁盘控制器在执行命令后的状态。各状态位含义见表 6.3。

表 6.3　主状态寄存器各位含义

序号	值	说明
1	0x01	命令执行错误
2	0x02	收到索引
3	0x03	ECC 校验错误
4	0x04	请求服务,表示可传输数据
5	0x05	寻道结束
6	0x10	驱动器故障
7	0x40	驱动器准备好
8	0x80	控制器忙碌

在写时,该端口地址对应命令寄存器,接收并保存 CPU 发送到控制器的命令。命令一旦发送到命令寄存器中,该命令就会开始执行。各命令码及含义详见表 6.4。其中,命令码的第 4 位是附加参数:

R 是步进速率。R = 0,则步进速率 35 s;R = 1 为 0.5 ms,以此量递增。L 是数据模式。L = 0 表示读/写扇区为 512 B;L = 1 表示读/写为 512 B 加 4B 的 ECC 码。T 是重试模式。T = 0 表示允许重试;T = 1 则禁止重试。

然而实际上大多数情况下只需要使用默认的命令值即可。即对于读操作命令码为 0x20,写操作对应命令码为 0x30。

(8) 辅助状态寄存器(0x3f6,读)/磁盘控制寄存器(0x3f6,写)(未使用)

表 6.4　命令寄存器命令值

<table>
<tr><th rowspan="2">序号</th><th colspan="5">命令码</th><th rowspan="2">命令默认值</th><th rowspan="2">命令说明</th></tr>
<tr><th>高 4 位</th><th>D3</th><th>D2</th><th>D1</th><th>D0</th></tr>
<tr><td>1</td><td>0x1</td><td>R</td><td>R</td><td>R</td><td>R</td><td>0x10</td><td>驱动器重新校正</td></tr>
<tr><td>2</td><td>0x2</td><td>0</td><td>0</td><td>L</td><td>T</td><td>0x20</td><td>读操作</td></tr>
<tr><td>3</td><td>0x3</td><td>0</td><td>0</td><td>L</td><td>T</td><td>0x30</td><td>写操作</td></tr>
<tr><td>4</td><td>0x4</td><td>0</td><td>0</td><td>0</td><td>T</td><td>0x40</td><td>扇区检验</td></tr>
<tr><td>5</td><td>0x5</td><td>0</td><td>0</td><td>0</td><td>0</td><td>0x50</td><td>格式化磁道</td></tr>
<tr><td>6</td><td>0x6</td><td>0</td><td>0</td><td>0</td><td>0</td><td>0x60</td><td>控制器初始化</td></tr>
<tr><td>7</td><td>0x7</td><td>R</td><td>R</td><td>R</td><td>R</td><td>0x70</td><td>寻道</td></tr>
<tr><td>8</td><td>0x8</td><td>0</td><td>0</td><td>0</td><td>0</td><td>0x80</td><td>控制器诊断</td></tr>
<tr><td>9</td><td>0x9</td><td>0</td><td>0</td><td>0</td><td>1</td><td>0x90</td><td>建立驱动器参数</td></tr>
</table>

在读时,它与状态寄存器的内容相同,但读该寄存器时不会清除中断请求信号。在写时,用于存放磁盘控制字节并控制复位操作。

(9) 驱动器地址寄存器(0x3f7,读)(未使用)

在 ATA-1 标准中该寄存器用来保存命令执行后的某些信息。在 ATA-2 标准中没有定义该寄存器。

2. DMA 控制器

对 DMA 控制器的编程需要用到一个叫作物理内存区描述符(Physical Region Descriptor, PRD)的数据结构。该数据结构用于描述进行 DMA 数据传输时,源(或目标)物理内存区域起始地址、长度(图 6.18)。

每个 PRD 描述符大小为 8 字节,低 4 字节为物理内存区的起始地址,随后的 2 字节记录 DMA 要传输的字节数,保留区域占据最高 2 字节中的低 15 位,而 EOT 位为 End of Table 位,表示当前 PRD 描述符是本次 DMA 请求所涉及一系列 PRD 描述符表的最后一项,即要进行传输的最后一个物理内存区域。

此外,PRD 描述符定义中物理内存区起始地址和传输字节数最低位默认为 0,说明每次进行 DMA 传输的内存区域必须是 2 字节对齐的。

UNIX V6++ 中使用 PhysicalRegionDescriptor 类对 PRD 描述符进行封装,其成员变量的顺序按照 PRD 描述符规范中内存字节从低到高依次定义,并且使用__attribute__

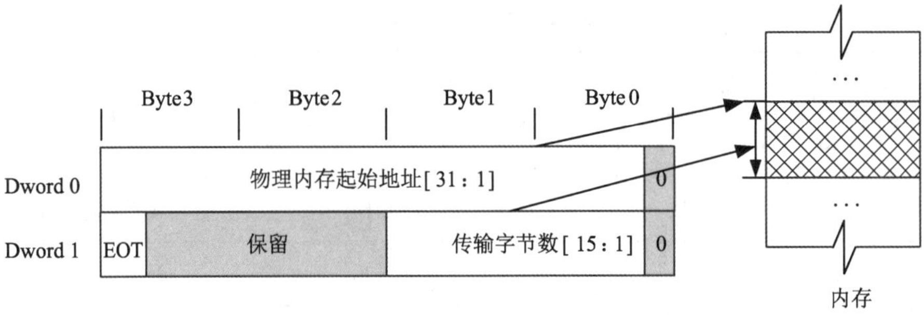

图 6.18 PRD(Physical Region Descriptor,物理内存区描述符)

((packed))修饰符确保每个 PRD 描述符对象大小严格为 8 字节(见代码 6.7)。

一次 DMA 传输可跨越多个物理内存区,每个内存区对应一个 PRD 描述符,一个或多个 PRD 构成描述符表,称为物理内存区描述符表(PRD Table)。DMA 控制器进行一次 DMA 传输时,以物理内存区描述符表为单位。每启动一次 DMA 传输时,DMA 控制器从 PRD Table 的第 0 项开始,依次读/写表中每一个 PRD 描述的内存区域,直至 DMA 控制器检测到表中第 n 个 PRD 的 Bit(31)EOT 位为 1,则认为 PRD Table 结束,才算完成本次 DMA 传输。

```
class PhysicalRegionDescriptor
{
    /* Members */
private:
    unsigned long m_BaseAddressZeroBit : 1;
    unsigned long m_MemoryRegionPhysicalBaseAddress : 31;
    unsigned short m_ByteCountZeroBit : 1;unsignedshortm_ByteCount : 15;
    unsigned short m_Reserved : 15;
    unsigned short m_EOT : 1;

public:
    void SetBaseAddress(unsigned long phyBaseAddr);
    void SetByteCount(unsigned short bytes);
    void SetEndOfTable(bool EOT /* End of Table */);
}__attribute__((packed));
```

代码 6.7 PhysicalRegionDescriptor 类定义

UNIX V6++使用 PRDTable 类对物理内存区描述符表进行封装，其主要成员变量是一个 PRD 描述符数组 m_Descriptors[]。__attribute__((aligned (4)))修饰符确保 PRD Table 数据结构的内存起始地址是 4 字节对齐的(见代码 6.8)。

```
class PRDTable
{
public:
    /* static const */
    static const intNSIZE = 10;  /* 描述符的最大允许数目 */
public:
    …;

private:
    PhysicalRegionDescriptor m_Descriptors[NSIZE]
__attribute__((aligned (4)));
};
```

代码 6.8　PRDTable 类定义

PRD Table 的起始地址必须 4 字节对齐是由于 DMA 控制芯片内部的物理区域描述符表寄存器(PRDTR)，该寄存器存放 PRD Table 的 Base Address 中的[31:2]位，而忽略掉[1:0]两位，因此需要 4 字节对齐。

PRD Table 中相邻两个描述符，它们所描述的物理内存区可以是不连续的，但是这两个描述符自身必须在内存上是连续的，因此 PRDTable 类使用数组来实现描述符表。

DMA 控制器的寄存器接口包含命令寄存器、状态寄存器、PRD Table 基地址寄存器。

(1) 命令寄存器

用于向 DMA 控制器发送命令启动一次 DMA 操作，其格式如图 6.19 所示。命令寄存器的 Bit(3)是读/写位，告知 DMA 控制器进行 DMA 传输的方向。Bit(3)=0 时表示写硬盘，读内存；Bit(3)=1 时表示读硬盘，写入内存。命令寄存器的 Bit(0)为 DMA 操作启动开关，设置 Bit(0)=1，则立即启动 ·次 DMA；Bit(0)=0，则停止正在执行的 DMA。通常，在执行完前一次 DMA 之后也需由软件指令将 Bit(0)置为 0。

7	6	5	4	3	2	1	0
保留	保留	保留	保留	R/W	保留	保留	Start/Stop

图 6.19　命令寄存器

(2) 状态寄存器

状态寄存器是用来指示 DMA 控制器当前状态，让程序根据其状态决定下一步要执行的操作，其格式如图 6.20 所示。

7	6	5	4	3	2	1	0
Simplex	D1DC	D0DC	保留	保留	Interrupt	Error	Active

图 6.20　状态寄存器

该寄存器的 Acitve 位在 DMA 操作执行期间由硬件置 1，DMA 完成后由硬件自动置 0。DMA 执行过程中如果出错，硬件将该 Error 位置 1，软件指令通过写入一个“1”将该位复位到 0。当 DMA 传输完成，并且外设已向 CPU 发出中断请求（不论 CPU 是否关中断）之后，由硬件置 Interrupt 位为 1，表示已经发出中断请求。软件指令通过写入一个“1”将该位复位到 0。

（3）PRD Table 基地址寄存器

PRD Table 基地址寄存器（Physical Region Descriptor Table Register，PRDTR）的格式如图 6.21 所示。它指向物理内存中 PRD Table 的起始地址，DMA 控制器通过该起始地址找到并依次传输 PRD Table 中的各个 PRD 项，直至表中最后 EOT 位为 1 的末尾项。该寄存器长度为 32 位，由于 DMA 控制器忽略其最低 2 位，因此要求内存中的 PRD Table 满足 4 字节对齐。

[31:2]	[1:0]
PDR Table 物理起始地址[31:2]	保留

图 6.21　PRD Table 基地址寄存器

6.5.3　高速缓存管理策略

1. 两种缓存管理队列

系统中设置了自由队列和设备队列进行对缓存控制块的管理。因为缓存控制块及其对应的缓冲存储区是一一绑定关系，所以后面直接使用缓存这一术语代表这二者。因为 Buf 中记录了与缓存有关的各种管理信息，所以缓存管理队列实际上就是缓存控制块 Buf 队列。

（1）自由队列

一般而言，系统中每一个可被分配作它用的缓存都应该位于自由队列中。在此队列中，所有缓存对应的缓存控制块 Buf 类中的 b_flags 标志皆不包含 B_BUSY 标志。自由缓存队列的控制块节点是 bFreeList。bFreeList 和队列中各缓存控制块相互用指针av_forw、av_back 双向勾连（图 6.22）。

（2）设备队列

每类块设备都有一个设备缓存队列，其队首、队尾分别由相应块设备表 Devtab 中的 b_forw和 b_back 指示。队列中各缓存控制块用指针 b_forw、b_back 双向勾连（图 6.23）。

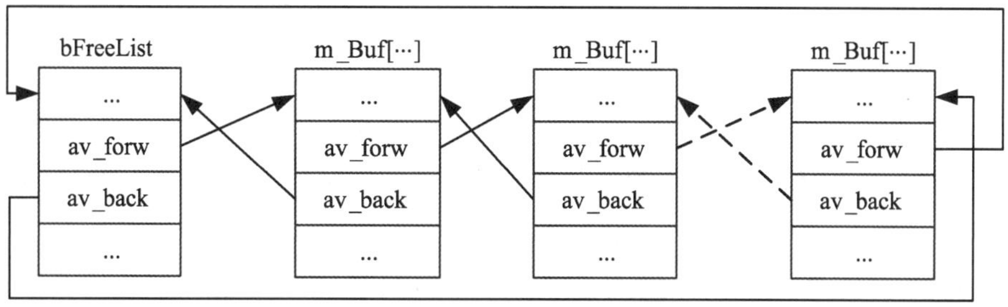

图 6.22 自由缓存队列

一个缓存被分配用于读、写某类块设备上的某一个字符块时，其相应缓存就进入该类块设备缓存队列中，除非将其再分配移作他用，否则它将一直停留在该队列中。

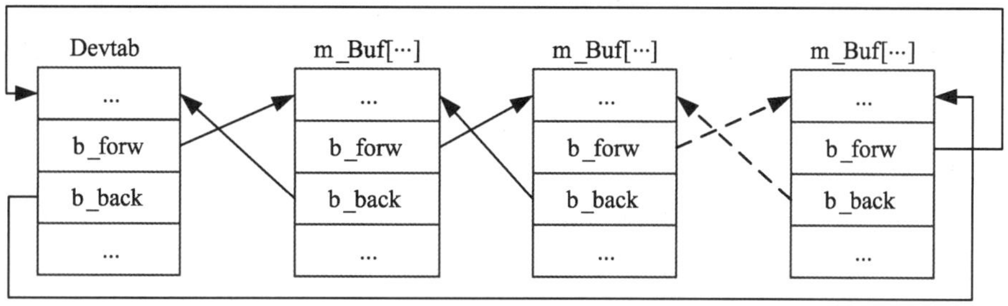

图 6.23 设备缓存队列

在设备缓存队列中，每个缓存总与该类一个设备上的某个字符块相关连，该设备的设备号是 b_dev，字符块块号为 b_blkno。所谓相关连是指二者的内容或者现在或者在将来某一时刻是相同的。例如，在读某字符块设备时，先将其读入相应的缓存，此时二者的内容是相同的；在进行写操作时，将缓存中内容写入相应字符块，此时二者内容也是相同的。

(3) NODEV 队列

NODEV 队列是个特殊的设备缓存队列。当系统需使用缓存，但它不与特定的设备字符块相关连时，将分配到的缓存控制块缓存送入 NODEV 队列中。其队列控制块也是 bFreeList，但它与自由队列不同，用队首、队尾指针 b_forw、b_back。在 UNIX V6++ 中有两种情况将缓存送入 NODEV 队列。一种是在进程执行一个目标程序的开始阶段，它用缓存存放传向该目标程序的参数；另一种情况是用缓存存放文件系统的资源管理块(SuperBlock)。另外，一个自由缓存控制块，不但在自由缓存队列中，而且一定在某个设备缓存队列中，为此，在系统初启阶段将它们全部送入 NODEV 设备队列。

考虑到操作比较方便，总是在队首将 Buf 插入设备队列。

2. 缓存管理算法

系统内有限的缓存要被所有进程共享使用，为了提高其使用效率，选择适当的缓存管理算法是非常重要的。缓存管理算法与页式虚拟内存中的管理算法非常类似，它们的关键问题都是淘汰算法，也就是选择哪一个缓存重新分配使用。UNIX V6++采用的缓存淘汰算法是极为精确的 LRU 算法。因为缓存管理采用的数据结构以及管理对象与页式虚拟内存不同，所以这种算法的具体实施过程也不同。下面对此加以说明。

一个缓存刚被分配用于读、写某块设备上某字符块时，相应缓存控制块的 b_flags 中的 B_BUSY 标志被设置，它一定位于相应的设备缓存队列中，而不在自由队列中。

一旦读、写操作结束就释放缓存。在这里“释放”指的是清除相应缓存控制块的 b_flags 中的 B_BUSY 标志，并将它送入自由缓存队列结尾，表示它可被考虑移作他用。但是该缓存仍留在原设备缓存队列中。之所以这样处理，是出于可以最大程度地利用缓存中的内容考虑的。因为：

(1) 在自由队列中的缓存，只要还没有重新分配就保持其原有内容不变，因此如果需要，只要简单地将相应缓存从自由队列中抽出，就可按原状继续使用它。这样，对读、写操作而言，都避免了重复而又十分耗费时间的设备 I/O 操作过程，这就大大提高了文件系统工作的效率。

(2) 如果要将一个缓存重新分配移作他用，则只需将它从自由缓存队列和原设备缓存队列中同时抽出，送入新的设备缓存队列。这样就实现了进程对有限缓存的共享。

为了使得一个已被释放的缓存尽可能长地保持原来的使用状态，将它送入自由缓存队列的尾部；而分配缓存时又从自由缓存队列首部取出。当一个缓存在自由队列内移动时，只要有按原状使用它的需要，就立即将它从自由队列中抽出。当它再次被释放时又进入自由缓存队列末尾。这样就保证了在所有自由缓存中，淘汰最后一次使用时间离现在时刻最远的一个缓存内容。这就是 LRU 算法。

已经设置了 B_DELWRI 延迟写标志的缓存，虽然已经在自由队列中，实际上其内容尚未写到相应的块设备上去。当它已经移到自由缓存队首准备移作他用时，不应将其按一般自由缓存处理，即不能立即对它进行重新分配，而是要提出 I/O 请求，以便将其内容写到相应设备的字符块上去。为此，将它从自由队列中抽出，而只留在原设备队列中。写操作结束后，这种缓存又被释放进入自由缓存队列末尾，同时仍保留在原设备队列中。

3. 缓存队列的初始化

系统初启阶段完成对高速缓存的初始化处理。处理后的缓存队列如图 6.24 所示。所有缓存控制块按序号(NBUF－1)到 0 排在 NODEV 队列中[图 6.24(a)]，按序号从 0 到(NBUF－1)排在自由缓存队列中[图 6.24(b)]，其中 NBUF 是缓冲区的数目。Buf 中各项除了两对勾连指针、b_addr[指向缓存在内存的首地址，图 6.24(c)]、b_dev(初始值为－1)外，其他各项皆为 0。各类设备的设备队列皆空[图6.24(d)]。

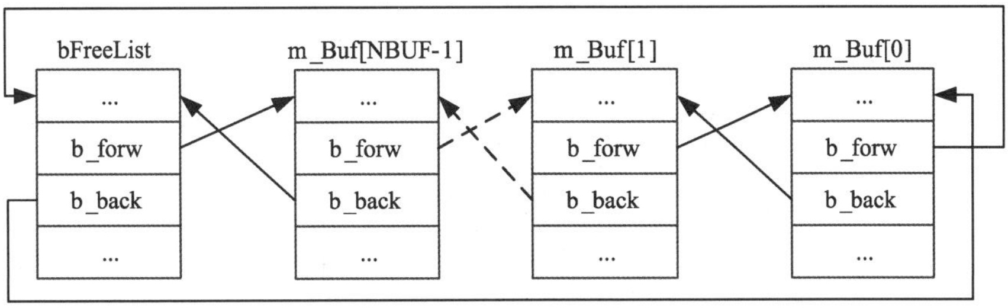

(a) NODEV缓存队列初始状态

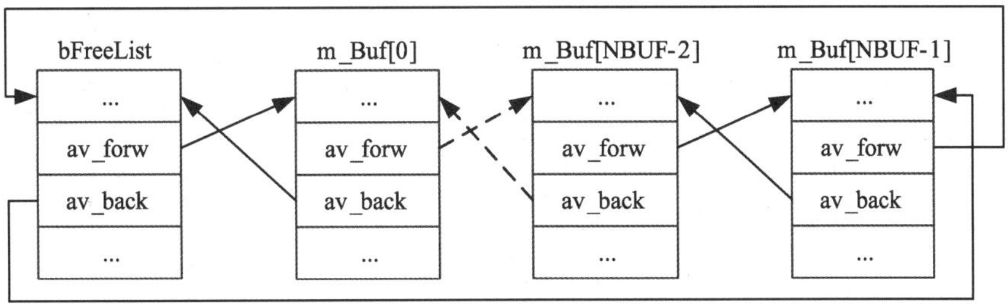

(b) 自由缓存队列初始状态

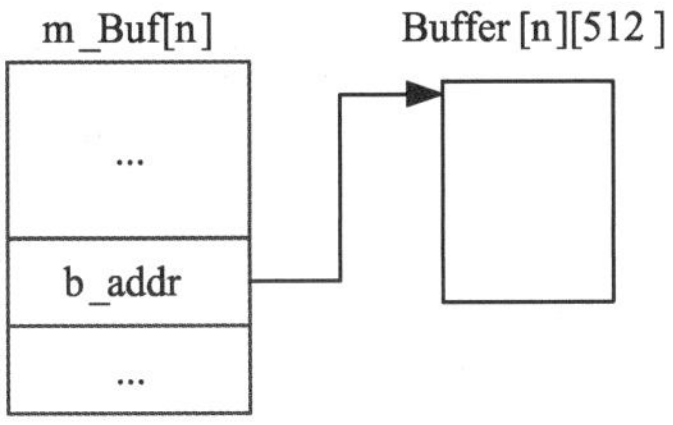

(c) Buf 和缓冲区相勾连

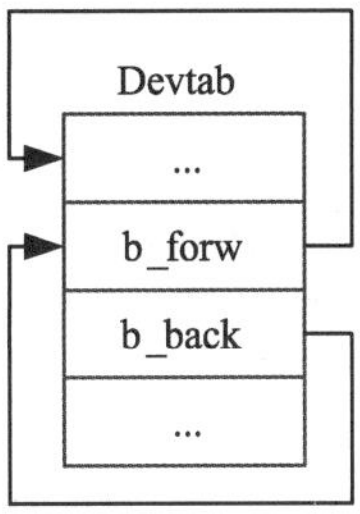

(d) 各类设备的Buf队列

图 6.24　各缓存队列的初始化状态

4. 缓存的搜索和分配

当进程需要对某设备 dev 上的一个字符块 blkno 信息进行处理前，先要为其分配一缓存。内核中实施这一功能的程序为 BufferManager::GetBlk(dev, blkno)，其流程如图 6.25 所示。

根据 dev 和 blkno 获得缓存的途径有以下两种。

(1) 在主设备号为 dev 的设备队列中搜索，如果找到一个缓存其 b_dev 和 dev 相同且 b_blkno 与 blkno 相同，则说明所需的缓存已经存在，因此不必再另外分配。但是该缓存的使用情况可能有两种：

① 它处于空闲状态(B_BUSY 标志没有设置)，于是只要将它从自由缓存队列中抽出，并增设 B_BUSY 标志，然后就可以按其原状继续使用。

② 它正被某个进程使用(B_BUSY 标志已设置)，则在其 b_flags 中增设 B_WANTED

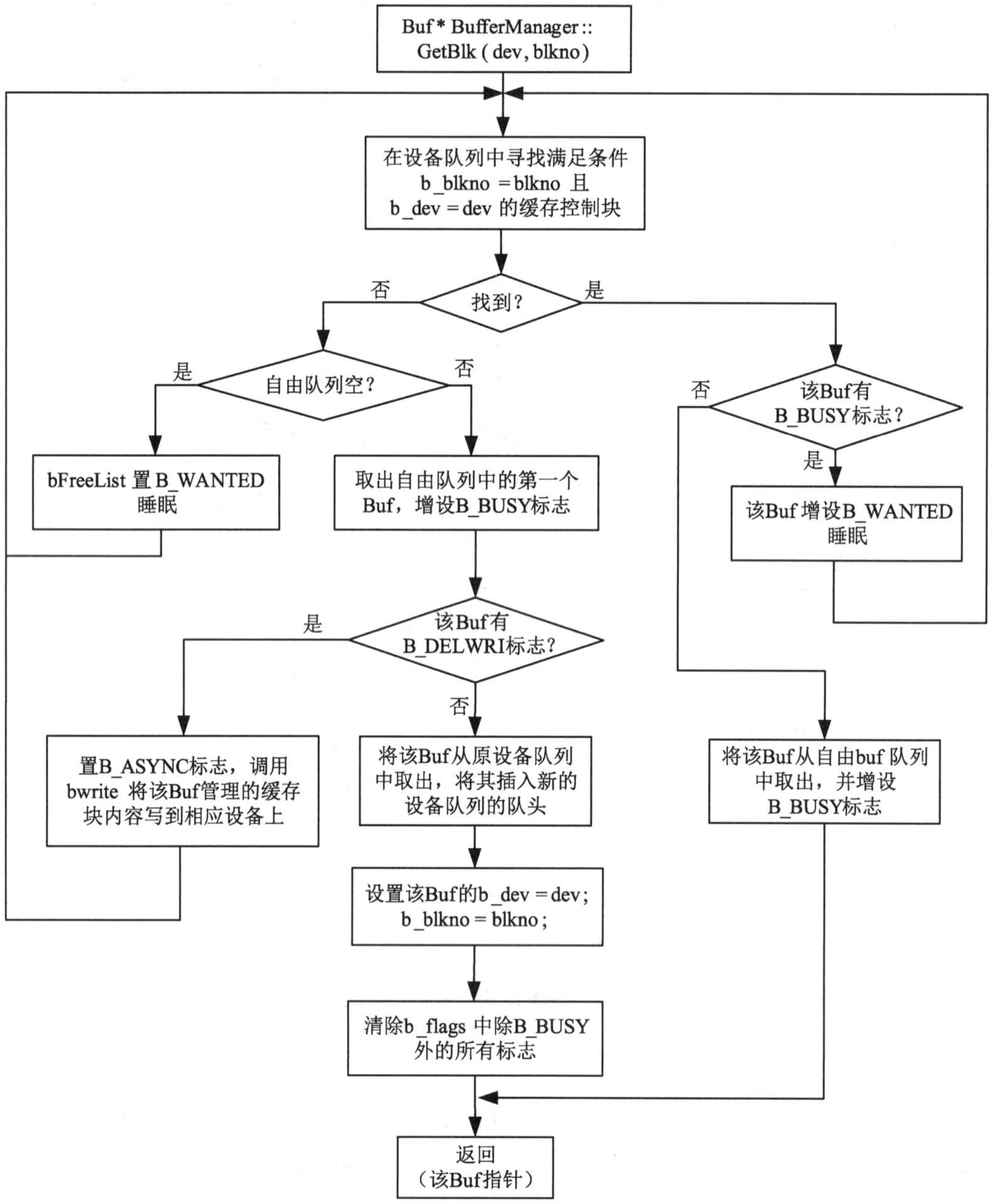

图 6.25 BufferManager::GetBlk(dev，blkno)函数流程

标志，表示有进程正在等待使用它。然后调用 GetBlk(dev，blkno)程序的进程进入睡眠状态，待该缓存使用完毕被释放时再被唤醒。

(2) 如果在上述设备缓存队列中没有找到相关缓存，那么就需要在自由缓存队列中进行分配。自由缓存队列的情况可能如下：

① 自由缓存队列空。此时在 bFreeList 的 b_flags 中增设 B_WANTED 标志，表示有进程正在等待使用自由缓存。然后，调用 GetBlk(dev，blkno)程序的进程进入睡眠状态，待某

个缓存被释放进入自由缓存队列时再被唤醒。

② 自由缓存队列非空。从其队首取出一缓存，增设 B_BUSY 标志。若该缓存延迟写标志 DELWRI 被设置，则将它所管理缓存内容以异步方式(关于异步方式，详见 6.5.4 节中关于块设备中断处理部分的介绍)写到相应设备上去，要求分配缓存的进程立即重复分配缓存操作。若延迟写标志未设置，则表示这确实是一个可重新分配的缓存。将它从原设备队列中抽出，从首部插入主设备号为 dev 的设备队列。最后将缓存的 b_dev 和 b_blkno 分别设置为 dev 和 blkno，建立起它与相应设备上一个指定字符块的连接关系。

假设这是缓存初始化后进行的第一次分配，dev 为磁盘存储系统，则各个缓存队列由图 6.24 改变为图 6.26。

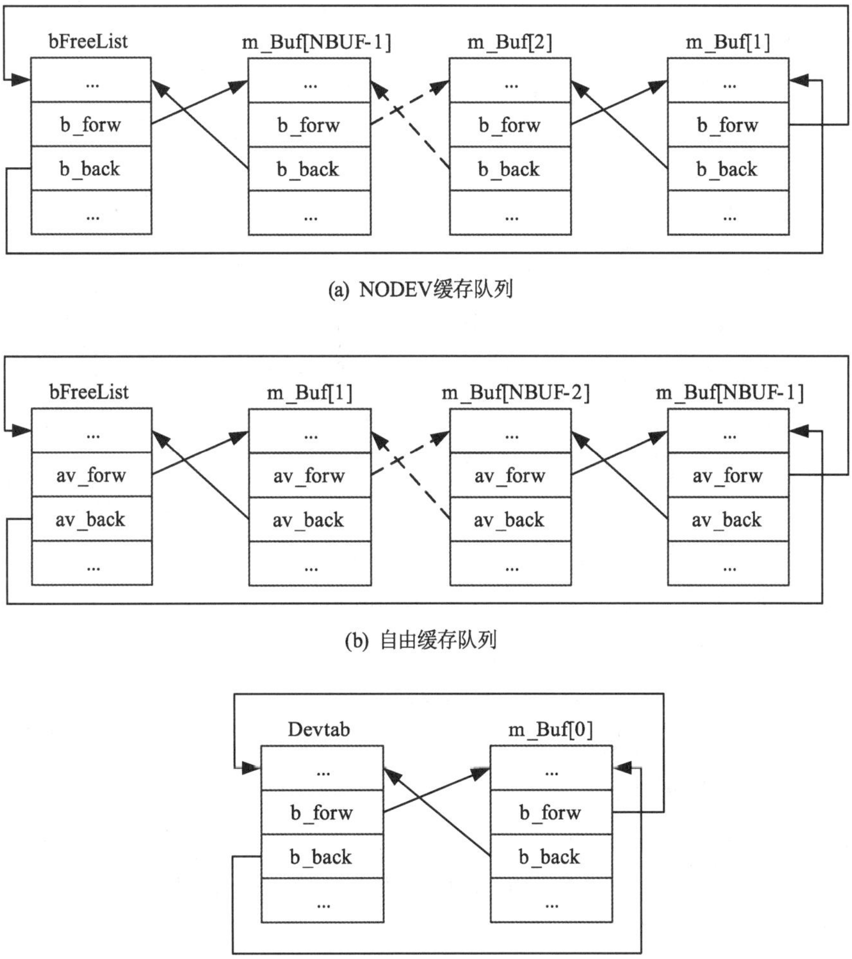

(c) 磁盘存储系统设备队列

图 6.26　取用一个自由 Buf 后的各队列

5. 缓存释放

缓存使用完毕后，立即被释放。此时，它仍留在原设备队列中，但同时进入自由缓存队列末尾。如果释放前，自由缓存队列如图 6.26(b)所示，而且释放的又是 m_Buf[0]，则释放后，自由缓存队列改成如图 6.27 所示。

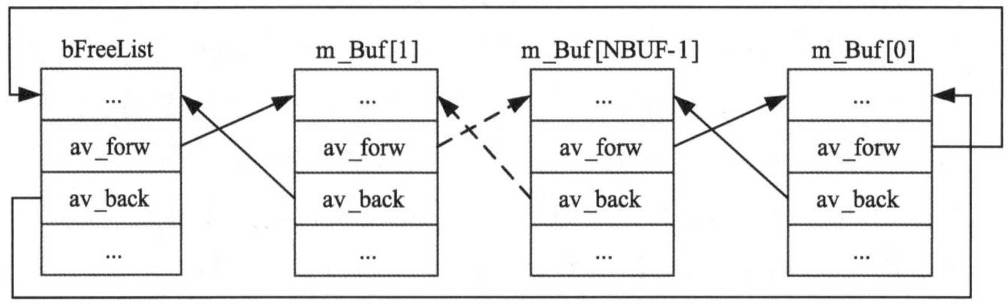

图 6.27　释放 Buf 后的自由缓存队列

释放缓存的程序是 BufferManager::Brelse(pBuf)，参数为指向一欲释放的缓存控制块的指针。其流程如图 6.28 所示。

图 6.28　BufferManager::Brelse(pBuf)函数流程

6.5.4　块设备驱动

当需要对块设备上的某个字符块进行处理时，如若在该设备的 Buf 队列中找不到相同缓存，那么先要申请分配一缓存，然后通过它进行设备读、写操作。一个比较典型的读、写块设备的操作过程是：首先按照读、写要求构成 I/O 请求块，并将它送入相应块设备的 I/O 请求队列。然后，启动相应设备进行数据传输，提出该 I/O 请求的进程则等待此操作结束。当 I/O 操作结束时，相应设备提出中断请求，中央处理机对此作出响应后，即转而执行相应设备的中断处理程序，在其中唤醒正在等待此操作结束的进程。UNIX 操作系统中，启动设备进行 I/O 操作以及与块设备中断处理有关的程序称为块设备驱动程序。

1. I/O 请求块及其队列

I/O 请求主要包括：操作类型(读或写)、信息源和目的区的起始地址以及数据传送的数量。所有这些都已经包含在一个缓存的控制块 Buf 中，所以不再独立设置 I/O 请求块，即由缓存控制块 Buf 同时作为 I/O 请求块。

设备 I/O 请求队列是一个先进先出(FIFO)队列。

缓冲控制块 Buf 兼任 I/O 请求块时，它一定位于某设备 I/O 请求队列中，同时位于该设备缓存队列中，而一定不在自由 Buf 中。

2. 块设备启动

块设备启动的主要工作包括：首先，将 I/O 请求块送入相应设备的 I/O 请求队列；其次，按照 I/O 请求块提供的信息，设置与相应块设备控制有关的寄存器和数据结构，并启动设备进行 I/O。上述工作是由以下三个函数合作共同完成的。

（1）ATABlockDevice::Strategy()函数

ATABlockDevice::Strategy()函数包含一个 Buf * 类型的参数，即此次 I/O 操作的请求块。该函数主要任务是将 I/O 请求块 Buf 送入块设备表的 I/O 请求队列后，随即检查块设备表的 d_active 成员，判断硬盘控制器是否处于空闲。如果处于空闲状态，立即调用 ATABlockDevice::Start()函数，启动磁盘执行刚刚送入的 I/O 请求。如果硬盘控制器忙碌，则立即返回(图 6.29)。

（2）ATABlockDevice::Start()函数

ATABlockDevice::Start()函数在 Strategy()函数中被调用，其功能是从块设备表的 I/O请求队列中取出位于队首的 I/O 请求块，并设置块设备表中 d_active 成员标记磁盘处于忙碌状态。然后调用设备驱动 ATADriver 类中的 DevStart()函数，由其执行设置磁盘寄存器并驱动磁盘执行 I/O 请求的具体步骤(图 6.30)。

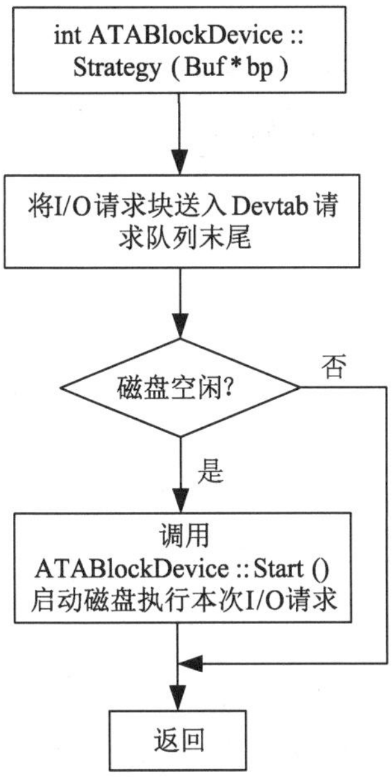

图 6.29　ATABlockDevice::Strategy()

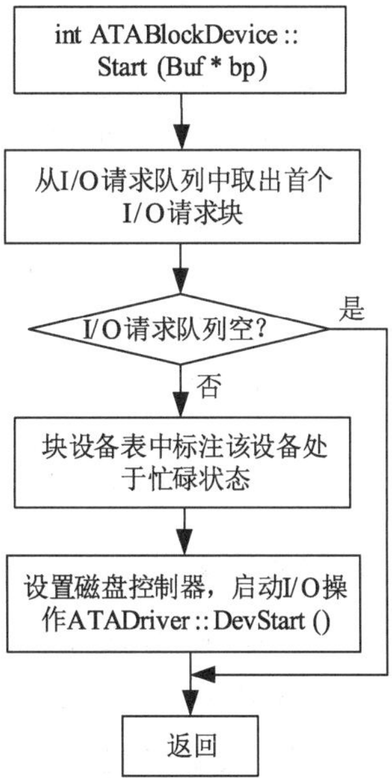

图 6.30　ATABlockDevice::Start()

（3）设备启动函数——ATADriver::DevStart()

ATABlockDevice 在完成了对硬件设备内存数据结构的一系列操作之后，将具体启动设备进行 I/O 操作的工作交由 ATADriver 类来完成，由该类具体负责对磁盘控制器的设置和响应工作。ATADriver::DevStart 函数根据本次 I/O 请求的参数，设置 DMA 控制器和 ATA 磁盘控制器中相应控制寄存器，然后启动磁盘设备执行本次 I/O 请求任务。该函数的大致流程如图 6.31 所示。

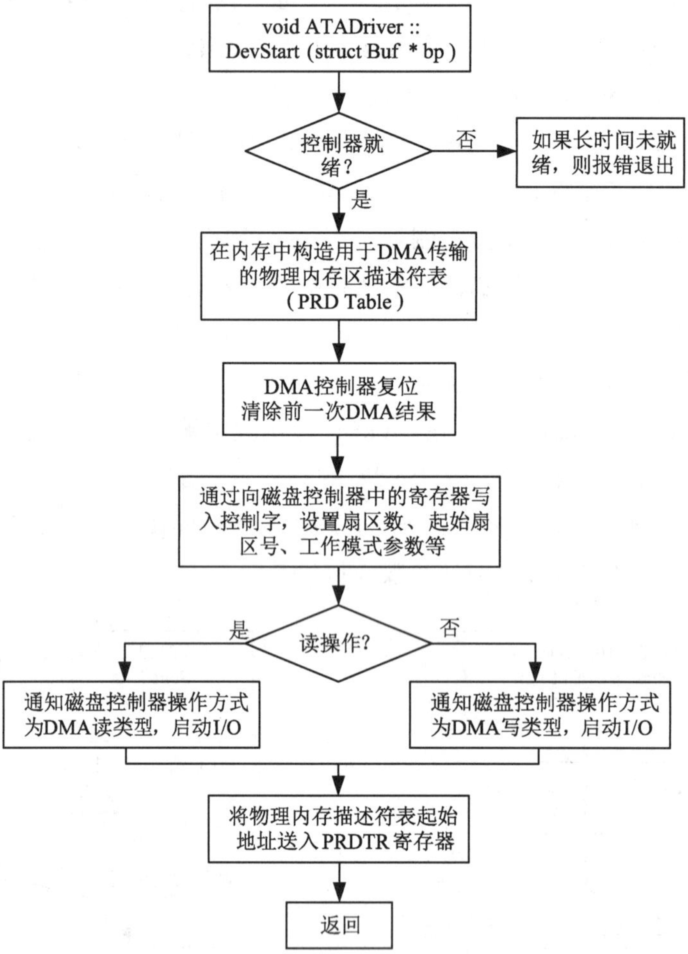

图 6.31　ATADriver::DevStart()设备启动函数

在向磁盘控制器发送命令之前，先要检查其是否就绪，如果控制器长时间未能进入就绪状态，表示出错，则没有必要进行后续操作。

在控制器响应的前提下，就要进入对磁盘控制器和 DMA 控制器二者编程的阶段了。首先，构造用于 DMA 传输的数据结构——物理内存区描述符表(PRD Table)，并根据本次 I/O 请求的参数初始化该表中的 PRD 项。对于 UNIX V6++ 而言，没有一次 DMA 传输需要跨越多个物理内存区域的情况，所以通常每次 PRD Table 中只有一项。

在 PRD Table 准备就绪之后，复位 DMA 控制器。然后，对磁盘控制器发送一系列命令字，包括一次要读/写的扇区数，读/写的起始逻辑扇区号和磁盘控制器的工作模式之类。

然后将本次 I/O 请求的操作方式：读或者写，同时告知磁盘控制器和 DMA 控制器，它们二者都需要清楚知道本次 I/O 请求的数据传输方向：从磁盘到内存进行数据传输或相反。最后将之前建立用于 DMA 传输的数据结构——PRD Table 的物理起始地址装入 DMA 的物理内存区描述符表基地址寄存器(PRDTR)中，启动 DMA 控制器上的开关就开始数据传输了。至此 ATA-Driver::DevStart()函数完成了启动一次 I/O 请求所需的全部工作。

需要指出的是,ATABlockDevice 及其所管理的块设备表 Devtab 侧重于 ATA 磁盘设备在内核中的数据结构表示,譬如块设备表 Devtab 就是在内核中设立的对 ATA 磁盘进行管理的软件层面抽象;而 ATADriver 类在驱动模块中侧重于对磁盘控制器硬件的抽象和操作。

3. 块设备中断处理和同步操作

(1) 等待块设备 I/O 操作结束

块设备读、写操作可分为同步和异步两种方式。异步方式是指提出读、写请求的进程无需等待 I/O 操作结束就可以继续执行后续操作。同步方式则相反,提出块设备读、写请求的进程需要等待该操作结束,然后再继续执行。

I/O 请求是否完成的标志是 b_flag 中的 B_DONE 位是否设置。如其已经设置,表示 I/O 操作已经结束,反之则表示该操作尚未完成。对于同步操作,在后一种情况下,进程进入睡眠状态,等待该操作结束时被唤醒。实施等待操作的程序是 BufferManager::IOWait,详见代码 6.9。其中,X86Assembly::CLI()和 X86Assembly::STI()的作用是通过开关中断来保护临界区。ProcessManager::PRIBIO 的值为 −50,GetError 程序的作用是报告 I/O 出错信息。

(2) ATA 磁盘中断处理程序

一次 I/O 操作结束后,磁盘控制器提出中断请求,CPU 对此作出响应后传入中断处理,在现场保护后即调用中断处理程序 ATADriver::ATAHandler。该程序的主要工作流程如图6.32所示。

首先,I/O 请求队列中的第一个 Buf(引起本次中断请求的 Buf)中的 d_active 标志位被清除,表示一次 I/O 请求结束,磁盘控制器进入空闲状态。接着检查这一次 I/O 过程中是否产生过错误。如果出错,考虑到磁盘读、写出错的概率较高,所以 UNIX V6++采取多次重复执行以

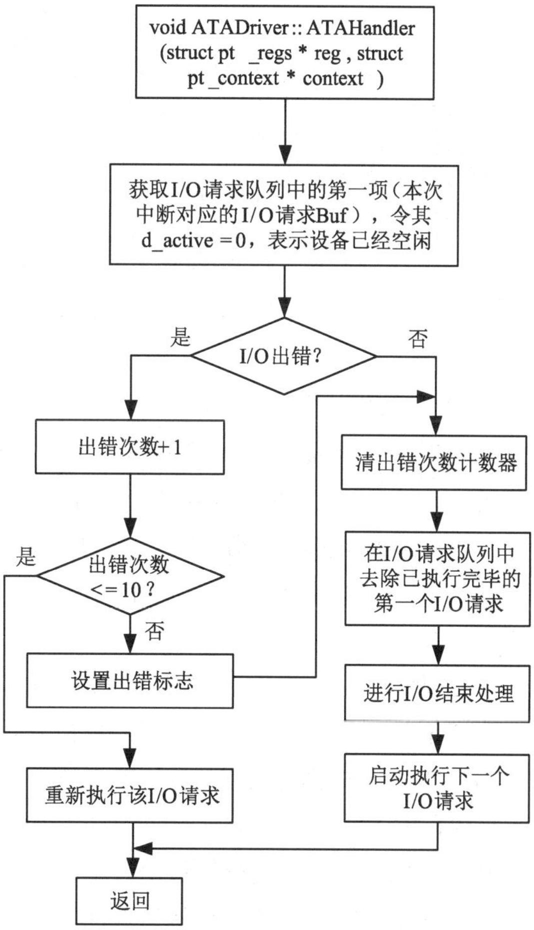

图 6.32 磁盘中断处理程序 ATADriver:: ATAHandler 流程

便尽量克服偶然性错误。如果 d_errcnt 的值小于或等于 10，则再次执行该 I/O 请求；如果大于 10，则设置出错标志，表示这种错误不能靠重复执行的方法来排除。不论是出错次数大于 10 还是在 I/O 操作成功结束的情况下，在磁盘 I/O 请求队列中都要去除已经执行好的 I/O 请求块，接着进行 I/O 结束处理。最后，如果 I/O 队列未空，则启动执行下一个 I/O 请求。

```
void BufferManager::IOWait(Buf* bp)
{
    User& u = Kernel::Instance().GetUser();

    /* 这里涉及到临界区
     * 因为在执行这段程序的时候，很有可能出现硬盘中断，
     * 在硬盘中断中，将会修改 B_DONE，如果此时已经进入循环，
     * 则将使得改进程永远睡眠
     */
    X86Assembly::CLI();
    while( (bp->b_flags&Buf::B_DONE) == 0 )
    {
        u.u_procp->Sleep((unsignedlong)bp, ProcessManager::PRIBIO);
    }
    X86Assembly::STI();
    this->GetError(bp);
    return;
}
```

代码 6.9 BufferManager::IOWait 程序代码

(3) I/O 结束处理

I/O 结束处理程序是 BufferManager::IODone (Buf* bp)(图 6.33)，参数 bp 指向一个 Buf 类型变量，它是刚刚执行完毕的 I/O 请求块。BufferManager::IODone 程序的主要工作如下：

首先，将 bp 指向的 Buf 中的 b_flags 的 B_DONE位置 1，表示该 I/O 请求已经执行完毕，所需数据已经送到了指定的盘区或已读入相应的缓存中。

其次，如果这次读、写操作是用异步方式进行的，则立即释放相应缓存，然后返回。对读写操作而言，这种处理方式是易于理解的，将缓存内容写到指定盘区后释放该缓存目的

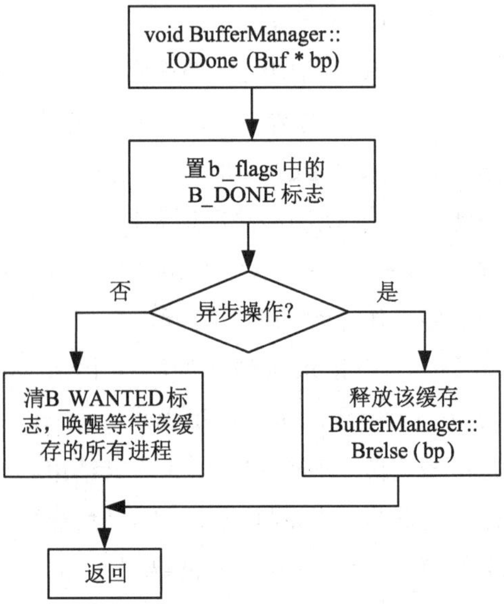

图 6.33 I/O 结束处理程序 BufferManager::IODone 流程

是实施缓存的充分共享。在以后需要使用本次读得的盘块内容时有两种可能：一种是相应缓存尚未被重新分配，于是只要将它从自由 Buf 队列中抽出按原状使用；另一种是该缓存已经被重新分配，于是不得不重新进行读盘操作。

如果本次 I/O 操作用同步方式进行，则唤醒等待该缓存的所有进程。这些睡眠进程有以下两类。

① 一类睡眠进程是提出这次 I/O 请求并等待其结束的进程，也就是调用 IOWait 程序而入睡的进程。这种进程被唤醒后，再次检查 b_flags 中的 B_DONE 标志，发现它已经设置，于是立即返回，然后使用已读入缓存的数据或进行其他操作。

② 另一类被唤醒的进程是调用 Getblk 程序申请分配一缓存的进程，而它需要的恰好是正被另一进程使用，刚刚结束 I/O 操作的缓存。这一类进程被唤醒后，要检查该缓存控制块中 b_flags 中的 B_BUSY 标志是否已经被清除。如果没有清除，则又回到睡眠状态。所以这两种进程中，总是等待 I/O 操作结束的进程先使用相应缓存中的内容。

6.5.5 块设备读写技术

UNIX 中对块设备主要有两种使用方式。第一种是文件系统使用的，可以说这是块设备管理和文件系统之间的界面，每次 I/O 请求读、写一字符块，它使用本章介绍的缓存技术，以便为文件系统提供有效的服务。第二种是进程图象在内存和磁盘交换区间进行传送时使用的。这种传输不通过缓存进行。本节着重介绍第一种使用情况。

1. 字符块输入

字符块输入指的是从盘上读字符块，它有两种：一种是基本字符块读入，另一种增加了预读操作。从前者可以了解到读字符块的基本过程，缓存技术以及块设备驱动程序的具体应用；从后者则可了解一种提高中央处理机和块设备工作并行程度所采取的技术。

(1) 基本字符块输入

基本字符块输入指的是从块设备上用同步方式将一个指定的字符块读入缓存。实施这一操作的程序是 BufferManager::Bread(short dev, int blkno)程序。参数 dev 指定了块设备号(主、次设备号)，blkno 是该块设备上的字符块号。BufferManager::Bread 的工作过程如图 6.34 所示。

根据 dev 和 blkno 获得所需字符块信息的途径基本上有以下两种。

其一，在 dev 设备 Buf 队列中找到了所需缓存。由于该缓存的内容正好是 BufferManager::Bread 所需的，所以不必进行读块设备操作。

其二，在 dev 设备 Buf 队列中没有找到相应缓存，于是，不得不在自由 Buf 队列中分配一缓存。因为它的内容并非调用 BufferManager::Bread 的进程所需，所以先要构成读请求块，并将其排入 dev 设备的 I/O 请求队列，并启动 I/O 操作。最后调用 BufferManager::IOWait 程序等待读操作结束。读操作结束后，磁盘中断处理程序 ATADriver::ATAHandler 调用 BufferManager::IODone 程序将睡眠等待进程唤醒。

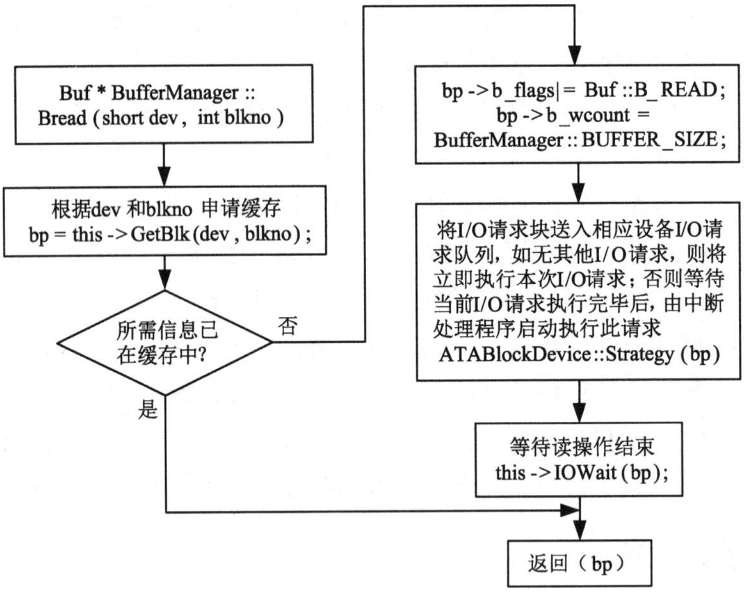

图 6.34　BufferManager::Bread 执行过程

无疑，通过第一种途径获得字符块较第二种途径要快得多。但是，在此之前应对同一字符块进行过读、写操作，而且缓存资源的竞争不很剧烈，该缓存没有被分配移作它用。

(2) 带有预读的字符块输入

力争重复使用原先读、写过，现在尚留在缓存中的字符块是 UNIX 缓存技术的一个重要目的，但是对块设备的读操作仍然是不可避免的。原因在于：①对某个字符块的第一次读操作一般总是对块设备进行的(除非在此之前对该块进行过写操作)。②原先对某个字符块虽然进行过读、写，但是由于对缓存的竞争使用，它占用的缓存区已被重新分配改作它用，因此当再次使用时，就必须从块设备上读入。

以同步方式读块设备时，进程不得不进入睡眠状态以等待数据传输结束，因此速度是相当低的。为了加快进程前进速度，提高中央处理机和块设备工作并行程度，最好在实际使用某字符块前，用异步方式提前将它读入缓存，在实际使用时，可立即从缓存中取用而无需等待。这种读字符块的方式称为预读。

按照什么原则对字符块进行预读呢？一般来说可以根据程序现在和过去一段时间内使用字符块的情况推测将来时刻的行为。但是比较复杂的统计预测是难以实施的。在 UNIX 中只在对文件进行顺序读时才进行字符块预读。文件顺序读是指本次预读的文本逻辑字符块(在文件内的逻辑编号)是上一次存访该文件的逻辑块的下一块。根据现在行为推测将来，可以认为下一次可能进行顺序读，因此提前申请读入文件的下一逻辑块。

实施字符块预读的程序是 BufferManager::Breada (short adev, int blkno, int rablkno)，参数 adev 为设备号，blkno 是当前要读的字符块号，BufferManager::Breada 程序

用同步方式读此字符块，rablkno 是要预读的字符块号，BufferManager::Breada 程序用异步方式读此字符块。

BufferManager::Breada 程序的基本工作过程如图 6.35 所示。它由三部分组成。第一、二部分的工作是使当前块和预读块各在一缓存中；第三部分工作是返回一 Buf 指针，该 Buf 控制的缓存包含了当前块的内容。

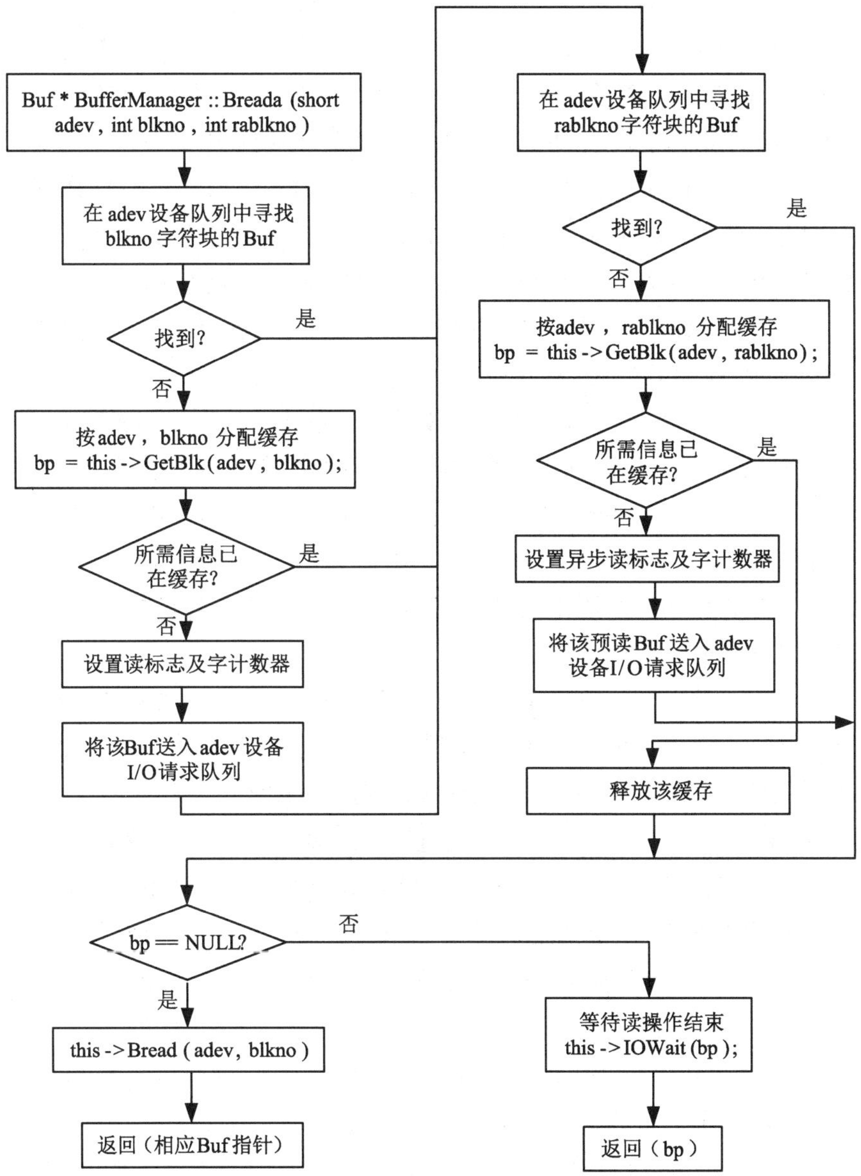

图 6.35　BufferManager:: Breada 执行过程

第一、二部分工作过程也极类似。它们的区别主要有以下两点。

第一，在预读处理部分，如果检查到所需字符块已经在一缓存中，则立即释放该缓存。

初看起来这种处理方式很奇怪，但实际上却是必要的。因为缓存数量有限，使用又很频繁，所以应尽量设法使它们为各进程共享。在 BufferManager::Breada 程序中，对 rablkno 字符块进行预读，但是预读块是否包含立即或最近一段时间内需要使用的信息是没有把握的，只是一种预测而已。若为此占用一个缓存可能会造成一种危险，即如果在较长时间内不使用该缓存所包含的信息，那么它就不会被释放，变成了被某个进程占用但又不使用的资源。如果若干个进程都照此处理，则系统可能会没有缓存可以使用。为了避免这种危险，预读块必须尽早释放。由于对自由 Buf 队列管理采用 LRU 算法，有关 Buf 释放后仍留在设备 adev 的设备队列中，所以只要缓存的竞争使用程度不很剧烈，从释放到实际使用之间的时间间隔不很长，则当实际需要使用预读块信息时，仍能在该缓存中获得。

第二点区别体现在读请求块的构成上。为当前块构成的 I/O 请求块与 BufferManager::Bread 程序中相同；对预读块则加了异步操作标志。对预读块，进程并不调用 BufferManager::IOWait 程序等待读操作结束。当该字符块读入后，设备中断处理程序调用 BufferManager::IODone 程序，它检测到这是用异步方式进行的 I/O 操作，也就无需唤醒有关睡眠进程，而立即释放相应缓存，起到了上述同样作用。

在 BufferManager::Breada 程序的开始，如果检查到当前块已在一缓存中，则立即进行预读处理。但对预读块进行处理时，原先包含当前块的缓存却有可能已经移作他用，所以在最后部分调用 BufferManager::Bread 程序。如当前块缓存仍可用则立即返回，如已经移作他用，则需再将它从块设备上读入。

预读有提高工作效率的好处，但是大大增加了读字符块操作的复杂性。

2. 字符块输出

字符块输出是指将一个字符块缓存的内容写到一个指定块设备的指定盘块上去。从是否需要等待 I/O 操作结束的角度考虑，字符块输出有同步和异步两种工作方式；从提出 I/O 请求的时间角度考虑，字符块输出有延迟和非延迟两种处理方式。

字符块输出一般采用异步方式。也就是进程提出输出请求后，不等待输出操作结束就继续执行。在某种情况下则采用同步方式，也就是等待输出操作结束后才进行后续操作。但是不管同步还是异步操作，都使用 BufferManager::Bwrite(Buf * bp)程序。参数 bp 指向一 Buf，它所控制的缓存内容需写到块设备上。BufferManager::Bwrite 的工作过程如图 6.36所示。

BufferManager::Bwrite 程序首先填写 Buf 中的相关项，以构成写请求块。包括清标志 B_READ、B_DONE、B_ERROR 和 B_DELWRI；然后送 512 进入 b_wcount。接着将此 Buf 送入 b_dev 设备的 I/O 请求队列中，以便按序进行 I/O 操作。若为异步写则不等待，立即返回。异步写结束后，由相应块设备的中断处理程序调用 BufferManager::IODone 程序，在其中释放 Buf 和相关缓存。

为了提出异步写要求，需在调用 BufferManager::Bwrite 程序前设置 Buf 标志 B_ASYNC，这是由 BufferManager::Bawrite 程序实施的(代码 6.10)。

```
void BufferManager::Bawrite(Buf * bp)
{
    bp->b_flags |= Buf::B_ASYNC;    /* 标记为异步写 */
    this->Bwrite(bp);
    return;
}
```

代码 6.10　BufferManager::Bawrite 程序代码

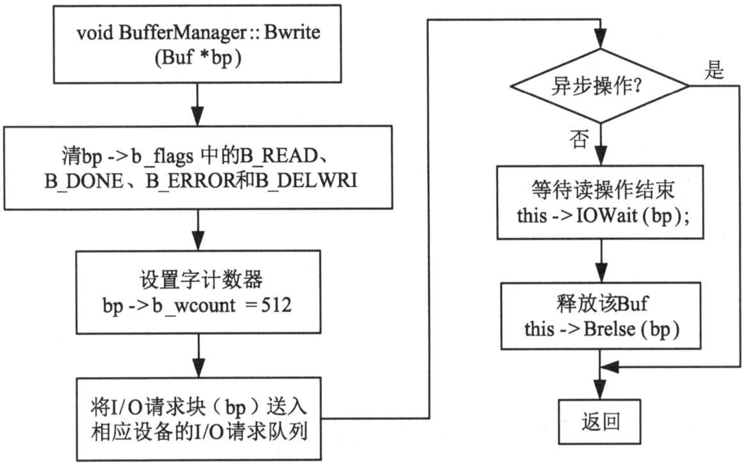

图 6.36　BufferManager::Bwrite 执行过程

前文中曾经述及，通过缓存以字符块为单位进行输出时，如果某个缓存的内容只有部分，例如，前 200 个字节是刚写入的，那么就不急于将该缓存内容写到块设备上去，而将输出操作推迟到某一适当时机进行，以避免不必要的重复操作，这就是字符块的延迟输出(延迟写)。

进行延迟写要考虑两个问题：其一是对延迟写缓存如何处理？延迟写缓存以后是否有用，何时使用是难以预料的。为了避免长期占用而不用，对相应 Buf 设置 B_DELWRI 标志和 B_DONE 标志，然后将其立即释放，以实现缓存的充分共享。

其二是究竟推迟到什么时候才将延迟写缓存的内容写到块设备上去？有两个时机要进行具体的写操作。

第一个时机，当延迟写缓存被再次按原状使用并全部写满后，用异步写方式写到块设备上去。

第二个时机与缓存的再分配有关。如果一个 Buf 已移动到自由 Buf 队首，系统准备将它分配改作他用时检测到它带 B_DELWRI 标志，则也用异步写方式将它控制的缓存内容写到块设备上去。写操作结束后，由中断处理程序释放此缓存，其 Buf 进入自由 Buf 队尾，同时还留在原设备 Buf 队列中。这样，仍然有一段长时间可按原样使用该缓存。

实施延迟写的程序是 BufferManager::Bdwrite(Buf * bp),参数 bp 指向一个 Buf,它所控制的缓存内容要用延迟写方式输出。BufferManager::Bdwrite 程序如代码 6.11 所示。

```
void BufferManager::Bdwrite(Buf * bp)
{
    /* 置上 B_DONE 允许其他进程使用该磁盘块内容 */
    bp->b_flags |= (Buf::B_DELWRI | Buf::B_DONE);
    this->Brelse(bp);
    return;
}
```

代码 6.11　BufferManager::Bdwrite 程序代码

6.5.6　UNIX 块设备管理小结

1. 程序结构

UNIX 块设备管理由多个类结构共同完成,可以将其抽象为三个部分:块设备读、写管理,缓存管理和设备驱动。考虑到它们的功能和相互关系,可以把它们各看成一个层次。最底层是设备驱动,包括块设备的启动、I/O 操作的等待与结束、块设备的中断处理等。第二层是缓存管理层,包括缓存的分配与回收、缓存队列的初始化等。最高层与使用方式有关,相当于块设备与外部的界面,包括块设备读、预读、写、异步写与延迟写等。

2. 缓冲技术

UNIX 使用缓冲技术企图将数据传输速度比较低的文件存储设备改造成存取速度比较高的存储空间。为此付出的代价是占用了一部分内存空间以存放缓存管理程序、控制数据结构以及构成缓冲存储区。所以这是以内存空间换取了时间。缓存技术的效果取决于:

(1) 在一段时间内各进程对文件字符块进行存放的情况,包括涉及的字符块的数量以及对同一字符块进行存放的频繁程度。如果存访的字符块数比较多,则对缓存的竞争程度必然剧烈,缓存中内容的更迭也就频繁,难以重复使用,缓存技术的效果降低。如果对同一字符块两次存取的时间间隔较短,那么缓存中信息被重复使用的可能性就会增加,此时缓存技术的效果也就会比较明显。

(2) 无疑,在内存容量许可的情况下适当增加缓冲存储区的数量可以提高缓冲技术的效果。

(3) 缓存管理算法的目标是提高缓存的重复使用率和进程对缓存的充分共享。UNIX 采用了虚存管理中的 LRU 算法,可望取得较好效果。在这种算法的基础上,还可以增加一些措施,以进一步改进其效果。例如释放某缓存时,如果重复使用其内容的可能性极小,则可将它安放在自由 Buf 队首等。

3. 字符块读写技术

字符块读(输入)和写(输出)都有同步、异步两种方式。数据处理往往是先读入信息,然后加工,所以同步读是字符块输入的主要工作方式。字符块读入缓存后,进程又将其送入用户的内存目的区,然后释放该缓存。在顺序读文件时,考虑到将来某时刻对某字符块可能发生的存取要求以及提高处理机和外部设备工作的并行性,采取预读方式。预读块在文件中的逻辑编号是当前块的下一块,但是由于文件中各字符块在块设备上是随机离散分布的,所以,其物理块号一般与当前块号不连续。预读块不是当前正要处理的字符块,所以采用异步输入方式。当预读块读入缓存后,立即释放该缓存。

对字符块输出而言,因为输出数据与加工处理后一批数据一般并不冲突,可以并行进行,所以异步写是输出的基本方式。一个缓存如果没有写满,则推迟其输出时间,尽可能使它写满之后再输出。延迟输出的缓存被立即释放,这主要是考虑到缓存的充分共享。延迟输出的缓存在全部写满后,或者需要重新分配他用时,也用异步方式输出。延迟写的优点是提高了工作效率,但是由于没有将信息及时送到盘上去,所以在系统发生故障时,可能丢失信息。为此,应当采取措施周期性地将延迟写缓存的内容写到块设备上去,在系统发生故障时也做同样的更新处理。

BufferManager 类封装的字符块读、写程序 BufferManager::Bread,BufferManager::Breada,BufferManager::Bwrite,BufferManager::Bawrite 等适用于各类块设备,它们的工作过程反映了 UNIX 以统一方式管理各类设备的思想。

第 7 章

文件系统

在现代计算机系统中，会频繁使用到大量的程序和数据，因内存容量有限，且不能长期保存，故选择将它们以文件的形式存放在磁盘或其他的外部存储介质中，需要时再随时将它们调入内存。如果由用户直接管理外存上的这些文件，不仅要求用户熟悉外存特性，了解各种文件的属性，以及它们在外存上的位置，而且在多用户环境下，还必须能保持数据的安全性和一致性。显然，这是用户不能胜任、也不愿意胜任的工作。于是，取而代之的是在操作系统中增加文件管理功能，即构成一个文件系统，负责管理在外存上的文件，并把对文件的存取、共享和保护等手段提供给用户。这样不仅方便了用户，保证了文件的安全性，还可以有效地提高系统资源的利用率。

7.1 文件系统概述

7.1.1 文件和文件系统

文件是具有名字的一组信息序列。它可以表示范围非常宽广的对象，既可以是具有一定独立能力的程序模块，也可以是一组数据。例如，用户的一个 C 或 Pascal 源程序、一个目标代码程序、系统中的库程序和各种系统程序、一批待加工处理的数据、一篇文章等都可以构成一个文件。

操作系统中负责管理和存取文件信息的软件机构称为文件管理系统（file management system），简称文件系统。文件系统为用户提供了一种简便、统一的存取和管理系统的方法。配置了文件系统后，用户可以通过文件名按照文件的逻辑结构，使用简单、直观的操作存取所需要的信息，从而使用户摆脱了存储介质的特性及输入/输出指令的细节。从这个意义上来看，文件系统提供了用户与外存的界面。

通常来讲，一个计算机系统中的文件系统应具备以下六个基本功能。

（1）根据用户的要求，创建一个新文件或删除一个老文件。

（2）根据用户的要求，打开文件并对文件进行读/写操作。

（3）对存放文件的存储空间进行管理，根据需要为各个文件自动分配必要的物理存储空间。

（4）自动完成文件的逻辑结构以及它在存储空间中的物理位置之间的映照关系。

（5）用户只要使用文件符号名就可以对文件进行存访，文件的物理组织对用户应该是完全透明的。

（5）对文件实施严格的维护，即使系统发生故障时，文件系统也不会或只在很小的局部范围内遭到破坏。

（6）允许文件主授权的用户在规定的权限范围内共享使用文件，对未经授权的用户则不允许他对文件进行任何存取操作。

也就是说，对用户而言，文件系统应该做到存访文件方便、存储文件安全可靠、既能实施文件共享又能防止非法访问。从系统角度看，文件系统以文件作为存储和处理的单位，对文件及其存储空间实施管理。

在操作系统中，文件系统只涉及信息的简单逻辑组织，它既不清楚各信息项（或记录）之间的结构关系，也无法对它们作出任何解释。而数据库管理系统则着重于信息项的结构关系和对这些信息项的解释。所以操作系统和数据库管理的功能侧重点不一，本章只讨论操作系统中的文件系统。

文件可以保存在各种存储介质上，但是为了便于用户随时重复和共享使用，现在，文件系统一般都以存储设备，特别是磁盘作为基础。所以本章重点放在磁盘文件的组织和处理上。

7.1.2 文件类型和文件系统模型

1. 文件类型

现代操作系统为了管理和控制文件而将文件分成若干种类型。由于不同系统对文件的管理方式不同，因而它们对文件的分类方法也有很大差异。为了方便系统和用户了解文件的类型，在许多操作系统中都把文件类型作为扩展名而缀在文件名的后面。下面是常用的四种文件分类方法。

(1) 按文件的性质和用途分类

按文件的性质和用途不同，可将文件分为系统文件、用户文件和库文件。

① 系统文件。是指由系统软件构成的文件。大多数的系统文件只允许用户调用，但不允许用户去读，更不允许修改；有的系统文件不直接对用户开放。

② 用户文件。是指由用户的源代码、目标文件、可执行文件或数据等构成的文件。用户将这些文件委托给系统管理。

③ 库文件。是指由标准子例程及常用的例程等所构成的文件。这类文件允许用户调用，但不允许修改。

(2) 按文件中数据的形式分类

按文件中数据的形式不同，可将文件分成源文件、目标文件和可执行文件。

① 源文件。是指由源程序和数据构成的文件。通常由终端或输入设备输入的源程序和数据所形成的文件都属于源文件。它通常是由ASCII码或汉字所组成的。

② 目标文件。是指把源程序经过相应语言的编译程序编译过，但尚未经过链接程序链接的目标代码所构成的文件。它属于二进制文件。

③ 可执行文件。是指把编译后所产生的目标代码再经过链接程序链接后所形成的文件。

(3) 按存取控制属性分类

根据系统管理员或用户所规定的存储控制属性不同，可将文件分为只执行文件、只读文件和读写文件。

① 只执行文件。该类文件只允许被核准的用户调用执行，即不允许读，更不允许写。

② 只读文件。该类文件只允许文件主及被核准的用户去读，但不允许写。

③ 读写文件。是指允许文件主和被核准的用户去读或写的文件。

(4) 按组织形式和处理方式分类

根据文件的组织形式和系统对其的处理方式不同，可将文件分成普通文件、目录文件和特殊文件。

① 普通文件。是指由ASCII码或二进制码组成的字符文件。一般用户建立的源程序文件、数据文件、目标代码文件及操作系统自身代码文件、库文件、实用程序文件等都是普通文件。

② 目录文件。是指由文件目录组成的,用来管理和实现文件系统功能的系统文件,通过目录文件可以对其他文件的信息进行检索。由于目录文件也是由字符序列构成,因此对其可进行与普通文件一样的种种文件操作。

③ 特殊文件。特指系统中的各类I/O设备。为了便于统一管理,系统将所有的输入、输出设备都视为文件,按文件方式提供给用户使用,如目录的检索、权限的验证等都与普通文件类似,只是对这些文件的操作是和设备驱动程序紧密相连的,系统将这些操作转为对具体设备的操作。根据设备数据交换单位的不同,又可将特殊文件分为块设备文件和字符设备文件。前者用于磁盘、光盘等块设备的I/O操作,而后者用于终端、打印机等字符设备的I/O操作。

2. 文件系统模型

图7.1显示了文件系统的模型。可将该模型分为三个层次,最底层是对象及其属性;中间层是对对象进行操纵和管理的软件集合;最高层是文件系统提供给用户的接口。

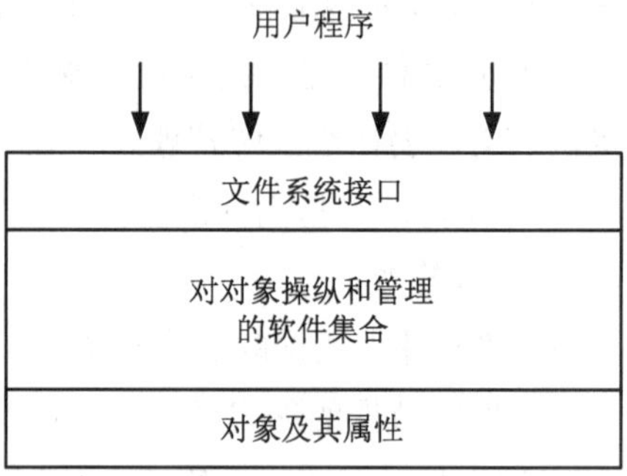

图7.1 文件系统模型

(1) 对象及其属性

文件管理系统管理的对象:①文件。它作为文件管理的直接对象。②目录。为了方便用户对文件的存取和检索,在文件系统中必须配置目录。对目录的组织和管理是方便用户和提高对文件存取速度的关键。③磁盘存储空间。文件和目录必定占用存储空间,对这部分空间的有效管理,不仅能提高外存的利用率,而且能提高对文件的存取速度。

(2) 对对象操纵和管理的软件集合

这是文件管理系统的核心部分。文件系统的功能大多是在这一层实现的,其中包括:对文件存储空间的管理,对文件目录的管理,用于将文件的逻辑地址转换为物理地址的机制,对文件读和写的管理,以及对文件的共享与保护等功能。

(3) 文件系统的接口

为方便用户使用文件系统,文件系统通常向用户提供两种类型的接口。

① 命令接口。是指作为用户与文件系统交互的接口。用户可通过键盘终端键入命令,取得文件系统的服务。

② 程序接口。是指作为用户程序与文件系统的接口。用户程序可通过系统调用来取得文件系统的服务。

7.1.3　文件的逻辑结构

通常，文件是由一系列的记录组成的。事实上，对于任何一个文件，都存在着以下两种形式的结构。

（1）文件的逻辑结构（file logical structure）

这是从用户观点出发，所观察到的文件组织形式，是用户可以直接处理的数据及其结构，它独立于物理特性，又称文件组织（file organization）。

（2）文件的物理结构

文件的物理结构又称文件的存储结构，是指文件在外存上的存储组织形式，这不仅与存储介质的存储性能有关，而且与采用的外存分配方式有关。

对文件逻辑结构所提出的基本要求有三点：首先是能提高检索速度，即在将大批记录组成文件时，应有利于提高检索记录的速度和效率；其次是便于修改，即便于在文件中增加、删除和修改一个或多个记录；最后是降低文件的存储开销，即减少文件占用的存储空间，不要求大片的连续存储空间。

1. 文件逻辑结构的类型

文件的逻辑结构可分为两大类，一类是无结构文件，是指由字符流构成的文件，故又称流式文件。另一类是有结构文件，是指由一个以上的记录构成的文件，故又称记录式文件。

（1）无结构文件

如果说大量的数据结构和数据库，是采用有结构的文件形式的话，则大量的源程序、可执行文件、库函数等，所采用的就是无结构的文件形式，即流式文件。其长度以字节为单位。对流式文件的访问，则是采用读写指针来指出下一个要访问的字符。可以把流式文件看作是记录式文件的一个特例。在 UNIX 系统中，所有的文件都被看作是流式文件，系统不对文件进行格式处理。

（2）有结构文件

在记录式文件中，每个记录都用于描述实体集中的一个实体，各个记录有着相同或不同数据的数据项。记录的长度可分为定长和不定长两类。

所谓定长记录文件，是指文件中所有记录的长度都是相同的，所有记录中的各个数据项都处在记录中相同的位置，具有相同的顺序和长度。文件的长度用记录数目表示。对定长记录的处理方便、开销小，所以这是目前较常用的一种记录格式，广泛用于数据处理中。

所谓变长记录文件，是指文件中各记录的长度不相同。产生变长记录的原因，可能是由于一个记录中所包含的数据项数目并不相同，也可能是因为是数据项本身的长度不确定。

根据用户和系统管理上的需要，可采用多种方式来组织这些记录。形成的文件有：顺序文件、索引文件和索引顺序文件。下面将分别阐述这几种文件的具体特征。

2. 顺序文件

（1）顺序记录的排序

文件是记录的集合。文件中的记录可以是任意顺序的，因此，它可以按照各种不同的顺序进行排列。一般地，可归纳为以下两种情况。

第一种是串结构，各记录之间的顺序与关键字无关。通常的办法是由时间来决定，即按存入时间的先后排列，最先存入的记录作为第一个记录，其次存入的为第二个记录，……，依此类推。

第二种情况是顺序结构，指文件中的所有记录按关键字（词）排列。可以按关键词的长短从小到大排序，也可以从大到小排序，或按其英文字母顺序排序。

对顺序结构文件可有更高的检索效率，因为在检索串结构文件时，每次都必须从头开始，逐个记录的查找，直至找到指定的记录，或查完所有的记录为止。而对顺序结构文件，则可利用某种有效的查找算法，如折半查找法、插值查找法、跳步查找法等方法来提高检索效率。

（2）对顺序文件（sequential file）的读/写效率

顺序文件中的记录可以是定长的，也可以是变长的。对于定长记录的顺序文件，如果已知当前记录的逻辑地址，便很容易确定下一个记录的逻辑地址。在读一个文件时，可设置一个读指针 Rptr，令它指向下一个记录的首地址，每当读完一个记录时，便执行：

$$Rptr := Rptr + L$$

操作，使之指向下一条记录的首地址，其中 L 为记录长度。类似地，在写一个文件时，也应设置一个写指针 Wptr，使之指向要写的记录的首地址。同样，在每写完一个记录时，又须执行以下操作：

$$Wptr := Wptr + L$$

对于变长记录的顺序文件，在顺序读或写时的情况相似，但应分别为它们设置读或写指针，在每次读或写完一个记录后，须将读或写指针加上 L_i。L_i 是刚读或写完的记录的长度。图 7.2 为定长和变长记录文件。

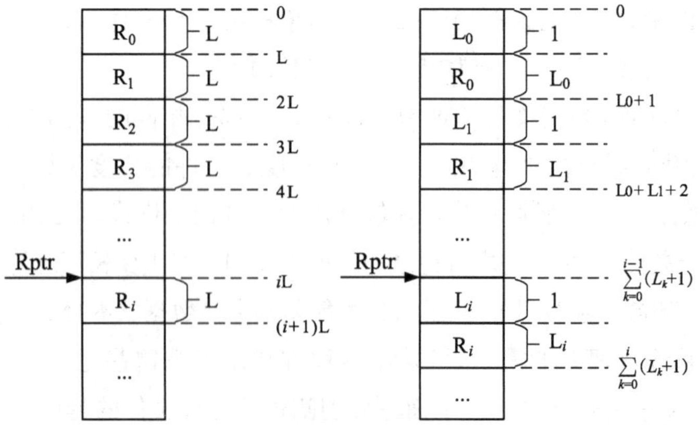

图 7.2　定长和变长记录文件

(3) 顺序文件的优缺点

顺序文件的最佳应用场合，是在对诸记录进行批量存取时，即每次要读或写一大批记录。此时，对顺序文件的存取效率是所有逻辑文件中最高的；此外，也只有顺序文件才能存储在磁带上，并能有效地工作。

在交互应用的场合，如果用户(程序)要求查找或修改单个记录，系统需要逐个查找记录。这时，顺序文件所表现出来的性能就可能很差，尤其是当文件较大时，情况更为严重。而如果是可变长记录的顺序文件，则为查找一个记录所需付出的开销将更大，这些问题都限制了顺序文件的长度。

顺序文件的另一个缺点是，增加或删除一个记录都比较困难。为了解决这一问题，可以为顺序文件配置一个运行记录文件(log file)或称为事务文件(transaction file)，把试图增加、删除或修改的信息记录于其中，规定每隔一定时间，例如 4 小时，将运行记录文件与原来的主文件加以合并，产生一个按关键字排序的新文件。

3. 索引文件

对于定长记录文件，如果要查找第 i 个记录，可直接根据下式计算来获得第 i 个记录相对于第一个记录首址的地址：

$$A_i = i \cdot L$$

然而，对于可变长度记录的文件，要查找其第 i 个记录时，须首先计算出该记录的首地址。为此，须顺序地查找每个记录，从中获得相应记录的长度 L_i，然后才能按下式计算出第 i 个记录的首址。假定在每个记录前用一个字节指明该记录的长度，则

$$A_i = \sum_{k=0}^{i-1} L_k + i$$

可见，对于定长记录，除了可以方便地实现顺序存取外，还可较方便地实现直接存取。然而，对于变长记录就比较难实现直接存取了。为了解决这一问题，可为变长记录文件建立一张索引表，对主文件中的每个记录，在索引表中设有一个相应的表项，用于记录该记录的长度 L 以及指向该记录的指针(指向该记录在逻辑地址空间中的首地址)。由于索引表是按记录键排序的，因此，索引表本身是一个定长记录的顺序文件，从而可以方便地实现直接存取。图 7.3 显示了索引文件的组织形式。

在对索引文件进行检索时，首先是根据用户(程序)提供的关键字，并利用折半查找法检索索引表，从中找到相应的表项；再利用该表项中给出的指向记录的指针值访问所需的记录。

4. 索引顺序文件

索引顺序文件(index sequential file)可能是最常见的一种逻辑文件形式。它有效地克服了变长记录文件不便于直接存取的特点，而且付出的代价也不算太大。索引顺序文件如图 7.4 所示。它是顺序文件和索引文件相结合的产物。它将顺序文件中的所有记录分为若

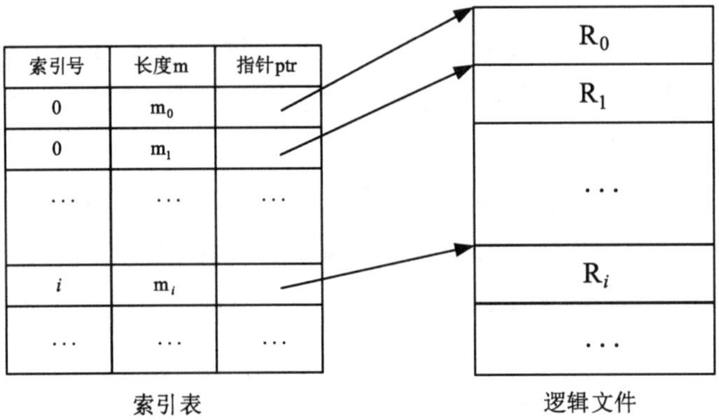

图 7.3　索引文件的组织

干个组，为顺序文件建立一张索引表。在索引表中为每组中的第一个记录，建立一个索引项，其中含有记录的键值和指向该记录的指针。

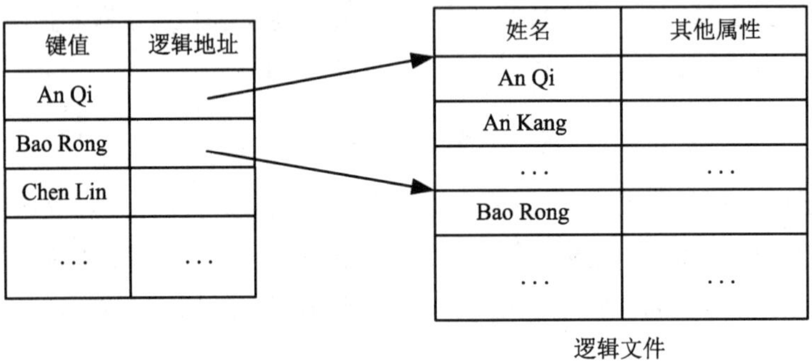

图 7.4　索引顺序文件

在对索引顺序文件进行检索时，首先利用用户（程序）所提供的关键字以及某种查找方法检索索引表，找到该记录所在记录组中第一个记录的表项，从中得到该记录组第一个记录在主文件中的位置；然后，再利用顺序查找法查找主文件，从中找到所要求的记录。

7.1.4　文件的物理结构

文件的物理结构直接与外存分配方式有关。采用不同的分配方式时，将形成不同的文件物理结构。例如，采用连续分配方式的文件物理结构，将是顺序式的文件结构；链接分配方式将形成链式文件结构；而索引分配方式则将形成索引式文件结构。在为文件分配外存空间时所要考虑的主要问题是：怎样才能有效地利用外存空间和如何提高对文件的访问速率。下面将详细介绍几种常见的外存分配方式。通常，在一个系统中，仅采用其中一种方法来为文件分配外存。

1. 连续分配

连续分配（continuous allocation）要求为每一个文件分配一组相邻接的盘块。一组盘块的地址定义了磁盘上的一段线性地址。在采用连续分配方式时，可把逻辑文件中的记录，顺序地存取到邻接的各物理盘块中，这样形成的物理文件称为顺序文件。这种分配方式保证了逻辑文件中的记录顺序和存储器中文件占用盘块的顺序的一致性。图 7.5显示了连续分配的情况。在该文件对应的目录项中“文件物理地址”字段中，记录该文件第一个记录所在的盘块号和文件长度（以盘块数进行计量）。

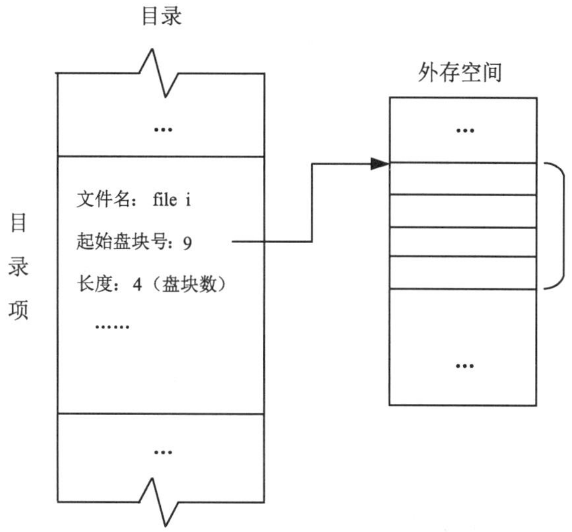

图 7.5　磁盘空间的连续分配

连续分配的主要优点如下：

(1) 顺序访问容易。访问一个占用连续空间的文件非常容易，系统可以从目录中找到该文件所在的第一个盘块号，从此开始顺序地、逐个盘块地往下读或写。连续分配也支持随机存取。例如，要访问一个从 b 块开始存放的文件中的第 i 个盘块的内容，就可直接访问 $b+i$ 号盘块。

(2) 顺序访问速度快。因为由连续分配所装入的文件，其所占用的盘块可能是位于一条或几条相邻的磁道上，这时，磁头移动的距离最少。因此，这种对文件访问的速度是几种存储空间分配方式中最快的一种。

连续分配的主要缺点如下：

(1) 要求有连续的存储空间。要为每一个文件分配一段连续的存储空间，这样，便会产生出许多外部碎片，严重降低了外存空间的利用率。如果定期地利用紧凑方法来消除碎片，则又需要花费大量的机器时间。

(2) 必须事先知道文件的长度。要将每一个文件装入一个连续的存储区中，必须事先知道文件的大小，然后根据其大小，在存储空间中找出一块大小足够的存储区，将文件装入。但大多数情况下，文件的大小很难预先知道，因为文件大小很有可能随时间动态增长和减小。

2. 链接分配

如果将一个逻辑文件存储到外存上时，并不要求为整个文件分配一块连续的空间，而是可以将文件装入到离散的盘块中，这样也就可以消除上述连续文件的缺点。在采用链接分配(linked allocation)方式时，可通过在每个盘块上的链接指针，将同属于一个文件的多个离散的盘块链接成一个链表，由此所形成的物理文件称为链接文件。

由于链接分配是采取离散分配方式，消除了外部碎片，故而显著提高了外存空间的利用率；又因为它根据文件的当前需要，为它分配必需的盘块，当文件动态增长时，可动态地再为它分配盘块，故而无需事先知道文件的大小。此外，对文件的增、删、改也十分方便。

链接方式又可分为隐式链接和显式链接。

(1) 隐式链接

在采用隐式链接分配方式时，在文件目录的每个目录项中，都须含有指向链接文件第一个盘块和最后一个盘块的指针，而在每个盘块中都包含有一个指向下一个盘块的指针，如图 7.6 所示。

隐式链接分配方式的主要问题在于：它只适合于顺序访问，对随机访问是极其低效的。如果要访问文件所在的第 i 个盘块，则必须先读出文件的第一个盘块，获取第二个盘块的位置，然后再读出第二个盘块，依次类推。此外，只要其中的任何一个盘块中保存的指针出现问题，都会导致整个链的断开。

(2) 显式链接

显式链接把用于链接文件各物理块的指针，显式地存放在内存的一张链接表中。该表在整个磁盘仅设置一张，如图 7.7 所示。表的序号是物理盘块号，从 0 开始，直至 $N-1$，N 为盘块总数。在每个表项中存放链接指针，即下一个盘块号。在该表中，凡是属于某一个文件的第一个盘块，或者说是每一条链的链首指针所对应的盘块号，均作为文件地址被填入相应文件的目录项中。

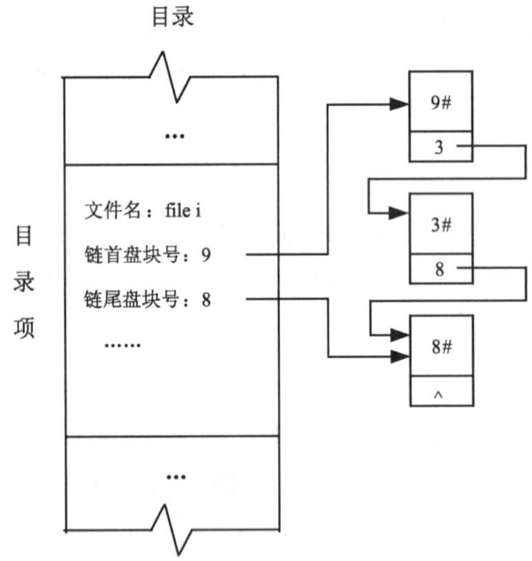

图 7.6 磁盘空间的隐式链接分配

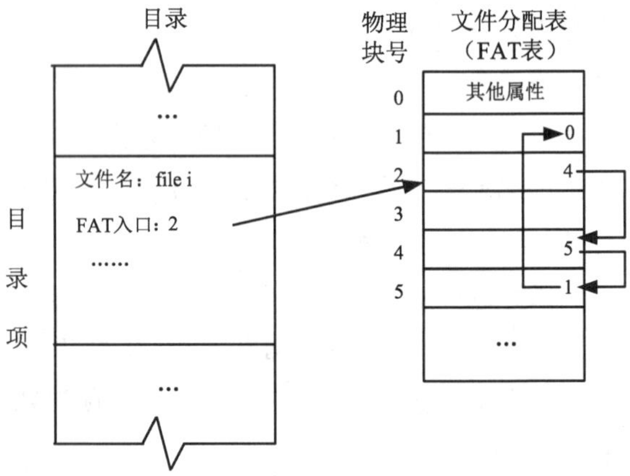

图 7.7 显式链接结构

由于查找记录的过程是在内存中进行的，因而不仅显著提高了检索速度，而且大大减少了访问磁盘的次数。由于分配给文件的所有盘块号都放在该表中，故把该表称为文件分配表(file allocation table)。

在微软公司的早期 MS-DOS 中，所使用的是 12 位的 FAT12 文件系统，后来是 16 位的 FAT16 文件系统；在 Windows 95 和 Windows 98 系统中则升级为 32 位的 FAT32；

Windows NT、Windows 2000 和 Windows XP 操作系统又进一步发展为 NTFS 文件系统。上述的几种文件系统所采用的文件分配方式基本上都是类似于上述显示链接方式。

3. 索引分配

(1) 单级索引分配

链接分配方式虽然解决了连续分配方式所存在的问题，但又出现了另外两个问题。首先，不能支持高效的直接存取。要对一个较大的文件进行直接存取，须首先在 FAT 中顺序地查找许多盘块号。其次，FAT 需占用较大的内存空间，当磁盘容量较大时，FAT 可能要占用数兆以上的内存空间，这是令人难以接受的。

索引分配方法为每个文件分配一个索引块(表)，把分配给该文件的所有盘块号都记录在该索引块(表)中，因而该索引块就是一个含有许多盘块号的数组。在建立一个文件时，只需在为之建立的目录项中填上指向该索引块的指针。图 7.8 显示了磁盘空间的索引分配方式。

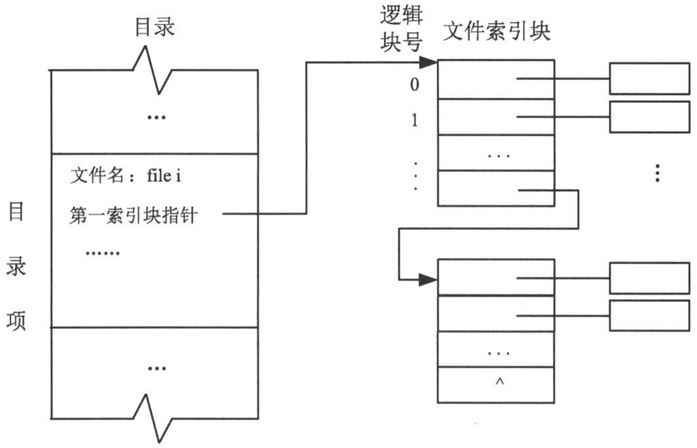

图 7.8　索引分配方式

索引分配方式支持直接访问。当要读文件的第 i 块时，可以方便地直接从索引块中找到第 i 个盘块的盘块号；此外，索引分配方式也不会产生外部碎片。当文件较大时，索引分配方式无疑要优于链接分配方式。

索引分配方式的主要问题是：可能要花费较多的外存空间。每当建立一个文件时，便需为之分配一个索引块，将分配给该文件的所有盘块号记录其中。但在一般情况下，是中、小型文件居多，甚至有不少文件只需 1～2 个盘块，这时如果采用链接分配方式，只要设置 1～2 个指针。如果采用索引分配方式，则同样仍须为之分配一个索引块。可见，对小文件采用索引分配方式，其索引块的利用效率是极低的。

(2) 多级索引分配

当操作系统为一个大文件分配磁盘空间时，如果所分配出去的盘块的盘块号已经装满一个索引块时，操作系统便为该文件分配另一个索引块，用于将以后继续为之分配的盘块号记录其中。显然，当文件太大，其索引块太多时，这种方法是低效的。此时，应为这些索引块再建立一级索引。

(3) 混合索引分配方式

所谓混合索引分配方式，是指将多种索引分配方式相结合而形成的一种分配方式。例如，系统既采用了直接地址，又采用了一级索引分配，或两级索引分配。这种混合分配方式在UNIX系统中采用，具体的实现细节将在后续相关章节中的介绍，这里不再赘述。

7.1.5 目录管理

现代计算机系统中，需要存储大量的文件。为了能有效地对这些文件实施管理，必须对它们进行妥善的组织。这主要依赖于文件目录来实现。文件目录也是一种数据结构，用于标识系统中的文件及其物理地址，供检索时使用。对文件目录的管理有以下要求：

(1) 实现"按名存取"，即用户只需向系统提供所需访问的文件的名字，便能快速准确地找到指定文件在外存上的存储位置，或者说，文件目录具有将文件名转换为该文件在外存的物理位置的功能，这也正是文件目录提供的最基本的功能。

(2) 提高对目录的检索速度。通过合理地组织目录结构的方法，可以加快对目录的检索速度，从而提高对文件的存取速度。这是在设计一个大、中型文件系统时所追求的主要目标。

(3) 文件共享。在多用户系统中，应允许多个用户共享一个文件。这样就需在外存中只保留一份该文件的副本，供不同用户使用，以节省大量的存储空间，并方便用户和提高文件共享。

(4) 允许文件重名。系统应允许不同用户对不同文件采用相同的名字，以便与用户按照自己的习惯给文件命名和使用文件。

1. 文件控制块与索引节点

为能对一个文件进行正确的存取，必须为文件设置用于描述和控制文件的数据结构，称为"文件控制块"(FCB)，其中包含了文件名及文件的各种属性。文件管理程序借助于FCB中的信息，实现对文件的各种操作。文件与文件控制块一一对应，而把文件控制块的有序集合称为文件目录。换言之，一个文件控制块就是一个文件目录项。通常一个文件目录也被看作一个文件，称为目录文件。

为了能对系统中的大量文件施以有效的管理，在文件控制块中，通常应含有三类信息，即基本信息、存取控制信息及使用信息。

(1) 基本信息类

基本信息类包括：①文件名，用户利用该名字进行存取；②文件物理位置，指文件在外存上的存储位置，包括存放文件的设备名、文件在外存上的起始盘块号、指示文件所占用的盘块数或字节数的文件长度(具体的内容取决于文件采用的物理结构)。

(2) 存取控制信息类

存取控制信息类包括文件主的存取权限、核准用户的存取权限以及一般用户的存取权限。

(3) 使用信息类

使用信息类包括文件的建立日期和时间、文件上一次修改的日期和时间及当前使用信息(这项信息包括当前已经打开该文件的进程数、是否被其他进程锁住、文件在内存中是否已经被修改但尚未拷贝到磁盘上等)。

应该说明,对于不同操作系统的文件系统,由于功能不同,可能只含有上述信息中的某些部分。

文件目录通常是存放在磁盘上的,当文件很大时,而 FCB 中信息量过多时,可能造成文件目录占用大量的盘块。例如,假如一个 FCB 为 64 B,盘块大小为 1 kB,则每个盘块中只能存放 16 个 FCB;若一个文件目录中共有 640 个 FCB,需占用 40 个盘块。

为此,在有的系统中,如 UNIX 系统,采用了把文件名与文件描述信息分开的方法,亦即,使文件描述信息单独形成一个称为文件索引节点的数据结构。而文件目录的每个目录项仅由文件名和指向该文件对应的索引节点的指针构成。

关于 UNIX 文件索引节点的细节,将在后续相关章节中具体阐述。

2. 目录结构

目录结构的组织,关系到文件系统的存取速度,也关系到文件的共享性和安全性。因而,组织好文件的目录,是设计好文件系统的重要环节。目前常用的目录结构形式有单级目录、两级目录和多级目录。

(1) 单级目录结构

这是最简单的目录结构。在整个文件系统中只建立一张目录表,每个文件占一个目录项。此外,为表明每个目录项是否空闲,又设置了一个状态位。单级目录结构如图 7.9 所示。

文件名	物理地址	文件说明	状态位
文件名1			
文件名2			
文件名3			
…	…	…	…

图 7.9　单级目录结构

每当建立一个新文件时,必须检索所有的目录项,保证新文件名在目录中是唯一的。然后找到一个空白的目录项,填入新文件名以及其他相关的说明信息,状态位置为 1。删除文件时,先从目录中找到该文件的目录项,回收该文件所占用的存储空间后,然后再清除该目录项。

单级目录的优点是简单且能实现目录管理的基本功能——按名存取，但却存在下述缺点。

① 查找速度慢。对于稍具规模的文件系统，会拥有数目可观的目录项，致使为找到一个指定的目录项需要花费较多的时间。对于一个具有 N 个目录项的单级目录，平均需查找 $N/2$ 个目录项。

② 不允许重名。在一个目录表中的所有文件，都不能与另一个文件有相同的名字。

③ 不便于实现文件共享。通常，每个用户都有自己的名字空间或命名习惯。因此，应当允许不同的用户使用不同的名字来访问同一个文件。然而，单级目录却要求所有用户都用同一个名字来访问同一个文件。因此，它只适合单用户环境。

(2) 两级目录结构

为了克服单级目录结构的缺点，可为每个用户建立一个单独的用户文件目录 UFD (User File Directory)，它由用户所有文件的文件控制块组成。此外，再在系统中建立一个主文件目录 MFD(Master File Directory)，在主文件目录中，每个用户文件目录都占有一个目录项，其目录项中包括用户名和指向该用户目录文件的指针，如图 7.10 所示。

当一个新用户开始使用文件系统时，系统为其在主文件目录中开辟一项，登记上他的用户名(如 Chen)，并为他准备好一个存放文件目录的存储区，然后把该区域的起始地址填写到主文件目录项中。此后，当该用户创建一个新文件时，文件系统先按其用户名从主文件目录中找到其文件目录的起始地址，然后在其中为新文件建立一目录项。每当用户用文件名访问他的某个文件时，也是先按用户名从文件目录中查找到他的文件目录的起始地址，并按文件名从中找到相应目录项。当要删除一个文件时，也先执行上述操作找到相应目录项，然后删除该项并释放该文件占用的其他存储资源。

两级目录结构基本上克服了单级目录的缺点，具有以下优点。

(1) 提高了检索目录的速度。

(2) 在不同的用户目录中，可以使用相同的文件名。

(3) 不同用户还可使用不同的文件名来访问系统中的同一个共享文件(如图 7.10 中，用户 Deng 和 Fang 用不同的文件名共享了同一个文件)。

二级目录结构比较简单实用，不足之处是缺乏灵活性，特别是不容易反映现实世界复杂的多层次的文件结构形式。为了便于系统和用户更灵活、方便地组织管理、使用各类文件，有些文件系统在二级目录结构基础上加以扩充，形成了多级目录结构。

(3) 多级目录结构

对大型文件系统，通常都采用三级或三级以上的目录结构，以提高对目录的检索速度和文件系统的性能。多级目录结构又称为树形目录结构，主目录在这里称为根目录，把数据文件称为树叶，其他的目录均作为树的节点。图 7.11 显示了树形目录的基本结构。图中，方框代表目录文件，圆圈代表数据文件。后续章节中，将结合 UNIX 操作系统具体讲解树形目录结构的实现。

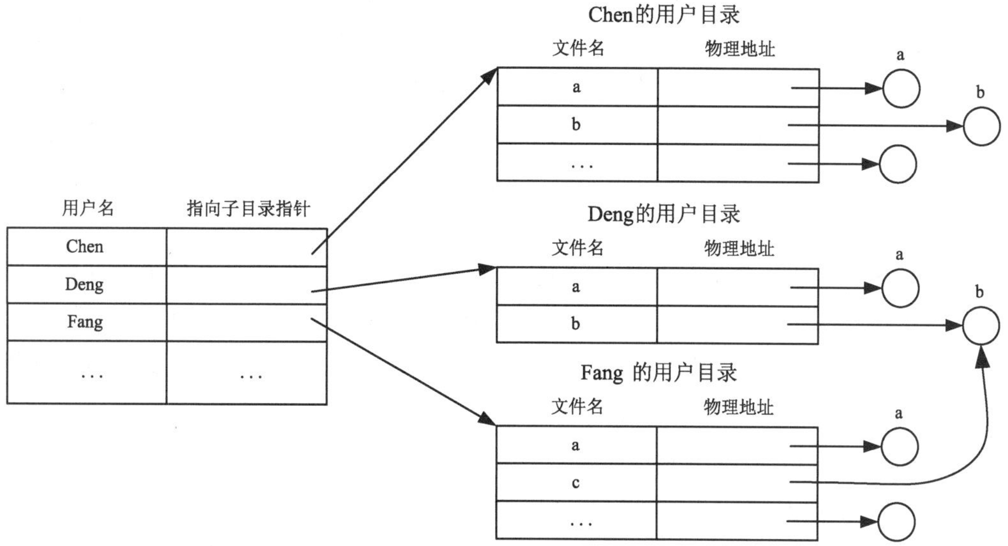

图 7.10 两级目录结构

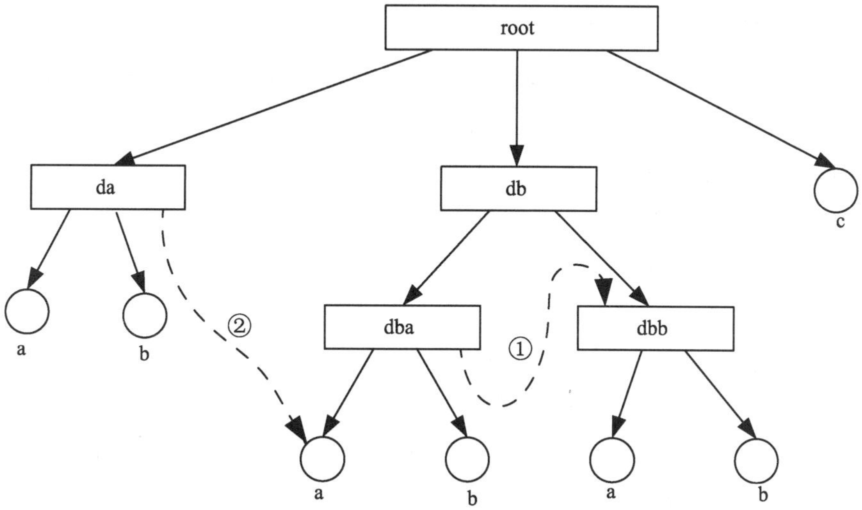

图 7.11 树形目录结构

文件路径名:在树形目录结构中,同一目录中的各个文件不能同名,但是在不同目录中的文件可以同名。例如,图 7.11 中,在目录 da,dba,dbb 中都有名字为 a,b 的项,但是它们代表了不同的文件。之所以能这样,是因为每个文件都是从根开始的一连串符号名在目录结构中唯一确定的。例如:

```
(root)/da/a;
(root)/db/dba/a;
```

这种文件名的表示法实际上说明了在文件目录结构中寻找文件的一条路径。从根目录到任何数据文件，都只有一条唯一的通路。在该路径上从树的根(即主目录)开始，把全部中间节点和数据文件名，依次用"/"连接起来，即构成该数据文件的路径名(path name)。系统中的每一个文件都有唯一的路径名，称为文件的绝对路径名。

工作目录：当一个文件系统含有许多级时，每访问一个文件，都要使用从树根开始直到树叶(数据文件)为止的、包括各中间节点(目录)名的全路径名。这是相当麻烦的事，系统本身也需要耗费很多时间进行多级目录搜索。

考虑到一个进程运行时所访问的文件，大多仅局限于某个范围，可为每个进程设置一个"当前目录"，又称"工作目录"。进程对文件的访问一般都针对以工作目录为根的子树进行。这样，一个文件既可以用完整的文件名表示，也可以用从工作目录开始的相对路径名表示。

目录结构中的勾连：单纯树形的多级目录结构不便于实现文件的灵活共享，为此在树形结构的基础上增加交叉连接部分。在 UNIX 中被称为勾连(link)。勾连方式有两种：一种是允许目录项连接到任一节点上去(图 7.11 中的勾连①)；第二种则只允许连接到代表数据文件的叶节点上去(图 7.11 中的勾连②)。UNIX 基本上采用了第二种勾连方式。

7.1.6 文件存储空间的管理

为了实现存储空间的分配，首先必须掌握空闲存储空间的情况，为此，系统应为分配存储空间而设置相应的数据结构；其次，系统应提供对存储空间进行分配和回收的功能。下面介绍四种常用的文件存储空间管理方法。

1. 空闲表法

空闲表法属于连续分配方式。即将外存上的所有空闲区视为空白文件，系统为外存上的所有空白文件建立一张空闲表，每个空白文件对应一个空闲表项；再将所有空白文件按其起始盘块号递增的顺序排列，如图 7.12 所示。

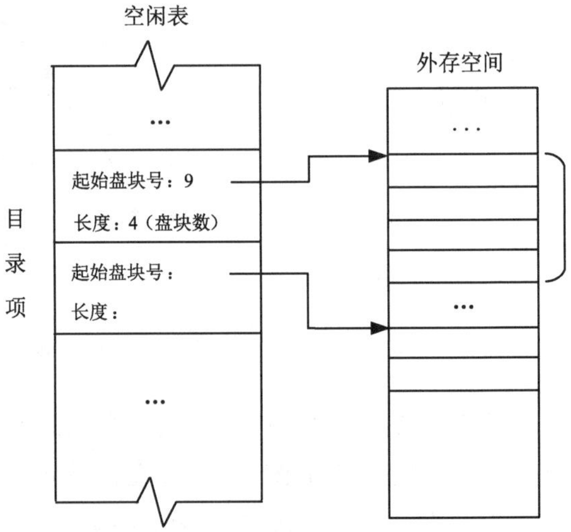

图 7.12　空闲盘块表

空闲盘区的分配与内存的动态分配类似，同样是采用首次适应算法、循环首次适应算法等。例如，在系统为某新创建的文件分配空闲盘块时，先顺序地检索空闲表的各表项，直至找到第一个其大小能满足要求的空闲区，再将该盘区分配给用户(进程)，同时修改空闲表。系统在对用户所释放的存储空间进行回收时，也采取类似于内存回收的方法，即要考虑回收区是否与空闲表中插入点的前区和后区相邻接，对相邻接者应予以合并。

2. 空闲链表法

空闲链表法是将所有空闲盘区拉成一条空闲链。根据构成链的基本元素的不同，可有两种链表方式：空闲盘块链和空闲盘区链。

(1) 空闲盘块链。是将磁盘上的所有空闲存储空间，以盘块为基本元素拉成一条链。当用户因创建文件而请求分配存储空间时，系统从链首开始，依次摘下适当数目的空间盘块分配给用户。当用户因删除文件而释放存储空间时，系统将回收的盘块依次插入空闲盘块链的表尾。这种方法的优点是分配和回收一个盘块的过程非常简单；缺点是空闲盘块链可能很长。

(2) 空闲盘区链。是将磁盘上的所有空闲盘区（每个盘区可包含若干个盘块）拉成一条链。在每个盘区上除了含有用于指示下一个空闲盘区的指针外，还应标有指明本盘区大小（盘块数）的信息。分配盘区的方法与内存中的可变分区分配类似，通常采用首次适应算法。在回收盘区时，同样也要将回收区与相邻接的空闲盘块相合并。这种方法的分配和回收过程较复杂，但空闲盘区链较短。

3. 位示图法

位示图是利用二进制的一位来表示磁盘中一个盘块的使用情况。当其值为“0”时，表示对应的盘块空闲；为“1”时表示已分配。由所有盘块对应的位构成一个集合，称为位示图。位示图可描述为一个二维数组。

根据位示图进行盘块分配时，可分三步进行：

(1) 顺序扫描位示图，从中找出一个或一组其值为“0”的二进制位。

(2) 将所找到的一个或一组二进制位，转换成与之相应的盘块号。假定找到的其值为“0”的二进制位，位于位示图的第 i 行、第 j 列，则其相应的盘块号应按下式计算：

$$b = ni + j$$

式中，n 代表每行的位数，首行行号 i 为 0，首列列号 j 为 0。

(3) 修改位示图，令 map[i, j] = 1。

盘块的回收分为两步：

(1) 将回收盘块的盘块号转换成位示图中的行号和列号。转换公式为

$$i = b \ DIV \ n$$
$$j = b \ MOD \ n$$

(2) 修改位示图。令 map[i, j] = 0。

这种方法的主要优点是，从位示图中很容易找到一个或一组相邻接的空闲盘块。此外，由于位示图很小，占用空间少，因而可将它保存在内存中，进而使得每次进行盘区分配时，无需首先将盘区分配表读入内存。

4. 成组链接法

空闲表法和空闲链表法都不适用于大型文件系统，因为这会使得空闲表或空闲链表太

长。在UNIX系统中采用了成组链接法，它是将上述两种方法结合而形成的一种空闲盘块的管理方法，兼备了上述两种方法的优点而克服了两种方法均有的表太长的缺点。成组链接法具体的细节将在后续章节中详细阐述。

7.2 UNIX文件系统概貌

从本节起，将比较详细地阐述UNIX V6++的文件系统，让读者在前几节对文件系统原理性认识的基础上，能对其有更进一步的实践性认识。

7.2.1 UNIX文件系统基本结构

UNIX文件系统中的文件是无结构的字符流式文件。目录结构采用带勾连的树形结构。文件和目录可以通过以根目录为起点的绝对路径指定，或以当前目录为起点的相对路径指定。

如图7.13所示，UNIX系统中的每一个块设备形成一个文件系统，可以是基本文件系统（是整个文件系统的基础，固定于根存储设备上，一般为磁盘）或可装卸的子文件系统（存储于可装卸的文件存储设备上，如移动硬盘）。无论是基本文件系统还是子文件系统，都通过自己独立的一个以根目录为起点的树形目录结构及相关的算法来组织和管理。

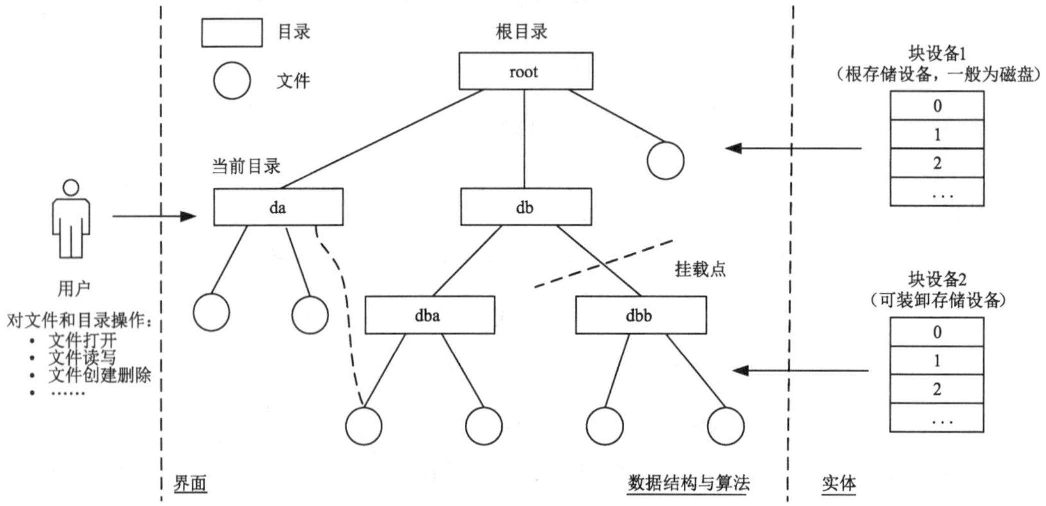

图7.13 UNIX文件系统概貌

每个文件系统通过挂载被系统识别，通过卸载从系统中删除。系统一旦启动，基本文件系统被自动挂载且不能卸载。各个子文件系统可以以一棵子树的形式挂载在基本文件系统目录树的任意一个节点上，且可随时更换。即使挂载了多个块设备的文件系统，对用户而言也是透明的，在数据操作方面无任何不同。

UNIX 文件系统通过用户界面为用户提供对文件的打开、读写、创建与删除等操作。正是由于文件系统的存在，使得用户无需对块设备的种类、规格、数据的存放地址等复杂的细节信息有任何了解。

7.2.2 UNIX V6++文件系统模块类结构

图 7.14 显示了 UNIX V6++文件系统模块中的各个类及其相互关系。整个文件系统模块可以分为两个部分：块设备存储资源管理相关类和文件系统实施相关类。

1. 块设备存储资源管理相关类

如图 7.14 所示，块设备存储资源管理相关类包括 DiskInode 类，SuperBlock 类，Mount 类和 FileSystem 类。其中，SuperBlock 类、DiskInode 类用于记录文件系统所在块设备上的存储资源使用情况，包括空闲磁盘块和空闲外存索引节点(DiskInode)。而 Mount 类用于记录系统里所有的块设备文件系统的挂载点信息，其中 m_Mount[0]项记录根文件系统的超级块(SuperBlock)信息。对上述所有存储资源的分配和回收，以及文件系统挂载点的信息都由 FileSystem 类负责。表 7.1 是 FileSystem 类主要的成员函数列表，关于上述类的细节将在 7.3 节详述。

表 7.1　FileSystem 类主要成员函数

序号	函数名	函数功能
1	void Initialize()	初始化成员变量
2	void LoadSuperBlock()	系统初始化时读入 SuperBlock
3	SuperBlock* GetFS(short dev)	根据文件存储设备的设备号 dev 获取该文件系统的 SuperBlock
4	void Update()	将 SuperBlock 对象的内存副本更新到存储设备的 SuperBlock 中去
5	Inode * IAlloc(short dev)	在存储设备 dev 上分配一个空闲外存 INode，一般用于创建新的文件
6	void IFree (short dev, int number)	释放设备 dev 上编号为 number 的外存 INode，一般用于删除文件
7	Buf* Alloc(short dev)	在设备 dev 上分配空闲磁盘块
8	void Free(short dev, int blkno)	释放设备 dev 上编号为 blkno 的磁盘块
9	Mount* GetMount (Inode* pInode)	查找文件系统装配表，搜索指定 Inode 对应的 Mount 装配块

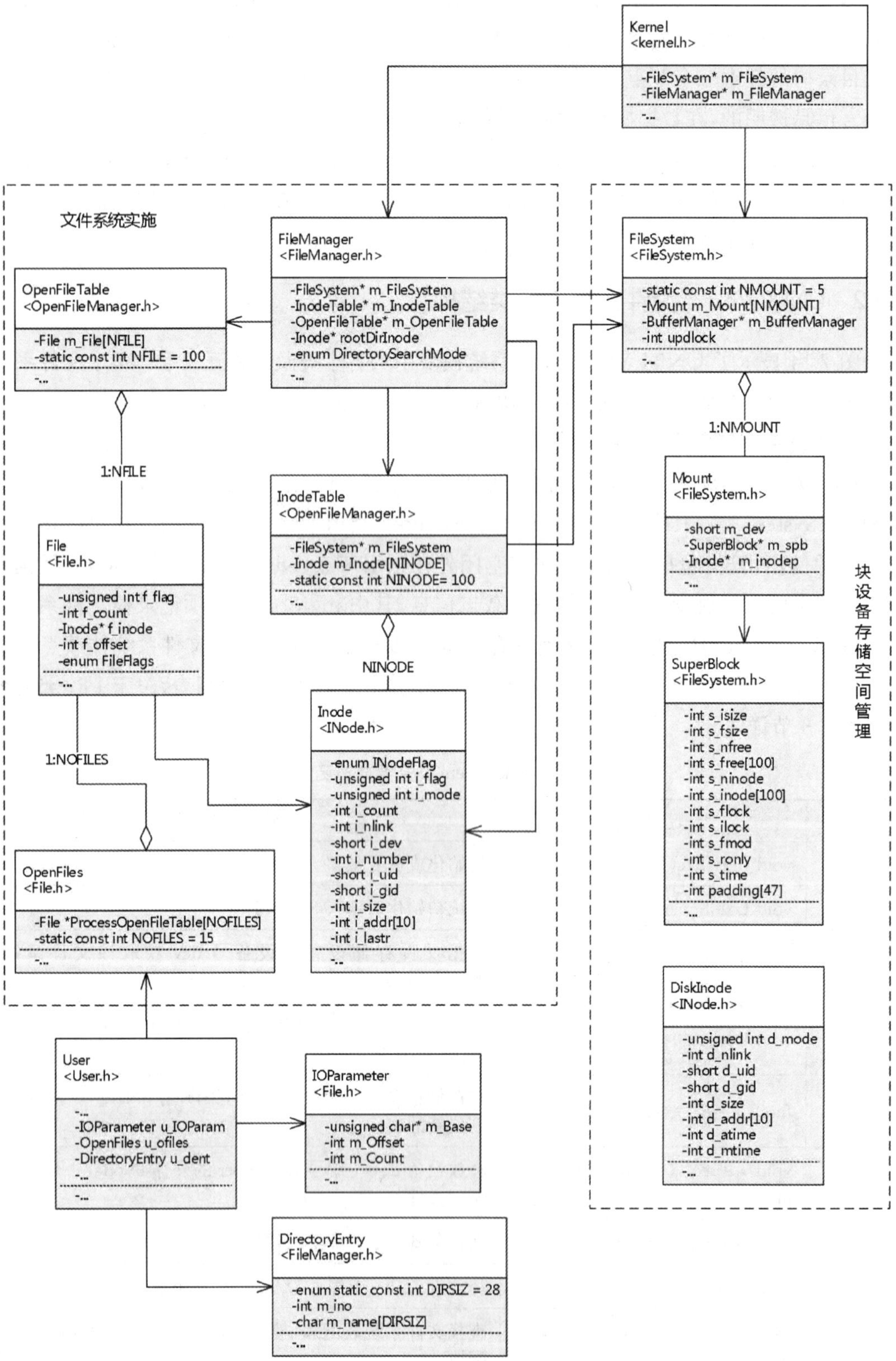

图 7.14　文件系统模块主要类结构

2. 文件系统实施相关类

如图7.14所示，文件系统实施相关类包括Inode类，InodeTable类，File类，OpenFiles类，OpenFileTable类和FileManager类。

其中，Inode类、InodeTable类、File类、OpenFiles类、OpenFileTable类建立了一套UNIX在内存中的文件打开数据结构与管理机制，包括内存索引节点(Inode)，内存索引节点表(InodeTable)，系统打开文件控制块(Files)，系统打开文件表(OpenFileTable)，进程打开文件表(OpenFiles)等。这些将在7.4节中详细阐述。

而FileManager类是文件管理模块的核心，文件系统的系统调用在内核中的处理函数都包含在了该类中，包括文件的创建、打开、关闭和读写等(表7.2是该类主要的成员函数列表)。同时该类向下管理着内存中打开文件管理机构和文件系统存储资源。因此，FileManager类还与Inode类、InodeTable类、OpenFileTable类以及FileSystem类存在关联。可以说，FileManager类起着衔接用户对文件的操作以及对内核数据结构相应处理的作用，可以看作是UNIX文件系统对外的接口。在操作系统完成初始化及运行过程中，FileManager类有且仅有一个实例，由Kernel类中m_FileManager成员变量引用。FileSystem类的详细结构及功能实现将在后续章节中具体介绍。

表7.2 FileManager类主要成员函数

序号	函数名	函数功能
1	void Initialize()	初始化对全局对象的引用
2	void Open()	打开文件
3	void Creat()	创建文件
4	void Open1(Inode* pInode, int mode, int trf)	以不同方式打开文件，Creat系统调用的公共部分
5	void Close()	关闭文件
6	void Seek()	定位文件读写指针
7	void Dup()	复制进程打开文件描述符
8	void FStat()	获取文件信息
9	void Stat()	获取文件信息
10	void Stat1(Inode* pInode, unsigned long statBuf)	FStat()和Stat()系统调用的共享例程
11	void Read()	读文件
12	void Write()	写文件
13	void Rdwr(enum File::FileFlags mode)	读写系统调用公共部分代码
14	void Pipe()	管道建立系统调用处理过程

（续表）

序号	函数名	函数功能
15	void ReadP(File* pFile)	管道读操作
16	void WriteP(File* pFile)	管道写操作
17	Inode* NameI(char (* func)(), enum DirectorySearchMode mode)	目录搜索，将路径转化为相应的 Inode，返回上锁后的 Inode
18	static char NextChar()	获取路径中的下一个字符
19	Inode* MakNode (unsigned int mode)	被 Creat()系统调用使用，用于为创建新文件分配内核资源
20	void WriteDir(Inode* pInode)	向父目录的目录文件写入一个目录项
21	void SetCurDir(char* pathname)	设置当前工作路径
22	int Access (Inode* pInode, unsigned int mode)	检查对文件或目录的搜索、访问权限，作为系统调用的辅助函数
23	Inode* Owner()	检查文件是否属于当前用户
24	void ChMod()	改变文件访问模式
25	void ChOwn()	改变文件文件所有者 user ID 及其 group ID
26	void ChDir()	改变当前工作目录
27	void Link()	创建文件的异名引用
28	void UnLink()	取消文件
29	void MkNod()	建立特殊设备文件

7.2.3 文件系统的用户界面

UNIX 文件系统提供给用户的界面是十几条系统调用，关于系统调用的处理过程请读者阅读 3.5.2 节。表 7.3 给出了其中几个主要的系统调用的调用号、在系统调用处理子程序入口表中的定义（指明所需的参数个数及系统调用处理子程序的入口地址）和系统调用处理子程序中实际使用的 FileManager 类的成员函数。全部的系统调用请读者自行查阅 UNIX V6++源代码 src/lib/src/file.c，src/interrupt/System.cpp。

下面结合几个典型的系统调用的实例，分析 UNIX 文件系统的外部特征和使用方法。

1. 文件的创建

用户希望创建一个新文件时，应该使用库函数 creat，其使用方法是：

```
fd = creat(name, mode);
```

其中，name 是用户给予这个新文件的符号名，它是一个字符串；mode 是个整型量，表示新文件的工作方式，主要是以二进制形式中的不同位表示出文件主、文件主同组用户和其他用户对该新创建文件的使用权。

表 7.3　文件系统主要系统调用

序号	库函数	系统调用号	在系统调用子程序入口表中的定义	系统调用子程序中调用的函数
1	int creat(char* pathname, unsigned int mode)	8	{2, &Sys_Creat}	FileManager::Creat
2	int open(char* pathname, unsigned int mode)	5	{2, &Sys_Open}	FileManager::Open
3	int close(int fd)	6	{1, &Sys_Close}	FileManager::Close
4	int read(int fd, char* buf, int nbytes)	3	{3, &Sys_Read }	FileManager::Read
5	int write(int fd, char* buf, int nbytes)	4	{3, &Sys_Write}	FileManager::Write
6	int pipe(int* fildes)	42	{1, &Sys_Pipe}	FileManager::Pipe
7	int seek(int fd,unsigned int offset,unsigned int ptrname)	19	{3, &Sys_Seek}	FileManager::Seek
8	int link(char* pathname,char* newPathname)	9	{2, &Sys_Link}	FileManager::Link
9	int unlink(char* pathname)	10	{1, &Sys_UnLink}	FileManager::Unlink

表 7.3 中，该库函数通过 2 号系统调用进入 Sys_Creat 函数，并最终调用 FileManager 类的 Creat 函数，按用户要求创建了一个文件，并返回一个整型值，称为打开文件标识数，也称为打开文件号。这样，进程此后只需要使用此标识数而不必使用文件名就可以对新创建的文件进行存访。

2. 文件的打开和关闭

一个新文件创建后，有关进程就可用其打开标识数对它进行存访。而对于一个已经存在的文件，则必须先将它打开，然后才能对它进行读、写操作。文件打开的方法是，使用库函数：

fd = open(name, mode);

其中，name 是文件名字符串；mode 是打开后，对该文件可以进行的操作方式，包括读、写、可读可写。mode 应在进程所属用户对此文件的存取权范围内。若 open 执行成功，则返回打开文件标识数。如果指定的文件不能被打开（文件名不正确，mode 超过了使用权等），则返回 −1。

一个进程能够同时打开的文件数是受限制的。在 UNIX V6++ 中，通常被规定为 15。

如果进程打开的文件数已经达到最高限额，而且还希望再打开一些文件，那么在此之前必须先关闭一些文件。从有效地使用系统资源角度出发，一个进程如果已经不会再访问某些先前打开过的文件，也应及时将它关闭。一个进程终止时，系统关闭其所有打开文件。

从用户角度看，设置文件的打开和关闭机构有两个好处。其一是对文件的工作方式，也就是文件的存取权可以作进一步限制，有利于保护文件。其二是存访打开文件时，不再需要使用文件名（文件名可能很长），而只要使用打开文件号。

关闭文件的方法是：

```
close(fd);
```

其中，fd 是欲关闭文件的打开文件号。

3. 文件的取消

一个文件可以同时有多个文件名。如果要为一个名为 name1 的文件再起一个新名字 name2，那么必须使用库函数 link，其使用方法是

```
link("name1", "name2");
```

反之，如果要取消某文件的文件名 name，则需使用系统调用 unlink，其使用方法是

```
unlink("name");
```

如果要将一个名为 name1 的文件改为 name2，可以使用方法是

```
link("name1", "name2");
unlink("name1");
```

如果某文件只有一个文件名，那么取消这一文件名，就意味着在文件系统中要取消该文件。

4. 文件的读、写

在 UNIX 操作系统控制下运行的所有程序，需要对文件进行读写时，最终都要用读写文件库函数 read 和 write。它们的形式是

```
n=read(fd, buf, nbytes);
n=write(fd, buf, nbytes);
```

其中，第一个参数 fd 是打开文件号。第二个参数对读而言，是读得的信息应送向的目标区首地址；对写而言，则是信息源区的首地址。第三个参数 nbytes 是要读、写的字节数。返回值 n 是实际读写的字节数。对读而言，n 可能小于 nbytes，这表示已经读到了文件底，但仍未能满足要求；若返回值 n 为 0，表示文件已经结束，没有字符可以读出。对写而言，若 n 不等于 nbytes，一般表示出错。

5. 随机存取

在 UNIX 中，文件读、写是顺序进行的。即后一次读、写的起始位置总是跟着前一次

读、写的结尾处。例如，文件打开后，第一次读第 0～511 字节，第二次读时，就从第 512 个字节开始。如果希望进行随机读、写，则可用库函数 seek 调整读、写位置。其格式是

seek(fd, offset, ptrname);

其中，fd 是打开文件号，offset 和 ptrname 综合起来调整读、写位置。若 ptrname 为 0，则读写位置设置为 offset；若 ptrname 为 1，则读、写为位置调整为现读、写位置加 offset(可正可负)；若 ptrname 为 2，则读、写位置调整为文件长度加 offset；若 ptrname 为 3～5，其意义同 0～2，但长度单位由字节变为字。

7.3 UNIX 对块设备存储资源的管理

7.3.1 块设备存储空间的安排

UNIX V6++将整个块设备存储空间分为 5 个区域，如果将块设备上的各个物理块按其编号顺序展开成带状，则各类存储区的安排如图 7.15 所示。

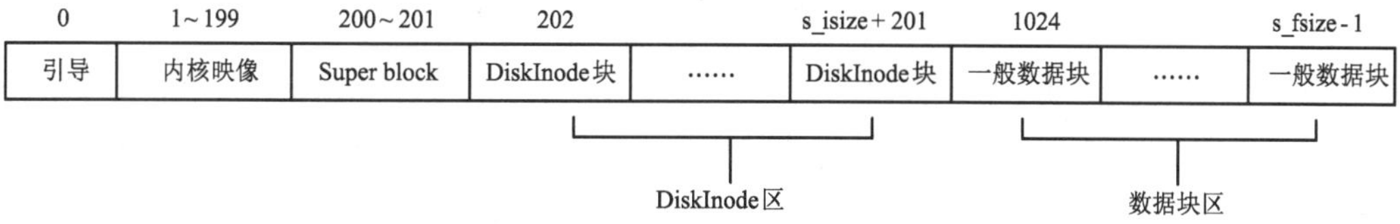

图 7.15　磁盘存储空间分布

其中，0＃块是引导块，一般用于存放引导程序；1＃～199＃块，该部分为内存映像区，由于内核代码编译后生成的文件较小，所以分配这段区间已经足够。块设备上的这前 200 个块不归属于 UNIX V6++的文件系统管理。紧随其后的从 200＃物理块开始直到末尾块才属于 UNIX V6++文件系统管理的存储资源。该部分区域被进一步分为以下三个部分。

(1) 外存索引节点区：存放文件控制信息(即外存索引节点)的物理块。关于外存索引节点的细节将在 7.6.2 节详述。外存索引节点区占据 202＃～1023＃盘块区间。在 UNIX V6++中，由于每个外存索引节点的大小为 64 字节，所以每个物理块中最多存放 512/64=8 个节点，则整个外存索引节点区中一共存在的节点数量为 8×(1 023－202＋1)个。由于每一个文件具有一个外存索引节点，所以此数量即为 UNIX V6++中一个块设备中允许创建的最大文件数量。

(2) 数据区：最后从 1024＃物理块开始直至块设备末尾的区间作为数据区被用来存放文件中的数据和间接地址索引表。任何文件的数据都占用整数个块，即使该文件的最后一块未被填满，也不会让两个文件共享同一数据块。

(3) 文件系统超级块(SuperBlock):UNIX V6++对整个块设备存储空间的不同区域采取不同的管理算法,而所有管理所需的信息则集中在一个数据结构——超级块(即SuperBlock,也称 filsys)中。关于文件系统超级块的细节将在7.6.3节详述。通过它可以知道该设备的文件系统中还有多少空闲数据块、多少空闲外存索引节点,以及这些空闲数据块、索引节点的具体位置等,以便可以从超级块顺藤摸瓜找到这些空闲存储资源。一个SuperBlock大小为1024字节,因而它需要占据200#,201#两个盘块。

7.3.2 外存文件索引节点

每个文件创建成功之后,也需要一组控制信息用于支持该文件存在过程中对其的各种操作。这一组信息一般集中存储在该文件的目录项中。但是由于控制信息的数量大,往往造成目录项冗长。

在UNIX系统设计中,为了加快文件目录的搜索速度,便于实现文件共享,将文件控制信息从目录项中分离出来,单独构成一数据结构——文件索引节点,也称为i节点。文件系统中每个文件都有一个唯一对应的索引节点,其中包含了该文件的全部控制信息。

文件索引节点以静态形式存储于磁盘上专门开辟的一个用于存放文件索引节点的区域,即外存索引节点(DiskInode)区,其中保存的所有文件索引节点按顺序从0开始编号。

UNIX V6++中,外存索引节点由DiskInode类描述。DiskInode类可以说是一种纯粹的数据结构定义,它只是规定了一个外存索引节点(每个节点大小为64字节)在磁盘上的布局,也就是DiskInode的各个成员排布的先后顺序,即当内核将存储DiskInode的磁盘块读入之后,必须按照什么样的格式去解析该盘块中的数据,才可以正确获得DiskInode中的文件控制信息。DiskInode类的定义如代码7.1所示。可将其中的信息大致分为五类。

```
class DiskInode
{
    …;
    /* Members */
public:
    unsigned int d_mode;          /* 状态的标志位,定义见 enum INodeFlag */
    int          d_nlink;         /* 该文件在目录树中不同路径名的数量 */
    short        d_uid;           /* 文件所有者的用户标识数 */
    short        d_gid;           /* 文件所有者的组标识数 */
    int          d_size;          /* 文件大小,字节为单位 */
    int          d_addr[10];      /* 逻辑块号和物理块号转换的基本索引表 */
    int          d_atime;         /* 最后访问时间 */
    int          d_mtime;         /* 最后修改时间 */
};
```

代码 7.1 外存索引节点(DiskInode)类的定义

1. 文件工作方式信息

d_mode 包含了文件工作方式信息，其中各比特位的具体定义如图 7.16 所示。主要信息内容包含以下六个方面。

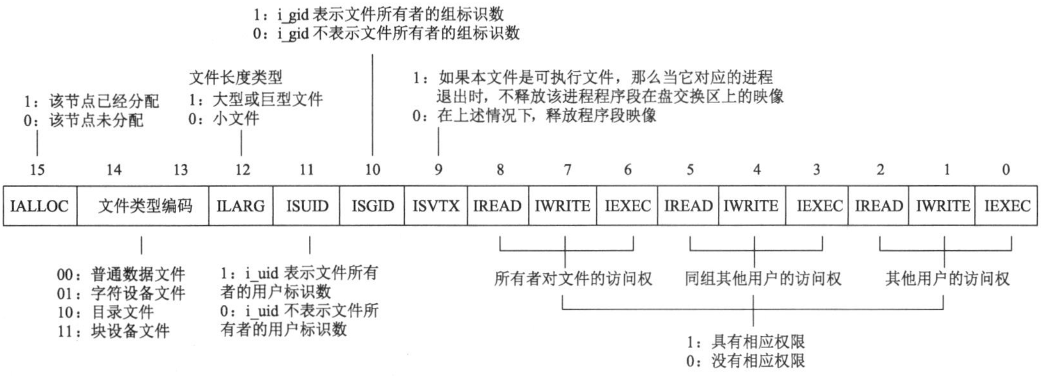

图 7.16　d_mode 各位的含义

(1) 对各类用户规定的存取权。文件系统将用户分为文件主、同组用户和其他用户三类。存取权分为可读、可写和可执行三种操作的组合。

(2) 在文件已经执行完毕后，是否仍然需要保留在磁盘交换区上。

(3) 文件标识设置。在执行该文件时，是否需将进程 p_uid 和 p_gid 设置为文件主标识数 d_uid 和文件主组标识数 d_gid。

(4) 文件长度类型信息。按文件长度，UNIX V6++ 文件可以分为小型、大型和巨型文件。长度类型决定应用何种算法使用文件索引表。因为大型和巨型文件所用算法基本相同，所以文件长度类型信息只区分该文件是小型文件还是大型或巨型文件。

(5) 文件类型。UNIX V6++ 文件系统中的文件分为四类，分别为一般数据文件、目录文件、块设备文件和字符设备文件。最后两类也称为特殊文件，以表示它们和前两类文件有所区别。对于特殊文件，数组 d_addr[]不再是基本索引表。仅用 d_addr[0]表示块设备或字符设备的设备号，高 8 位为主设备号，低 8 位为次设备号。

(6) 本 inode 是否已经被使用。

其中，(1)，(2)，(3)项由 creat(name，mode) 中的参数 mode 决定。

2. 文件勾连数

d_nlink 是文件勾连数，表示在文件目录结构中，该文件具有不同路径名的个数。

3. 文件主的用户标识数及组标识数

d_uid 和 d_gid 分别是文件主用户标识数和文件主组标识数。当一个进程企图对某一文件进行操作时，将其 p_uid 和文件主用户标识以及 u_gid 和文件主组标识数进行比较就可以判断出该进程是否属于文件主或其同组用户。

4. 文件长度及其在存储设备上的物理位置

d_size 表示文件长度，单位是字节。

UNIX V6++文件的物理结构采用非连续索引结构方式，数组 d_addr[10]是逻辑文件和物理文件的基本地址对照表，或称文件索引表。索引表的完整结构和用法将在后续章节具体解释。

5. 时间信息

与时间管理有关的信息包括两项：d_atime 表示对该文件的最近一次访问的时间；d_mtime表示最近一次对该索引节点进行修改的时间。

7.3.3 UNIX V6++文件索引结构

如前所述，UNIX V6++文件的物理结构采用的是混合索引结构。文件数据保存在块设备上的位置信息包含在外存索引节点中的文件索引表 Disk-Inode::d_addr[10]数组中。块设备上的每一盘块都有唯一的编号，所以基本索引表 DiskInode::d_addr[10]是一系列物理块号的序列，其中 Disk-Inode::d_addr[n]记录了文件的第 n 个逻辑块占据的可能散落在块设备任意角落的物理块号。

由于文件索引表中最多只能存放 10 个物理盘块号，以此作为文件大小限制，显然无法满足用户要求。因此，UNIX V6++文件系统根据文件长度的不同，将文件分为小型、大型和巨型文件。要求文件索引表可以组织大型和巨型文件，同时又要保持文件索引表体积较小。下面分别对这三种类型文件如何使用文件索引表进行介绍。

1. 小型文件的索引结构

UNIX V6++中规定小型文件使用文件索引表中 DiskInode::d_addr[0]～DiskInode::d_addr[5]这 6 项作为直接索引表，也就相当于限制了小型文件长度范围是 0～6 个数据块，每个盘块大小等于 512 字节。其中，文件逻辑块号 n 对应的物理块号记录在 DiskInode::d_addr[n]中。比如，DiskInode::d_addr[2]的值为 2058，表示该文件的第 3 块数据(偏移量 1024 ～ 1535 字节)占据的物理盘块编号为 2058。

2. 大型文件的索引结构

当文件的长度超出小型文件限制时，就需要采用大型文件的索引结构。大型文件除了使用 DiskInode::d_addr[0] ～ DiskInode::d_addr[5]记录该文件前 6 个物理块号之外，还用到 DiskInode::d_addr[6]和 DiskInode::d_addr[7]两项，每一项指向一个含有物理块号明细的**一次间接索引表块**，每个一次间接索引表块可以容纳 512/4 = 128 个物理块号，可为 128 个文件的逻辑块和物理块建立对应关系。因此大型文件的长度范围是 7～6 + 128 ×2)个数据块。

如果内核需要通过一次间接索引表块访问数据，那么先要将一次间接索引表块读入内存，从中找到逻辑块号对应的物理块号，然后再读取该物理块上的文件数据。

3. 巨型文件的索引结构

如果文件长度比大型文件还要大，则除了用到基本索引表中的 Disk-Inode::d_addr[0]～DiskInode::d_addr[5]以及 DiskInode::d_addr[6]和 Disk-Inode::d_addr[7]两项记

录该文件前 128×2 + 6 个物理块号之外，还要使用 DiskInode::d_addr[8]和 DiskInode::d_addr[9]来记录二次间接索引表块的物理块号。

二次间接索引表块的作用类似于一次间接索引表，表中的每一项都记录着它所指向的一个一次间接索引表块的物理块号，然后再由该一次间接索引表块中的各项记录文件数据的物理块号。每张二次间接索引表块最多可记录 128 个一次间接索引表的物理块号，由此可以算出巨型文件以块为单位的长度范围是(128×2 + 7)～(128×128×2 + 128×2 + 6)。

综上所述，UNIX V6++中小型、大型和巨型文件的索引结构如图 7.17 所示。

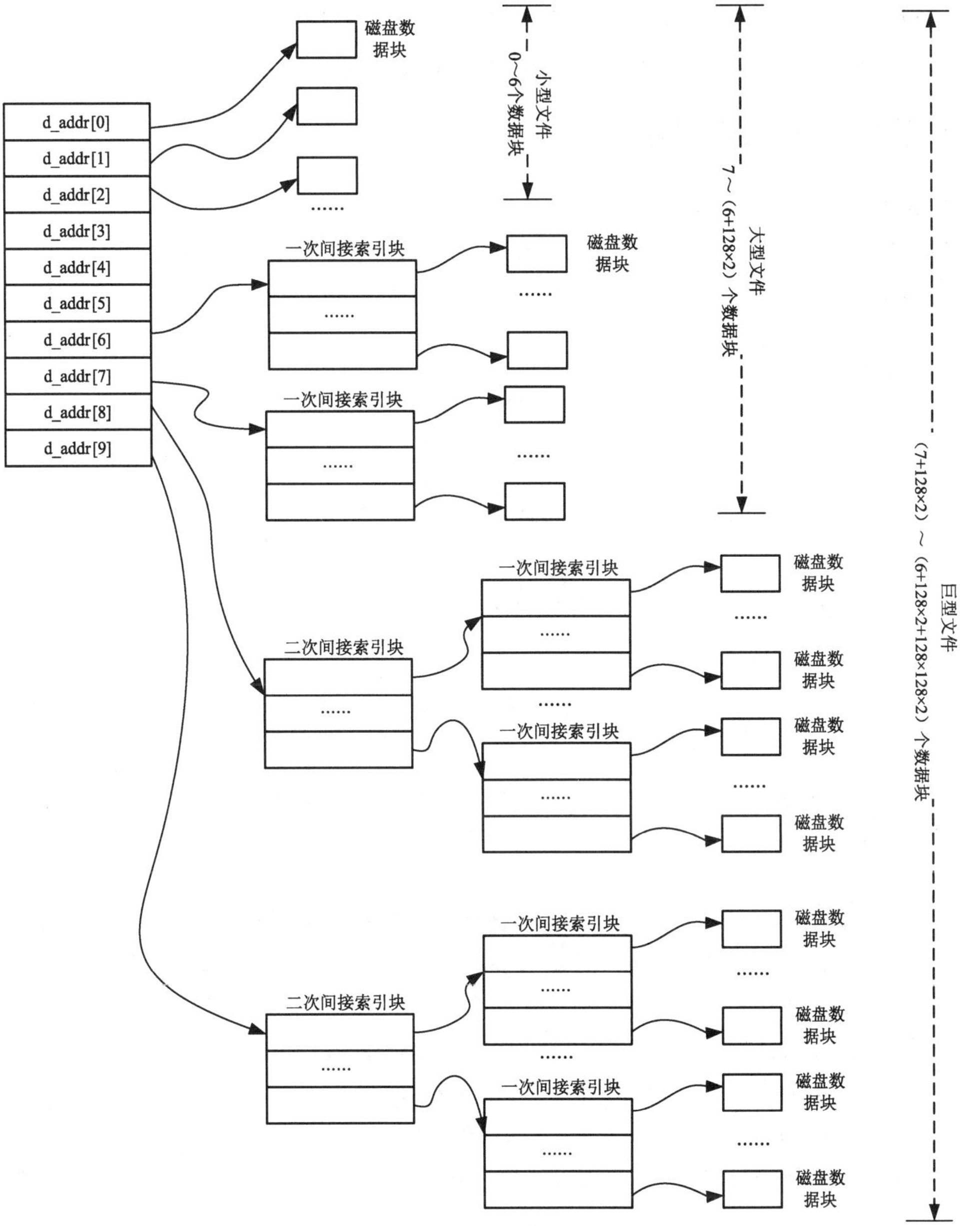

图 7.17　UNIX V6++文件索引结构

4. 小结

与7.2节中介绍的索引结构相比较，UNIX索引结构的工作效率要高得多。例如，在小型文件情况下，若已知文件逻辑块号，则一般索引结构要读一个索引块才能找到对应的物理块号，而UNIX的索引结构则无需读该索引块。在大型和巨型文件情况下，其效果更加明显。

无论小、大、巨型文件，其文件物理块和索引块都是随着文件长度的扩展而逐步分配的，有利于充分利用存储空间。

UNIX地址索引结构扩充比较方便，但是如果要对它做局部修改(在表中插入或删除一个索引项)则比较麻烦，对于大、巨型文件更是如此。

7.3.4 文件系统存储资源管理

1. 文件系统超级块 SuperBlock

UNIX V6++的内核中定义了SuperBlock类，如代码7.2所示。从中可以看到详细的SuperBlock的数据格式。其中包含两类重要的数据。

```
class SuperBlock
{
    …;
    /* Members */
public:
    int    s_isize;          /* 外存 Inode 区占用的盘块数 */
    int    s_fsize;          /* 盘块总数 */
    int    s_nfree;          /* 直接管理的空闲盘块数量 */
    int    s_free[100];      /* 直接管理的空闲盘块索引表 */

    int    s_ninode;         /* 直接管理的空闲外存 Inode 数量 */
    int    s_inode[100];     /* 直接管理的空闲外存 Inode 索引表 */

    int    s_flock;          /* 封锁空闲盘块索引表标志 */
    int    s_ilock;          /* 封锁空闲 Inode 表标志 */

    int    s_fmod;           /* 内存中 super block 副本被修改标志 */
    int    s_ronly;          /* 本文件系统只能读出 */
    int    s_time;           /* 最近一次更新时间 */
    int    padding[47];      /* 填充使 SuperBlock 块大小为 1024 字节 */
};
```

代码7.2 SuperBlock类的定义

(1) 用于外存索引节点的管理

s_isize：表示存储设备上外存索引节点区占据的块数。UNIX V6++中存索引节点区起始块号为202#，所以存索引节点区的最后块号为(s_isize+202) - 1。

s_ninode，s_inode[100]：SuperBlock直接管理的空闲外存索引节点数量和索引表，索引表中记录的是s_ninode个空闲外存索引节点的编号。

在外存索引节点区中的所有节点按顺序从0开始编号，依次递增。根据s_inode[100]中的节点编号可以计算出该节点所在的块号和块内的偏移地址，从而可以将该节点读入内存使用。

s_ilock：空闲DiskInode索引表的封锁标志。对s_inode[100]进行检查和修改的程序段是临界区，为实施临界区互斥，设置本标志。

(2) 用于空闲数据块的管理

s_fsize：表示文件系统数据块总数，即SuperBlock、DiskInode区和数据块区三部分的块数之和。于是，数据块的总数为s_fsize-s_isize(DiskInode区块数) - 2(SuperBlock占用的2个盘块)。

s_nfree，s_free[100]：SuperBlock直接管理的空闲块数和空闲块索引表。

s_flock：空闲盘块索引表封锁标志，对空闲盘块进行索引表进行操作时需要设置此标志，实施临界区互斥。

需要指出的是，每一个块设备上的文件系统都有其对应的SuperBlock。当系统中存在多个块设备时，其中一个作为根文件系统(一般为磁盘)，其余作为子文件系统挂载于根文件系统的目录树中。在操作系统初始化时，会将磁盘的SuperBlock读入内存。使用过程中一旦内存中的副本发生变化，系统会设置s_fmod标志。关机或卸载文件系统时，需要将s_fmod标志为1的内存副本写回磁盘。

2. 对外存索引节点的管理

在DiskInode区中，空闲DiskInode的数量是动态变化的，数量可能相当大，如果全部由SuperBlock直接管理将会占用较多内存。因此，UNIX V6++采用的方式是使SuperBlock直接管理最多100个空闲DiskInode，所有这些节点的编号都列在空闲DiskInode索引表s_inode[100]中，该表实际管理的空闲DiskInode数由s_ninode表示。

(1) 空闲外存索引节点的分配

空闲DiskInode索引节点表使用栈方式管理DiskInode。当需要分配DiskInode时，如果s_ninode不为0，则将

s_inode[--s_ninode]

所指示的DiskInode分配出去。如果s_ninode已为0，说明空闲外存索引节点表已不包含任何空闲节点。于是，就要搜索整个DiskInode区，将找到的空闲DiskInode号顺次登入s_inode表中，直至该表已满或已搜索完整个DiskInode区。

内核中用于分配空闲外存索引节点的函数是 FileSystem::IAlloc(),其流程如图 7.18 所示。其中,1* 处的流程完成整个 DiskInode 区中空闲 DiskInode 的查找。从 DiskInode 看,若其 d_mode 为 0,则它可能就是空闲的。由于此搜索过程需要等待磁盘 I/O 操作,会让当前进程睡眠并调度其他进程上台,因而其前后需要对超级块索引节点表进行上锁和解锁,构成临界区。否则,一旦其他进程也发现索引节点表为空,需要搜索 DiskInode 区寻找空闲 DiskInode,两个进程会同时扫描 DiskInode 区,将导致同一空闲 DiskInode 被重复记入超级块索引节点表中。

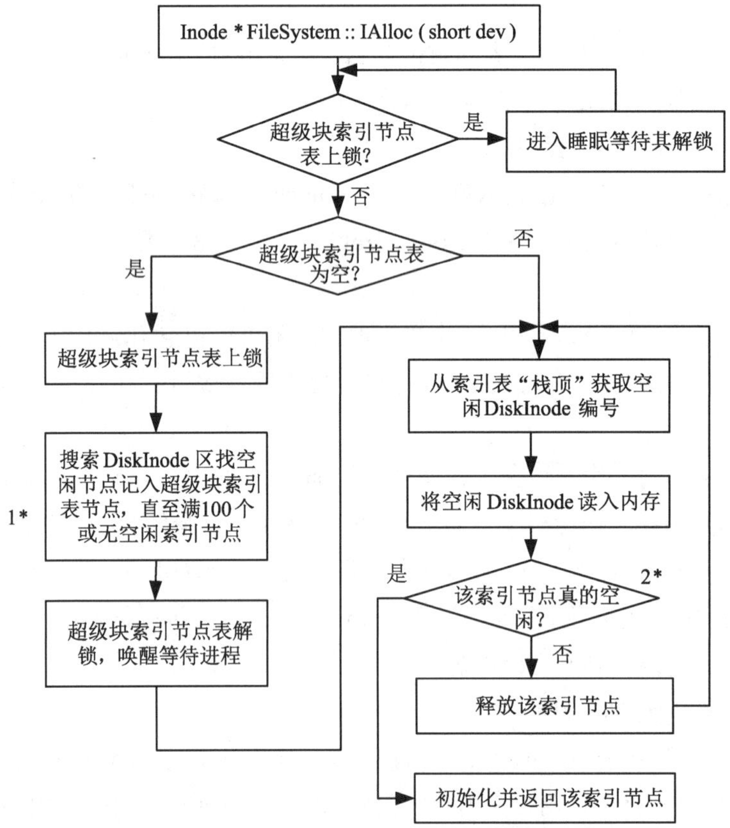

图 7.18　FileSystem::IAlloc()函数流程

需要强调的是,d_mode 是否为 0 作为判断一个 DiskInode 是否为空的条件并不充分。因为一个外存 Inode 刚被分配使用时,同时也分配一个对应的内存 Inode。对 Inode 的存访、修改都是对内存 Inode 进行的。除非经过修改的内存 Inode 的内容已经复制到相应 DiskInode 中,否则它仍像空闲 Inode 一样。所以为了确保 DiskInode 是否空闲,还需要检查在内存 Inode 表中有无对应项(即 i_dev,i_number 与外存设备号及 DiskInode 号相等,请参阅 7.6.4 节关于内存 Inode 节点部分),若无,则该外存 Inode 确为空闲(图 7.18 中的流程 2*)。

(2) 空闲外存索引节点的释放

相对于 DiskInode 的分配过程,其释放的流程比较简单。UNIX V6 ++ 内核中释放一个索引节点的函数是 FileSystem::IFree()，其流程如图 7.19 所示。

当释放一个 DiskInode 时，如果超级块索引节点表中空闲 DiskInode 的个数小于 100，则将该索引节点编号记入"栈顶"。只有在以下两种情况下不将释放的索引节点编号记入表中，而是任其散落在磁盘 DiskInode 区中。

(1) 超级块索引节点表被上锁，修改超级块索引节点表需要首先获取该锁，而释放一个 DiskInode 时让进程为获取该锁而睡眠则代价过高。

(2) 当超级块索引节点表中记录的空闲 DiskInode 已满的情况下。

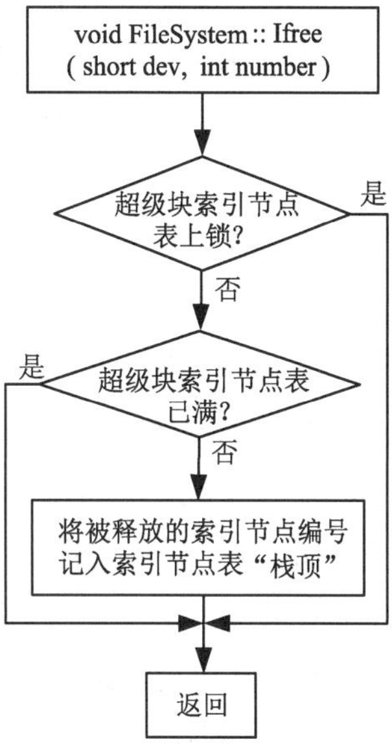

图 7.19　FileSystem::IFree() 函数流程

3. 对空闲盘块的管理

超级块中的空闲块索引表 s_free[100]用栈方式管理空闲数据块，但是它最多只能直接管理 100 个空闲块，它实际管理的块数由 s_nfree 表示。若空闲块数超过 100，采用分组链式索引法对它们进行管理。

这里的"分组"，是指所有的空闲块每 100 个构成一组(但第一组只有 99 个空闲块)，余下部分也构成一组。最后一组直接由超级块中的空闲块索引表 s_free[100]管理，其余各组的索引表则分别存放在它们下一组第一个盘块的开头 4×101 个字节中。例如，若空闲块数位 349，则第一组包含 99 块，第二、三组皆为 100 块，第四组 50 块。所以 s_nfree 为 50，索引表 s_free 只用 0～49 各项。第一组的索引表存放在第二组第一块的 4×101 个字节中，其位置和格式与 s_nfree 和 s_free 相同，其中，第二个字(即 s_free[0])的值为 0，它是空闲盘块链的结束标志，表示下面不再有空闲块可供使用，其余各组的情况与此类似(图 7.20)。

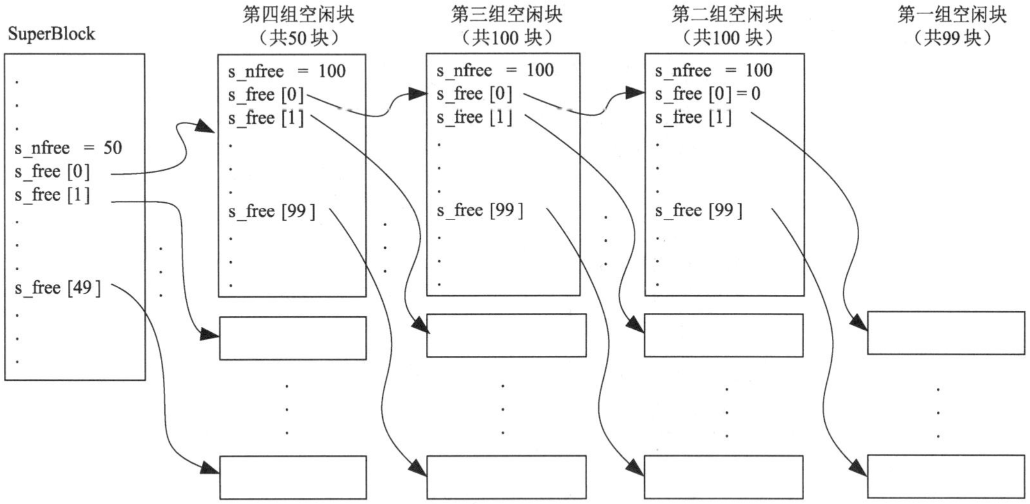

图 7.20　空闲盘块分组链式索引

(1) 空闲盘块的分配

分配空闲盘块时,总是从索引表中取其最后一项的值,即 s_free[- - s_nfree],相当于出栈。当发现这是直接管理的最后一个空闲盘块时(s_nfree 减 1 后为 0),就将该盘块的头 404 个字节读入超级块的 s_nfree 和索引表 s_free[100]中,使得用间接方式管理的下一组变为直接管理。如此类推直至最后一组。

当系统中最后一个空闲块被分配使用后,s_nfree 的值为 1。当再次企图分配盘块时,发现 s_free[- - s_nfree]的值为 0,说明已到空闲盘块链尾,没有盘块可供分配。由此可见,虽然通常 s_nfree 解释为该时刻直接管理的空闲盘块数,但其更一般的意义是 s_free 表中有意义的剩余项数。例如,s_nfree 为 50 时,说明 s_free[0]～ s_free[49]的内容是有意义的。所谓有意义,既包括指示一个空闲块,也可以是空闲盘块链结尾标志。

UNIX V6 + + 内核中用于分配空闲盘块的函数是 FileSystem::Alloc(),其流程如图 7.21所示。在 1* 处,如果判断索引表为空,意味着当前空闲块中记录着下一组空闲盘块编号,因此在使用该盘块之前,先要将它上面记录的下一组空闲盘块编号读入到超级块直接管理的空闲块索引表中,然后才可将盘块分配作它用;如果该盘块不是栈中的最后一块,也就是说盘块上没有包含任何重要信息,因此可以直接清空后移作他用,设置超级块修改标志标明 SuperBlock 内存副本已改动,需要在以后更新到磁盘上,随后返回新分配空闲盘块对应的缓存。

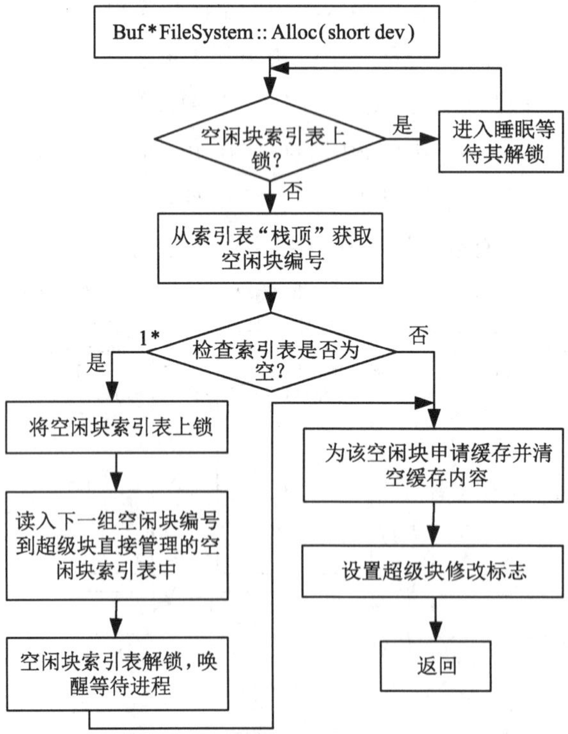

图 7.21 FileSystem::Alloc()函数流程

(2) 空闲盘块的释放

释放空闲盘块时，将盘块号记入空闲盘块索引表中第一个未被占用的项，相当于压栈，即 s_free[s_nfree++]。例如，若 s_nfree 原先只为 50，则将释放块号登入 s_free[50]，然后 s_nfree加 1 为 51。如果在记入索引表之前，发现索引表已经占满，则应将 s_nfree 以及 s_free[]表的内容，即当前超级块直接管理的 100 个空闲盘块，写到当前正在释放的盘块的开头 4×101 个字节中。这样，原先由超级块直接管理的 100 个空闲块就变成为由释放块间接管理。然后将此释放块块号填入 s_free[0]，s_nfree 置为 1。

内核中用于分配空闲盘块的函数是 FileSystem::Free()，其流程如图 7.22 所示。

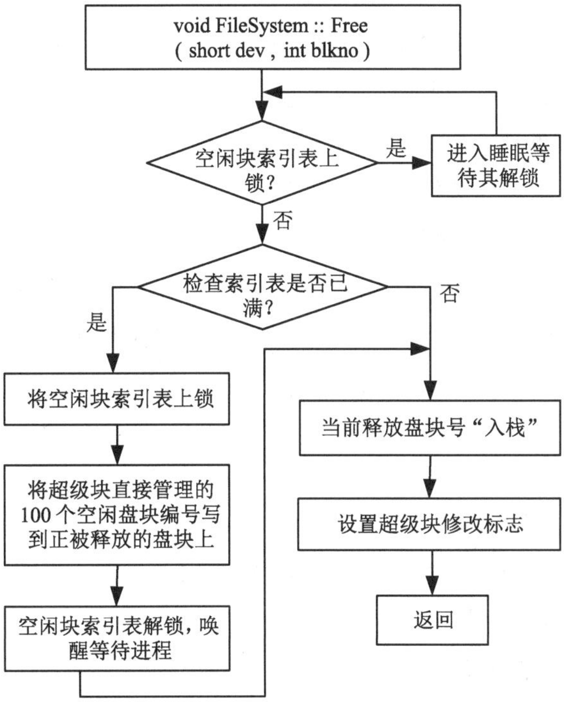

图 7.22 FileSystem::Free()函数流程

由此可见，对空闲盘块的分配和释放类似于栈，是使用后进先出算法。但其管理机构分成两级，一级常驻内存，另一级则驻在各组的第一个盘块上，充分利用空闲盘块来存储空闲盘块编号，节约了文件系统管理数据结构占据的磁盘开销。

7.4 UNIX 内存文件打开结构

前文介绍的文件外存索引节点 DiskInode、文件的地址索引结构和目录结构都是驻留在外存而不能直接访问的。对它们进行的查询、修改要通过内存进行，按一般方式，可将其临时调入内存，但非常麻烦、费时。UNIX V6 + + 文件系统可能是相当庞大的，当用户需要使用某一文件时，如果系统每次都先要按文件路径名，将外存上的有关目录结构、DiskInode、索引结构一部分一部分地读进内存，然后对它们进行搜索、检查、核对，直至找到用户所需的文件或发现错误为止，处理完毕后如需要再复写回外存区。对 DiskInode 的访问往往是非常频繁的，按上述方式进行很不经济。文件系统的工作效率一定是十分低下的。

所以，从提高系统工作效率出发，需要在内存中设置一个非常精练的文件管理机构。这一机构不应当是外存上文件管理机构的全部拷贝，而应适应于管理最近正在使用的一些文件。而且，为了系统管理和用户使用方便，对这些文件进行存访、处理时也不再使用符号文件名，而只要求使用整型编号数。

但是，系统很难判断哪一些文件是用户在最近阶段需要使用的，因此只能由用户以一定方式通知系统，这就是打开文件系统调用 open。文件打开后，它由在内存中的一套机构管理，文件被关闭时再从这种机构中退出。

内存中的文件管理机构包括：①内存索引节点 Inode 及内存索引节点表；②打开文件控制块 File 及系统打开文件表；③进程打开文件描述符表 OpenFiles，以及为进程打开文件所建立的上述内核数据结构之间勾连关系。下面逐一做介绍。

7.4.1 内存文件索引节点

UNIX V6 + + 内核占用的内存区中设置了内存索引节点 Inode 类。Inode 类的数据成员定义如代码 7.3 所示。其中，数据成员部分与 DiskInode 类的声明基本相同，略有增加。增加的部分包括以下四个部分。

1. 对应外存索引节点的位置信息

被拷贝到内存 Inode 中的索引节点数据需要知道它来自于哪个外存 DiskInode，以便将来内存副本被修改后更新到对应 DiskInode 中去，因此 Inode 类中包含了用于记录 DiskInode 位置信息的设备号 i_dev 和外存索引节点编号 i_number。

2. Inode 状态标志位

i_flag 用于指示该内存 Inode 当前的状态，如 Inode 是否被上锁，是否有进程正在等待该内存 Inode 解锁，内存 Inode 副本是否已被修改需要更新到磁盘上，Inode 是否为子文件系统挂载点等等。上述各标志位使用枚举变量 INodeFlag 定义。

3. 引用计数

i_count 指出该索引节点当前活跃的实例数目。譬如有进程通过系统调用 open 打开文件，则该内存 Inode 的引用计数会 + 1。引用计数是判断一个 Inode 是否空闲的依据，如果 i_count 为 0，则表示该 Inode 空闲，可以被分配它用。

```
class Inode
{
public:
    /* i_flag 中标志位 */
    enum INodeFlag
    {
        ILOCK = 0x1,          /* 索引节点上锁 */
        IUPD  = 0x2,          /* 内存 inode 被修改过,需要更新相应外存 inode */
        IACC  = 0x4,          /* 内存 inode 被访问过,需修改最近一次访问时间 */
        IMOUNT = 0x8,         /* 内存 inode 用于挂载子文件系统 */
        IWANT = 0x10,         /* 有进程正在等待该内存 inode 被解锁
                                 /* 清 ILOCK 标志时,要唤醒这种进程 */
        ITEXT = 0x20          /* 内存 inode 对应进程图象的正文段 */
    };
    …;
    /* Members */
public:
    unsigned int i_flag;      /* 状态的标志位,定义见 enum INodeFlag */
    unsigned int i_mode;      /* 文件工作方式信息 */
    int     i_count;          /* 引用计数 */
    int     i_nlink;          /* 该文件在目录树中不同路径名的数量 */
    short   i_dev;            /* 外存 inode 所在存储设备的设备号 */
    int     i_number;         /* 外存 inode 区中的编号 */
    short   i_uid;            /* 文件所有者的用户标识数 */
    short   i_gid;            /* 文件所有者的组标识数 */
    int     i_size;           /* 文件大小,字节为单位 */
    int     i_addr[10];       /* 文件逻辑块号和物理块好转换的索引表 */
    int     i_lastr;          /* 最近一次读文件的逻辑块号,判断是否预读 */
};
```

代码 7.3 Inode 类的数据成员定义

4. 预读判断

i_lastr 记录上一次读取文件的逻辑块号,在文件读操作过程中,会判断进程是否是按顺序方式读取文件,如果是,那么根据程序的局部性原理,该进程很有可能会在短时间之后读取当前逻辑块的下一块,因此在读取当前块时将下一块一并读入内存,如果预读命中的话将会提高进程前进的速度。

减少的部分是两个与时间有关的管理信息项:d_atime 和 d_mtime。

需要强调的是,内存 Inode 是磁盘上 DiskInode 的副本,并且二者之间存在一一绑定的关系,即任何 DiskInode 在内存中只可能有一个副本,无论有多少进程需要访问该外存索引

节点,它最多被载入内存一次,分配一个空闲内存 Inode 对象,该内存 Inode 由所有进程共享。

7.4.2 内存文件索引节点表

一组连续的内存 Inode 构成了 UNIX V6++ 内核中的一张内存文件索引节点表。

打开某一文件时,如果找不到其相应的内存 Inode,就在该表中分配一个空闲项(寻找 i_count 等于 0 的空闲 Inode),并将该文件的 DiskInode 中的主要部分复制进去,然后填写相应外存 DiskInode 的地址信息。

当关闭文件时,如果相应内存 Inode 已经没有其他用处(内核中最后一个引用进程释放该 Inode),则被放弃,以便移作他用(将其引用计数值清零,使之成为空闲 Inode)。但是在释放前,如果发现它已被修改过,则需要更新相应的 DiskInode 的内容。

在 UNIX V6++ 中,使用 InodeTable 类来封装内存索引节点表数据结构,从本质上来说是一个内存索引节点 m_Inode[NINODE]数组,NINODE 定义为 100,详见代码 7.4。InodeTable 类中还定义了一组针对内存 inode 节点的操作。下面将详细介绍其中几个比较重要的操作,其他操作请读者自行查阅 UNIX V6++ 源代码。

```
class InodeTable
{
    /* static consts */
public:
    static const intNINODE = 100;   /* 内存 Inode 的数量 */
    …;
    /* Functions */
public:
    void Initialize();
    Inode * IGet(short dev, int inumber);
    void IPut(Inode * pNode);
    void UpdateInodeTable();
    int IsLoaded(short dev, int inumber);
    Inode * GetFreeInode();

    /* Members */
public:
    Inode m_Inode[NINODE];/* 内存 Inode 数组 */
    FileSystem * m_FileSystem;/* 对全局对象 g_FileSystem 的引用 */
};
```

代码 7.4 InodeTable 类的定义

1. 索引节点的获取：InodeTable∷IGet(dev, inumber)

UNIX V6++中使用 InodeTable∷IGet(dev, inumber)函数来获得指定 DiskInode 的内存拷贝，其接受设备号 dev 和外存索引节点编号 inumber 来定位一个 DiskInode。其大致流程如图 7.23 所示。

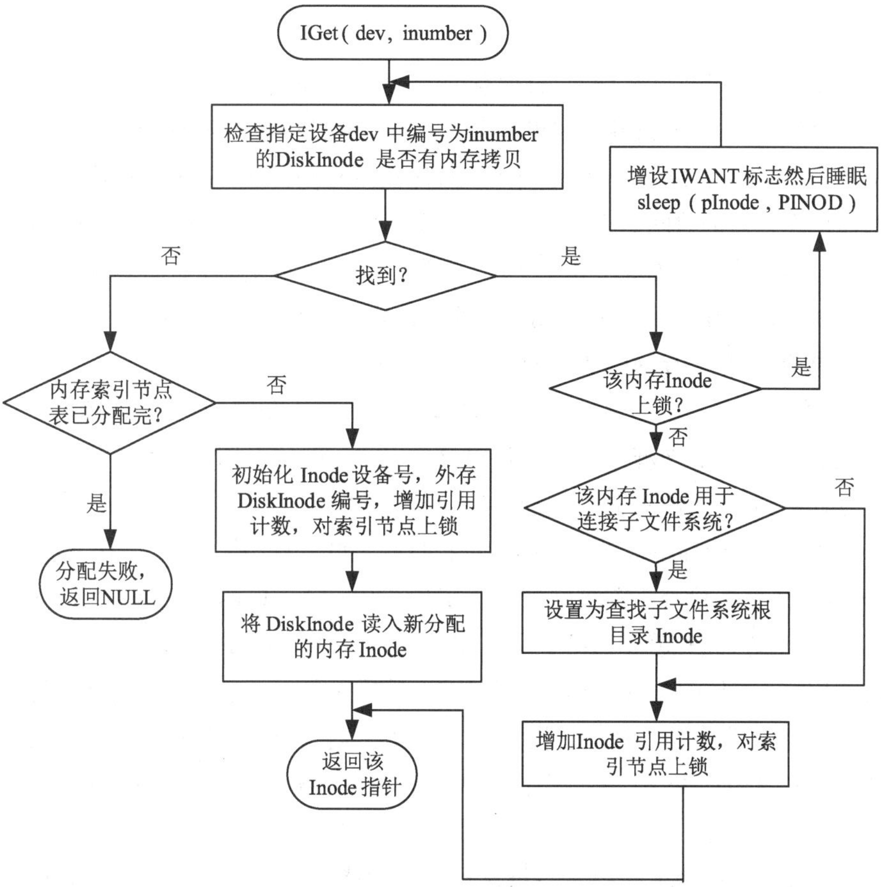

图 7.23　InodeTable∷IGet(dev, inumber)函数流程

前文中曾强调过，无论有多少进程需要访问一个 DiskInode，最多只能有一个内存 Inode 副本，因此在索引节点的获取过程中需要将这种情况考虑进去。首先检查要读入的 DiskInode 是否已有内存拷贝。如果有，则：

（1）如果该内存 Inode 被上锁，表示该 Inode 正在被另一进程使用，于是当前进程对该 Inode 增设 IWANT 标志指明有进程正在等待这个 Inode 被解锁，然后当前进程睡眠，直至另一进程使用完这个 Inode 将其解锁时会唤醒等待使用该 Inode 的睡眠进程。

（2）如果没有上锁，则进一步检查该 Inode 是否用于连接子文件系统，如果是，则查找子文件系统根目录 Inode 并将其返回(关于子文件系统将在 7. 5.3 节中详述)。

经过以上判断后，当前进程即可获得对该 Inode 的使用权，于是增加其引用计数，并增设 ILOCK 标志对其上锁，以避免其他进程同时访问该 Inode。

如果内存中还没有相应 DiskInode 的内存拷贝，则尝试在 InodeTable 中分配一空闲 Inode 项，于是：

(1) 分配成功，则对其进行适当初始化，使其能够反映该 Inode 来自于哪个外存索引节点，增加内存 Inode 的引用计数并上锁，然后驱动磁盘读入相应 DiskInode 的内容，并返回该内存 Inode 指针。

(2) 如果 InodeTable 已分配完，分配空闲 Inode 失败的话，则直接返回 NULL。

需要注意的是，进程并没有在这里睡眠等待直至内核中有空闲的 Inode 项可供分配，因为系统中内存 Inode 的分配和释放是由用户程序调用 Open 和 Close 系统调用间接控制的，内核无法保证在较短的时间内系统中会有空闲 Inode 可用，一个因为等待空闲 Inode 项而睡眠的进程可能一直无法醒来，相当于进入“假死”状态，所以直接返回 NULL 表示系统调用在申请空闲 Inode 项环节失败，由用户程序来决定下一步该怎么走。

2. 索引节点的释放：InodeTable::IPut()

当进程关闭一个文件时，需要释放该文件对应的索引节点。V6 + + 中使用 InodeTable::IPut() 函数来释放当前进程对该内存 Inode 的引用，其大致流程如图 7.24 所示。在此过程中，需要考虑对 Inode 使用的两种不同情况。

(1) 文件可能在内存中被多个不同的进程打开，这些进程共享同一内存 Inode。这种情况下，IPut() 函数首先检查当前进程是否为引用该内存 Inode 的唯一进程（i_count 是否为 1），如果不是，则释放过程就相当简单了，只需要递减该 Inode 的引用计数，然后解锁 Inode，唤醒等待使用该 Inode 的睡眠进程。如图 7.24 所示分支 1*。如果是，则准备释放该内存 Inode，将其上锁，因为在整个释放过程中可能因为磁盘操作而使得该进程睡眠，此时可能有另一个进程会对该内存 Inode 进行操作，这将有可能导致错误。接下来，需要考虑第二种情况。

(2) 文件可能在目录结构中有多条路径（勾连）指向该文件的 Inode。这种情况下，此时，需判断该文件还有没有目录路径指向它（i_nlink 是否为 0），如果发现指向该文件的所有路径已被删除，仅仅因为当前进程还没有释放其占据的 DiskInode 和数据块，那么此时当前进程释放该文件占据的数据块，释放其 DiskInode。否则，文件没有被用户删除，则只需要将内存 Inode 拷贝更新至对应 DiskInode 即可。如图 7.24 所示分支 2*。

然后，解锁内存 Inode，唤醒因等待该 Inode 解锁而进入睡眠的进程，之所以前面已经判断过当前进程是引用该内存 Inode 的唯一进程，而这里又要唤醒潜在可能等待该 Inode 的睡眠进程，是因为在将内存 Inode 更新到对应 DiskInode 过程中，当前进程可能因为磁盘操作而睡眠，在此期间系统中对此 Inode 的需求可能发生变化，譬如有新的进程打算使用该 Inode 但发现已被上锁，因此需要在此处唤醒潜在可能的睡眠等待进程。随后则可以清空该 Inode 的标志位将其转为空闲 Inode 项。

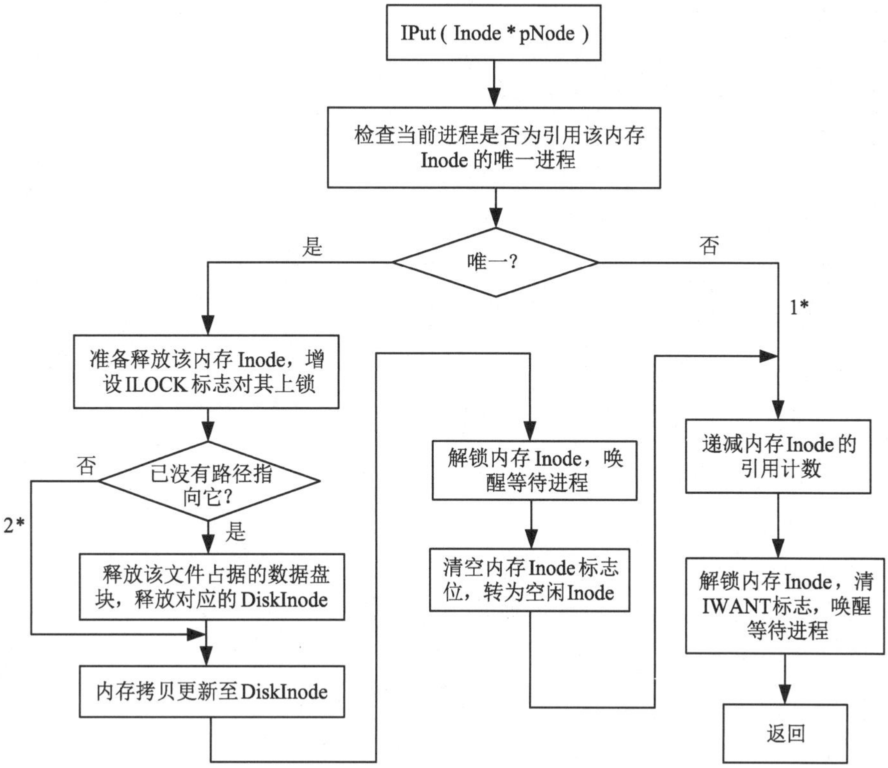

图 7.24　InodeTable::IPut(dev, inumber)函数流程

7.4.3　打开文件控制块

一个文件可以被同一进程或不同进程，用同一或不同路径名，相同或互异的操作要求（读、写）同时打开。而 Inode 基本上包含的是文件的物理结构、在目录结构中的勾连情况、对各类用户规定的存取权等静态信息，不能容纳这些个别的在打开文件结构中应该加以反映的动态要求。为此内核设置打开文件控制块：File 类，以便记录进程打开文件的读、写请求类型，文件读写位置等动态信息。File 类的具体定义如代码 7.5 所示。

其中，f_flag 包含了对打开文件请求类型，包括读、写以及管道类型，使用枚举类型 FileFlags 定义。进程打开一个文件时，对其提出的读、写请求应该在该进程所属用户对这一文件的存取权范围内，只许缩小，不能扩大。用户正确使用这种要求，可以对文件实施进一步的保护。

f_inode 指向一个打开文件的内存 Inode，不同进程（或同一进程以不同读、写请求类型）打开同一文件会分配各自独立的 File 控制块对象，这些 File 控制块对象的 f_inode 都会指向同一个内存 Inode，从而实现在多个打开文件控制块 File 对象之间共享同一文件的索引节点。

```
class File
{
public:
    /* Enumerate */
    enum FileFlags
    {
        FREAD = 0x1,            /* 读请求类型 */
        FWRITE = 0x2,           /* 写请求类型 */
        FPIPE = 0x4             /* 管道类型 */
    };

public:
    …;
    /* Member */
    unsigned intf_flag;         /* 对打开文件的读、写操作要求 */
    int         f_count;        /* 当前引用该文件控制块的进程数量 */
    Inode*      f_inode;        /* 指向打开文件的内存 Inode 指针 */
    int         f_offset;       /* 文件读写位置指针 */
};
```

代码 7.5　File 类的定义

f_offset 是相对应打开文件进行读、写的位置指针。文件刚打开时，读、写位置指针初始值为 0。每次读、写后，都将其移到已读、写部分的下一个字节。

f_count 是该 File 控制块的引用计数，表示当前引用该文件控制块的进程数。多个进程可以共享同一打开文件 File 控制块对象，即共享对同一文件的读写请求方式和文件读、写偏移量位置，这种共享行为通常发生在父子进程之间，父进程在创建子进程时，会将其打开文件的 File 控制块引用计数 f_count 值加 1。f_count 的值为 0 则表示该 File 控制块空闲，可以分配作它用。

7.4.4　系统打开文件表

在 UNIX V6++ 中，使用 OpenFileTable 类来封装系统打开文件表，其本质上是一个打开文件控制块 m_File[NFILE]数组，数组的每一项都是一个 File 控制块，当其被分配出去记录进程打开文件的动态信息后，由该进程打开文件描述符表中的对应 File 指针指向它。NFILE 定义为 100，表示系统中总共有 100 个打开文件控制块 File 对象可供使用。OpenFileTable 类的具体定义如代码 7.6 所示。

```
class OpenFileTable
{
public:
    static const intNFILE = 100;        /* 打开 File 结构的数量 */
public:
    ...;
    File* FAlloc();                     /* 在系统打开文件表中分配一空闲 File 结构 */
    void CloseF(File* pFile);           /* 对打开文件控制块 File 结构的引用计
                                        /* 数 f_count 减 1,若减至 0,则释放该
                                        /* File 结构
    /* Members */
public:
    File m_File[NFILE];                 /* 系统打开文件表 */
};
```

代码 7.6 OpenFileTable 类的定义

系统打开文件表中的 File 控制块数组供系统中所有进程使用，每当一个进程需要打开文件时，都要在 File[NFILE]数组分配一个空闲项。可以说，OpenFileTable 类记录了当前系统中所有进程对文件进行读写操作的状态信息，以及一些尚未被分配出去的空闲 File 控制块。

OpenFileTable 类提供了两个成员函数 FAlloc()和 CloseF()，分别用于系统打开文件中 File 控制块的分配与回收。

FAlloc()函数用于在进程打开文件时，进行 File 控制块的分配，分配算法比较简单，线性搜索 OpenFileTable 中的 File[NFILE]数组，寻找其中引用计数 f_count 为 0 的空闲 File 控制块对象。如果分配成功则与进程打开文件描述符表中的对应 File 指针建立勾连关系；否则设置出错标志，指示打开文件系统调用执行失败。

CloseF()函数用于进程关闭文件时释放对 File 控制块的引用。由于 File 控制块可能被多个进程共享，所以 CloseF()函数一般只是递减该 File 控制块的引用计数 f_count 值，并不释放该 File 控制块 f_inode 指向的内存索引节点。只有在当前进程为引用该 File 控制块的唯一进程的情况下，当前进程释放才将 File 控制块及其指向的内存 Inode 一起释放，即将 f_count值设置为 0，表示该 File 控制块为空闲，并调用 IPut()函数将对应内存 Inode 也释放成为空闲内存 Inode。

7.4.5 进程打开文件描述符表

在 UNIX V6++ 中，使用 OpenFiles 类管理每个进程的打开文件，其定义如代码 7.7 所示。

```
class OpenFiles
{
public:
    static const int NOFILES = 15;/* 进程允许打开最大文件数 */

public:
    …;
    int AllocFreeSlot();
    int Clone(int fd);
    File* GetF(int fd);
    void SetF(int fd, File* pFile);

private:
    File *ProcessOpenFileTable[NOFILES];
};
```

代码 7.7　OpenFiles 类的定义

其中，OpenFiles.ProcessOpenFileTable[]数组可看作一张进程打开文件表，它本质上是一个 File 对象的指针数组，其中每一项都是一个指针，指向一个打开文件控制块 File 对象。NOFILE 定义为 15，所以每个进程最多可同时打开 15 个文件。

OpenFiles 类中提供的 AllocFreeSlot()函数用于在打开文件描述符表中分配一个空闲表项。该函数线性扫描进程打开文件描述符表，寻找 File 指针为 NULL 的空闲项分配，并将该空闲项在 OpenFiles::ProcessOpenFileTable[]数组中的索引作为打开文件描述符 fd，返回给执行 open 系统调用的进程。从进程的角度看，打开文件被抽象为文件描述符 fd，该描述符为相应被打开文件在 OpenFiles.ProcessOpenFileTable[]数组中的索引。一旦通过 open 系统调用打开文件后，对该打开文件的读、写直接使用其打开文件描述符 fd，不再使用文件路径名。

每一个被进程打开的文件都在进程打开文件描述符表中占据一项。不同于内存索引节点表以及系统打开文件这类属于内核全局的数据结构，进程打开文件描述符表是属于每个进程各自所有的，记录该进程的打开文件情况。因为打开文件描述符表是进程独有的数据，因而将 OpenFiles 类的实例放在 User 类中作为成员变量。每个进程的 User 结构中都定义了一张进程打开文件描述符表，如代码 7.8 所示。

```
/* 文件系统相关成员 */
OpenFiles u_ofiles;          /* 进程打开文件描述符表对象 */
```

代码 7.8　User 结构中的进程打开文件描述符表的定义

7.4.6　打开文件结构

前文对 UNIX V6++ 文件系统中的主要数据结构和有关算法进行了介绍。进程打开一个文件时，不但要找到或分配一个内存 Inode，分配一个 File 控制块，建立二者的勾连关系，还要在其 User 结构中的进程打开文件描述符表中分配一项，并指向相应的 File 控制块。这就构成了 UNIX 中完整的文件打开结构。最终，以进程打开文件描述符表中的表项（数组下标）作为打开文件标识数（也称文件句柄）。

这些数据结构之间的联系如图 7.25 所示。其中特别标注出文件打开结构。

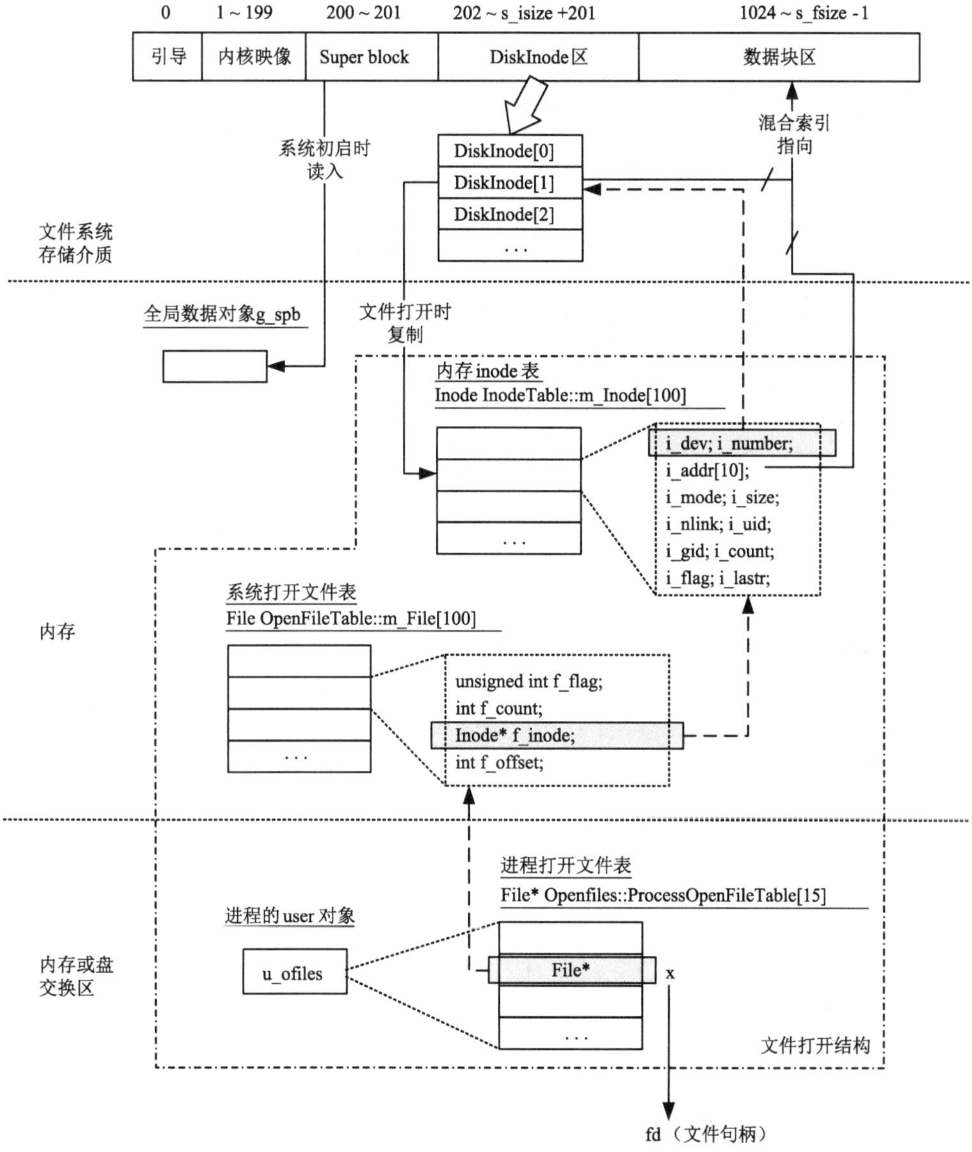

图 7.25　UNIX 文件打开结构

如图 7.26 所示，通过一个例子来进一步说明这种勾连关系。其中，进程 pb 是进程 pa 的子进程。UNIX 创建一个子进程时，它复制了父进程 User 中的 OpenFiles 对象，因此也就继承了父进程的全部打开文件。此时，各相应 File 控制块中的 f_count 的值加 1，所以通常 f_count 是共享该 File 控制块的进程数。但是在同一进程打开文件描述符表中也可以同时有几项指向同一个 File 控制块，所以从更一般意义说，f_count 是各个进程打开文件描述符表中包含的指向该 File 控制块的指针数。

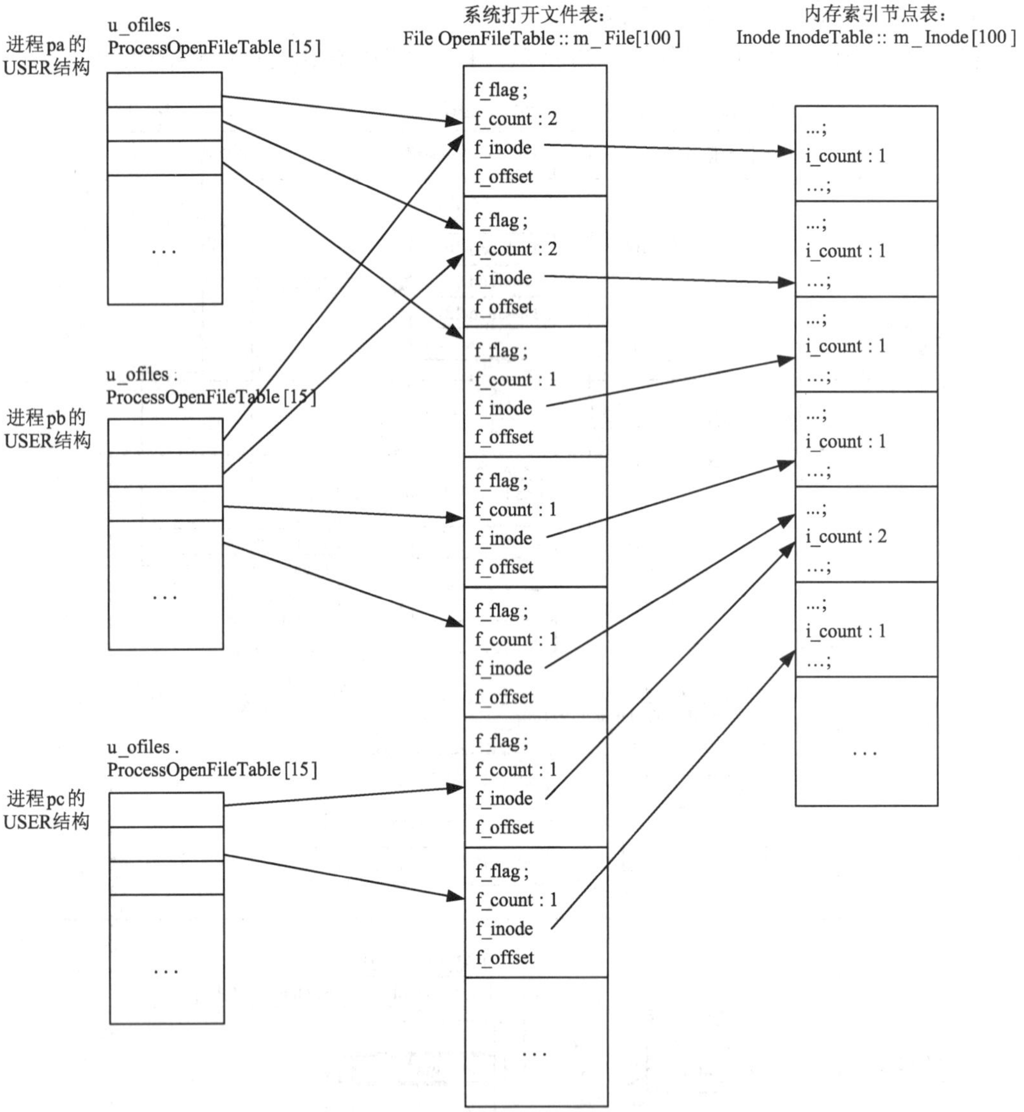

图 7.26　内存打开文件结构中的勾连关系

一个进程的 0＃打开文件称为标准输入文件，1＃打开文件称为标准输出文件。它们一般就是与该进程相关连的终端的输入、输出部分。这两个文件最初由系统自动打开，然后在生成子进程时，由子进程继承共享。子进程继承共享父进程的所有打开文件有利于统一进程族共享使用同一终端，也有利于构成进程之间的通信机构 pipe。

进程 pb 在运行过程中，又自行独立打开了另外 2 个文件。进程 pc 独自打开的一个文件正好也已经由进程 pb 打开。进程 pb、pc 在打开这一文件时，使用的可能是同一个路径名，也可能是不同路径名。这一点在打开文件结构中不能也没有必要反映。

进程关闭一个先前打开过的或由父进程那里继承过来的打开文件时，要清空 OpenFiles.ProcessOpenFileTable[]数组中相应的项，并将相应 File 控制块中的 f_count 减 1。若该项减为 0，说明它已成为空闲项，可再分配它用。于是，它所指向的内存 Inode 中的 i_count 减 1。当与一个内存 Inode 有关的所有 File 结构皆被释放时，i_count 变为 0，于是该内存 Inode 被释放。但是在释放内存 Inode 前，要检查它是否被修改过，如果已修改过，则按其更新相应外存 DiskInode。

7.5 UNIX 目录管理

7.5.1 目录结构

如前所述，UNIX V6++采用了树形带交叉勾连的目录结构。整个目录结构包含有若干个目录文件，每个目录文件由一系列目录项组成。目录项是目录文件的基本构成单位，每一个文件系统中存在的文件(包括一般数据文件、设备文件，甚至目录文件自身)都一定对应于某一个目录文件中的一条目录项。

在 UNIX V6++中使用 DirectoryEntry 数据结构定义目录项，其定义如代码 7.9 所示。其中，前 4 个字节为对应文件在块设备上的外存索引节点号，它是该文件的内部标识；

```
class DirectoryEntry
{
    /* static members */
public:
    static const int DIRSIZ = 28;      /* 目录项路径部分最大字符串长度 */
    …;
    /* Members */
public:
    int m_ino;                         /* 目录项中 Inode 编号部分 */
    char m_name[DIRSIZ];               /* 目录项中文件名部分 */
};
```

代码 7.9 DirectoryEntry 数据结构定义

后 28 个字符为文件名，它是该文件的外部标识，所以文件目录项为其内、外部标识建立了对照关系。依据文件名如果能够找到相应目录项，那么也就非常方便地找到该文件的索引节点信息。显然，每个目录项包含 32 个字节，块设备上的一个数据盘块可容纳 512/32 = 16 个目录项。

每个文件系统都有一个根目录文件，其索引节点是相应文件存储设备上 DiskInode 区中的 1＃ DiskInode，位置固定很容易找到，图 7.27 给出了一个从文件系统根目录 DiskInode 开始的目录结构示例。图中对地址索引结构作了简化，只用 DiskInode 中引出的一根线表示。

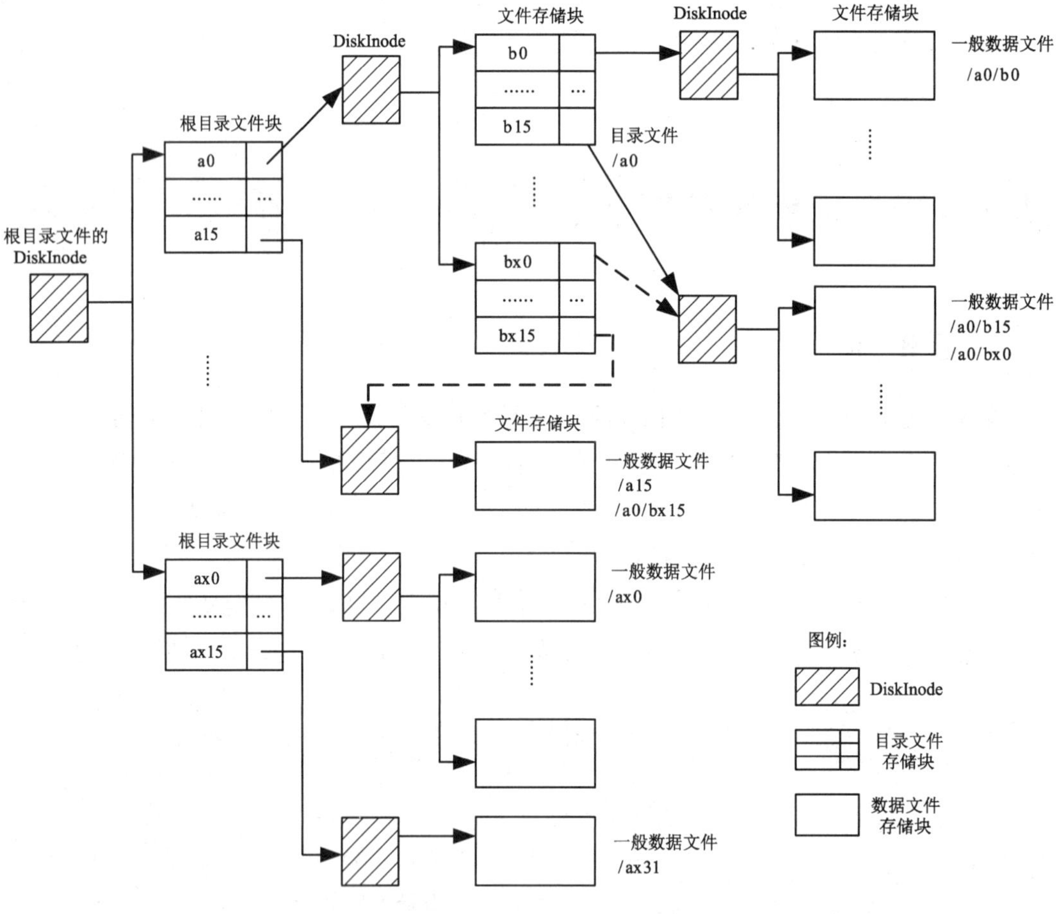

图 7.27　UNIX 树形目录结构

7.5.2　文件目录结构中的勾连

UNIX V6 + + 文件系统的目录结构中可以带有交叉勾连，图 7.27 中用虚线画出的就是这种勾连。为了清楚起见，再用图 7.28 对目录结构中的勾连情况进一步说明。

设一个数据文件的原路径名为/a/b/name1，如图 7.28(a)所示。如果为其再起一个路径名/c/d/name2(目录文件/c/d/是原来就存在的)，则在目录文件/c/d 中就要构成一新目录项，其节点名部分填入 name2，其索引节点号部分填入 n，n＃DiskInode 中的i_nlink值加1。这样就有两个目录项同时指向 n＃DiskInode，这就是勾连。在逻辑结构上，/a/b/name1，/c/d/name2 对于 n＃DiskInode 的地位是相同的。

单独取消/a/b/name1 或/c/d/name2 都不能取消 n＃DiskInode 及其代表的文件实体。只有二者都取消才意味着 n＃DiskInode 已游离在目录结构之外。此时，如果没有一个进程正在使用相应文件，那么就可以释放 n＃DiskInode 和相应文件实体占用的所有存储资源。取消文件路径名/a/b/name1 或/c/d/name2 都称为解勾。解勾时，除清除相应目录项外，对 n＃DiskInode 中的 i_nlink 要作减 1 处理。

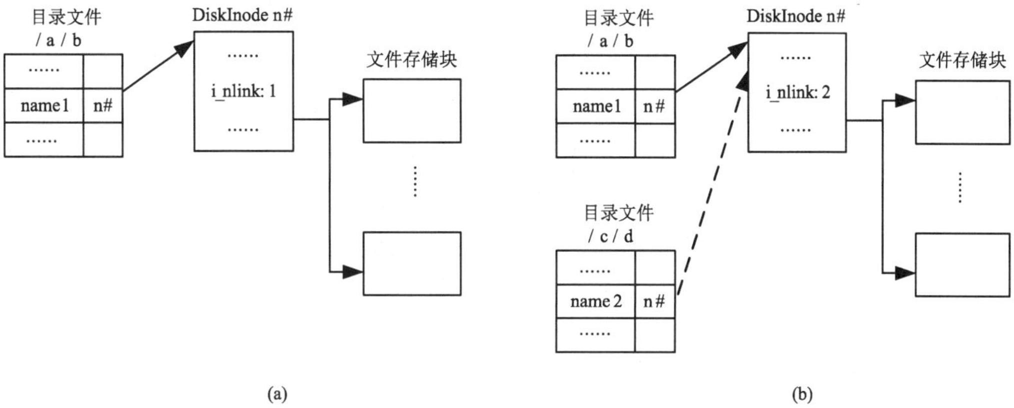

图 7.28　在目录结构中的勾连

7.5.3　UNIX 子文件系统装卸

UNIX 中的子文件系统可以随时装卸，它们与基本文件系统的连接机构是装配块。内核中定义了文件系统的装配块 Mount 类，其声明如代码 7.10 所示。

```
/* 选自文件\unixv6++\OOS\src\include\FileSystem.h */
class Mount
{
    …;
    /* Members */
public:
    short           m_dev;          /* 文件系统设备号 */
    SuperBlock *    m_spb;          /* 指向文件系统 SuperBlock 对象内存副本 */
    Inode *         m_inodep;       /* 指向挂载子文件系统的内存 INode */
};
```

代码 7.10　**Mount** 类定义

FileSystem 类中定义了 Mount m_Mount[NMOUNT](NMOUT 一般为 5)装配块表。系统初启时,m_Mount[0]用来记录根设备(基本文件系统驻留的设备)的有关信息。其余四个装配块则可用来连接子文件系统。

1. 装配块的连接作用

(1) 与基本文件系统的连接

从基本文件系统方面看,子文件系统是从它的一个目录项(代表一个目录文件)开始的一棵特殊的子树。该目录项指向一个根存储设备上的 DiskInode,而它又有一个对应的内存 Inode。该内存 Inode 的标志字 i_flag 中设置了装配标志(IMOUNT),说明它已用来连接某个子文件系统。在装配块中,m_inodep 指向该内存 inode,实现了与基本文件系统的连接。

(2) 与子文件系统的连接

每个已装配好的子文件系统,其 SuperBlock 在内存中有一个副本,装配块中的 m_spb 指向该 SuperBlock,m_dev 表示子文件系统所在的字符块存储设备。它与 SuperBlock 配合起来对子文件系统的物理资源进行管理。同时,在该存储设备 DiskInode 区中的第一个 DiskInode 是子文件系统的根 DiskInode。从根 DiskInode 可以顺藤摸瓜得到子文件系统的全部目录结构。所以,m_spb 和 m_dev 实现了向子文件系统的勾连。

装配块的连接作用示于图 7.29(a)中。

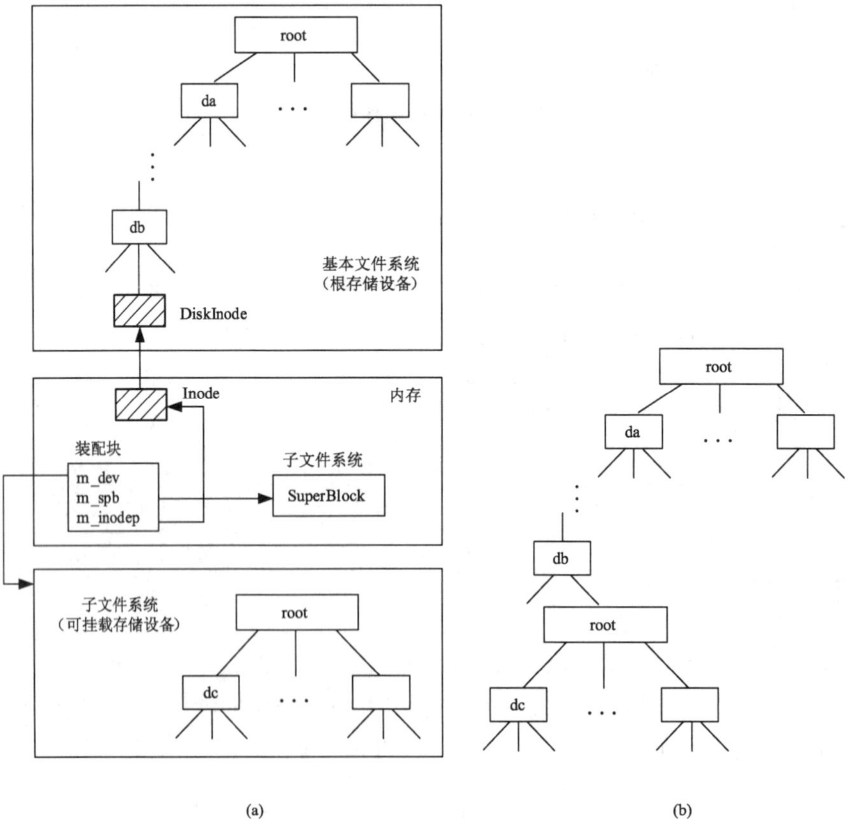

图 7.29 装配块的连接作用

2. 子文件系统目录搜索

假定子文件系统中有一个文件的路径名(从子文件系统根目录开始)是/dc/test;在基本文件系统中,用来连接子文件系统的目录项名为/da/db。那么从基本文件系统开始,该文件的路径名是/da/db/dc/test。根据这一路径名,进行目录搜索的方法如下:

(1) 在节点 db 之前的搜索过程完全如常。

(2) 搜索到目录项 db 时,发现其 Inode 中的 i_flag 标志已经包含装配标志(IMOUNT),说明它是一个连接某个子文件系统的 Inode。

(3) 接着搜索装配块,若发现某装配块的 m_inodep 指向 db 节点,则这就是连接 db 子文件系统的装配块。

(4) 最后,根据 m_dev 找到子文件系统所在的存储设备,并获得子文件系统根 Inode。由此开始搜索子文件系统目录结构,直到找到/dc/test 为止。

同样,也可以将工作目录设置到适当位置,以便缩短目录搜索过程。

由此可见,一旦子文件系统装配好后,装配块的连接作用是透明的,子文件系统成为基本文件系统的一棵子树[图 7.29(b)]。

7.5.4　文件共享方式

在文件主对各类用户规定的存取权范围内,UNIX 提供了比较多样的文件共享方式。

1. 在目录结构中的同名和异名共享

如果一个文件目录结构中只有文件主在创建它时给出的路径名,那么所有用户都要用这一路径名在文件主授权范围内去打开它,然后对其进行存访,这种共享方式称为同名共享。如果文件主取消了这一文件名,那么该文件在系统中就消失了,其他用户也就没有可能对它再进行任何操作,所以这种共享方式对除文件主以外的所有用户是比较消极的。

如果一个文件有几个路径名,分别属于不同的用户。那么各个用户都可以用各自熟悉的名字去打开这同一文件。如果用户甲不再希望使用这一文件,他就可以取消他使用的路径名,但是相应的文件依然存在,用户乙仍能用他自己的路径名存访这一文件,这种共享方式称为异名共享。对于非文件主用户而言,异名共享更加灵活方便。但是无形中增加了其他用户的授权。

2. 在打开文件结构中的共享

在打开文件结构中,一种是子进程对父进程打开文件的继承型共享,这种共享表现为对同一 File 结构的共享。另一种则是同名或异名对同一文件分别独立打开的共享,这种共享表现为对同一内存 Inode 的共享,但使用不同的 File 结构,因而可以拥有不同的读、写方式,不同的读、写位置指针。

一个文件是否被取消,主要取决于它在文件系统目录结构中的情况,但是也要考虑它在打开文件结构中的状态。

在文件系统目录结构中,若对应某文件的所有路径名都已经取消,那么该文件及其相应外存 Inode 就完全游离在目录结构之外。它们有无暂时存在的必要完全取决于打开文件结构。

若在打开文件结构中，该文件的内存 Inode 仍然存在，也就是说仍然有一个或几个 File 结构指向该 Inode，则该文件在外存仍然有暂时存在的必要。反之，则有关该文件的所有数据结构及文件本身皆被取消，也就是释放它占用的所有系统资源。

从用户角度看，只有所有共享该文件的用户进程都不再使用该文件（也就是都没有打开该文件），而且异名共享的所有用户已经用系统调用 unlink 将有关路径名取消，此时，该文件才从系统中消失。

7.6 UNIX 文件系统的实施

前两节介绍了 UNIX 文件系统中的主要数据结构和算法，本节主要介绍与文件系统实施有关的程序。实施 UNIX 文件系统的程序可以大致分成三个部分：①文件系统的资源管理部分；②文件的创建、打开和关闭及目录检索部分；③文件的地址索引与读写操作部分。其中，第一部分是实施文件系统的基础，它包括盘块的分配和释放程序，内、外存 Inode 节点的释放和分配程序，打开文件表项和打开文件控制块管理程序等。前两节中已经对这些资源及它们的管理算法作了详细说明，本节不再赘述。

本节将通过分析代码 7.11 中所示实例的详细执行过程，来阐述后两部分文件系统实施的细节。

```
int fd = open("/usr/ast/Jerry",2);          //以可读可写方式打开文件
char data[300];
seek(fd, 500, 0);                           //将文件读写指针定位到第 500 字节
int count = read (fd, data, 300);           //从文件读 300 字节到 data
count = write(fd, data, 300);               //从 data 写 300 字节到文件
```

代码 7.11 关于文件系统实施的实例

7.6.1 文件创建、打开和取消

由于文件的打开操作与文件的创建和取消操作有很多的共同之处，所以本节将这三个操作的细节一并阐述。关于文件创建、打开和取消的系统调用已经在 7.2.3 节中阐述，本节将详细说明这三个操作所使用的内核函数的执行过程。

1. 打开文件

打开文件操作由内核函数 FileManager::Open()完成，流程可分为以下两步。

(1) 按给定的文件名，在文件目录中逐级搜索。如果在某一级目录上搜索失败，则操作

不能继续下去;如果搜索成功,找到了相应的目录项,那么就找到了该文件的磁盘 Inode,进而建立内存 Inode。

(2) 检测进程对文件的操作方式 mode。若超过了内存 Inode 中登记的用户/组对该文件的使用权限,系统调用失败返回。

(3) 建立该文件的打开文件结构,包括分配进程打开文件描述符表项和系统打开文件表项(详见 7.4 节);检查打开文件工作方式,如通过则填入分配到的系统打开文件表项中;在进程打开文件描述符表项、系统打开文件表、内存 Inode 和磁盘 Inode 之间建立勾连关系,并进行必要的初始化处理等。

(4) 将文件句柄写入核心栈中保护 EAX 单元,以便系统调用结束时返回。

文件的打开流程如图 7.30(a)所示。

2. 创建文件

创建文件操作由内核函数 FileManager::Creat()完成,流程同样可以分为以下两步。

(1) 按给定文件名进行目录搜索。如果搜索成功,表示在文件系统中已经存在给定名文件,于是释放该文件占有的所有存储区,使之成为一个零长的新文件,但不改变文件主和工作方式。如果搜索失败,需分两种情况考虑。第一种情况是除最后一级目录外皆搜索成功。这实际上是创建文件最普遍的情况,在最后找到的目录文件中增添新目录项,并分配一个外存 DiskInode,将其编号登入新目录项中。第二种情况是如果在除最后一级目录外的其他位置上搜索失败,则操作不能继续下去。

(2) 与打开文件操作中的第三步基本相同,也是构成该文件的打开文件结构。

(3) 将文件句柄写入核心栈中保护 EAX 单元,以便系统调用结束时返回。

文件的创建流程如图 7.30(b)所示。

3. 取消文件

取消文件操作由内核函数 FileManager::Unlink()完成。取消文件首先意味着要删去给定路径名的目录项,所以也要进行目录搜索。如果在某一级目录上搜索失败,则操作不能继续下去。如果搜索成功,找到相应目录项,则将其删除,并将相应内存 inode 中的 i_nlink 值减 1。如果 i_nlink 值已变为 0,而且没有其他用户正在打开并使用这一文件,则释放该文件占用的全部存储资源。

文件的取消流程如图 7.30(c)所示。

4. 小结

从上述过程描述中可以看出,文件的打开、创建和取消三种操作都包含对目录结构的搜索过程。为此,7.6.2 节将对此目录搜索过程进行详细介绍。

7.6.2　目录搜索

用户程序对文件的存取是通过路径名字符串进行的,而内核中对文件的操作使用的是文件的索引节点号,所以就需要完成二者的转换。这也是目录搜索的目的。

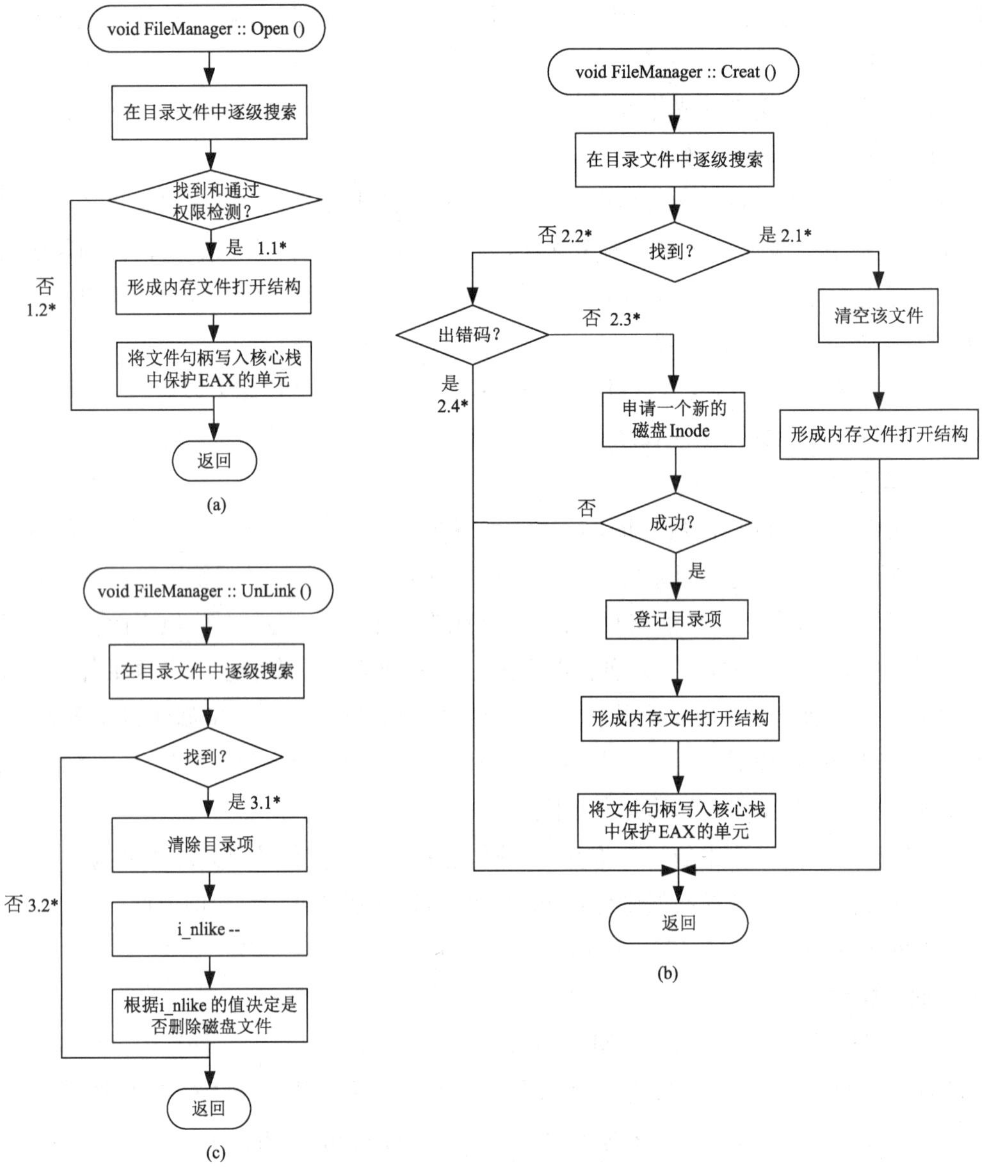

图 7.30　文件的打开、创建与取消流程

UNIX V6++中执行目录搜索的程序是 FileManager::NameI()函数，它负责将用户给出的路径名字符串转换为对应文件的索引节点，其大致流程如图 7.31 所示。

1. 搜索起点

UNIX 中的每个进程都有一个当前工作目录。进程的 User 结构中包含一个指向该目录文件内存 Inode 的指针。

FileManager::NameI()函数进行目录搜索的过程一般都是从该进程的当前工作目录开始的，除非路径名是以“/”开始，则表示要从根目录开始搜索(代码 7.11)。无论是从当前工作目录或是从根目录开始搜索，FileManager::NameI()函数都可以直接从 User 中或

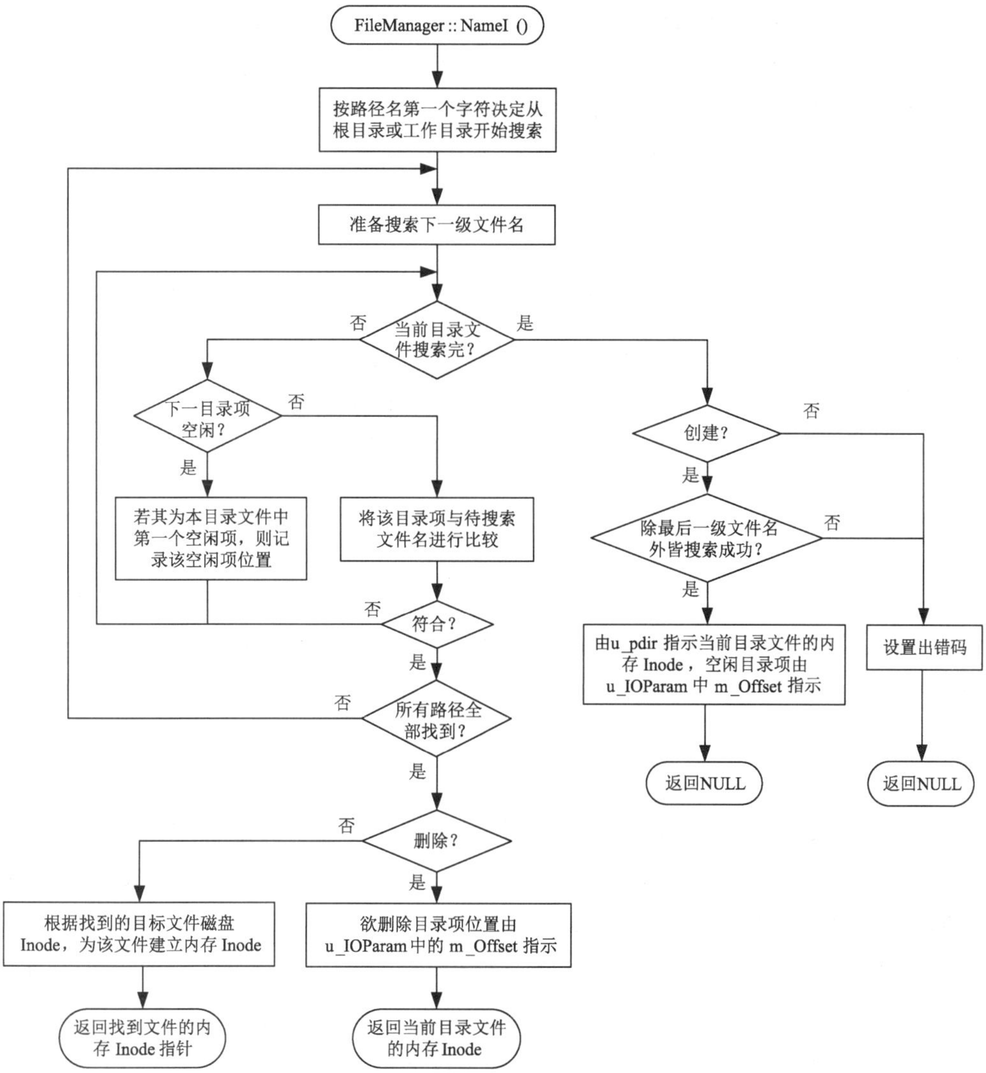

图 7.31　FileManager::NameI()函数流程

FileManager.rootDirInode 中找到相应目录文件的内存 Inode。

2. 搜索过程

从当前工作目录或根目录的内存 Inode 起始，逐级搜索每一级路径分量对应的下一级目录(或文件)的索引节点号。在 FileManager::NameI()函数每次循环期间，如果当前路径分量不是路径中的最后一个分量，都要验证该路径分量确实是目录，否则就违反了非目录文件只能作为目录树中的叶子节点的规定。

在每一级搜索当前目录的过程中，根据用户给定的路径分量中的字符串，在相应的目录文件中逐个匹配目录项。由于目录文件的目录项数据在磁盘上，所以首先需要通过目录文件的索引节点，从目录文件的第 0 号逻辑块开始到文件末尾，依次将每一块读入缓存，然后将当前路径分量与缓存中的目录项逐条进行比对。

如果匹配成功，则意味着完成了当前一级的目录搜索，记录下一级路径分量的 DiskInode 号，然后释放读入目录项数据的缓存以及当前目录的索引节点，获取下一级目录（或文件）DiskInode 的内存副本，为后面下一级目录搜索做好准备。

以代码 7.11 中的搜索路径"/usr/ast/Jerry"为例，如果各级目录文件的内容如图 7.32 所示，则整个目录搜索的过程如下：

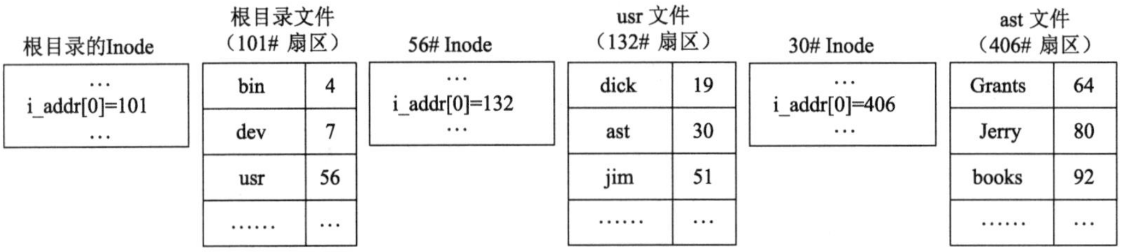

图 7.32　目录搜索示例

(1) 根据 1 号 Inode(根目录文件的 Inode)，打开根目录文件，由 i_mode 中的标志位判断该文件确实为目录文件，由 i_addr 找到根目录文件在磁盘中的位置，如图 7.32 所示，从 101 号盘块开始依次读入根目录文件；在根目录文件中，逐条记录查找到文件名为 usr 的目录项，该项显示 usr 文件的磁盘 Inode 号为 56 号。

(2) 根据 56 号 Inode(usr 文件的 Inode)，打开 usr 文件，由 i_mode 中的标志位判断该文件确实为目录文件，则由 i_addr 找到 usr 目录文件在磁盘中的位置，如图 7.32 所示，从 132 号盘块开始依次读入 usr 目录文件；在 usr 目录文件中，逐条记录查找到文件名为 ast 的目录项，该项显示 ast 文件的磁盘 Inode 号为 30 号。

(3) 根据 30 号 Inode(ast 文件的 Inode)，打开 ast 文件，由 i_mode 中的标志位判断该文件确实为目录文件，则由 i_addr 找到 ast 目录文件在磁盘中的位置，如图 7.32 所示，从 406 号盘块开始依次读入 ast 目录文件；在 ast 目录文件中逐条记录查找到文件名为 Jerry 的目录项，该项显示 Jerry 文件的磁盘 Inode 号为 80 号。

(4) 找到 80 号 Inode，即找到"/usr/ast/Jerry"文件。

3. 搜索目的

FileManager::NameI()函数接收一个 enum DirectorySearchMode 枚举类型的传入参数，该参数用于指定目录搜索的三种不同目的，其定义如代码 7.12 所示。

```
enum DirectorySearchMode
{
    OPEN = 0,               /* 以打开文件方式搜索目录 */
    CREATE = 1,             /* 以新建文件方式搜索目录 */
    DELETE = 2              /* 以删除文件方式搜索目录 */
};
```

代码 7.12　DirectorySearchMode 枚举型定义

(1) DirectorySearchMode.OPEN 表示打开文件时进行的目录搜索，即根据给出的文件路径名，在目录结构中找到相应的目录项，并得到目标文件的内存 Inode。

(2) DirectorySearchMode.CREATE 表示创建文件时的目录搜索，即在目录结构中要形成一新目录项。

(3) DirectorySearchMode.DELETE 表示取消文件是进行的目录搜索，即取消给定路径名的相应目录项。

4. 搜索结果

不论对于哪种请求，FileManager::NameI()函数对路径名都有搜索成功或失败两种可能。如果搜索成功，则对于不同的搜索目的，FileManager::NameI()的执行结果分别如下：

(1) DirectorySearchMode.OPEN：为搜索到的目标文件建立内存 Inode 指针，并返回该指针。FileManager::Open()函数接收到这个返回值后，进入图 7.30(a)中的 1.1* 分支。

(2) DirectorySearchMode.CREATE：为搜索到的目标文件建立内存 Inode 指针，并返回该指针。FileManager::Creat()函数接收到这个返回值后，进入图 7.30(b)中的 2.1* 分支。

(3) DirectorySearchMode.DELETE：返回要删除的目录项所在的目录文件的内存 Inode 指针，同时要删除目录项的偏移量保存在 u_IOParam::m_Offset 中，为随后清空该目录项做好准备[图 7.33(a)]。FileManager::Unlink()函数接收到这个返回值后，进入图 7.30(c)中的 3.1* 分支。

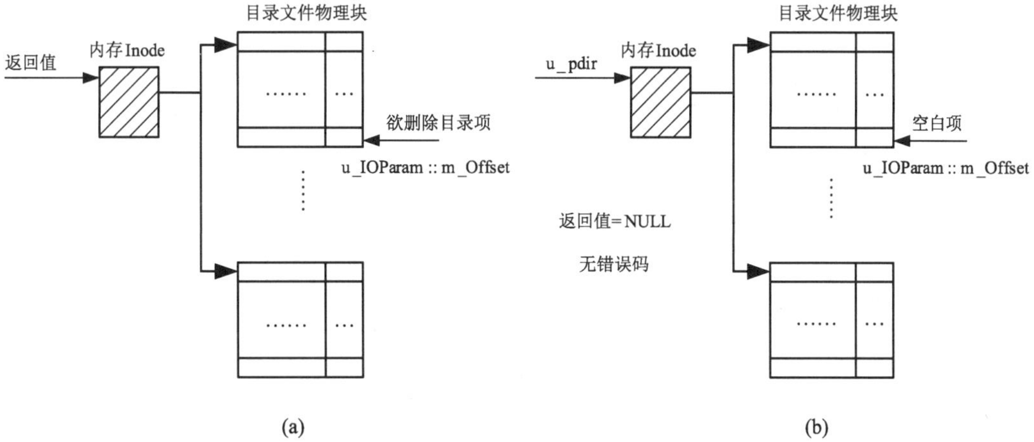

图 7.33 FileManager::NameI()函数的部分执行结果

如果已经比较完某一级目录文件的所有目录项仍然没有找到匹配项，则认为搜索失败。此时，对于不同的搜索目的，FileManager::NameI()的执行结果也不尽相同。

(1) DirectorySearchMode.OPEN 和 DirectorySearchMode.DELETE 将在设置出错码之后，返回 NULL。FileManager::Open()函数和 FileManager::Unlink ()函数接收到这个返回值后，将分别带着错误码进入图 7.30(a)的 1.2* 分支和图 7.30(c)的 3.2* 分支。

(2) DirectorySearchMode.CREATE 将进一步判断搜索失败发生的位置。如果只是在最后一级目录搜索失败，对于创建文件则恰恰需要这种匹配失败的发生。此时，虽然返回NULL，但是不设置出错码，同时由 User::u_pdir 指向应填入新目录项的目录文件的内存 Inode，u_IOParam::m_Offset 指向该目录文件中的第一个空白项位置[图 7.30(b)]。FileManager::Creat()函数接收到返回值后，进入图 7.30(b)中的 2.2* 分支，进而由于没有出错码，进入 2.3* 分支。如果搜索失败不是发生在最后一级，则返回 NULL，同时设置出错码。FileManager::Creat()函数接收到返回值后，进入图 7.30(b)中的 2.2* 分支，进而由于有出错码，将带着错误码进入 2.4* 分支。

7.6.3 地址变换

进程存取文件中的数据时使用的是字节偏移量，将整个文件看作是从字节 0 开始直至文件大小的字节流。内核把文件分割成大小相等的逻辑块，将用户的字节流转换成逻辑块，文件从第 0 个逻辑块开始直至文件大小对应的逻辑块号结束。

对文件进行读/写时，总需要先将文件逻辑号变换成文件在存储设备上的物理块号，从 7.3.3 节中关于 UNIX V6++ 文件索引结构的内容可以看出，文件逻辑块与物理块之间的对应关系包含在 Inode 中的 i_addr[10]数组中，于是从逻辑块号到物理块号的转换其实就是对 Inode 中 i_addr 的操作。

内核中执行这项转换工作的是内存索引节点 Inode 类的成员 Bmap()函数，其流程大致如图 7.34 所示。

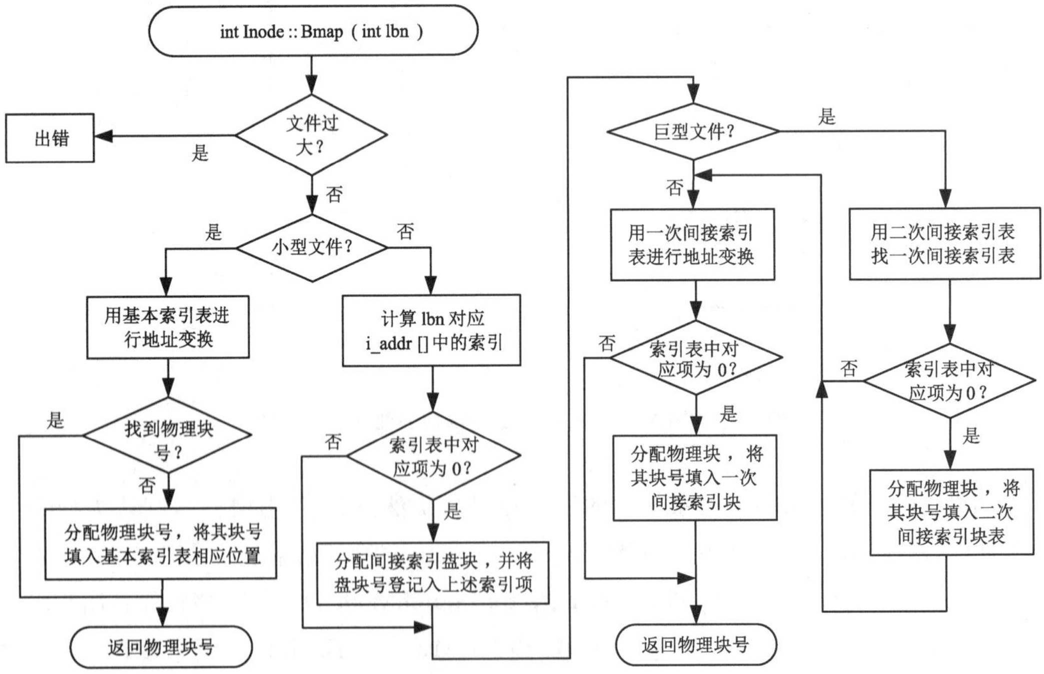

图 7.34 Inode::Bmap(int lbn)函数流程

Inode::Bmap()函数中进行逻辑块号转换的执行路径大致分为两条，分别是用于对小型文件以及大型或巨型文件。

首先判断文件长度属于小型文件还是大型或巨型文件，如果为小型文件，从基本索引表 i_addr[0 ～ 5]中获得物理盘块号即可。如果该逻辑块号还没有相应的物理盘块号与之对应，即相应索引表项为 0，则分配一个物理块。这通常发生在对文件的写入，若写入位置没有对应的数据内容，即对当前文件进行扩充写入，就需要分配额外的物理盘块存放文件数据，并为之建立逻辑块号与物理盘块号之间的映射。

如果是大型或巨型文件，则通过计算出逻辑块号在基本索引表的对应项，该项记录着间接索引表块的物理块号，对于大型文件为一次间接索引表块，而对于巨型文件则为二次间接索引表块，根据物理块号读入此一次（或二次）间接索引表块，并根据要转换的逻辑块号计算出位于一次间接索引表中的表项下标，从而得到实际文件数据的物理块号。需注意，巨型文件要比大型文件增加一环节，即依据逻辑块号计算得到二次间接索引表中表项的下标，找到并读入一次间接索引表块，然后按照大型文件操作一次间接索引表块方法找到数据盘块。

具体来说，如果需要转换的逻辑块号是 $0 <= lbn < 6$，那么直接返回基本索引表 i_addr[lbn]中相应值；如果逻辑块号在 $6 <= lbn < 128 \times 2 + 6$ 之间，那么为一次间接索引，通过 i_addr[6]或 i_addr[7]找到一次间接索引表块，然后在这一索引表块中找到对应的物理块号；如果逻辑块号在 $(128 \times 2 + 6) <= lbn < (128 \times 128 \times 2 + 128 \times 2 + 6)$ 之间，那么通过 i_addr[8]或 i_addr[9]找到二次间接索引表块，根据二次间接索引表块找到一次间接索引表块，进而最后找到对应的物理块号。

7.6.4 文件读写

这里要解释的关于文件的读、写操作过程相关函数基本都是来自 FileManager 类。

系统调用 read 和 write 的格式一般如下：

```
n = read(fd, buf, nbytes);
n = write(fd, buf, nbytes);
```

各个参数的含义如 7.2.3 节中所述，这里不再重复。read 和 write 系统调用执行内核中的文件读、写公共函数 FileManager::Rdwr()，只是使用不同参数表明要进行的读、写操作类型，read 系统调用传递给 Rdwr()的参数为 File::FREAD，而 write 系统调用传递的参数为 File::FWRITE（详见代码 7.5）。FileManager::Rdwr()的大致流程如图 7.35 所示。

1. 权限检查

FileManager::Rdwr()函数首先根据 read、write 系统调用的参数 fd（打开文件描述符）获取打开文件控制块结构，然后检查本次读、写请求类型是否符合对该文件的打开方式，如果不符合则拒绝执行读、写操作，比如，要对一个以只读方式打开的文件进行写操作，显然不会通过此处的检查；检查通过则继续。

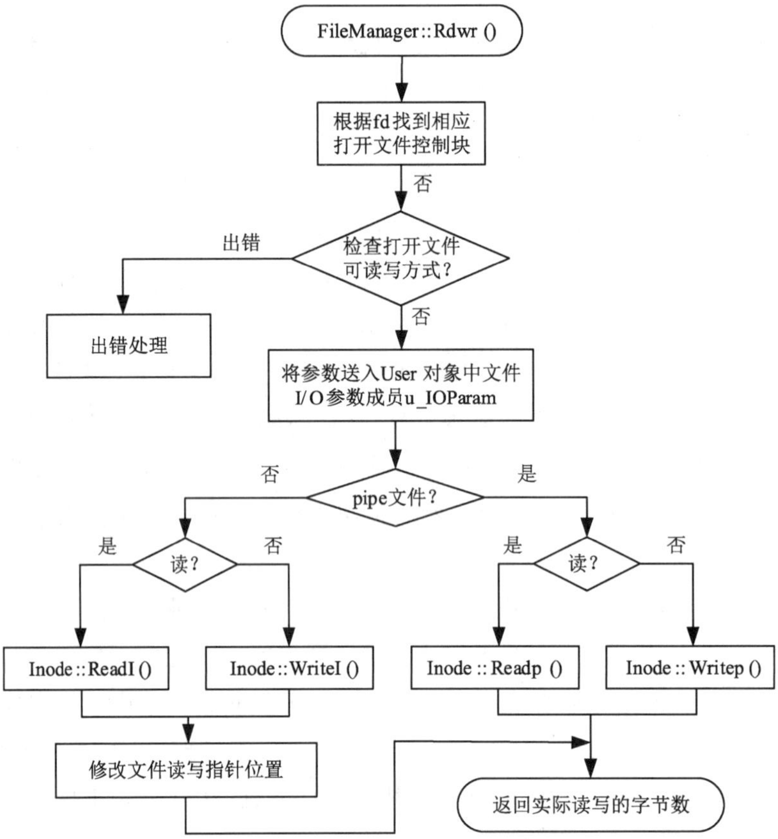

图 7.35　FileManager::Rdwr()函数流程

2. 设置读写参数

将此次读写需要的参数，包括目标数据区首地址，文件的读写偏移指针，要求读写的字节数，送入进程 User 结构中的文件 I/O 参数成员 User::u_IOParam（IOParameter 类型的变量，IOParameter 类的其定义如代码 7.13 所示）。其中：

```
class IOParameter
{
    …;
    /* Members */
public:
    unsigned char * m_Base;          /* 当前读写用户目标区域的首地址 */
    int m_Offset;                    /* 当前读写文件的字节偏移量 */
    int m_Count;                     /* 当前还剩余的读写字节数量 */
};
```

代码 7.13　IOParameter 类的定义

(1) User::u_IOParam::m_Base 为此次读写的用户目标区域的首地址,其初值来自于 read 或 write 系统调用中的参数 buf。在整个读、写操作执行的过程中,它会不断地从内存低地址向高地址方向移动,来指向当前用户目标区中正要读写的字节位置。

(2) User::u_IOParam::m_Offset 记录当前读写文件中的字节偏移量,其初值来自于打开文件控制块 File 中的 f_offset。需要注意的是,File::f_offset 与这里 User::u_IOParam::m_Offset 都是表示文件的字节偏移量,二者的区别在于 User::u_IOParam::m_Offset 记录的是一次 I/O 请求过程中各个阶段的字节偏移量,而 File::f_offset 则只记录 I/O 请求执行前后字节偏移量的变化。例如,某次读文件操作要从 0 字节开始读 600 个字节的内容。由于读取的文件数据需要经由高速缓存送入用户目标内存区,因此一次能传送的字节数受到了缓存 512 字节大小的限制。User::u_IOParam::m_Offset 值的变化过程为读取前 512 字节后,User::u_IOParam::m_Offset 从 0 增加到 512,读完剩余的 88 字节后,User::u_IOParam::m_Offset 字节的值增加到 600;而 File::f_offset 的值则是在本次 I/O 请求执行结束之后直接从 0 增加至 600 字节。

(3) User::u_IOParam::m_Count 表示当前需要读写的字节数,其初值来自于 read、write 系统调用中用户指定要读写的字节数,即参数 nbytes。随着读写操作的进行,User::u_IOParam::m_Count的值会逐渐减少。通常,一次读写请求执行到 User::u_IOParam::m_Count为 0 时才结束,但在读操作中,如果已经达到文件的末尾,User::u_IOParam::m_Count的值仍然不为 0,本次读操作同样执行结束。

3. 调用读写函数

判断本次读、写是针对普通文件还是管道文件,然后分别调用相应的读/写函数。本节只关注普通文件的读写。就普通文件而言,最后调用到的实际文件读/写函数分别是 Inode::ReadI()和 Inode::WriteI(),由它们具体负责经由高速缓存读取或写入文件数据。

(1) 读文件

Inode::ReadI()函数的流程如图 7.36 所示,它的作用是根据设置好的 User::u_IOParam中的读写参数,通过访问需读文件的内存 Inode,将需要读取的盘块逐个读入高速缓存中,并确定其中进程真正需要的数据,进而送入用户目标区。

关于上述 Inode::ReadI()函数执行过程中的读写参数,有几点说明如下:

其一,每一次盘块的读操作开始之前,需要确定需读文件的逻辑块号 lbn,其值由读写参数 User::u_IOParam::m_Offset 确定,计算方法为 lbn = User::u_IOParam::m_Offset / 512。

其二,从缓存中的哪一个字节开始将信息传向用户目标区,即缓存内起始传送位置 on,也是由 User::u_IOParam::m_Offset 决定的,计算方法为 on = User::u_IOParam::m_Offset % 512。

其三,从缓存内起始传送位置 on 开始传送多少个字节到用户目标区,即需要传送的字节数 n,其值由当前需要读写的字节数 User::u_IOParam::m_Count 和缓存中的有效字节数决定。而后者又与文件内可读出的字节数以及从缓存内起始传送位置到缓存底的长度有关。具体的计算方法分以下两种情况。

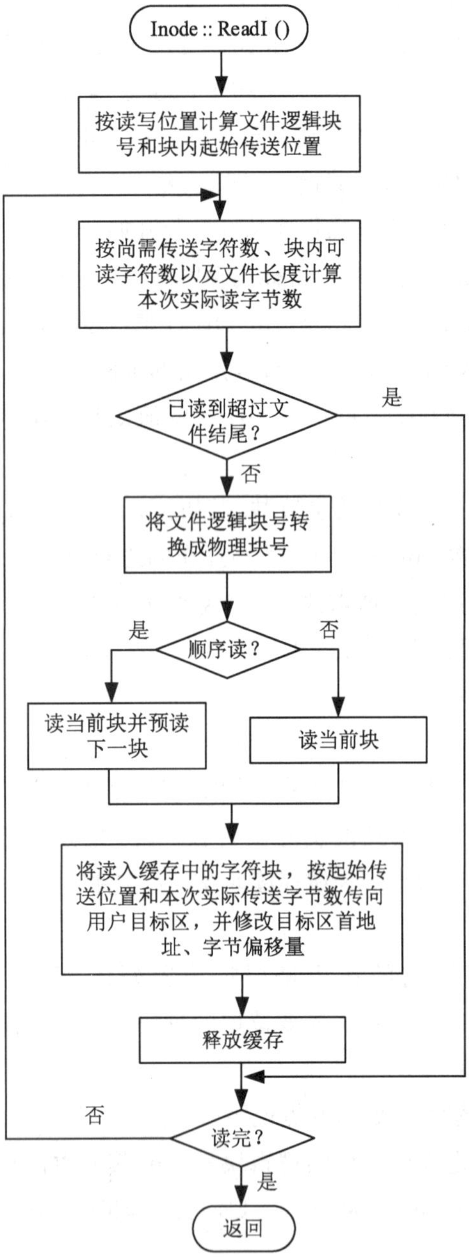

图 7.36　INode::ReadI()函数流程

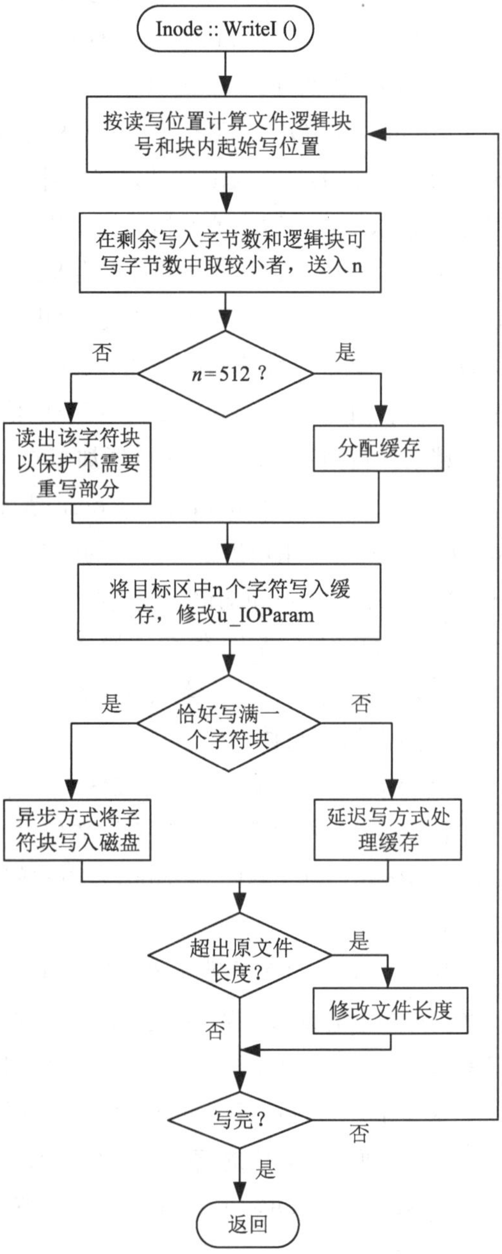

图 7.37　INode::WriteI()函数流程

① 如果文件在本块结束，则

n=min(512－on，User::u_IOParam::m_Count，文件剩余字节数)；

② 如果文件在本块没有结束，则

n=min(512-on, User::u_IOParam::m_Count)。

其四,每当读完一个数据块时,按如下修改读写参数的值:

① User::u_IOParam::m_Count 减去本次实际读取的字节数 n;

② User::u_IOParam::m_Offset 加上本次实际读取的字节数 n;

③ User::u_IOParam::m_Base 加上本次实际读取的字节数 n。

此外,从图 7.36 可以看出,Inode::ReadI()函数中采取了预读策略,即如果发现进程正在顺序读文件,则在读取文件当前的逻辑块时将下一块一并读入,如果预读命中则可以有效减少下次 I/O 操作的开销,提高进程的前进速度。

(2) 写文件

写文件 Inode::WriteI()函数的流程如图 7.37 所示。对于写操作,其功能是将用户指定内存区中的数据经由高速缓存写入文件。整个工作流程与 ReadI()函数相似,但仍有以下三方面需注意。

其一,在读文件部分中提到几个参数变量的计算和修改方法,对于写操作也是基本相同的。唯一的区别在于:计算需要传送的字节数 n 时,由于写操作中没有文件是否结束的限制,因而无需考虑"文件在本块结束"这一情况。

其二,文件中的某些字符块可能只需要部分重写,即当需要传送的字节数 $n<512$ 时,为了保护不需要重写的部分,需要先将该字符块读至缓存,部分改写后再写回。

其三,改写或新扩充已写满的字符块,即当修改后的 User::u_IO-Param::m_Offset 恰好为下一块首址时,应立即写回相应盘块;否则,仅部分改写的字符块则暂缓,用延迟写方式处理。这样做的目的是考虑到进程可能在稍后会再次读写该字符块,使用延迟写方式可以让该字符块在高速缓存队列中停留较长时间不被分配作他用,从而增加了在高速缓存中直接找到该字符块的概率。

4. 返回

最后,FileManager::Rdwr()函数根据实际读、写的字节数,修改 File 控制块中文件读写字节偏移量,并设置系统调用返回值为实际读、写的字节数。

至此,已经具备条件对读、写文件系统调用 read,write 的全过程作小结。图 7.38 中概略地显示了 read(fd, buf, nbytes)的执行过程。write(fd, buf, nbytes)的执行过程请读者思考。

5. 实例分析

下面以代码 7.11 中的实例来说明文件读写的基本工作原理。如前所述,代码 7.11 首先找到并打开一个长度是 750 个字节的文件"/usr/ast/Jerry",然后,将文件读写指针定位到第 500 字节。接下来,代码开始进行文件读写操作。

在介绍具体的读写操作流程之前,假设当前系统中缓存的使用状态如图 7.39(a)所示。由图中可知,当前磁盘设备的 I/O 请求队列中没有缓存控制块,表明没有正在进行的 I/O 操作,而设备队列和自由缓存队列中,同时存在三个缓存控制块,具有 B_DONE 标志,表明

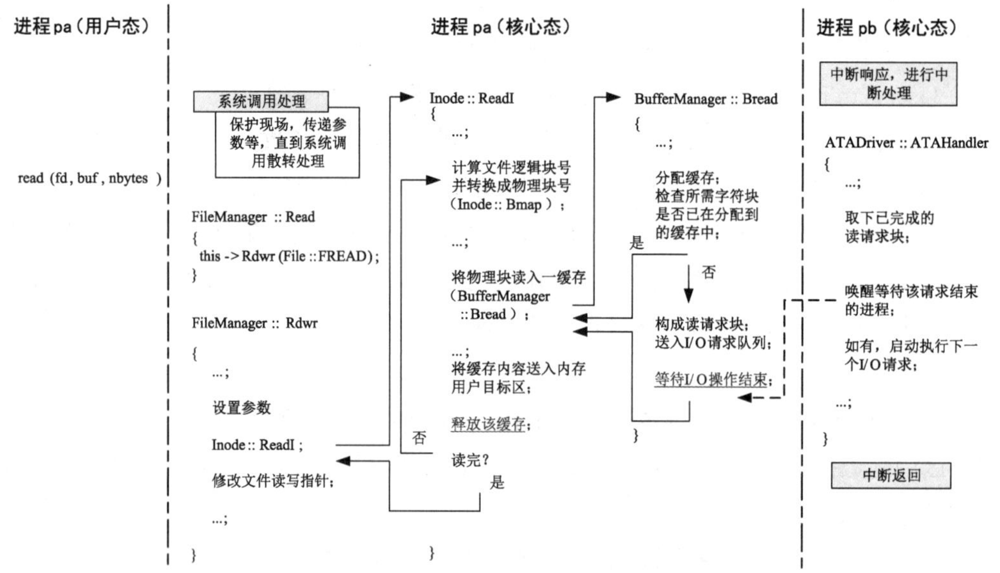

图 7.38　系统调用 read 的基本执行过程

这三个缓存已经分别完成对磁盘上第 361，124 及 754 号盘块的读写操作，且缓存尚未分配他用。另外，假设 Jerry 文件的地址索引如图 7.39(b)所示，即文件包含三个逻辑块，且分别保存在磁盘上的第 123 和 124 号盘块上。为了使问题尽量简单，假设代码 7.11 在执行过程中，没有其他进程进行 I/O 操作。

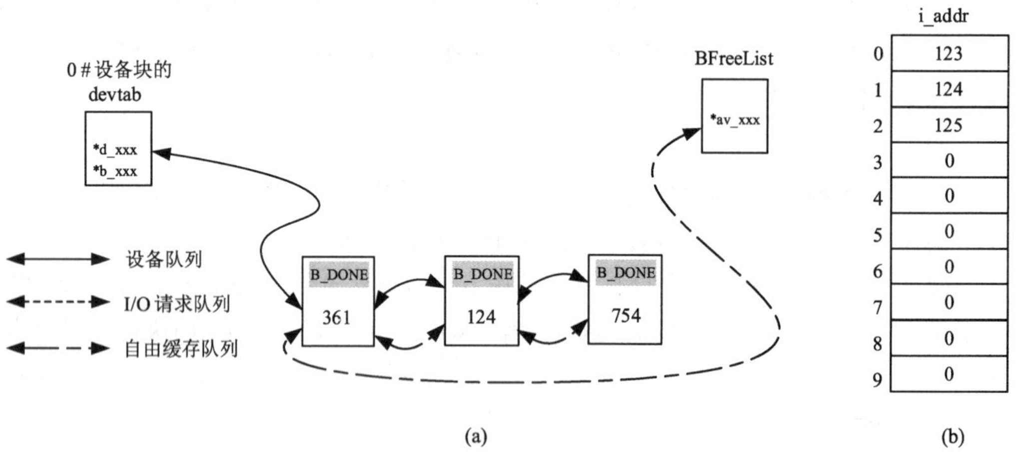

图 7.39　读写操作的初始状态

（1）读文件：int count = read (fd，data，300)

上述读操作将从 Jerry 文件的第 500 个字节开始，读 300 个字节到 data 数组中。操作伊始，各参数的设置如图 7.40 所示。由于此过程中读写指针需经过两个逻辑块，因而该读操作将分两次盘块读操作来完成。

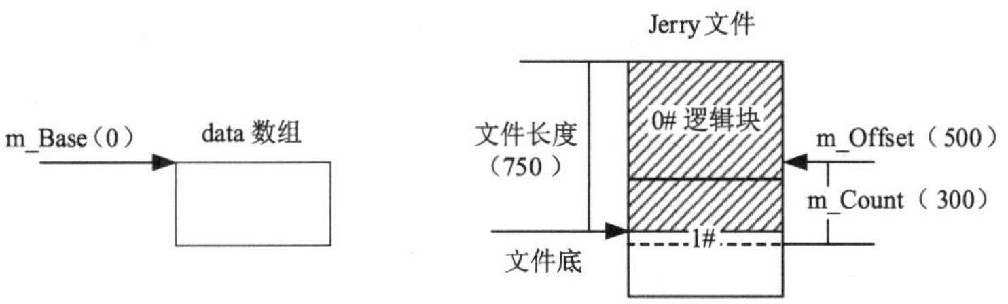

图 7.40　读操作初始状态参数设置

第一次：

① 通过当前文件读写指针的位置 500 计算得到需读取的逻辑块号 lbn = 500/512 = 0；块内偏移地址 on = 500%512 = 500；由于 m_Count = 300，且文件在本块没有结束，因此本次需读取的字节数 n = min（512 − on，m_Count）= 12。

② 通过查询 i_addr[0]得到 Jerry 文件 0 号逻辑块所在的物理盘块号 123。

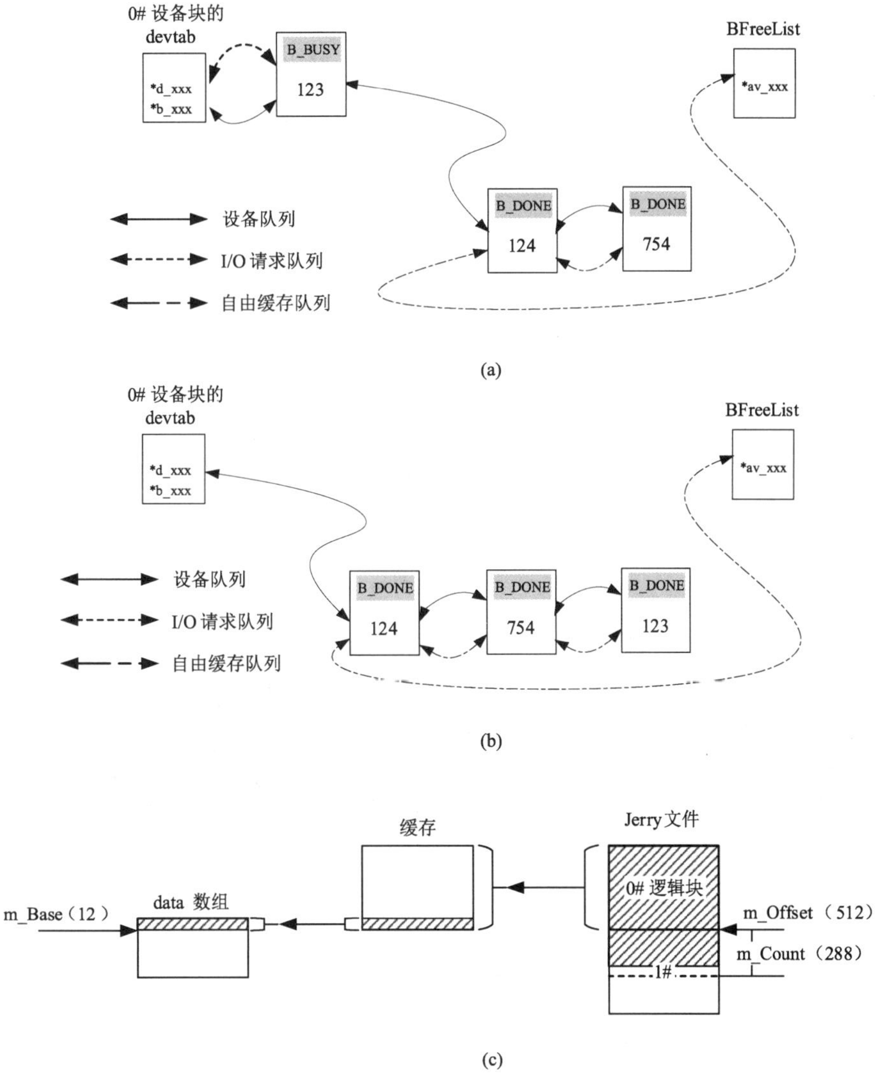

图 7.41　读第一个盘块

③ 为该物理盘块申请一个缓存，启动 I/O 之后，进程睡眠等待[图 7.41(a)]。

④ I/O 结束的中断处理中，进程被叫醒，进程上台后，将该缓冲区中 500 到 511 字节(共 12 个字节)的内容复制到 data 数组[图 7.41(c)]。

⑤ 释放缓存[图 7.41(b)]。

⑥ 修改读写参数[图 7.41(c)]。

第二次：

① 通过当前文件读写指针的位置 512 计算得到需读取的逻辑块号 lbn = 512/512 = 1；块内偏移地址 on = 512%512 = 0；由于 m_Count = 288，且文件在本块结束，文件剩余长度为 238，因此本次需读取的字节数 n = min (512 − on, m_Count，文件剩余长度) = 238。

② 通过查询 i_addr[1]得到 Jerry 文件 1 号逻辑块所在的物理盘块号 124。

③ 对该物理盘块申请一个缓存，发现 124 号盘块的缓存在设备队列中，且有 B_DONE 标志[图 7.41(b)]，即该缓存中的内容可以直接使用。

④ 将该缓冲区中 0 到 237 字节的内容复制到 data 数组[图 7.42(b)]。

⑤ 释放缓存[图 7.42(a)]。

⑥ 修改读写参数[图 7.42(b)]。

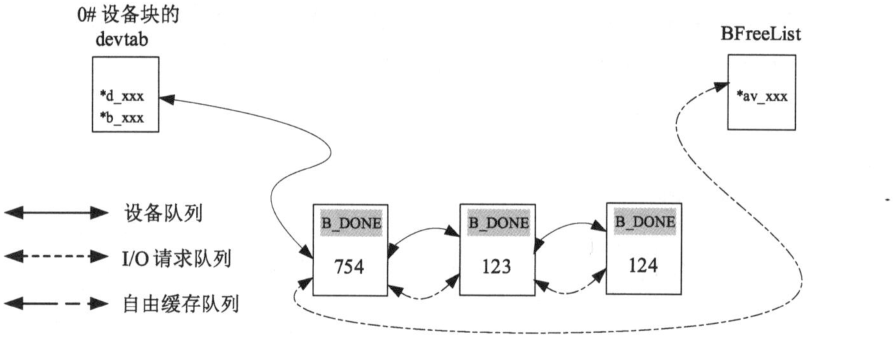

(a)

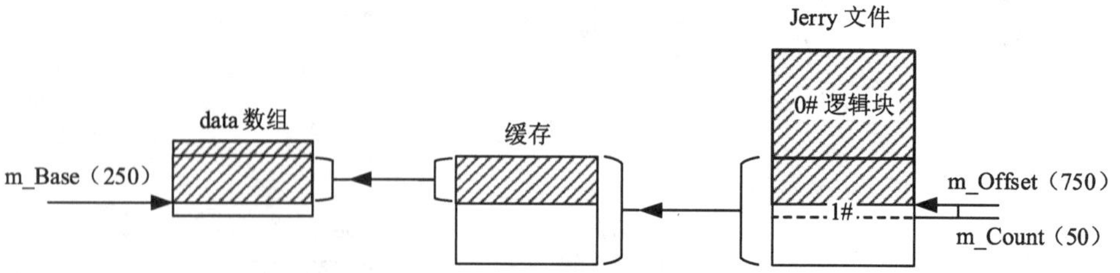

(b)

图 7.42　读第二个盘块

至此，读操作全部完成。将实际读取的字节数，即 nbytes-m_Count = 300 − 50 = 250，写入核心栈保护 EAX 寄存器单元中，以便系统调用结束时返回。

(2) 写文件:count = write (fd, data, 300)

上述写操作将继续从 Jerry 文件的第 750 个字节开始,将 data 数组中的 300 个字节写入该文件中。操作伊始,各缓存队列的状态仍然如图 7.42(a)所示,而各参数的设置如图 7.43 所示。同读操作相同的是,由于此过程中读写指针需经过两个逻辑块,因而该写操作将分两次盘块写操作来完成。

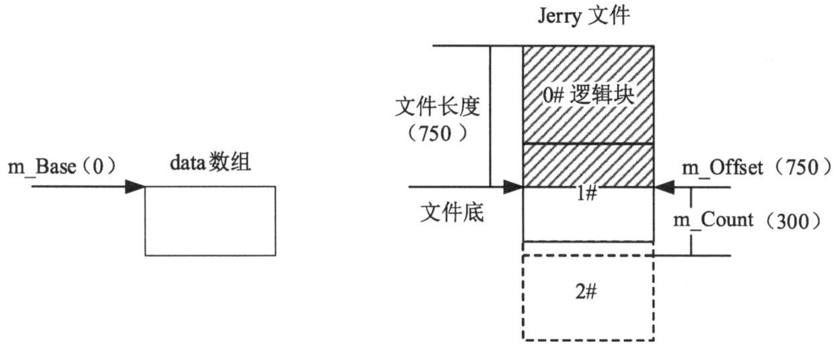

图 7.43　写操作初始状态参数设置

第一次:

① 通过当前文件读写指针的位置 750 计算得到需写入的逻辑块号 lbn = 750/512 = 1;块内偏移地址 on = 750%512 = 238;由于 m_Count = 300,因此本次需写入的字节数 n = min (512 - on, m_Count) = 274。

② 通过查询 i_addr[1]得到 Jerry 文件 1 号逻辑块所在的物理盘块号 124。

③ 因为 274<512,即不是写完整的一块,所以需先将 124 号盘块的内容读入[图 7.44(b)]。对该物理盘块申请一个缓存,发现 124 号盘块的缓存在设备队列中,且有 B_DONE 标志[图 7.42(a)],即该缓存中的内容可以直接使用。

④ 将 data 数组的前 274 个字节写入该缓存的第 238~511 字节中[图 7.44(c)]。

⑤ 修改读写参数[图 7.44(c)]。

⑥ 因为正好缓存写满,所以申请缓存并执行异步写操作将缓存内容写入磁盘。因为是异步写操作,进程将不会睡眠等待,而是直接进行后续操作[图 7.44(a)]。缓存将在写操作完成后释放。

第二次:

① 通过当前文件读写指针的位置 1024 计算得到需写入的逻辑块号 lbn = 1024/512 = 2;块内偏移地址 on = 1024 %512 = 0;由于 m_Count = 26,因此本次需写入的字节数n = min (512 - on, m_Count) = 26。

② 通过查询 i_addr[2]得到 Jerry 文件 2 号逻辑块所在的物理盘块号为 0,即这是一个新块,所以首先分配一个新的盘块,假设分配的盘块号为 125,将该盘块号登记入 Jerry 文件的 i_addr 数组。

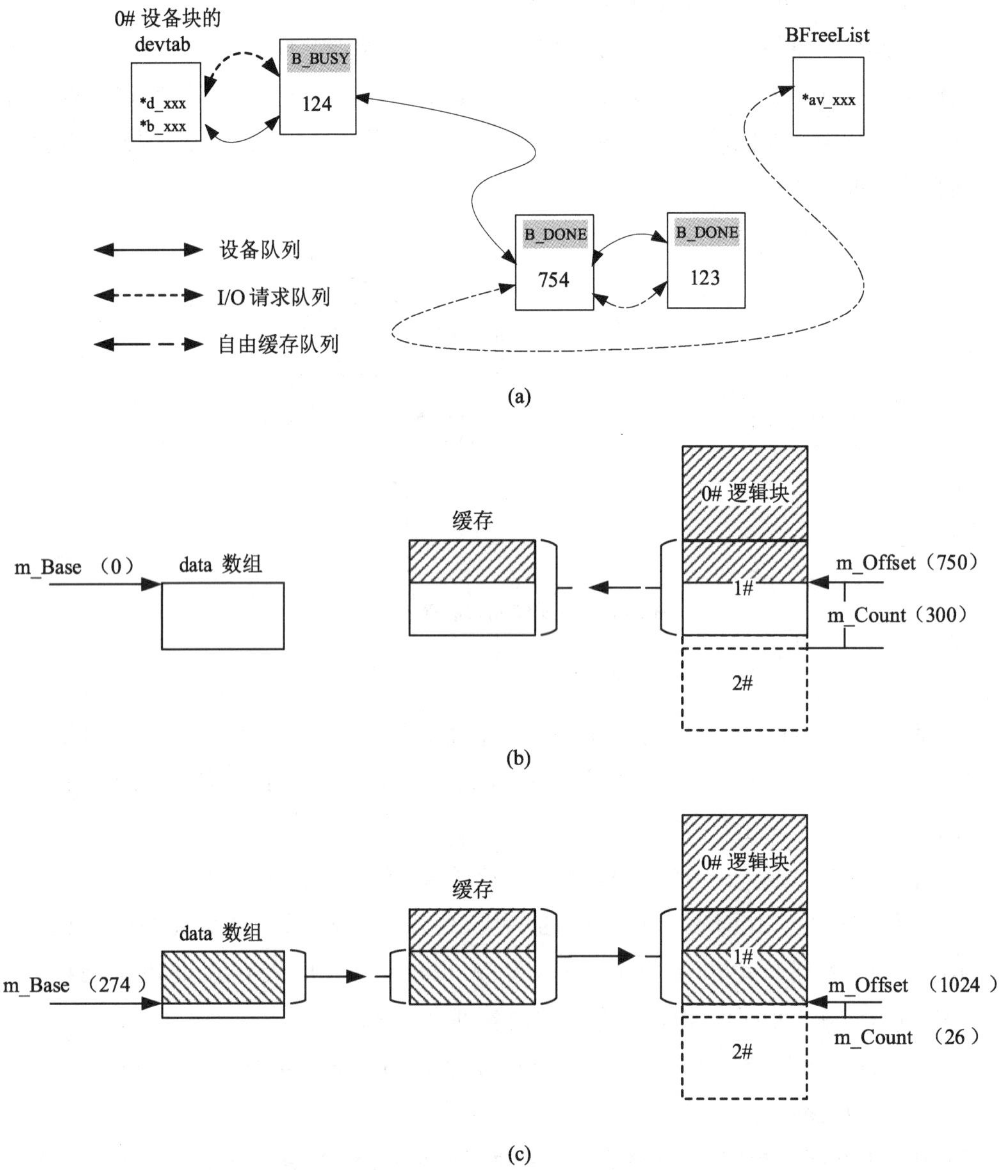

图 7.44　写第一个盘块

③ 为新分配的盘块申请一块缓存，清空该缓存，添加 B_DELWRI 标志后直接释放[图 7.45(a)]。

④ 因为 26＜512，即不是写完整的一块，所以需先将 125 号盘块的内容读入[图 7.45(b)]。对该物理盘块申请一个缓存，发现 125 号盘块的缓存在设备队列中，且有 B_DONE 标志[图 7.45(a)]，即该缓存可以直接使用。

⑤ 将 data 数组的后 26 个字节写入该缓存的前 26 字节[图 7.45(c)]。

⑥ 修改读写参数[图 7.45(c)]。

⑦ 因为一块未写满，所以将该缓存添加 B_DELWRI 标志后直接释放[缓存的状态仍然如图 7.45(a)所示]。

⑧ 修改内存 Inode 中记录文件长度的参数 Inode::i_size 为 1050。

至此，写操作全部完成。将实际写入的字节数，即 nbytes-m_Count = 300 − 0 = 300，写入到核心栈保护 EAX 寄存器单元中，以便系统调用结束时返回。

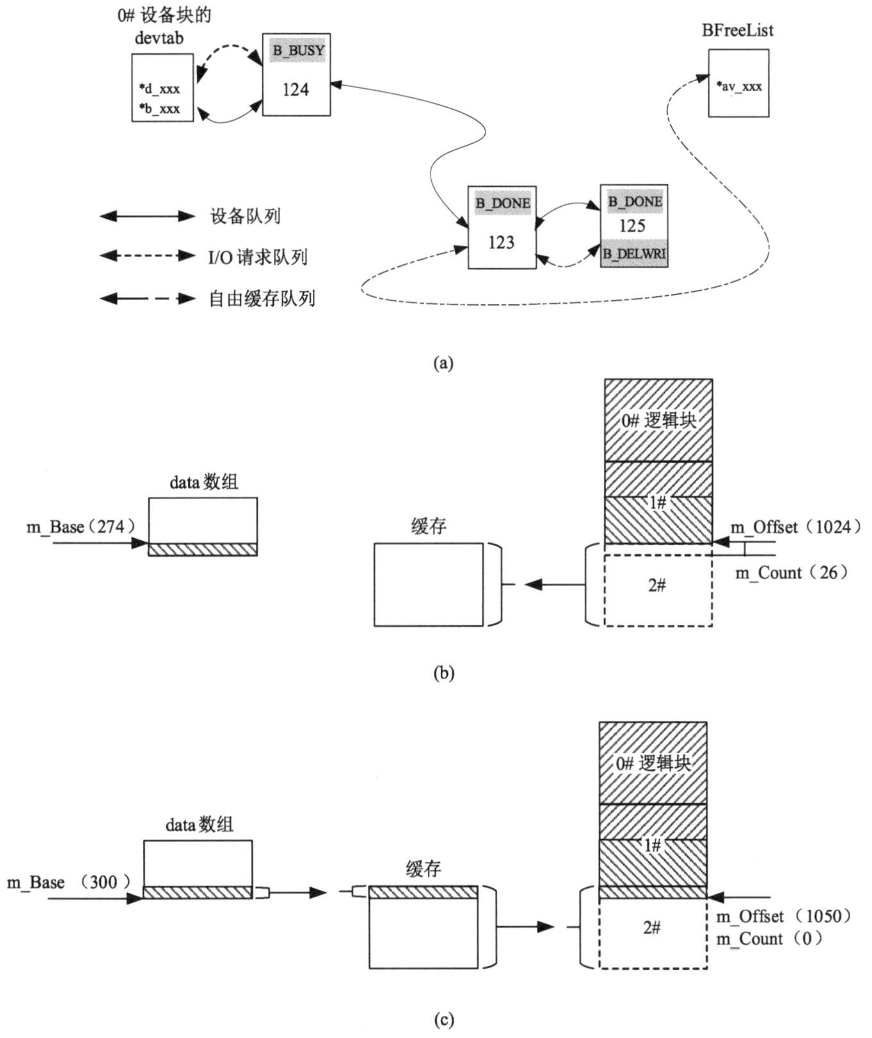

图 7.45　写第二个盘块

第 8 章

程序的执行

UNIX 操作系统中，除了 0＃进程，每个进程都在执行应用程序。这个应用程序的代码和数据构成了进程图象的大部分。进程实质上就是计算机系统用来执行应用程序的工具。进程在运行过程中，可能需要改换图象，即不再执行原先的应用程序，而是从第一条指令开始运行新的应用程序。问题是，一个进程怎样才能改换自己的图象，其基本工作过程又如何呢？这是本节要说明的主要问题。

8.1 可执行文件的格式

程序是磁盘上的可执行文件。通常,可执行文件的开头是一个叫作程序头的数据结构,记录着程序执行需要多少存储空间,此外还包括程序入口地址等与运行相关的重要信息。之后是程序代码和变量初值。

目前,UNIX V6++操作系统可执行的程序是 PE(Portable Executable)格式的。一个 PE 可执行文件一般由以下五部分组成。

(1) PE 文件 DOS 头(IMAGE_DOS_HEADER);

(2) PE 文件 NT 头(IMAGE_NT_HEADERS);

(3) PE 文件段表(SECTION TABLEs);

(4) 程序代码段(数量不定)和数据段(数量不定);

(5) 符号表和其他与调试相关的信息。

PE 文件格式如图 8.1 所示。本章不涉及动态链接,应用程序静态链接而成。本节仅介绍与静态链接程序装入有关的文件头部信息。

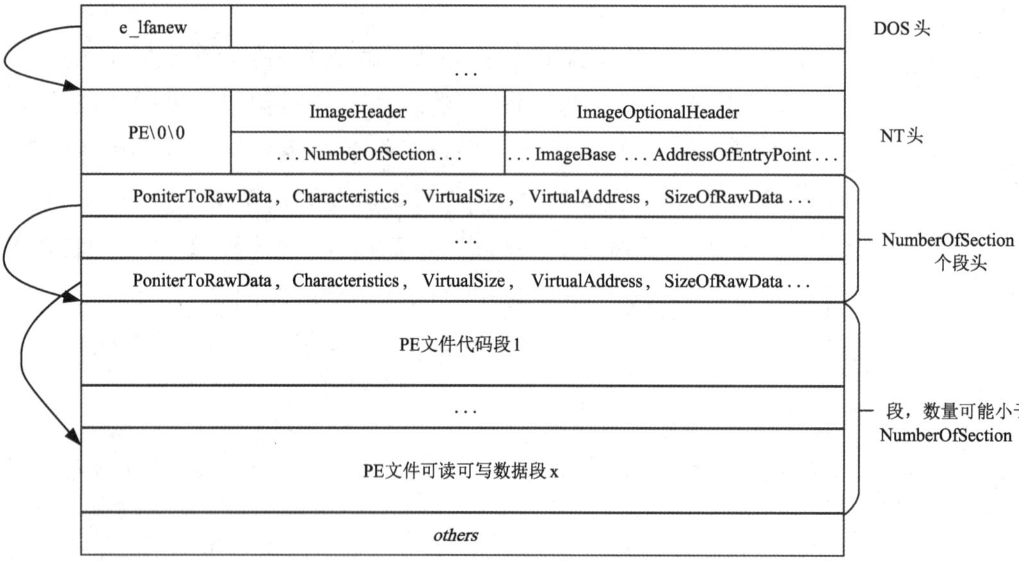

图 8.1 PE 文件格式

8.1.1 DOS 程序头

DOS 头是 PE 文件的第一部分,其中的 e_lfanew 是一个整数,其值通常为 0x3Ch,表示 NT 头在 PE 文件中的偏移量。解析 PE 文件时,DOS 头不用,仅使用 e_lfanew 寻找 NT

头。与该部分对应的是源代码 PEParser.h 文件中的 struct ImageDosHeader。

8.1.2　NT 程序头

NT 程序头是 PE 文件的第二部分，包含三个主要成员，刻画可执行文件结构和进程虚地址空间布局（代码 8.1）：

```
/* src/include/PEParser.h */
struct ImageNTHeader
{
unsigned long Signature;
ImageFileHeader FileHeader;
ImageOptionalHeader32 OptionalHeader;
};
```

代码 8.1　NT 程序头（ImageNTHeader 结构）

（1）Signature：可执行文件魔数（Magic Number），表示可执行文件的类型。PE 文件的 Signature＝0x00004550，这是字符串“PE\0\0”的 ASCII 码。

（2）FileHeader：ImageFileHeader 结构，定义于 src/include/PEParser.h。其中最重要的数据成员是 NumberOfSections，表示程序包含的段数。

（3）OptionalHeader：ImageOptionalHeader32 结构，定义于 src/include/PEParser.h。描述进程用户态虚地址空间布局，重要数据成员包括：

① ImageBase：映像文件装入内存时，在线性地址空间中的起始地址；

② BaseOfCode：代码起始地址（线性）；

③ BaseOfData：数据起始地址（线性）；

④ AddressOfEntryPoint：程序入口的线性地址；

⑤ SizeOfCode：代码块大小；

⑥ SizeOfInitializedData：已初始化数据块大小；

⑦ SizeOfUninitializedData：未初始化数据块大小。

观察这些数据成员可以发现，每个 PE 程序包含唯一代码段。这是因为链接多个程序模块时，gcc 编译器会将所有程序模块中标记为 text 的代码段相邻放置，形成单个代码段。相类似，数据段、bss 段也是唯一的，分别包括程序运行所需的全部带初值的全局变量和不带初值的全局变量。

8.1.3　段表

NT 程序头之后是段表区，包含 NumberOfSections 个段头（SectionHeader）。每个段头登记一个逻辑段的属性，是名为 ImageSectionHeader 的数据结构（代码 8.2）。

NumberOfSections 是程序包含的逻辑段数。

```
/* src/include/PEParser.h
struct ImageSectionHeader
{
    char Name[8];
    union {
            unsigned long PhysicalAddress;
            unsigned long VirtualSize;
          } Misc;
    unsigned long          VirtualAddress;
    unsigned long          SizeOfRawData;
    unsigned long          PointerToRawData;
    unsigned long          PointerToRelocations;
    unsigned long          PointerToLinenumbers;
    unsigned short         NumberOfRelocations;
    unsigned short         NumberOfLinenumbers;
    unsigned long          Characteristics;
};
```

代码 8.2 ImageSectionHeader 类型定义

段头(ImageSectionHeader)中有以下四个变量对程序加载起重要作用:

① VirtualSize:线性地址空间中,本段的长度;

② VirtualAddress:加载进内存后,本段的起始线性地址 = ImageBase + VirtualAddress;

③ SizeOfRawData:可执行文件中,本段的长度;

④ PointerToRawData:本段在 PE 文件中的偏移量。

需要注意的是,VirtualSize 可能不等于 SizeOfRawData,如 BSS 段。原因在于 BSS 段中所有变量初值为 0,无需存储,因此 BSS 段的 SizeOfRawData = 0,VirtualSize 是该段的内存需要量。

此外,Characteristics 是段属性,其值为枚举量:0x00000002h 表示本段为代码段,0x00000004h 带初值的数据段,0x00000008h BSS 段;还有其他值,UNIX V6++不支持。

8.1.4 逻辑段

上述所有结构依次放置,形成 PE 程序头。程序头之后是程序所有代码和全局变量初值,不含 DLL 模块。后者包含的代码和数据由操作系统维护,运行时动态链接至需要的进程。UNIX V6++是个实验性的操作系统,暂不支持动态链接。

静态链接生成的可执行程序中有四个逻辑段与程序装入操作相关,按出现在进程中的次序,它们依次如下:

0#段,TEXT_SECTION,代码段。程序运行需要调用的所有子程序。

1＃段，DATA_SECTION，数据段。带初值的全局变量，存放在可执行文件中的数据段，其内容是这些全局变量的初值。

2＃段，RDATA_SECTION，只读数据段。常量，比如 printf 函数中出现的格式串。可执行文件需要保存这些常量的值。

3＃段，BSS_SECTION，bss 段。未赋初值的全局变量(初值为 0)。可执行文件中没有与 bss 段对应的空间。

8.2 exec 系统调用

8.2.1 语义

在 UNIX/Linux 系统中，现运行进程(记为 PA)执行 exec 系统调用转换进程图象。这意味着，PA 进程停止执行原先执行的应用程序(记为 old.exe)，开始从 main 子程序的入口地址执行另一个应用程序(记为 new.exe)。

从进程图象的角度考察，exec 系统调用执行之前，PA 进程的代码段、数据段和堆栈段装着程序 old.exe 的指令和数据。系统调用完成后，PA 进程用磁盘可执行文件 new.exe 的代码和数据刷新 PA 进程的代码段、数据段和堆栈段。精确的描述是，进程执行 exec 系统调用刷新用户态图象。

exec 系统调用并没有重新创建进程的核心态图象，特别地，p_pid，p_ppid，p_tty，p_uid和 p_gid 没变。进程还是原来的进程：一样的身份证号码，一样的用户名，标准输入输出也未曾改变。

如果说，进程是一名演员，那么 exec 就是让其饰演一个全新的角色。UNIX/Linux 系统中，演员敬业，不会同时饰演多个角色。

8.2.2 使用

在 Linux 和 UNIX System V 中，与 exec 系统调用相对应的库函数有 6 个(代码 8.3)。

```
#include<unistd.h>
int execl(const char *pathname, const char *arg0, ... /* (char *)0 */);
int execv(const char *pathname, char *const argv[]);
int execle(const char *pathname, const char *arg0, ... /* (char *)0, char *const envp[] */);
int execve(const char *pathname, char *const argv[], char *const envp[]);
int execlp(const char *filename, const char *arg0, ... /* (char *)0 */);
int execvp(const char *filename, char *const argv[]);
```

代码 8.3 Linux 系统中与 exec 系统调用相对应的库函数

下面用实例介绍在 Linux 环境中，应用程序如何通过库函数 execlp 进行 exec 系统调用。其余的 5 个库函数使用方式与之非常类似，不再占用篇幅，需要时请读者参考手册。代码 8.4 是使用 exec 系统调用的应用程序 tryExec，代码 8.5 是进程转换图象后执行的应用程序 trivialProg。

```
#include<unistd.h>
#include<stdlib.h>
#include<stdio.h>

int main()
{
              int   pid;
line  1:   if ((pid = fork()) < 0) {
line  2:        printf("fork error\n");
line  3:     } else if (pid == 0) {/ * 指定文件名，继承环境变量 * /
                        / *  specify filename, inherit environment  * /
line  4:          if (execlp("./trivialProg","trivialProg","arg1",
line  5:                    "arg2","and arg3", (char  * )0) < 0)
line  6:          printf("execlp error\n");
line  7:     }
line  8:     if (waitpid(pid, NULL, 0) < 0)
line  9:          printf("wait error\n");
line  10:    printf("The end of tryExec.\n");
line  11:    exit(0);
}
```

代码 8.4　tryExec.c

库函数 execlp 入口参数的数量可变。第 1 个参数是程序的文件名，内核会从 PATH 环境变量所指的目录中搜索与之匹配的可执行文件。从第 2 个参数开始的所有字符串是程序的命令行参数，结束于空字符串（char * ）0。在 UNIX/Linux 环境中，C 程序的入口是 main，main 函数有 2 个参数，argc 是命令行参数的数量，argv 是根指针，指向用来存放命令行参数的变长字符串数组。对本例而言（代码 8.4，tryExec.c，line 4），程序 trivialProg 执行时有 4 个命令行参数，argv[0]是程序名“trivialProg”，剩余的 3 个字符串“arg1”“arg2”“and arg3”是另外的 3 个命令行参数。

```
#include<stdio.h>
#include<stdlib.h>

int main(int argc, char *argv[])
{
    int i;
    for(i = 0; i < argc; i++)
      printf("argument %d:\t%s\n", i, argv[i]);
    exit(0);
}
```

代码 8.5　trivialProg.c

应用程序 tryExec 的执行过程涉及 2 个进程。刚开始运行时，负责执行应用程序 tryExec 的仅有一个进程(记为 PA)。PA 执行 fork 系统调用创建子进程 PB(line 1)，之后 wait 系统调用等待子进程 PB 终止(line 8)。刚创建出来时，PB 复制父进程 PA 的图象，处于执行 tryExec 程序的状态。执行 exec 系统调用之后(line 4)，PB 进程转换进程图象，从 main 函数入口开始执行程序 trivialProg。

PB 进程 exit 后，PA 进程得到子进程终止信号，离开睡眠状态，wait 系统调用返回(line 8)。输出"The end of tryExec"(line 10)后，进程 PA 完成执行程序 tryExec 的使命，终止。

执行应用程序 tryExec，输出如下：

```
$ ./ tasteExec
argv[0]: trivialProg
argv[1]: arg1
argv[2]: arg2
argv[3]: and arg3
The end of tryExec.
```

8.3　exec 的实现

8.2.2 节中所介绍的 6 个库函数最终都会执行 exec 系统调用。本节介绍 UNIX V6++ 系统实现 exec 的具体步骤。假定 exec 执行的目标可执行文件为 new.exe，进程之前执行 old.exe 程序。

8.3.1　exec()系统调用的库函数

UNIX V6++ 中 exec 是 11# 系统调用，与其对应的库函数为

int execv(char pathname, char argv[])

其中,pathname是字符串指针,指向用户栈中存放的可执行文件路径名(如"new.exe")。argv是向new.exe提供的命令行参数,这是字符串指针数组,每个元素指向一个命令行参数,后者是一个以'\0'结束的字符串。依惯例argv[0]指向的字符串为可执行文件名,数组中的最后一个元素是(char *)0。库函数execv执行时进程的用户栈顶如图8.2所示。

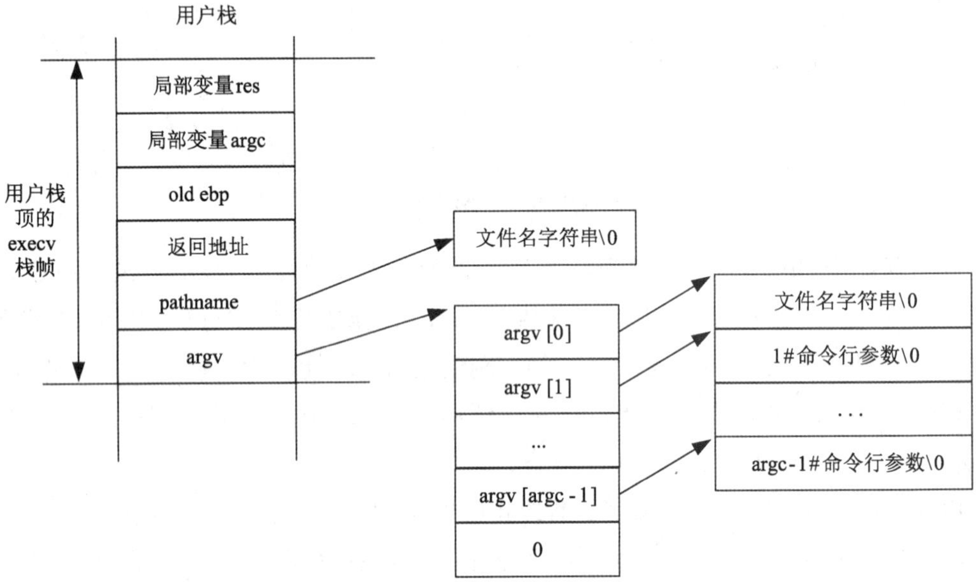

图8.2 exec系统调用执行前的用户堆栈

execv是exec系统调用的"钩子"函数,定义在lib/src/sys.c文件中。

```
asm__volatile (
"int $0x80":"=a"(res):"a"(11),"b"(pathname),"c"(argc),"d"(argv));
```

所执行的核心操作包括:

(1) 清点命令行参数的个数argc;

(2) 执行11号系统调用exec,陷入内核。

陷入内核后,进程核心栈底pt_regs保存的各个重要寄存器的值分别如下:

(1) regs->eax =11;

(2) regs->ebx =pathname指针;

(3) regs->ecx =argc,这是argv数组中元素个数;

(4) regs->edx =argv数组首地址。

其中regs->eax是系统调用号,系统调用散转处理子程序SystemCall::Trap()用其查询系统调用处理程序入口表&m_SystemEntranceTable,同时将regs->ebx,ecx,edx分别送u_arg[0],u_arg[1]和u_arg[2],令u_dirp指向u_arg[0],方便未来namei寻找可执行文件

(new.exe)的 i 节点。

8.3.2　exec()系统调用

Exec 系统调用以 u_arg[0],u_arg[1]和 u_arg[2]为参数具体实施进程图象转换工作。exec 系统调用(void ProcessManager::Exec())执行过程漫长,期间进程有可能会历经多次睡眠过程。本节分多个阶段详细介绍该系统调用的执行过程。

1. 第 1 阶段:寻找可执行目标文件,进行权限检测

ProcessManager.cpp Line 464～487。

(1) Step1:获得可执行文件的内存 i 节点

细节:NameI()线性搜索目录结构,得到可执行文件的(内存打开)i 节点 pInode。若文件名以 '/' 开头,NameI()从根节点开始搜索;否则,从进程的当前目录开始搜索。注:根节点的内存打开 i 节点指针为 FileManager 的数据成员 rootDirInode,可视为全局变量。进程当前目录的内存打开 i 节点指针为 u.u_cdir。NameI()运行时需要循环调用函数 NextChar()。每调用一次 NextChar(),进程从 u.u_dirp 指针指向的字符串中获取一个字符。NameI()跳过所有 '/' 字符,每次将一个字符送 PPDA 区中的变量 u.u_dbuf。u.u_dbuf 每收集一个完整的文件名分量之后,NameI()实施线性目录搜索,直至找到可执行文件的 i 节点号,将其送入内存的打开 i 节点池(详见代码 8.6)。

```
pInode = fileMgr.NameI(FileManager::NextChar, FileManager::OPEN);
if ( NULL == pInode )//搜索目录失败
{
    return;
}
```

代码 8.6　获得可执行文件的内存 i 节点

(2) Step2:限制系统中同时执行 exec 系统调用的进程数量

细节:如代码 8.7 所示,ExeCnt 是系统中的又一个全局变量,记录系统中同时执行 exec 系统调用的进程数量。NEXEC 设为 3,表示同时执行 exec 系统调用的进程数量不应超过 3 个。

这是在沿用 UNIX V6 的设计。UNIX V6 系统限制同时执行 exec 系统调用的进程数量是为了避免因过多进程同时使用磁盘高速缓存可能导致的死锁。死锁产生的细节可解释如下:通常 UNIX V6 执行 EXEC 时至少要使用一个缓存放命令行参数,之后还需要多个缓存用于传送可执行文件的内容。exec 系统调用结束的时候,装命令行参数的缓存才可以释放。某时刻,若同时执行 exec 的进程太多,每个都占用了一个命令行参缓存,导致系统无缓存可以用于输入进程图象,将造成死锁。与原版 UNIX V6 不同的是,UNIX V6++的命令行参数存放在核心页表区,理论上不会与文件输入竞争磁盘高速缓存。可以不对同时执行 exec 系统调用的进程数量进行限制吗？请给出您的见解。

```
/* 如果同时进行图象改换的进程数超出限制，则先进入睡眠 */
while( this->ExeCnt >= NEXEC )
{
    u.u_procp->Sleep((unsignedlong)&ExeCnt, ProcessManager::EXPRI);
}
this->ExeCnt++;
```

代码 8.7　限制系统中同时执行 exec 系统调用的进程数量

（3）Step3：权限检测

细节：检查现运行进程有否执行可执行文件的权限（用进程的有效用户标志号 u.u_euid 去匹配文件的 i_uid，i_gid 和 rwx 访问位）。若无权限，则 exec 失败返回，返回前释放 NameI 施于可执行文件的锁，并唤醒因 ExeCnt >= NEXEC 而睡眠的进程，允许其他进程执行 exec 系统调用。

```
/* 进程必需拥有可执行文件的执行权限，且被执行的只能是一般文件 */
if (fileMgr.Access(pInode, Inode::IEXEC) || (pInode->i_mode & Inode::IFMT) != 0 )
{
    fileMgr.m_InodeTable->IPut(pInode);
    if ( this->ExeCnt >= NEXEC )
    {
        WakeUpAll((unsigned long)&ExeCnt);
    }
    this->ExeCnt--;
    return;
}
```

代码 8.8　权限检测

至此，第一阶段执行结束。之后，进程开始为执行目标程序做准备。

2. 第 2 阶段：读入解析可执行文件头

ProcessManager.cpp Line 489 ～ 513（代码 8.9）。

解析可执行文件（parser）的具体操作包括：读文件头，获得代码段、数据段、BSS 段、初始堆和初始栈段的长度，计算它们需要占据多少虚拟内存空间。累加和若大于进程可用的最大虚拟空间（UNIX V6++ 中为 8 M 字节），该进程无法在该系统中运行，装入过程失败，“Out of Memory”出错返回。

细节：局部变量 pInode 指向可执行目标程序的内存 i 节点。函数 parser.HeaderLoad() 启动磁盘，读入可执行文件的程序头，获得程序入口地址以及正文段、数据段和堆栈段在线性地址空间中的起始地址和长度。将此信息保存在 parser 对象中，并赋值 u.u_MemoryDescriptor 结构的相关数据成员。u.u_MemoryDescriptor 结构中记录的信息描述进程虚地址空间的分布情况，是 UNIX V6++ 内核管理进程虚地址空间，建立虚实地址映射关系的重要依据。parser 对象中所记录的 parser.StackSize 是应用程序执行所需的初始堆栈长度(一般为 4 k 字节)。未来进程运行时，堆栈可能会随子程序嵌套调用的层次加深而溢出，激活内核为该进程追加更多的堆栈页面。

```
PEParser parser;
if   ( parser.HeaderLoad(pInode) == false )
{
    fileMgr.m_InodeTable->IPut(pInode);
    return;
}

/* 获取分析 PE 头结构得到正文段、数据段和堆栈段的起始地址、长度 */
u.u_MemoryDescriptor.m_TextStartAddress = parser.TextAddress;
u.u_MemoryDescriptor.m_TextSize = parser.TextSize;
u.u_MemoryDescriptor.m_DataStartAddress = parser.DataAddress;
u.u_MemoryDescriptor.m_DataSize = parser.DataSize;
u.u_MemoryDescriptor.m_StackSize = parser.StackSize;

/* 如果可执行程序需要的内存大于进程用户态虚地址空间的尺寸
(MemoryDescriptor::USER_SPACE_SIZE,8M 字节),exec 系统调用执行失败 */
if ( parser. TextSize + parser. DataSize + parser. StackSize + PageManager:: PAGE _ SIZE >
MemoryDescriptor::USER_SPACE_SIZE - parser.TextAddress)
{
    u.u_error = User::ENOMEM;
    return;
}
```

代码 8.9　读入解析可执行文件头

PEParser::HeaderLoad()的执行细节为依次从可执行文件中读入 PE 文件 DOS 头，次序如下：

(1) PE 文件 DOS 头(IMAGE_DOS_HEADER)；

(2) PE 文件 NT 头(IMAGE_NT_HEADERS)；

(3) PE 文件段表(SECTION TABLEs)，UNIX V6++借用页表存放 exec 需要使用的段表。

3. 第 3 阶段：保护用户栈中 exec 的参数

ProcessManager.cpp Line 515～572。

细节与源代码摘录：此部分代码分配内存用于存放应用程序运行需要的参数 argc，argv[]，这些参数由 exec()系统调用传入，位于即将丢弃的进程图象中。

```
unsignedlong fakeStack =
            kernelPgMgr.AllocMemory((parser.StackSize +
            PageManager::PAGE_SIZE * 2 - 1) >> 13 << 13);
```

代码 8.10　保护用户栈中 exec 的参数

如代码 8.10 所示，在内核页表区域申请 1 块足以容纳初始堆栈的连续空间 fakeStack（大小为 8 k 的整数倍）。后续代码将命令行参数 argc 和 argv 备份至 fakeStack，之后可释放原进程图象。未来的第 8 阶段，为新进程图象分配内存空间之后，fakeStack 将被复制到新进程图象的用户栈底，形成 main 帧，如图 8.3 所示。

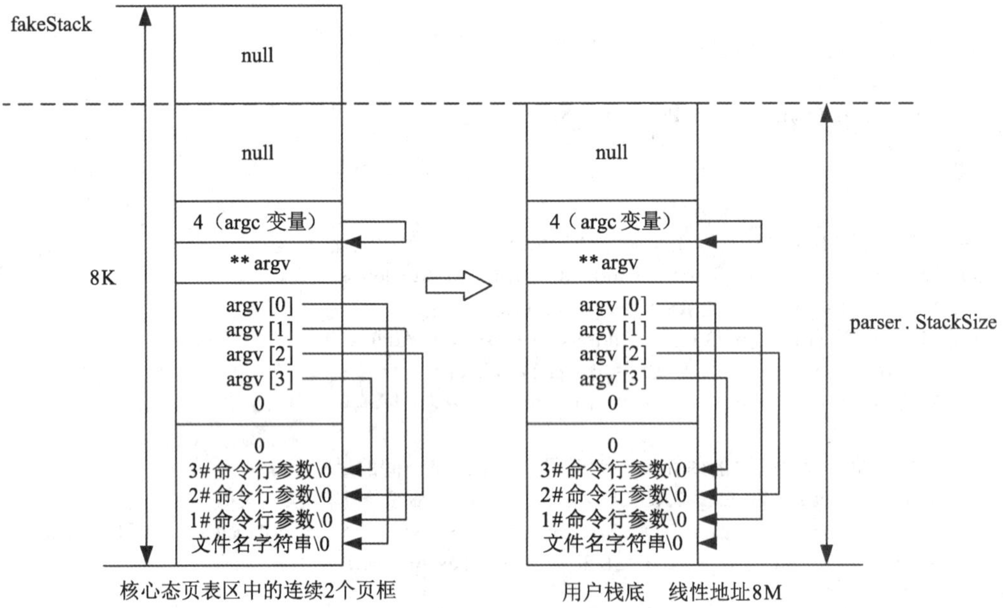

图 8.3　fakeStack 和转换图象后的用户栈

4. 第 4 阶段：释放原进程图象的共享正文段、数据段、堆栈段，使进程图象只剩 PPDA 区和 proc 块

ProcessManager.cpp Line 579～585（代码 8.11）。

细节与源代码摘录：

```
/* 释放原进程图象的代码段,数据段,堆栈段 */
if  ( u.u_procp->p_textp != NULL )
{
    u.u_procp->p_textp->XFree();
    u.u_procp->p_textp = NULL;
}
/* 将进程可交换部分的长度缩减为 USIZE(4K)
u.u_procp->Expand(ProcessManager::USIZE);
```

代码 8.11　释放原进程图象

（1）XFree()：进程取消与原来 text 块的勾连。所谓原来 text 块，是指用于管理 old.exe 正文段的那个 text 块。此操作可能会释放 old.exe 正文段占用的内存和磁盘交换区，也可能不会。取决于是否有其他进程共享该正文段。

(2) Expand(ProcessManager::USIZE):缩小可交换部分,只留 PPDA 区。注意:进程的 Process 对象和 PPDA 区没受影响,即 p_pid, p_ppid, p_tty, p_uid 和 p_gid 没变,进程还是原来的进程。一样的身份证号码,一样的用户名,标准输入输出也未曾改变。

此阶段操作结束后,进程原来的用户空间图象已被完全摧毁,即进程不再能够执行 old.exe 程序。

5. 第 5 阶段:为 new.exe 的正文段分配存储空间、写 text 块

ProcessManager.cpp Line 587～637。

细节与源代码摘录:第 1 阶段结束时,pInode 指向与目标可执行文件(记为 new.exe)相对应的内存打开 i 节点。现在需要的是线性搜索 text 表,希望找到 text[i].x_iptr == pInode 的表项。

(1) 搜索成功,即存在 i,text[i].x_iptr == pInode。系统中一定有某个其他进程正在执行 new.exe 程序。简单处理 text 结构并使之勾连至现运行进程的 proc 块即可(代码8.12)。

```
this->text[i].x_count++;
this->text[i].x_ccount++;
u.u_procp->p_textp = &(this->text[i]);
```

代码 8.12　代码段搜索成功

(2) 搜索失败,也就是没有可共享的代码段。系统需要在内存用户区分配长度为 u.u_MemoryDescriptor.m_TextSize 的连续内存,用以存放 new.exe 的代码。此外还需分配相同尺寸的盘交换空间。最后将这两块存储空间的起始地址写入 text 结构(代码 8.13)。

```
pText->x_count = 1;
pText->x_iptr = pInode;
pText->x_size = u.u_MemoryDescriptor.m_TextSize;

/* 分配内存空间 */
pText->x_caddr = userPgMgr.AllocMemory(pText->x_size);
/* 分配磁盘交换区空间 */
pText->x_daddr =
    Kernel::Instance().GetSwapperManager().AllocSwap(pText->x_size);
/* 让当前进程 proc 块中的 p_textp 指向管理 new.exe 程序代码段的 text 块,原本该指针指向的是
用于管理 old.exe 程序代码段的 text 块 */
u.u_procp->p_textp = pText;
```

代码 8.13　代码段搜索失败

注意此时并没有复制可执行文件的内容,该操作需等到页表建立之后。注意 sharedText 变量,值为 1 表示共享已存在进程的共享正文段。

6. 第 6 阶段:构造地址映射和内存保护时 MMU 之所需

ProcessManager.cpp Line 639～644。

细节与源代码摘录:

(1) 分配足够的内存空间,将进程图象由 USIZE 扩充为 USIZE + dataSize + stackSize(代码 8.14)。

```
unsigned int newSize = ProcessManager::USIZE +
                       u.u_MemoryDescriptor.m_DataSize +
                       u.u_MemoryDescriptor.m_StackSize;
/* 将进程图象由 USIZE 扩充为 USIZE + dataSize + stackSize */
u.u_procp->Expand(newSize);
```

代码 8.14　分配足够的内存空间

(2) 根据正文段、数据段、堆栈段的起始地址和长度重写相对虚实地址映射表(u_MemoryDescriptor::m_UserPageTableArray)。修改系统用户页表(machine::pUserPageTable),刷新 TLB,建立 MMU 可用的虚实地址映射(代码 8.15)。

```
u.u_MemoryDescriptor.EstablishUserPageTable(parser.TextAddress,
                       parser.TextSize, parser.DataAddress,
                       parser.DataSize, parser.StackSize);
```

代码 8.15　重写页表

7. 第 7 阶段:创建与 new.cpp 对应的进程用户态图象

Step 1:parser.Relocate()

细节:

(1) 必要时改写系统用户页表,置正文段对应的页表项的读写标识为可读可写(RW)。具体而言,若无法与其他进程共享正文段,系统需要将可执行文件中的代码写入正文段。MMU 需要与正文段对应的所有页表项拥有写权限。

(2) 清 0 所有用户态页面。注意:如果 sharedText == 1,系统不可以对进程与其他进程共享的正文段执行清 0 操作。此操作确保 bss 变量的初值为 0,同时保证了系统的安全性。

(3) 启动磁盘,从临时存放在核心页表区的可执行文件依次读入.text 段、.data 段和.rdata 段。复制操作逐段进行。对每个逻辑段涉及的数据复制操作,数据源为可执行文件中的偏移量 PointerToRawData,目标为在线性地址空间中,逻辑段落的起始地址,即 this->ntHeader->Optional-Header.ImageBase + sectionHeader->VirtualAddress。操作结束后,进程用户态图象建立完毕。

(4) 将正文段对应的页表项的读写标识修正为只读(RO)。

(5) 释放用来存放段表(sectionHeaders)的页表空间。此块空间是 PEParser::HeaderLoad()函数分配的。见第 2 阶段的具体操作步骤。

Step 2:将正文段写入 swap 分区,留复本。

Swap 函数启动磁盘,写正文段至 x_daddr 指向的磁盘交换区。I/O 期间,锁住进程,保证进程图象不会被系统换出内存。

8. 第 8 阶段:为应用程序准备命令行参数

Step 1:将 fakeStack 中备份的命令行参数复制到新进程图象用户栈中。

```
Utility::MemCopy(fakeStack | 0xC0000000, MemoryDescriptor::
USER_SPACE_SIZE - parser.StackSize, parser.StackSize);
```

代码 8.16　复制命令行参数

如图 8.3 所示,复制时,信息源是 fakeStack,起始虚地址是 fakeStack + allocLength-parser.StackSize | 0xC0000000;复制目标是用户栈,起始虚地址是 MemoryDescriptor::USER_SPACE_SIZE-parser.StackSize。USER_SPACE_SIZE 等于 8M,是用户栈底。数据拷贝量 parser.StackSize 字节(代码 8.16)。

用于暂存命令行参数的核心态页表空间必须是 8K 的整数倍,这是由核心态页表空间的使用特性决定的(allocLength 是 8K 整数倍)。命令行参数存于这块空间的高端,长度为 parser.StackSize。所以,信息复制时,起始的物理地址是 fakeStack + allocLength-parser.StackSize。

Step 2:释放 fakeStack 占用的核心态页表空间(代码 8.17)。

```
kernelPgMgr.FreeMemory(parser.StackSize, fakeStack);
```

代码 8.17　释放 fakeStack 占用的核心态页表空间

9. 第 9 阶段:将 runtime()函数拷贝至每个进程线性地址 0x00000000h 处

细节:代码 8.18。其中,Execshell()和 runtime()是进程从 ring0 退出至 ring3 特权级时需要执行的函数。在 exec 系统调用的扫尾阶段,内核会将应用程序 newApp.exe 的 main 函数入口地址(EntryPoint)放在 EAX 寄存器中。之后,exec 系统调用返回,进程回用户态执行汇编函数 runtime()。该函数启动应用程序。

```
unsigned char * runtimeSrc = (unsigned char *)runtime;
unsigned char * runtimeDst = 0x00000000;
for (unsigned int i = 0; i < (unsigned long)ExecShell - (unsigned long)runtime; i++)
{
        * runtimeDst++ = * runtimeSrc++;
}
```

代码 8.18　复制 runtime()和 SignalHandler()函数

10. 第 10 阶段:exec 系统调用扫尾、准备进入用户态

细节:修改核心栈底 pt_regs 中保存的各寄存器值,它们是 new.exe 开始执行时通用寄存器的初始值。最重要的:regs->esp = 用户栈顶,regs->ess = 用户栈段描述子,regs->eip 和 ecs 分别为应用程序的入口地址和用户代码段描述子,regs->eax = main()函数的入口地址(虚空间的逻辑地址)。另外,虽非强求,但将 regs 中其他寄存器的值清 0,应用程序将拥有一个"干净"的初始运行环境。这总是有好处的。

将所有的信号处理方式重置为默认。这是因为,转换图象之前,进程收到某些信号时需要调用 old.exe 中的信号处理程序。转换图象之后,进程执行新应用程序 new.exe,进程不需要也不可能再使用原来的信号处理方式。代码摘录、注释如下:

(1) 解锁可执行文件的内存 Inode,减少 ExeCnt 计数值,唤醒等待执行 exec 系统调用的其他进程(代码 8.19)。

```
/* 释放 Inode,减少 ExeCnt 计数值 */
fileMgr.m_InodeTable->IPut(pInode);
if  ( this->ExeCnt>= NEXEC )
{
    WakeUpAll((unsigned long)&ExeCnt);
}
this->ExeCnt--;
```

代码 8.19 解锁可执行文件的内存 Inode

(2) 用默认的方式处理信号(代码 8.20)。

```
/* 用默认的方式处理信号 */
for (int i = 0; i < u.NSIG ; i++)
{
    u.u_signal[i] = 0;
}
```

代码 8.20 解锁可执行文件的内存 Inode

(3) 清 0 除 EAX 之外的所有通用寄存器(代码 8.21)。

```
/* 清0所有通用寄存器 */
for (int i = User::EAX - 4; i <User::EAX - 4*7 ; i = i - 4)
{
    u.u_ar0[i] = 0;
}
```

代码 8.21 清 0 除 EAX 之外的所有通用寄存器

(4) 将 exe 程序的入口地址(main 子程序的起始地址)放入核心栈现场保护区中的 EAX(代码 8.22)。

```
/* 将 exe 程序的入口地址放入核心栈现场保护区中的 EAX 作为系统调用返回值 */
u.u_ar0[User::EAX] = parser.EntryPointAddress;
```

代码 8.22 将 exe 入口地址存入核心栈

(5) 构造出 exec()系统调用的退出环境,为进程进入用户态做准备。具体而言,exec 系统调用即将结束,IRET 指令需要核心栈中出现 pt_context 结构,其中的 xcs 和 eip 指向进程回到用户态时执行的第一条指令(runtime 子程序的入口)、xss 和 esp 定位用户栈顶(代码 8.23)。

11. 第 11 阶段:后 exec 阶段,进入用户态、调用 main 函数

```
/* 构造出 Exec()系统调用的退出环境,使之退出到 ring3 时,开始执行 user code */
struct pt_context* pContext = (struct pt_context *)u.u_arg[4];
/* 退出到 ring3 特权级下从线性地址 0x00000000 处 runtime()开始执行 */
pContext->eip = 0x00000000;
pContext->xcs = Machine::USER_CODE_SEGMENT_SELECTOR;
pContext->eflags = 0x200;          /* 此项是否篡改无关紧要 */
pContext->esp = esp;
pContext->xss = Machine::USER_DATA_SEGMENT_SELECTOR;
```

代码 8.23 构造出 exec()系统调用的退出环境

exec 执行完毕后,进程的正文段、数据段和堆栈段中装载的是应用程序 new.exe 的相关部分图象。进入用户态后,进程执行的第一条指令线性地址为 0,runtime()函数的入口地址。随后,runtime()调用应用程序的 main 函数,待 main 返回后执行 exit(0)系统调用终止进程。

细节:回忆第10阶段的赋值语句:u.u_ar0[User::EAX] = parser.EntryPointAddress。runtime()执行时,eax 寄存器中装的是应用程序的入口地址;执行间接函数调用语句 call *%%eax,进程开始执行 new.exe 的 main()子程序。此时的用户栈如图 8.4 所示。

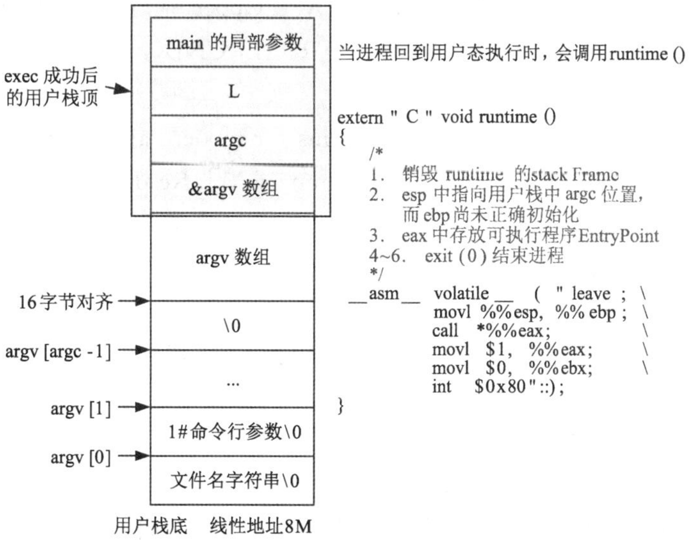

图 8.4 进程的堆栈段和 runtime()程序

参考文献

[1] Arpaci-Dusseau R H，Arpaci-Dusseau A C. Operating systems：Three easy pieces[M]. Medison：Arpaci-Dusseau Books LLC，2018.

[2] Anderson T，Dahlin M. Operating Systems：Principles and Practice[M]. Washington：Recursive books，2014.

[3] Silberschatz A，Galvin P B，Gagne G. Operating system concepts[M]. New Jersey：John Wiley & Sons，2006.

[4] Silberschatz A，Galvin P B，Gagne G. Operating system concepts essentials[M]. Hoboken：Wiley，2014.

[5] Tanenbaum A S，Woodhull A S. Operating Systems Design and Implementation，3/E [M]. Beijing：Tsinghua University Press，2006.

[6] Tanenbaum A S，Bos H. Modern operating systems[M]. New York：Pearson，2015.

[7] Stallings W，Paul G K. Operating systems：internals and design principles[M]. New York：Pearson，2012.

[8] McKusick M K，Neville-Neil G V，Watson R N M. The design and implementation of the FreeBSD operating system[M]. New York：Pearson Education，2014.

[9] Bryant R E，David Richard O H，David Richard O H. Computer systems：a programmer's perspective[M]. Upper Saddle River：Prentice Hall，2003.

[10] Sarwar S M，Koretsky R M. UNIX：the textbook [M]. Milton Park：CRC Press，2016.

[11] Schimmel C. UNIX systems for modern architectures：symmetric multiprocessing and caching for kernel programmers[M]. Reading：Addison-Wesley，1994.

[12] Raymond E S. The art of Unix programming [M]. Boston：Addison -Wesley Professional，2003.

[13] 费翔林，骆斌.操作系统教程[M].5 版.北京：高等教育出版社，2014.

[14] 郑钢.操作系统真象还原[M].北京：人民邮电出版社，2016.

[15] 汤子瀛，哲凤屏，汤小舟.计算机操作系统：修订版[M].西安：西安电子科技大学出版社，2001.

[16] 汤小丹.计算机操作系统[M].4 版.西安：西安电子科技大学出版社，2014.

[17] 青柳隆宏.Unix 内核源码剖析[M].殷中翔，译.北京：人民邮电出版社，2014.

[18] 郝庆丰.返璞归真：UNIX 技术内幕[M].北京：电子工业出版社，2010.